中国化工教育协会
化学工业职业技能鉴定指导中心 组织编写

化工总控工职业技能鉴定

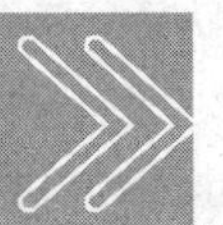

应知试题集

贺新 刘媛 主编
薛叙明 主审

化学工业出版社
·北京·

本试题集是化工类职业院校学生与化工及相关企业职工化工总控工技能大赛和职业技能鉴定用培训教材。该试题集在内容的编排上，严格按国家化工总控工要求进行分类，每部分理论知识均按本职业工种的要求划分为中级工、高级工、技师三个层次，倡导“按标准编排，分层次学习”的特色，同时将操作运行部分的内容以理论探究的方式整合进本试题集，力求体现理论和实践的统一。

本试题集可用于化工技术、制药技术及其相关专业高等职业院校学生作为化工总控工及其他相关工种的理论知识培训和职业资格鉴定，也可作为不同层次的化工总控工及相关工种职业岗位操作人员的职业技能培训与鉴定用教材。

图书在版编目（CIP）数据

化工总控工职业技能鉴定应知试题集/贺新，刘媛主编．
北京：化学工业出版社，2010.10（2025.1重印）
ISBN 978-7-122-09483-4

Ⅰ. 化… Ⅱ. ①贺… ②刘… Ⅲ. 化工过程-过程控制-职业技能鉴定-习题 Ⅳ. TQ02-44

中国版本图书馆CIP数据核字（2010）第177509号

责任编辑：旷英姿　　文字编辑：昝景岩
责任校对：陶燕华　　装帧设计：王晓宇

出版发行：化学工业出版社（北京市东城区青年湖南街13号　邮政编码100011）
印　　装：河北延风印务有限公司
720mm×1000mm　1/16　印张20½　字数435千字　2025年1月北京第1版第19次印刷

购书咨询：010-64518888　　售后服务：010-64518899
网　　址：http://www.cip.com.cn
凡购买本书，如有缺损质量问题，本社销售中心负责调换。

定　　价：39.00元

前　言

随着我国经济快速发展及对技能型人才的紧迫需求，职业教育和技能培训也得到了飞速发展，各职业院校的教学交流日趋频繁，化工类职业工种技能大赛也应运而生。

全国石油与化工职业院校学生化工总控工技能大赛自2005年在常州工程职业技术学院首次举办以来，至今已举办了五届，2007年已发展成为国家二级赛事。2009年在常州工程职业技术学院举办的第二届全国石油与化工行业化工总控工职业技能大赛中，又增加了职工组竞赛，竞赛逐渐走上了制度化和常态化的轨道。根据化工总控工技能竞赛的要求，竞赛分为应知（理论知识）和应会（技能操作）两部分。本书正是在上述背景下，由中国化工教育协会与化学工业职业技能鉴定指导中心组织全国化工职业技能竞赛首发地——常州工程职业技术学院的相关教师，根据技能大赛的应知（理论知识）的培训与考核要求而编写的。

本书是依据化工总控工国家职业标准要求的化工理论知识范围和要求，并以许宁老师主编的《化工技术类专业技能考核试题集》为基础，结合学生在校学习的基础知识和操作知识而编写的。本书可用于化工技术类专业学生及在职职工职业技能证书考核应知部分内容的学习及化工总控工技能大赛培训。

本习题集由常州工程职业技术学院老师编写，贺新、刘媛担任主编并负责统稿。贺新编写职业道德、干燥、结晶、化工识图、化工机械与设备部分；伍士国编写基础化学与分析计量部分；刘媛编写流体输送、传热、非均相分离部分；周敏茹编写压缩制冷、蒸馏精馏、萃取部分；刘长春编写吸收、蒸发部分；文艺编写化工基础知识、催化剂部分；张裕萍编写分析检验、电工电器仪表、安全及环境保护部分。在习题集的编写过程中，蓝星石化、山东华鲁恒升化工有限公司、天津渤海化工集团公司、浙江巨化集团公司氟化公司、扬农化工等公司提供了大量素材。常州工程职业技术学院薛叙明教授担任本书的主审，对全书进行了审阅，提出了许多宝贵意见；陆敏、潘文群也参与了本书的审稿。

本书在编写过程中，得到了化学工业出版社及有关单位领导和老师的大力支持与帮助，书稿在编写过程中参考借鉴了国内高校、职业院校及其他职工技能培训用相关教材和文献资料；本习题集的编写也得到了中国石油和化学工业联合会、中国化工教育协会、化学工业职业技能鉴定指导中心领导及各相关兄弟院校领导、老师及企业专家等众多人士的支持和帮助，在此向上述各位领导、专家及参考文献作者表示衷心的感谢！

由于编者水平所限，加之时间仓促，不足之处在所难免，敬请读者批评指正。

编者
2010年7月

前言

目　　录

第一部分　职业道德

一、单项选择题

1.（　　）是一个从业者能够胜任工作的基本条件，也是实现人生价值的基本条件。

A. 职业技能　　B. 职业能力　　C. 职业情感　　D. 职业意识

2. 爱岗敬业的具体要求是（　　）。

A. 树立职业理想　B. 强化职业责任　C. 行为适度　　D. 提高职业技能

3. 诚实守信的具体要求是（　　）。

A. 坚持真理　　B. 忠诚所属企业　C. 维护企业信誉　D. 保守企业秘密

4. 化工生产人员应坚持做到的“三按”是指（　　）。

A. 按工艺、按质量、按标准生产　　B. 按工艺、按规程、按标准生产

C. 按产量、按质量、按标准生产　　D. 按质量、按产量、按时间

5. 化工生产人员应坚持做到的“三检”是指（　　）。

A. 自检、互检、专检　　B. 日检、常规检、质检

C. 自检、强制检、专检　　D. 日检、自检、专检

6. 化工生产中强化职业责任是（　　）职业道德规范的具体要求。

A. 团结协作　　B. 诚实守信　　C. 勤劳节俭　　D. 爱岗敬业

7. 化工行业从业人员要具备特殊的职业能力，这是对从业者的（　　）要求。

A. 职业素质　　B. 职业性格　　C. 职业兴趣　　D. 职业能力

8. 技术人员职业道德的特点是（　　）。

A. 质量第一，精益求精　　B. 爱岗敬业

C. 奉献社会　　D. 诚实守信、办事公道

9. 乐业、勤业、精业所体现的化工职业道德规范是（　　）。

A. 热情周到　　B. 奉献社会　　C. 爱岗敬业　　D. 服务群众

10. 文明生产的内容包括（　　）。

A. 遵章守纪、优化现场环境、严格工艺纪律、相互配合协调

B. 遵章守纪、相互配合协调、文明操作

C. 保持现场环境、严格工艺纪律、文明操作、相互配合协调

D. 遵章守纪、优化现场环境、保证质量、同事间相互协作

11. 在安全操作中化工企业职业纪律的特点是（　　）。

A. 一定的强制性　　B. 一定的弹性

C. 一定的自我约束性　　D. 一定的团结协作性

12. 在生产岗位上把好（　　）是化工行业生产人员职业活动的依据和准则。

A. 质量关和安全关　　B. 产量关

C. 科技创新关　　D. 节支增产关

13. 在现代化生产过程中，工序之间、车间之间的生产关系是（　　）。

A. 相互配合的整体　　B. 不同的利益主体

C. 不同的工作岗位　　D. 相互竞争的对手

14. 职业道德的基本规范是（　　）。

A. 爱岗敬业、诚实守信、实现人生价值、促进事业发展

B. 提高综合素质、促进事业发展、实现人生价值、抵制不正之风

C. 爱岗敬业、诚实守信、办事公道、服务群众、奉献社会

D. 提高综合素质、服务群众、奉献社会

15. 劳动力供求双方进行劳动交易活动的总称是（　　）。

A. 人才市场　　B. 劳动市场　　C. 人才市场主体　　D. 劳动力市场

16. 你认为不属于劳动合同的必备条款的是（　　）。

A. 合同限期　　B. 劳动报酬

C. 违约责任　　D. 保守用人单位的商业秘密

17. 专业设置的依据是（　　）。

A. 社会发展和经济建设的需求　　B. 学校创收的需要

C. 教育部颁发的专业目录　　D. 学生的要求

18. 政府专职劳动管理部门对求职人员提供的各项帮助和服务工作的总和是（　　）。

A. 就业指导　　B. 就业帮助　　C. 就业服务　　D. 就业培训

19. 综合职业素质的核心、基础和前提条件分别是（　　）。

A. 思想政治素质、职业道德素质、科学文化素质

B. 职业道德素质、科学文化素质、身体心理素质

C. 科学文化素质、专业技能素质、身体心理素质

D. 身体心理素质、思想政治素质、职业道德素质

20. 社会主义职业道德的核心是（　　）。

A. 集体主义　　B. 爱岗敬业

C. 全心全意为人民服务　　D. 诚实守信

21. 社会主义职业道德的基本原则是（　　）。

A. 集体主义　　B. 爱岗敬业

C. 全心全意为人民服务　　D. 诚实守信

22. 正确的求职择业态度应该是（　　）。

A. 正视现实，先就业后择业

B. 与其到一个不如意的单位，不如先等等再说

C. 一步到位

D. 无所谓

23. 解除劳动合同应当（　　）。

A. 提前 10 日书面通知用人单位　　B. 提前 30 日书面通知用人单位

C. 没有提前通知的义务　　D. 口头告知即可

24. 大中专毕业生求职的主要方向是（　　）。

A. 第二产业　　B. 第三产业　　C. 第一产业　　D. 第四产业

25. 职业资格证书分为（　　）。

A. 三个等级，分别为：初级、中级、高级

B. 三个等级，分别为：一级、二级、三级

C. 五个等级，分别为：初级、中级、高级、技师、高级技师

D. 五个等级，分别为：一级、二级、三级、四级、五级

26. 职业意识是指（　　）。

A. 人对社会职业认识的总和

B. 人对求职择业和职业劳动的各种认识的总和

C. 人对理想职业认识的总和

D. 人对各行各业优劣评价的总和

27. 综合职业素质的灵魂是（　　）。

A. 科学文化素质　B. 思想政治素质　C. 专业技能素质　D. 职业道德素质

28. 综合职业素质的关键是（　　）。

A. 职业道德素质　B. 身体心理素质　C. 专业技能素质　D. 科学文化素质

29. 下列各项职业道德规范中（　　）是职业道德的最高境界。

A. 诚实守信　　B. 爱岗敬业　　C. 奉献社会　　D. 服务群众

30. 处理人际关系的能力和获取、利用信息的能力属于（　　）。

A. 一般职业能力　　B. 特殊职业能力

C. 低层次职业能力　　D. 高层次人才具有的能力

31. 能力形成的关键因素是（　　）。

A. 先天遗传因素　　B. 同学朋友的影响

C. 教育训练和实践　　D. 社会环境的影响

32.《中华人民共和国劳动法》从（　　）开始实施。

A. 1995年1月1日　　B. 1998年1月1日

C. 1995年10月1日　　D. 2000年10月1日

33.（　　）成了谋职的新天地。

A. 国有单位　　B. 集体单位　　C. 非公有制单位　D. 私人单位

34. 新时代劳动者必须同时具备（　　）和（　　）双重能力。

A. 从业　创业　B. 从业　创新　C. 就业　创新　D. 创新　创业

二、判断题

1.“真诚赢得信誉，信誉带来效益”和“质量赢得市场，质量成就事业”都体现了“诚实守信”的基本要求。（　　）

2. 爱岗敬业的具体要求是：树立职业理想、强化职业责任、提高职业技能。（　　）

3. 诚实守信是商业员工精神品质的基本准则，不是化工生产人员的道德规范。（　　）

4. 触犯了法律就一定违反了职业道德规范。（　　）

5. 从业人员必须在职业活动中遵守该职业所形成的职业道德规范。（　　）

6. 第二产业职业道德要求是：各行各业从业人员应具有专业化协作意识和现代化标准意识。（ ）
7. 化工生产人员的爱岗敬业体现在忠于职守、遵章守纪、精心操作、按质按量按时完成生产任务。（ ）
8. 化工行业的职业道德规范是安全生产，遵守操作规程，讲究产品质量。（ ）
9. 尽职尽责是体现诚信守则的重要途径。化工生产工作中，一切以数据说话，用事实和数据分析判断工作的规律。（ ）
10. 识大体、顾大局，搞好群体协作是化工职业道德建设的重要内容之一。（ ）
11. 文明生产的内容包括遵章守纪、优化现场环境、严格工艺纪律、相互配合协调。（ ）
12. 职业道德既能调节从业人员内部关系，又能调节从业人员与其服务对象之间的关系。（ ）
13. 抓住择业机遇是爱岗敬业具体要求的一部分。（ ）
14. 遵纪守法、清廉从业是职业道德中的最高要求。（ ）
15. 全面质量管理是企业管理的中心环节。（ ）
16. 全面质量管理的目的就是要减少以至消灭不良品。（ ）
17. 学历证书可以代替职业资格证书。（ ）
18. 具备了专业素质就具备了职业素质。（ ）
19. 能否做到爱岗敬业，取决于从业者是否喜欢自己的职业。（ ）
20. 有道是江山易改，本性难移，因此性格是天生的，改不了。（ ）
21. 职业只有分工不同，没有高低贵贱之分。（ ）
22. 在实际工作中，只要具备一般职业能力就行，不需要特殊职业能力。（ ）
23. 在没有兴趣的地方耕耘，不会有收获。（ ）
24. 应聘中，不应该有和主持者不同的看法。（ ）
25. 职业岗位的要求包括技术、行为规范以及工作中处理事务的程序或操作规程等。（ ）
26. 个人自由择业是以个人的职业兴趣为前提的。（ ）
27. 公平、等价、合法是劳动力市场的规则。（ ）
28. 选择职业不仅是选择幸福，而且也是选择责任。（ ）
29. 一个公民要取得劳动报酬的权利，就必须履行劳动的义务。（ ）
30. 只要具备与自己从事的职业相适应的职业能力，就一定能把工作做好。（ ）
31. 总的来说，职业性格对人们所从事的工作影响不大。（ ）
32. 专业课学习是通向职业生活的桥梁。（ ）
33. 职业资格是对劳动者具有从事某种职业必备的学识、技术、能力的基本要求。（ ）
34. 良好的职业习惯主要是自律的结果。（ ）
35. 协商是解决劳动争议的唯一途径。（ ）
36. 先就业后培训原则是我国劳动就业制度的一项重要内容。（ ）

第二部分　化学基础知识

一、单项选择题（中级工）

1. $(CH_3CH_2)_3CH$ 所含的伯、仲、叔碳原子的个数比是（　　）。
   A. 3∶3∶1　　B. 3∶2∶3　　C. 6∶4∶1　　D. 9∶6∶1
2. “三苯”指的是（　　）。
   A. 苯，甲苯，乙苯　　B. 苯，甲苯，苯乙烯
   C. 苯，苯乙烯，乙苯　　D. 苯，甲苯，二甲苯
3. 1L pH＝6 和 1L pH＝8 的盐水溶液混合后，其溶液的 $[H^+]$ 等于（　　）。
   A. 10^{-7}　　B. 10^{-6}　　C. 10^{-8}　　D. $10^{-7.5}$
4. H_2、N_2、O_2 三种理想气体分别盛于三个容器中，当温度和密度相同时，这三种气体的压力关系是（　　）。
   A. $p_{H_2}=p_{N_2}=p_{O_2}$　　B. $p_{H_2}>p_{N_2}>p_{O_2}$
   C. $p_{H_2}<p_{N_2}<p_{O_2}$　　D. 不能判断大小
5. pH＝3 和 pH＝5 的两种 HCl 溶液，以等体积混合后，溶液的 pH 是（　　）。
   A. 3.0　　B. 3.3　　C. 4.0　　D. 8.0
6. SO_2 和 Cl_2 都具有漂白作用，若将等物质的量的两种气体混合，作用于潮湿的有色物质，则可观察到有色物质（　　）。
   A. 立即褪色　　B. 慢慢褪色
   C. 先褪色后恢复原色　　D. 不褪色
7. 氨气和氯化氢气体一样，可以做喷泉实验，这是由于（　　）。
   A. 氨的密度比空气小　　B. 氨水的密度比水小
   C. 氨分子是极性分子，极易溶于水　　D. 氨气很容易液化
8. 按酸碱质子理论，磷酸氢二钠是（　　）。
   A. 中性物质　　B. 酸性物质　　C. 碱性物质　　D. 两性物质
9. 苯、液溴、铁粉放在烧瓶中发生的反应是（　　）。
   A. 加成反应　　B. 氧化反应　　C. 水解反应　　D. 取代反应
10. 苯硝化时硝化剂应是（　　）。
    A. 稀硝酸　　B. 浓硝酸
    C. 稀硝酸和稀硫酸的混合液　　D. 浓硝酸和浓硫酸的混合液
11. 不符合分子式 C_4H_8 的物质是（　　）。
    A. 丁烷　　B. 丁烯　　C. 环丁烷　　D. 2-甲基丙烯
12. 不利于合成氨 $N_2+3H_2 \rightleftharpoons 2NH_3+92.4kJ$ 的条件是（　　）。
    A. 加正催化剂　　B. 升高温度

C. 增大压力　　　　D. 不断地让氨气分离出来，并及时补充氮气和氢气

13. 测得某合成氨反应中合成塔入口气体体积比为：$V_{N_2}:V_{H_2}:V_{NH_3}=6:18:1$，出气口为：$V_{N_2}:V_{H_2}:V_{NH_3}=9:27:8$，则 N_2 的转化率为（　　）。

A. 20%　　B. 25%　　C. 50%　　D. 75%

14. 测定某有色溶液的吸光度，用 1cm 比色皿时吸光度为 A，若用 2cm 比色皿，吸光度为（　　）。

A. $2A$　　B. $A/2$　　C. A　　D. $4A$

15. 成熟的水果在运输途中容易因挤压颠簸而破坏腐烂，为防止损失常将未成熟的果实放在密闭的箱子里使水果自身产生的（　　）聚集起来，达到催熟目的。

A. 乙炔　　B. 甲烷　　C. 乙烯　　D. 丙烯

16. 除去混在 Na_2CO_3 粉末中的少量 $NaHCO_3$ 最合理的方法是（　　）。

A. 加热　　B. 加 NaOH 溶液　　C. 加盐酸　　D. 加 $CaCl_2$ 溶液

17. 从氨的结构可知，氨不具有的性质是（　　）。

A. 可发生中和反应　　B. 可发生取代反应

C. 可发生氧化反应　　D. 可发生加成反应

18. 从地下开采出未经炼制的石油叫原油，原油中（　　）含量一般较少，它主要是在二次加工过程中产出的。

A. 烷烃　　B. 环烷烃　　C. 芳香烃　　D. 不饱和烃

19. 单质 A 和单质 B 化合成 AB（其中 A 显正价），下列说法正确的是（　　）。

A. B 被氧化　　B. A 是氧化剂

C. A 发生氧化反应　　D. B 具有还原性

20. 氮分子的结构很稳定的原因是（　　）。

A. 氮原子是双原子分子

B. 氮是分子晶体

C. 在常温常压下，氮分子是气体

D. 氮分子中有个三键，其键能大于一般的双原子分子

21. 氮气的键焓是断开键后形成下列哪一种物质所需要的能量？（　　）

A. 氮分子　　B. 氮原子　　C. 氮离子　　D. 氮蒸气

22. 当可逆反应：$2Cl_2(g)+2H_2O \rightleftharpoons 4HCl(g)+O_2(g)+Q$ 达到平衡时，下面（　　）的操作，能使平衡向右移动。

A. 增大容器体积　B. 减小容器体积　　C. 加入氧气　　D. 加入催化剂

23. 当系统发生下列变化时，哪一种变化的 ΔG 为零？（　　）

A. 理想气体向真空自由膨胀　　B. 理想气体的绝热可逆膨胀

C. 理想气体的等温可逆膨胀　　D. 水在正常沸点下变成蒸汽

24. 滴定分析中，化学计量点与滴定终点间的关系是（　　）。

A. 两者必须吻合　　B. 两者互不相干

C. 两者愈接近，滴定误差愈小　　D. 两者愈接近，滴定误差愈大

25. 电解食盐水，在阴、阳电极上产生的是（　　）。

A. 金属钠、氯气　　B. 氢气、氯气

C. 氢氧化钠、氯气　　D. 氢氧化钠、氧气

26. 丁苯橡胶具有良好的耐磨性和抗老化性，主要用于制造轮胎，是目前产量最大的合成橡胶，它是1,3-丁二烯与（　　）发生聚合反应得到的。

A. 苯　　B. 苯乙烯　　C. 苯乙炔　　D. 甲苯

27. 对甲基异丁基苯用高锰酸钾氧化所得的主要产物为（　　）。

A. CH_3 / COOH　　B. COOH / COOH　　C. COOH / $C(CH_3)_3$　　D. COOH / CH_2COOH

28. 对可逆反应来说，其正反应和逆反应的平衡常数间的关系为（　　）。

A. 相等　　B. 二者正、负号相反

C. 二者之和为1　　D. 二者之积为1

29. 对离子膜电解装置，下列叙述错误的是（　　）。

A. 用阳离子交换膜将阴极室和阳极室隔开

B. 精制盐水加入阴极室，纯水加入阳极室

C. 氢氧化钠的浓度可由纯水量来调节

D. 阳离子交换膜只允许阳离子通过

30. 对完全互溶的双液系A、B组分来说，若组成一个具有最高恒沸点相图，其最高恒沸点对应的组成为C，如体系点在A、C之间，则（　　）。

A. 塔底为A，塔顶为C　　B. 塔底为C，塔顶为A

C. 塔底为B，塔顶为C　　D. 塔底为C，塔顶为B

31. 对于 H_2O_2 性质的描述正确的是（　　）。

A. 只有强氧化性　　B. 既有氧化性，又有还原性

C. 只有还原性　　D. 很稳定，不易发生分解

32. 对于二组分系统能平衡共存的最多相数为（　　）。

A. 1　　B. 2　　C. 3　　D. 4

33. 对于真实气体，下列与理想气体相近的条件是（　　）。

A. 高温高压　　B. 高温低压　　C. 低温高压　　D. 低温低压

34. 反应 $2A(g) \rightleftharpoons 2B(g)+E(g)$（正反应为吸热反应）达到平衡时，要使正反应速率降低，A的浓度增大，应采取的措施是（　　）。

A. 加压　　B. 减压　　C. 减小E的浓度　　D. 降温

35. 范德瓦尔斯方程对理想气体方程做了哪两项修正？（　　）

A. 分子间有作用力，分子本身有体积

B. 温度修正，压力修正

C. 分子不是球形，分子间碰撞有规律可循

D. 分子间有作用力，温度修正

36. 分子组成和相对分子质量完全相同，但分子结构不同，因而性质不同的物质叫

（　　）。

A. 同系物　B. 同系列　C. 同分异构体　D. 同族物

37. 封闭系统经任意循环过程，则（　　）。

A. $Q=0$　B. $W=0$　C. $Q+W=0$　D. 以上均不对

38. 佛尔哈德法测定氯含量时，溶液应为（　　）。

A. 酸性　B. 弱酸性　C. 中性　D. 碱性

39. 符合光吸收定律的溶液适当稀释时，其最大吸收波长位置（　　）。

A. 向长波移动　B. 向短波移动　C. 不移动　D. 都不对

40. 福尔马林溶液的有效成分是（　　）。

A. 石炭酸　B. 甲醛　C. 谷氨酸钠　D. 对甲基苯酚

41. 干燥 H_2S 气体，通常选用的干燥剂是（　　）。

A. 浓 H_2SO_4　B. NaOH　C. P_2O_5　D. $NaNO_3$

42. 根据熵的物理意义，下列过程中系统的熵增大的是（　　）。

A. 水蒸气冷凝成水　B. 乙烯聚合成聚乙烯

C. 气体在催化剂表面吸附　D. 盐酸溶液中的 HCl 挥发为气体

43. 工业上常用硫碱代替烧碱使用的原因是（　　）。

A. 含有相同的 Na^+　B. 它们都是碱

C. 含有还原性的 S^{2-}　D. S^{2-} 水解呈强碱性

44. 工业上对反应 $2SO_2+O_2 \rightleftharpoons 2SO_3+Q$ 使用催化剂的目的是（　　）。

A. 扩大反应物的接触面

B. 促使平衡向正反应方向移动

C. 缩短达到平衡所需的时间，提高 SO_2 的转化率

D. 增大产品的产量

45. 工业上广泛采用的大规模制取氯气的方法是（　　）。

A. 浓硫酸与二氧化锰反应　B. 电解饱和食盐水溶液

C. 浓硫酸与高锰酸钾反应　D. 二氧化锰、食盐与浓硫酸反应

46. 工业上生产乙炔常采用（　　）。

A. 乙醛脱水法　B. 电石法　C. 煤气化法　D. 煤液化法

47. 工业上所谓的“三酸两碱”中的两碱通常是指（　　）。

A. 氢氧化钠和氢氧化钾　B. 碳酸钠和碳酸氢钠

C. 氢氧化钠和碳酸氢钠　D. 氢氧化钠和碳酸钠

48. 工业生产乙烯中，乙烯精馏塔塔顶出料成分有（　　）。

A. 乙烯　B. 乙烯、甲烷、氢气

C. 甲烷、氢气　D. 乙烯、甲烷

49. 关于 O_3 与 O_2 的说法错误的是（　　）。

A. 它们是同素异形体　B. O_3 比 O_2 更稳定

C. O_3 的氧化性比 O_2 强　D. O_3 在水中的溶解度比 O_2 大

50. 关于氨的下列叙述中，错误的是（　　）。

A. 是一种制冷剂　　B. 氨在空气中可燃

C. 氨易溶于水　　D. 氨水是弱碱

51. 关于热力学第一定律正确的表述是（　　）。

A. 热力学第一定律就是能量守恒与转化定律

B. 第一类永动机是可以创造的

C. 在隔离体系中，自发过程向熵增大的方向进行

D. 第二类永动机是可以创造的

52. 关于正催化剂，下列说法中正确的是（　　）。

A. 降低反应的活化能，增大正、逆反应速率

B. 增加反应的活化能，使正反应速率加快

C. 增加正反应速率，降低逆反应速率

D. 提高平衡转化率

53. 国际上常用（　　）的产量来衡量一个国家的石油化学工业水平。

A. 乙烯　　B. 甲烷　　C. 乙炔　　D. 苯

54. 国内试剂标准名称为优级纯的标签颜色为（　　）。

A. 绿色　　B. 红色　　C. 蓝色　　D. 棕黄色

55. 恒容时，为使 $N_2(g)+3H_2(g) \xrightleftharpoons{催化剂} 2NH_3(g)$　$\Delta H=-92.2kJ/mol$ 平衡向左移动，可以（　　）。

A. 降低温度　　B. 增加压力　　C. 加入负催化剂　　D. 升高温度

56. 化合物①乙醇、②碳酸、③水、④苯酚的酸性由强到弱的顺序是（　　）。

A. ①②③④　　B. ②③①④　　C. ④③②①　　D. ②④③①

57. 化学反应活化能的概念是（　　）。

A. 基元反应的反应热　　B. 基元反应、分子反应需吸收的能量

C. 一般反应的反应热　　D. 一般反应、分子反应需吸收的能量

58. 化学反应速率随反应浓度增加而加快，其原因是（　　）。

A. 活化能降低　　B. 反应速率常数增大

C. 活化分子数增加，有效碰撞次数增大　D. 以上都不对

59. 缓冲容量的大小与组分比有关，总浓度一定时，缓冲组分的浓度比接近（　　）时，缓冲容量最大。

A. 2∶1　　B. 1∶2　　C. 1∶1　　D. 3∶1

60. 患甲状腺肿大是常见的地方病，下列元素对该病有治疗作用的是（　　）。

A. 钠元素　　B. 氯元素　　C. 碘元素　　D. 铁元素

61. 基本有机合成原料的“三烯”指的是（　　）。

A. 乙烯、丙烯、丁烯　　B. 乙烯、丙烯、苯乙烯

C. 乙烯、苯乙烯、丁二烯　　D. 乙烯、丙烯、丁二烯

62. 既能跟盐酸，又能跟氢氧化钠反应，产生氢气的物质是（　　）。

A. 铝　　B. 铁　　C. 铜　　D. 氧化铝

63. 既有颜色又有毒性的气体是（　　）。

A. Cl_2　　B. H_2S　　C. CO　　D. CO_2

64. 甲醛、乙醛、丙酮三种化合物可用（　　）一步区分开。

A. $NaHSO_4$ 试剂　　B. 席夫（Schiff's）试剂

C. 托伦（Tollens)试剂　　D. 费林（Fehling）试剂

65. 检验烧碱中含纯碱的最佳方法是（　　）。

A. 加热有气体生成　　B. 焰色反应为黄色火焰

C. 加入 $CaCl_2$ 溶液有白色沉淀生成　　D. 加入 $BaCl_2$ 溶液有白色沉淀生成

66. 将石油中的（　　）转变为芳香烃的过程，叫做石油的芳构化。

A. 烷烃或脂环烃　B. 乙烯　　C. 炔烃　　D. 醇

67. 金属钠应保存在（　　）。

A. 酒精中　　B. 液氨中　　C. 煤油中　　D. 空气中

68. 金属钠着火时，可以用来灭火的物质或器材是（　　）。

A. 煤油　　B. 砂子　　C. 泡沫灭火器　　D. 浸湿的布

69. 禁止用工业酒精配制饮料酒，是因为工业酒精中含有下列物质中的（　　）。

A. 甲醇　　B. 乙二醇　　C. 丙三醇　　D. 异戊醇

70. 聚丙烯腈主要用作（　　）。

A. 塑料　　B. 合成纤维　　C. 合成橡胶　　D. 天然橡胶

71. 对可逆反应 $C(s)+H_2O(g) \rightleftharpoons CO(g)+H_2(g)$　$\Delta H>0$，下列说法正确的是（　　）。

A. 达到平衡时，反应物的浓度和生成物的浓度相等

B. 达到平衡时，反应物和生成物的浓度不随时间的变化而变化

C. 由于反应前后分子数相等，所以增加压力对平衡没有影响

D. 升高温度使正反应速率增大，逆反应速率减小，结果平衡向右移

72. 可以不贮存在棕色试剂瓶中的标准溶液是（　　）。

A. I_2　　B. EDTA　　C. $Na_2S_2O_3$　　D. $KMnO_4$

73. 空心阴极灯内充的气体是（　　）。

A. 大量的空气　　B. 大量的氖或氩等惰性气体

C. 少量的空气　　D. 少量的氖或氩等惰性气体

74. 理想气体经历绝热自由膨胀，下述答案中哪一个正确？（　　）

A. $\Delta U>0$，$\Delta S>0$　　B. $\Delta U<0$，$\Delta S<0$

C. $\Delta U=0$，$\Delta S<0$　　D. $\Delta U=0$，$\Delta S>0$

75. 利用下列方法能制备乙醇的是（　　）。

A. 乙烯通入水中　　B. 溴乙烷与水混合加热

C. 淀粉在稀酸下水解　　D. 乙醛蒸气和氢气通过热的镍丝

76. 氯化氢的水溶性是（　　）。

A. 难溶　　B. 微溶　　C. 易溶　　D. 极易溶

77. 氯化氢气体能使（　　）。

A. 干燥的石蕊试纸变红色　　B. 干燥的石蕊试纸变蓝色

C. 湿润的石蕊试纸变红色　　D. 湿润的石蕊试纸变蓝色

78. 氯气和二氧化硫皆可用作漂白剂，若同时用于漂白一种物质时，其漂白效果会（　　）。

A. 增强　　B. 不变　　C. 减弱　　D. 不能确定

79. 某同学将带火星的木条插入一瓶无色气体中，木条剧烈燃烧，该气体可能是（　　）。

A. 空气　　B. 氧气　　C. 氮气　　D. 二氧化碳

80. 某盐水溶液，无色，加入硝酸银溶液后，产生白色沉淀，加入氢氧化钙并加热，有刺激性气味气体放出。该盐可能是（　　）。

A. 氯化钠　　B. 氯化铵　　C. 醋酸锌　　D. 硝酸汞

81. 某元素 R 的气态氢化物的化学式为 H_2R，则它的最高价氧化物对应的水化物的化学式为（　　）。

A. HRO_4　　B. H_3RO_4　　C. H_2RO_3　　D. H_2RO_4

82. 目前，工业上乙烯的主要来源是（　　）。

A. 乙醇脱水　　B. 乙炔加氢　　C. 煤的干馏　　D. 石油裂解

83. 能用来分离 Fe^{3+} 和 Al^{3+} 的试剂是（　　）。

A. 氨水　　B. NaOH 溶液和盐酸

C. 氨水和盐酸　　D. NaOH 溶液

84. 能在硝酸溶液中存在的是（　　）。

A. 碘离子　　B. 亚硫酸根离子　　C. 高氯酸根离子　　D. 碳酸根离子

85. 浓硫酸使蔗糖炭化，是利用浓硫酸的（　　）。

A. 氧化性　　B. 脱水性　　C. 吸水性　　D. 酸性

86. 浓硝酸系强氧化剂，严禁与（　　）接触。

A. 铝制品　　B. 陶　　C. 硅铁　　D. 木材、纸等有机物

87. 配合物的命名基本上遵循无机化合物的命名原则，先命名（　　）。

A. 阳离子再命名阴离子　　B. 阴离子再命名阳离子

C. 阴阳离子再命名阴离子　　D. 以上都可以

88. 配平下列反应式：$FeSO_4 + HNO_3 + H_2SO_4 \rightleftharpoons Fe_2(SO_4)_3 + NO + H_2O$,下列答案中系数自左到右正确的是（　　）。

A. 6，2，2，3，2，4　　B. 6，2，3，3，2，4

C. 6，2，1，3，2，1　　D. 6，2，3，3，2，9

89. 硼砂是治疗口腔炎中成药冰硼散的主要成分，其分子式为（　　）。

A. H_3BO_3　　B. $Na_2B_4O_7 \cdot 8H_2O$

C. $Na_2B_4O_7 \cdot 10H_2O$　　D. $Na_2BO_3 \cdot 10H_2O$

90. 普通玻璃电极不能测定强碱性溶液，是由于（　　）

A. NH_4^+ 有干扰　　B. OH^- 在电极上有响应

C. 钠离子在电极上有响应　　D. 玻璃被碱腐蚀

91. 气体 CO 与 O_2 在一坚固的绝热箱内发生化学反应，系统的温度升高，该过程（　　）。

A. $\Delta U=0$　　B. $\Delta H=0$　　C. $\Delta S=0$　　D. $\Delta G=0$

92. 气-液色谱法，其分离原理是（　　）。
A. 吸附平衡　　B. 分配平衡　　C. 离子交换平衡　　D. 渗透平衡

93. 汽油中有少量烯烃杂质，在实验室中使用最简便的提纯方法是（　　）。
A. 催化加氢　　B. 加入浓 H_2SO_4 洗涤，再使其分离
C. 加入 HBr 使烯烃与其反应　　D. 加入水洗涤，再分离

94. 铅蓄电池充电时，在阴极上发生的反应为（　　）。
A. $2H^+ + 2e^- = H_2$
B. $Pb^{2+} + SO_4^{2-} = PbSO_4$
C. $PbSO_4 + 2H_2O = PbO_2 + 4H^+ + SO_4^{2-} + 2e^-$
D. $PbSO_4 + 2e^- = Pb + SO_4^{2-}$

95. 氢气还原氧化铜的实验过程中，包含四步操作：①加热盛有氧化铜的试管，②通入氢气，③撤去酒精灯，④继续通入氢气直至冷却，正确的操作顺序是（　　）。
A. ①②③④　　B. ②①③④　　C. ②①④③　　D. ①②④③

96. 区别庚烷和甲苯可采用哪种试剂？（　　）
A. 溴水　　B. 浓盐酸　　C. 高锰酸钾　　D. 氯水

97. 热力学第一定律和第二定律表明的是（　　）。
A. 敞开体系能量守恒定律及敞开体系过程方向和限度
B. 隔离体系能量守恒定律及隔离体系过程方向和限度
C. 封闭体系能量守恒定律及隔离体系过程方向和限度
D. 隔离体系能量守恒定律及封闭体系过程方向和限度

98. 盛烧碱溶液的瓶口，常有白色固体物质，其成分是（　　）。
A. 氧化钠　　B. 氢氧化钠　　C. 碳酸钠　　D. 过氧化钠

99. 湿氯气对铁管具有较强的腐蚀作用，其腐蚀作用的主要原理包括（　　）。
① $2Fe + 3Cl_2 \longrightarrow 2FeCl_3$　　② $Fe + Cl_2 \longrightarrow FeCl_2$
③ $Cl_2 + H_2O \longrightarrow HCl + HClO$　　④ $FeCl_3 + 3H_2O \longrightarrow Fe(OH)_3 + 3HCl$
A. ①②　　B. ②③　　C. ③④　　D. ①④

100. 石油被称为“工业的血液”，下列有关石油的说法正确的是（　　）。
A. 石油是一种混合物　　B. 石油是一种化合物
C. 石油可以直接作飞机燃料　　D. 石油蕴藏量是无限的

101. 实际气体与理想气体的区别是（　　）。
A. 实际气体分子有体积
B. 实际气体分子间有作用力
C. 实际气体与理想气体间并无多大本质区别
D. 实际气体分子不仅有体积，分子间还有作用力

102. 实验室不宜用浓 H_2SO_4 与金属卤化物制备 HX 气体的有（　　）。
A. HF 和 HI　　B. HBr 和 HI
C. HF、HBr 和 HI　　D. HF 和 HBr

103. 实验室用 FeS 和酸作用制备 H_2S 气体，所使用的酸是（　　）。

A. HNO_3　　B. 浓 H_2SO_4　　C. 稀 HCl　　D. 浓 HCl

104. 实验室制取氯化氢的方法是（　　）。

A. 氯化钠溶液与浓硫酸加热反应　　B. 氯化钠溶液与稀硫酸加热反应

C. 氯化钠晶体与浓硫酸加热反应　　D. 氯化钠晶体与稀硫酸加热反应

105. 实验室制取氯气的收集方法应采用（　　）。

A. 排水集气法　　B. 向上排气集气法

C. 向下排气集气法　　D. 排水和排气法都可以

106. 实验中除去烷烃中的少量烯烃可以采用哪种试剂？（　　）

A. 磷酸　　B. 硝酸　　C. 浓硫酸　　D. 浓盐酸

107. 水和空气是宝贵的自然资源，与人类、动植物的生存发展密切相关。以下对水和空气的认识，你认为正确的是（　　）。

A. 饮用的纯净水不含任何化学物质

B. 淡水资源有限和短缺

C. 新鲜空气是纯净的化合物

D. 目前城市空气质量日报的监测项目中包括二氧化碳含量

108. 酸雨主要是燃烧含硫燃料时释放出的 SO_2 造成的，收集一定量的雨水每隔一段时间测定酸雨的 pH，随时间的推移测得 pH（　　）。

A. 逐渐变大　　B. 逐渐变小至某一定值

C. 不变　　D. 无法判断是否变化

109. 随着化学工业的发展，能源的种类也变得多样化了，现在很多城市都开始使用天然气，天然气的主要成分是（　　）。

A. CO　　B. CO_2　　C. H_2　　D. CH_4

110. 讨论实际气体时，若压缩因子 $Z>1$，则表示该气体（　　）。

A. 容易液化

B. 在相同温度和压力下，其内压为零

C. 在相同温度和压力下，其 V_m 较理想气体摩尔体积为大

D. 该气体有较大的对比压力

111. 体积为 1L 的干燥烧瓶中用排气法收集 HCl 后，测得烧瓶内气体对氧气的相对密度为 1.082。用此烧瓶做喷泉实验，当喷泉停止后进入烧瓶液体的体积是（　　）。

A. 1L　　B. 3/4 L　　C. 1/2L　　D. 1/4 L

112. 天然气的主要成分是（　　）。

A. 乙烷　　B. 乙烯　　C. 丁烷　　D. 甲烷

113. 铁矿试样通常采用（　　）溶解。

A. 盐酸　　B. 王水　　C. 氢氧化钠溶液　　D. 水

114. 铁在化合物中通常都是（　　）。

A. +3 价和+4 价　　B. +2 价和+3 价

C. +1 价和+3 价　　D. +1 价和+2 价

115. 通常情况下能共存且能用浓硫酸干燥的气体组是（　　）。

A. SO_2、Cl_2、H_2S　　B. O_2、H_2、CO

C. CH_4、Cl_2、H_2　　D. CO、SO_3、O_2

116. 通常用来衡量一个国家石油化工发展水平的标志是（　　）。

A. 石油产量　B. 乙烯产量　C. 苯的产量　D. 合成纤维产量

117. 烷烃①正庚烷、②正己烷、③2-甲基戊烷、④正癸烷的沸点由高到低的顺序是（　　）。

A. ①②③④　B. ③②①④　C. ④③②①　D. ④①②③

118. 为了提高硫酸工业的综合经济效益，下列做法正确的是（　　）。

①对硫酸工业生产中产生的废气、废渣和废液实行综合利用。②充分利用硫酸工业生产中的“废热”。③不把硫酸工厂建在人口稠密的居民区和环保要求高的地区。

A. 只有①　B. 只有②　C. 只有③　D. ①②③全正确

119. 我们常说的工业烧碱是指（　　）。

A. $CaCO_3$　B. Na_2CO_3　C. NaOH　D. $Cu(OH)_2$

120. 下列 Lewis 碱强度顺序排列正确的是（　　）。

A. $NH_2CH_3 > NH_3 > NH_2OH$　　B. $NH_2OH > NH_3 > NH_2CH_3$

C. $NH_3 > NH_2CH_3 > NH_2OH$　　D. $NH_3 > NH_2OH > NH_2CH_3$

121. 下列不能通过电解食盐水得到的是（　　）。

A. 烧碱　B. 纯碱　C. 氢气　D. 氯气

122. 下列不属于 EDTA 分析特性的选项为（　　）。

A. EDTA 与金属离子的配位比为 1∶1

B. 生成的配合物稳定且易溶于水

C. 反应速率快

D. EDTA 显碱性

123. 下列不属于水解反应的是（　　）。

A. 油脂的皂化反应　　B. 乙烯在硫酸作用下与水反应

C. 卤代烃与氢氧化钠的水溶液反应　D. 乙酸乙酯在硫酸溶液里反应

124. 下列滴定方法不属于滴定分析类型的是（　　）。

A. 酸碱滴定法　　B. 浓差滴定法

C. 配位滴定法　　D. 氧化还原滴定法

125. 下列反应不属于氧化反应的是（　　）。

A. 乙烯通入酸性高锰酸钾溶液中　B. 烯烃催化加氢

C. 天然气燃烧　　D. 醇在一定条件下反应生成醛

126. 下列反应属于脱水反应的是（　　）。

A. 乙烯与水反应　　B. 乙烯与溴水反应

C. 乙醇与浓硫酸共热 170℃反应　D. 乙烯与氯化氢在一定条件下反应

127. 下列各项措施中可以减小随机误差的是（　　）。

A. 进行称量器的校正　　B. 空白试验

C. 对照试验　　D. 增加测定次数

128. 下列各组化合物中，只用溴水可鉴别的是（　　）。

A. 丙烯、丙烷、环丙烷　　B. 苯胺、苯、苯酚

C. 乙烷、乙烯、乙炔　　D. 乙烯、苯、苯酚

129. 下列各组离子中，能大量共存于同一溶液中的是（　　）。

A. CO_3^{2-}、H^+、Na^+、NO_3^-　　B. NO_3^-、SO_4^{2-}、K^+、Na^+

C. H^+、Ag^+、SO_4^{2-}、Cl^-　　D. Na^+、NH_4^+、Cl^-、OH^-

130. 下列各组物质沸点高低顺序中正确的是（　　）。

A. $HI > HBr > HCl > HF$　　B. $H_2Te > H_2Se > H_2S > H_2O$

C. $NH_3 > AsH_3 > PH_3$　　D. $CH_4 > GeH_4 > SiH_4$

131. 下列各组物质中，不能产生氢气的是（　　）。

A. $Zn + HCl$　　B. $Cu + HNO_3$（浓）

C. $Mg + H_2O$（沸水）　　D. $Al + NaOH$

132. 下列各组液体混合物能用分液漏斗分开的是（　　）。

A. 乙醇和水　　B. 四氯化碳和水　　C. 乙醇和苯　　D. 四氯化碳和苯

133. 下列关于氨的性质的叙述中，错误的是（　　）。

A. 金属钠可取代干燥氨气中的氢原子，放出氢气

B. 氨气可在空气中燃烧生成氮气和水

C. 以 NH_2^- 取代 $COCl_2$ 中的氯原子，生成 $CO(NH_2)_2$

D. 氨气与氯化氢气体相遇，可生成白烟

134. 下列关于金属钠的叙述，错误的是（　　）。

A. 钠与水作用放出氢气，同时生成氢氧化钠

B. 少量钠通常贮存在煤油里

C. 和 Au、Ag 等金属一样，钠在自然界中可以以单质的形式存在

D. 金属钠的熔点低，密度、硬度都较低

135. 下列关于氯气的叙述正确的是（　　）。

A. 在通常情况下，氯气比空气轻

B. 氯气能与氢气化合生成氯化氢

C. 红色的铜丝在氯气中燃烧后生成蓝色的 $CuCl_2$

D. 液氯与氯水是同一种物质

136. 下列化合物，属于烃类的是（　　）。

A. CH_3CHO　　B. CH_3CH_2OH　　C. C_4H_{10}　　D. C_6H_5Cl

137. 下列化合物中不溶于水的是（　　）。

A. 醋酸　　B. 乙酸乙酯　　C. 乙醇　　D. 乙胺

138. 下列化合物中哪个在水中溶解度最大？（　　）

A. $CH_3CH_2CH_2CH_3$　　B. $CH_3CH_2OCH_2CH_3$

C. $CH_3CH_2CH_2CHO$　　D. $CH_3CH_2CH_2CH_2OH$

139. 下列几种物质中最易溶于水的是（　　）。

A. 乙醚　　B. 四氯化碳　　C. 乙酸　　D. 硝基苯

140. 下列金属常温下能和水反应的是（　　）。

A. Fe　　B. Cu　　C. Mg　　D. Na

141. 下列金属所制器皿不能用于盛装浓硫酸的是（　　）。

A. Al　　B. Fe　　C. Cr　　D. Zn

142. 下列论述中正确的是（　　）。

A. 溶解度表明了溶液中溶质和溶剂的相对含量

B. 溶解度是指饱和溶液中溶质和溶剂的相对含量

C. 任何物质在水中的溶解度都随着温度的升高而升高

D. 压力的改变对任何物质的溶解度都影响不大

143. 下列哪种方法不能制备氢气？（　　）

A. 电解食盐水溶液　　B. Zn 与稀硫酸反应

C. Zn 与盐酸反应　　D. Zn 与稀硝酸反应

144. 下列哪种情况下的气体属于理想气体？（　　）

A. 低压、高温　B. 低压、低温　　C. 高压、高温　　D. 高压、低温

145. 下列哪种方法可使可逆反应：

$2Cl_2(g)+2H_2O(g)\rightleftharpoons 4HCl(g)+O_2(g)+Q$ 向右移动？（　　）

A. 增大容器体积 B. 减小容器体积　C. 加入氧气　　D. 加入催化剂

146. 下列哪种物质能溶解金？（　　）

A. 浓硝酸　　B. 浓硫酸　　C. 硝酸与盐酸的混合物　　D. 浓盐酸

147. 下列钠盐中，可认为是沉淀的是（　　）。

A. Na_2CO_3　　B. Na_2SiF_6　　C. $NaHSO_4$　　D. 酒石酸锑钠

148. 下列气体的制取中，与氨气的实验室制取装置相同的是（　　）。

A. Cl_2　　B. CO_2　　C. H_2　　D. O_2

149. 下列气体会对大气造成污染的是（　　）。

A. N_2　　B. CO　　C. SO_2　　D. O_2

150. 下列气体有臭鸡蛋气味的是（　　）。

A. HCl　　B. SO_2　　C. H_2S　　D. NO

151. 下列气体中，既能用浓硫酸干燥，又能用碱石灰干燥的是（　　）。

A. NH_3　　B. SO_2　　C. N_2　　D. NO_2

152. 下列气体中是有机物的是（　　）。

A. 氧气　　B. 氢气　　C. 甲烷　　D. 一氧化碳

153. 下列气体中无毒的是（　　）。

A. CO_2　　B. Cl_2　　C. SO_2　　D. H_2S

154. 下列溶液中，须保存于棕色试剂瓶中的是（　　）。

A. 浓硫酸　　B. 浓硝酸　　C. 浓盐酸　　D. 亚硫酸钠

155. 下列石油馏分中沸点最低的是（　　）。

A. 重石脑油　B. 粗柴油　C. 煤油　D. 润滑油

156. 下列说法正确的是（　　）。

A. 1mol H_2 的质量与 1mol（$1/2H_2$）的质量相等

B. 1mol 硫酸与 1mol（1/2 硫酸）所含硫酸分子数相同

C. 1mol H 中含有 $2\times6.02\times10^{23}$ 个电子

D.（1/2 硫酸）溶液的浓度比 0.005mol/L 硫酸浓度大

157. 下列酸中能腐蚀玻璃的是（　　）。

A. 盐酸　B. 硫酸　C. 硝酸　D. 氢氟酸

158. 下列物质哪种不能由乙烯直接合成？（　　）

A. 乙酸　B. 乙醇　C. 乙醛　D. 合成塑料

159. 下列物质被还原可生成红棕色气体的是（　　）。

A. 溴化氢　B. 一氧化氮　C. 稀硫酸　D. 浓硝酸

160. 下列物质不能与溴水发生反应的是（　　）。

A. 苯酚溶液　B. 苯乙烯　C. 碘化钾溶液　D. 甲苯

161. 下列物质不需用棕色试剂瓶保存的是（　　）。

A. 浓 HNO_3　B. $AgNO_3$　C. 氯水　D. 浓 H_2SO_4

162. 下列物质的水溶液呈碱性的是（　　）。

A. 氯化钙　B. 硫酸钠　C. 甲醇　D. 碳酸氢钠

163. 下列物质久置空气中会变质的是（　　）。

A. 烧碱　B. 亚硝酸钠　C. 氢硫酸　D. 硫单质

164. 下列物质能用铝容器保存的是（　　）。

A. 稀硫酸　B. 稀硝酸　C. 冷浓硫酸　D. 冷浓盐酸

165. 下列物质中，分子之间不存在氢键的是（　　）。

A. C_2H_5OH　B. CH_4　C. H_2O　D. HF

166. 下列物质中，既能与盐酸反应，又能与 NaOH 溶液反应的是（　　）。

A. Na_2CO_3　B. $NaHCO_3$　C. $NaHSO_4$　D. Na_2SO_4

167. 下列物质中，由于发生化学反应而使酸性高锰酸钾褪色，又能使溴水因发生反应而褪色的是（　　）。

A. 苯　B. 甲苯　C. 乙烯　D. 乙烷

168. 下列物质中，在空气中能稳定存在的是（　　）。

A. 苯胺　B. 苯酚　C. 乙醛　D. 乙酸

169. 下列物质中含羟基的官能团是（　　）。

A. 乙酸甲酯　B. 乙醛　C. 乙醇　D. 甲醚

170. 下列物质中既溶于盐酸又溶于氢氧化钠的是（　　）。

A. Fe_2O_3　B. Al_2O_3　C. $CaCO_3$　D. SiO_2

171. 下列物质中燃烧热不为零的是（　　）。

A. $N_2(g)$　B. $H_2O(g)$　C. $SO_2(g)$　D. $CO_2(g)$

172. 下列物质中属于酸碱指示剂的是（　　）。

A. 钙指示剂　B. 铬黑 T　C. 甲基红　D. 二苯胺

173. 下列烯烃中哪个不是最基本的有机合成原料“三烯”中的一个？（　）

A. 乙烯　B. 丁烯　C. 丙烯　D. 1,3-丁二烯

174. 下列叙述不正确的是（　）。

A. 工业上制备氯气是电解饱和食盐水方法制的

B. 氯气溶于水在光照作用下可得氧气

C. 氯气是黄绿色又有刺激性气味的有毒气体

D. 氯气对人体的危害是因为具有强烈的脱水性

175. 下列叙述错误的是（　）。

A. 铝是一种亲氧元素，可用单质铝和一些金属氧化物高温反应得到对应金属

B. 铝表面可被冷浓硝酸和浓硫酸钝化

C. 铝是一种轻金属，易被氧化，使用时尽可能少和空气接触

D. 铝离子对人体有害，最好不用明矾净水

176. 下列有关物质的用途，由物质的化学性质决定的是（　）。

A. 用活性炭吸附有色物质　B. 用金刚石作钻头

C. 用氢气充灌气球做广告　D. 用盐酸除铁锈

177. 下列有关硝酸反应的叙述中错误的是（　）。

A. 浓硫酸和硫化亚铁反应有硫化氢气体放出

B. 浓硝酸和铜反应有二氧化氮气体放出

C. 硝酸和碳酸钠反应有二氧化碳气体放出

D. 硝酸加热时有二氧化氮、氧气放出

178. 下列有机物质中，须保存于棕色试剂瓶中的是（　）。

A. 丙酮　B. 氯仿　C. 四氯化碳　D. 二硫化碳

179. 下列属于可再生燃料的是（　）。

A. 煤　B. 石油　C. 天然气　D. 柴草

180. 下面哪一个不是高聚物聚合的方法？（　）

A. 本体聚合　B. 溶液聚合　C. 链引发　D. 乳液聚合

181. 相同条件下，质量相同的下列物质，所含分子数最多的是（　）。

A. 氢气　B. 氯气　C. 氯化氢　D. 二氧化碳

182. 向 $Al_2(SO_4)_3$ 和 $CuSO_4$ 的混合溶液中放入一个铁钉，其变化是（　）。

A. 生成 Al、H_2 和 Fe^{2+}　B. 生成 Al、Cu 和 Fe^{2+}

C. 生成 Cu 和 Fe^{2+}　D. 生成 Cu 和 Fe^{3+}

183. 向 1mL pH＝1.8 的盐酸中加入水（　）才能使溶液的 pH＝2.8。

A. 9mL　B. 10mL　C. 8mL　D. 12mL

184. 硝酸在常温下见光就会分解，受热分解得更快，其分解产物是（　）。

A. H_2O，NO_2　B. H_2O，NO_2，O_2

C. H_2O，NO，O_2　D. H_2O，NO，NO_2

185. 压力变化不会使下列化学反应的平衡移动的是（　）。

A. $H_2(g)+I_2(g) \rightleftharpoons 2HI(g)$　　B. $3H_2(g)+N_2(g) \rightleftharpoons 2NH_3(g)$

C. $2SO_2(g)+O_2(g) \rightleftharpoons 2SO_3(g)$　　D. $C(s)+CO_2(g) \rightleftharpoons 2CO(g)$

186. 氧和臭氧的关系是（　　）。

A. 同位素　　B. 同素异形体　　C. 同分异构体　　D. 同一物质

187. 氧气是我们身边常见的物质，以下有关氧气的叙述不正确的是（　　）。

A. 氧气具有可燃性

B. 氧气能提供动植物呼吸

C. 氧气能支持燃烧

D. 某些物质在空气中不能燃烧，但在氧气中能燃烧

188. 要同时除去 SO_2 气体中的 SO_3（气）和水蒸气，应将气体通入（　　）。

A. NaOH 溶液　　B. 饱和 $NaHSO_3$ 溶液

C. 浓 H_2SO_4　　D. CaO 粉末

189. 要准确量取 25.00mL 的稀盐酸，可用的仪器是（　　）。

A. 25mL 移液管　　B. 25mL 量筒

C. 25mL 酸式滴定管　　D. 25mL 碱式滴定管

190. 要准确量取一定量的液体，最适当的仪器是（　　）。

A. 量筒　　B. 烧杯　　C. 试剂瓶　　D. 滴定管

191. 液化石油气燃烧的化学方程式分别为：$CH_4+2O_2 \longrightarrow CO_2+2H_2O$；$C_3H_8+5O_2 \longrightarrow 3CO_2+4H_2O$。现有一套以天然气为燃料的灶具，要改为以液化石油气为燃料的灶具，应该采取的措施是（　　）。

A. 燃料气和空气的进入量都减小

B. 燃料气和空气的进入量都增大

C. 减小燃料气进入量或增大空气进入量

D. 增大燃料气进入量或减小空气进入量

192. 一定量的某气体，压力增为原来的 4 倍，热力学温度是原来的 2 倍，那么气体体积变化的倍数是（　　）。

A. 8　　B. 2　　C. 1/2　　D. 1/8

193. 易与血红蛋白结合的气体是（　　）。

A. Cl_2　　B. H_2　　C. CO　　D. CO_2

194. 影响化学反应平衡常数数值的因素是（　　）。

A. 反应物浓度　B. 温度　　C. 催化剂　　D. 产物浓度

195. 影响氧化还原反应平衡常数的因素是（　　）。

A. 反应物浓度　B. 温度　　C. 催化剂　　D. 反应产物浓度

196. 硬水是指（　　）。

A. 含有二价钙、镁离子的水　　B. 含金属离子较多的水

C. 矿泉水　　D. 自来水

197. 用 $Na_2S_2O_3$ 滴定 I_2，终点颜色是（　　）。

A. 蓝色变无色　B. 蓝色出现　　C. 无色变蓝色　　D. 无现象

198. 用 $ZnCl_2$ 浓溶液清除金属表面的氧化物，利用的是它的（　　）。

A. 氧化性　　B. 还原性　　C. 配位性　　D. 碱性

199. 用双指示剂法分步滴定混合碱时，若 $V_1 > V_2$，则混合碱为（　　）。

A. Na_2CO_3、$NaHCO_3$　　B. Na_2CO_3、$NaOH$

C. $NaHCO_3$　　D. Na_2CO_3

200. 用乙醇生产乙烯利用的化学反应是（　　）。

A. 氧化反应　　B. 水和反应　　C. 脱水反应　　D. 水解反应

201. 有关 Cl_2 的用途，不正确的论述是（　　）。

A. 用来制备 Br_2　　B. 用来制杀虫剂

C. 用于饮用水的消毒　　D. 合成聚氯乙烯

202. 有关实验室制乙烯的说法中，不正确的是（　　）。

A. 温度计的水银球要插入到反应物的液面以下

B. 反应过程中溶液的颜色会逐渐变黑

C. 生成的乙烯中混有刺激性气味的气体

D. 加热时要注意使温度缓慢上升至 170℃

203. 有机化合物分子中由于碳原子之间的连接方式不同而产生的异构称为（　　）。

A. 构造异构　　B. 构象异构　　C. 顺反异构　　D. 对映异构

204. 有外观相似的两种白色粉末，已知它们分别是无机物和有机物，可用下列（　　）的简便方法将它们鉴别出来。

A. 分别溶于水，不溶于水的为有机物

B. 分别溶于有机溶剂，易溶的是有机物

C. 分别测熔点，熔点低的为有机物

D. 分别灼烧，能燃烧或炭化变黑的为有机物

205. 欲制备干燥的氨，所需的药品是（　　）。

A. 氯化铵、熟石灰、浓硫酸　　B. 氯化铵、生石灰、五氧化二磷

C. 氯化铵、熟石灰、碱石灰　　D. 硫酸铵、熟石灰

206. 在 $CO(g)+H_2O(g) \rightleftharpoons CO_2(g)+H_2(g)-Q$ 的平衡中，能同等程度地增加正、逆反应速率的是（　　）。

A. 加催化剂　　B. 增加 CO_2 的浓度

C. 减少 CO 的浓度　　D. 升高温度

207. 在饱和的 AgCl 溶液中加入 NaCl，AgCl 的溶解度降低，这是因为（　　）。

A. 异离子效应　B. 同离子效应　C. 酸效应　D. 配位效应

208. 在标准物质下，相同质量的下列气体中体积最大的是（　　）。

A. 氧气　　B. 氮气　　C. 二氧化硫　　D. 二氧化碳

209. 在纯水中加入一些酸，则溶液中（　　）。

A. $[H^+][OH^-]$ 的乘积增大　　B. $[H^+][OH^-]$ 的乘积减小

C. $[H^+][OH^-]$ 的乘积不变　　D. $[OH^-]$ 浓度增加

210. 在滴定分析中常用的酸性 $KMnO_4$ 测定某还原性物质的含量，反应中 $KMnO_4$ 的还原产物为（　　）。

A. MnO_2　　B. K_2MnO_4　　C. $Mn(OH)_2$　　D. Mn^{2+}

211. 分光光度计的工作原理为（　　）。

A. 牛顿定律　　B. 朗伯-比尔定律

C. 布朗定律　　D. 能斯特定律

212. 在合成氨反应过程中，为提高氢气反应转化率而采取的措施是（　　）。

A. 增加压力　　B. 升高温度

C. 使用催化剂　　D. 不断增加氢气的浓度

213. 在恒定温度下，向一容积为 $2dm^3$ 的抽空容器中依次充初始状态 100kPa、$2dm^3$ 的气体 A 和 200kPa、$2dm^3$ 的气体 B。A、B 均可当作理想气体，且 A、B 间不发生化学反应。容器中混合气体的总压力为（　　）。

A. 300kPa　　B. 200kPa　　C. 150kPa　　D. 100kPa

214. 在恒温抽空的玻璃罩中，用规格相同的甲乙两个杯子放入其中，甲杯装糖水，乙杯装纯水，两者液面高度相同。经历若干时间后，两杯液体的液面高度将是（　　）。

A. 甲杯高于乙杯　B. 甲杯等于乙杯　C. 甲杯低于乙杯　D. 不能确定

215. 在冷浓硝酸中最难溶的金属是（　　）。

A. Cu　　B. Ag　　C. Al　　D. Zn

216. 在某一化学反应中，所谓的惰性气体是指（　　）。

A. 氦、氖、氩、氙　　B. 不参加化学反应的气体

C. 杂质气体　　D. 氮气等

217. 在气相色谱仪中，起分离作用的是（　　）。

A. 净化器　　B. 热导池　　C. 气化室　　D. 色谱柱

218. 在酸性溶液中用高锰酸钾标准溶液滴定草酸盐反应的催化剂是（　　）。

A. $KMnO_4$　　B. Mn^{2+}　　C. MnO_2　　D. Ca^{2+}

219. 在铁的催化剂作用下，苯与液溴反应，使溴的颜色逐渐变浅直至无色，属于（　　）。

A. 取代反应　　B. 加成反应　　C. 氧化反应　　D. 萃取反应

220. 在温度、容积恒定的容器中，含有 A 和 B 两种理想气体，它们的物质的量、分压和分体积分别为 n_A、p_A、V_A 和 n_B、p_B、V_B，容器中的总压力为 p，试判断下列公式中哪个是正确的。（　　）

A. $p_AV=n_ART$　　B. $p_BV=(n_A+n_B)RT$

C. $p_AV_A=n_ART$　　D. $p_BV_B=n_BRT$

221. 在乡村常用明矾溶于水，其目的是（　　）。

A. 利用明矾使杂质漂浮而得到纯水　B. 利用明矾吸附后沉降来净化水

C. 利用明矾与杂质反应而得到纯水　D. 利用明矾杀菌消毒来净化水

222. 在一个绝热刚性容器中发生一化学反应，使系统的温度从 T_1 升高到 T_2，压

力从 p_1 升高到 p_2，则（　　）。

A. $Q>0$，$W>0$，$\Delta U>0$　　B. $Q=0$，$W=0$，$\Delta U=0$

C. $Q=0$，$W>0$，$\Delta U<0$　　D. $Q>0$，$W=0$，$\Delta U>0$

223. 在一个密闭绝热的房间里放置一台电冰箱，将冰箱门打开，并接通电源使其工作，过一段时间之后，室内的气温将如何变化？（　　）

A. 升高　　B. 降低　　C. 不变　　D. 无法判断

224. 在只含有 Cl^- 和 Ag^+ 的溶液中，能产生 AgCl 沉淀的条件是（　　）。

A. 离子积>溶度积　　B. 离子积<溶度积

C. 离子积=溶度积　　D. 不能确定

225. 只加入一种试剂，一次就能鉴别 NH_4Cl、KCl、Na_2CO_3、$(NH_4)_2SO_4$ 四种溶液的是（　　）。

A. NaOH　　B. $AgNO_3$　　C. HCl　　D. $Ba(OH)_2$

226. 置于空气中的铝片能与（　　）反应

A. 水　　B. 浓冷硝酸　　C. 浓冷硫酸　　D. NH_4Cl 溶液

227. 属于石油的一次加工的是（　　）。

A. 常减压蒸馏　　B. 催化重整　　C. 催化加氢　　D. 催化裂化

228. 最容易脱水的化合物是（　　）。

A. R_3COH　　B. R_2CHOH　　C. CH_3OH　　D. RCH_2OH

229. 化学混凝和沉淀法属于废水的（　　）。

A. 物理处理方法　　B. 化学处理方法

C. 生物处理方法　　D. 物理化学处理方法

230. 化工企业对污水的处理方法有多种，其中化学处理法包括（　　）。

A. 混凝法、过滤法、沉淀法

B. 混凝法、中和法、离子交换法

C. 离子交换法、氧化还原法、生物处理法

D. 浮选法、氧化还原法、中和法

231. 目前对人类环境造成危害的酸雨主要是由下列哪种气体造成的？（　　）

A. CO_2　　B. H_2S　　C. SO_2　　D. CO

232. COD 是指在一定条件下，用（　　）氧化废水中有机物所消耗的氧量。

A. 还原剂　　B. 强氧化剂　　C. 酸溶液　　D. 碱溶液

233. 工业废水中衡量该废水可生化性的重要指标是（　　）。

A. COD　　B. BOD　　C. TOD　　D. BOD/COD

234. 化工生产过程的“三废”是指（　　）。

A. 废水、废气、废设备　　B. 废管道、废水、废气

C. 废管道、废设备、废气　　D. 废水、废气、废渣

235. 某工厂排放的酸性废水中，含有较多的 Cu^{2+}，对农作物和人畜都有害，欲采用化学方法除去有害成分，最好加入下列哪种物质？（　　）

A. 食盐和硫酸　　B. 胆矾和石灰水

C. 铁粉和生石灰　　D. 苏打和盐酸

236. 输送浓硫酸的喷射器为了防腐，内壁可采用以下哪种材料？(　　)

A. 环氧树脂　　B. 有机玻璃

C. 聚乙烯塑料　　D. 耐酸陶瓷

237. 下列哪种材质的设备适用于次氯酸钠的贮存？(　　)

A. 碳钢　　B. 不锈钢　　C. 玻璃钢　　D. 铸铁

238. 碱液的输送不能采用下列哪种材料的管道？(　　)

A. 无缝钢管　　B. 铸铁管　　C. 铅管　　D. 铝管

239. 要准确量取一定量的液体，最适当的仪器是（　　）。

A. 量筒　　B. 烧杯　　C. 试剂瓶　　D. 滴定管

240. 下列气体中不能用浓硫酸做干燥剂的是（　　）。

A. NH_3　　B. Cl_2　　C. N_2　　D. O_2

二、单项选择题（高级工）

1. 将等物质的量的 SO_2、H_2S 于常温下在定容的密闭容器中充分反应后恢复到常温，容器内压力是原压力的（　　）。

A. 1/2　　B. 1/4　　C. <1/4　　D. >1/4

2. $CH_2=CH-CH_2-CH_3$ 与 HBr 在过氧化物存在下生成的主产物为（　　）。

A. $\underset{|}{\overset{Br}{}}$ $CH_2Br-CH_2-CH_2-CH_3$（Br 连在第一个 CH_2 上）

B. $CH_3-\underset{Br}{\underset{|}{CH}}-CH_2-CH_3$

C. $CH_2=CH_2-\overset{Br}{\overset{|}{CH}}-CH_3$

D. $CH_2=CH-CH_2-CH_2Br$

3. NaCl 水溶液和纯水经半透膜达渗透平衡时，该体系的自由度是（　　）。

A. 1　　B. 2　　C. 3　　D. 4

4. pH 玻璃电极在使用前应（　　）。

A. 在水中浸泡 24 小时以上

B. 在酒精中浸泡 24 小时以上

C. 在氢氧化钠溶液中浸泡 24 小时以上

D. 不必浸泡

5. 从石油分馏得到的固体石蜡，用氯气漂白后，燃烧时会产生含氯元素的气体，这是由于石蜡在漂白时与氯气发生过（　　）。

A. 加成反应　　B. 取代反应

C. 聚合反应　　D. 催化裂化反应

6. 电极电位对判断氧化还原反应的性质很有用，但它不能判断（　　）。

A. 氧化还原反应的完全程度　　B. 氧化还原反应速率

C. 氧化还原反应的方向　　D. 氧化还原能力的大小

7. 凡是一种过程发生之后，要使体系回到原来状态，环境必须付出一定的功才能办到，该过程为（　　）。

A. 可逆过程　　B. 不可逆过程　　C. 恒压过程　　D. 恒温过程

8. 芳烃 C_9H_{10} 的同分异构体有（　　）。

A. 3 种　　B. 6 种　　C. 7 种　　D. 8 种

9. 钢中含碳量（　　）。

A. 小于 0.2%　　B. 大于 1.7%　　C. 在 0.2%～1.7%之间　　D. 任意值

10. 根据置信度为 95%对某项分析结果计算后，写出的合理分析结果表达式应为（　　）。

A. (25.48±0.1)%　　B. (25.48±0.13)%

C. (25.48±0.135)%　　D. (25.48±0.1348)%

11. 工业甲醛溶液一般偏酸性，主要是由于该溶液中的（　　）所造成。

A. CH_3OH　　B. HCHO　　C. HCOOH　　D. H_2CO_3

12. 关于 NH_3 分子描述正确的是（　　）。

A. N 原子采取 sp^2 杂化，键角为 107.3°

B. N 原子采取 sp^3 杂化，包含一个 σ 键、三个 π 键，键角 107.3°

C. N 原子采取 sp^3 杂化，包含一个 σ 键、二个 π 键，键角 109.5°

D. N 原子采取不等性 sp^3 杂化，分子构形为三角锥形，键角 107.3°

13. 甲苯苯环上的 1 个氢原子被含 3 个碳原子的烷基取代，可能得到的一元取代物有（　　）。

A. 三种　　B. 四种　　C. 五种　　D. 六种

14. 将 Mg、Al、Zn 分别放入相同溶质质量分数的盐酸中，反应完全后，放出的氢气质量相同，其可能原因是（　　）。

A. 放入的三种金属质量相同，盐酸足量

B. 放入的 Mg、Al、Zn 的质量比为 12∶18∶32.5，盐酸足量

C. 盐酸质量相同，放入足量的三种金属

D. 放入盐酸的质量比为 3∶2∶1，反应后无盐酸剩余

15. 氯气泄漏后，处理空气中氯的最好方法是向空气中（　　）。

A. 喷洒水　　B. 喷洒石灰水　　C. 喷洒 NaI 溶液　　D. 喷洒 NaOH 溶液

16. 络合滴定中，金属指示剂应具备的条件是（　　）。

A. 金属指示剂络合物易溶于水　　B. 本身是氧化剂

C. 必须加入络合掩蔽剂　　D. 必须加热

17. 目前有些学生喜欢使用涂改液，经实验证明，涂改液中含有许多挥发性有害物质，二氯甲烷就是其中一种。下面关于二氯甲烷（CH_2Cl_2）的几种说法：①它是由碳、氢、氯三种元素组成的化合物；②它是由氯气和甲烷组成的混合物；③它的分子中碳、氢、氯元素的原子个数比为 1∶2∶2；④它是由多种原子构成的一种化合物。正确的是（　　）。

A. ①③　　B. ②④　　C. ②③　　D. ①④

18. 熔化时只破坏色散力的是（　　）。

A. NaCl(s)　　B. 冰　　C. 干冰　　D. SiO_2

19. 天平指针在标牌内移动一小格，所需要的重量为（　　）。

A. 感量　　B. 零点　　C. 灵敏度　　D. 休止点

20. 下列电子运动状态正确的是（　　）。

A. $n=1$、$l=1$、$m=0$　　B. $n=2$、$l=0$、$m=\pm1$

C. $n=3$、$l=3$、$m=\pm1$　　D. $n=4$、$l=3$、$m=\pm1$

21. 下列反应中既表现了浓硫酸的酸性，又表现了浓硫酸的氧化性的是（　　）。

A. 与铜反应　　B. 使铁钝化　　C. 与碳反应　　D. 与碱反应

22. 下列反应中哪个是水解反应？（　　）

A. 烯烃与水反应　　B. 在酸存在下腈与水反应

C. 甲醛与水反应　　D. 炔烃与水反应

23. 下列分子中 N 原子采用 sp^2 杂化的是（　　）。

A. $BF_3 \cdot NH_3$　　B. N_2F_2　　C. N_2F_4　　D. NF_3

24. 下列高聚物加工制成的塑料杯中哪种对身体无害？（　　）

A. 聚苯乙烯　　B. 聚氯乙烯

C. 聚丙烯　　D. 聚四氟乙烯

25. 下列化合物与 $FeCl_3$ 发生显色反应的是（　　）。

A. 对苯甲醛　　B. 对甲苯酚

C. 对甲苯甲醇　　D. 对甲苯甲酸

26. 下列气态氢化物中，最不稳定的是（　　）。

A. NH_3　　B. H_2S　　C. PH_3　　D. H_2O

27. 下列物质常温下可盛放在铁制或铝制容器中的是（　　）。

A. 浓盐酸　　B. 浓硫酸　　C. 硫酸铜　　D. 稀硝酸

28. 下列物质中不能由金属和氯气反应制得的是（　　）。

A. $MgCl_2$　　B. $AlCl_3$　　C. $FeCl_2$　　D. $CuCl_2$

29. 下列物质中在不同条件下能分别发生氧化、消去、酯化反应的是（　　）。

A. 乙醇　　B. 乙醛　　C. 乙酸　　D. 苯甲酸

30. 下列叙述错误的是（　　）。

A. 单质铁及铁盐在许多场合可用作催化剂

B. 铁对氢氧化钠较为稳定，小型化工厂可用铁锅熔碱

C. 根据 Fe^{3+} 和 SCN^- 以不同比例结合显现颜色不同，可用目视比色法测定 Fe^{3+} 含量

D. 实际上锰钢的主要成分是锰

31. 下列与人的生理有关的叙述中，不正确的是（　　）。

A. 脂肪（由碳、氢、氧元素组成）在人体内代谢的最终产物是 CO_2 和 H_2O

B. 剧烈运动时人体代谢加快，代谢产物不能及时排出，血液的 pH 增大

C. 人的胃液中含有少量盐酸，可以帮助消化

D. 煤气中毒主要是 CO 与血红蛋白牢固结合，使血红蛋白失去输氧能力

32. 溴酸钾与酸作用可制取溴化氢，选用的酸是（　　）。

A. 浓盐酸　　B. 浓硫酸　　C. 浓硝酸　　D. 浓磷酸

33. 一个人精确地计算了他一天当中做功所需付出的能量，包括工作、学习、运

动、散步、读书、看电视，甚至做梦等，共12800kJ。所以他认为每天所需摄取的能量总值就是12800kJ。这个结论是否正确？（　　）

A. 正确　　B. 不正确，违背热力学第一定律

C. 不正确，违背热力学第二定律　　D. 很难说

34. 影响弱酸盐沉淀溶解度的主要因素是（　　）。

A. 水解效应　　B. 同离子效应　　C. 酸效应　　D. 盐效应

35. 用下列（　　）物质处理可将含有杂质CuO、Fe_2O_3、PbO的ZnO原料中的杂质除去。

A. H_2SO_4　　B. HCl　　C. NaOH　　D. Na_2CO_3

36. 用盐酸滴定氢氧化钠溶液时，下列操作不影响测定结果的是（　　）。

A. 酸式滴定管洗净后直接注入盐酸

B. 锥形瓶用蒸馏水洗净后未经干燥

C. 锥形瓶洗净后再用碱液润洗

D. 滴定至终点时，滴定管尖嘴部位有气泡

37. 有一高压钢筒，打开活塞后气体喷出筒外，当筒内压力与筒外压力相等时关闭活塞，此时筒内温度将（　　）。

A. 不变　　B. 降低　　C. 升高　　D. 无法判断

38. 原子吸收光谱法的背景干扰表现为下列哪种形式？（　　）

A. 火焰中被测元素发射的谱线　　B. 火焰中干扰元素发射的谱线

C. 火焰产生的非共振线　　D. 火焰中产生的分子吸收

39. 在$K_2Cr_2O_7$溶液中加入Pb^{2+}，生成的沉淀物是（　　）。

A. $PbCr_2O_7$　　B. $PbCrO_4$　　C. PbO_2　　D. PbO

40. 在抽真空的容器中加热固体$NH_4Cl(s)$，有一部分分解成$NH_3(g)$和HCl(g)，当体系建立平衡时，其独立组分数c和自由度数f是（　　）。

A. $c=1$，$f=1$　　B. $c=2$，$f=2$　　C. $c=3$，$f=3$　　D. $c=2$，$f=1$

41. 在法庭上，涉及审定一种非法的药品，起诉表明该非法药品经气相色谱分析测得的保留时间在相同条件下，刚好与已知非法药品的保留时间相一致，而辩护证明有几个无毒的化合物与该非法药品具有相同的保留值，最宜采用的定性方法为（　　）。

A. 用加入已知物增加峰高的方法　　B. 利用相对保留值定性

C. 用保留值双柱法定性　　D. 利用保留值定性

42. 在向自行车胎打气时，充入车胎的气体温度变化是（　　）。

A. 升高　　B. 降低　　C. 不变　　D. 不一定相同

三、判断题（中级工）

1. “一切实际过程都是热力学不可逆的”是热力学第二定律的表达法。（　　）

2. 0.1mol/L HNO_3溶液和0.1mol/L HAc溶液的pH值相等。（　　）

3. 1998年诺贝尔化学奖授予科恩（美）和波普尔（英），以表彰他们在理论化学领域做出的重大贡献。他们的工作使实验和理论能够共同协力探讨分子体系的

性质，引起整个化学领域正在经历一场革命性的变化，化学不再是纯实验科学。（ ）

4. 298K 时，石墨的标准摩尔生成焓 $\Delta_f H_m^{\ominus}$ 等于零。（ ）
5. 75%的乙醇水溶液中，乙醇称为溶质，水称为溶剂。（ ）
6. CCl_4 是极性分子。（ ）
7. Fe、Al 经表面钝化后可制成多种装饰材料。（ ）
8. HNO_2 是一种中强酸，浓溶液具有强氧化性。（ ）
9. MnO_2 与浓盐酸共热，离子方程式为 $MnO_2+4H^++2Cl^- = Mn^{2+}+2H_2O+Cl_2$。（ ）
10. NaOH 俗称烧碱、火碱，而纯碱指的是 Na_2CO_3。（ ）
11. NO 是一种红棕色、有特殊臭味的气体。（ ）
12. pH<7 的雨水一定是酸雨。（ ）
13. pH=6.70 与 56.7%的有效数字位数相同。（ ）
14. Zn 与浓硫酸反应的主要产物是 $ZnSO_4$ 和 H_2。（ ）
15. 氨合成的条件是高温高压并且有催化剂存在。（ ）
16. 氨基（$-NH_2$）与伯碳原子相连的胺为一级胺。（ ）
17. 氨水的溶质是 $NH_3 \cdot H_2O$。（ ）
18. 铵盐中的铵态氮能用直接法滴定。（ ）
19. 苯的硝化反应是可逆反应。（ ）
20. 苯酚、甲苯、丙三醇在常温下不会被空气氧化。（ ）
21. 苯酚含有羟基，可与乙酸发生酯化反应生成乙酸苯酯。（ ）
22. 常温下氨气极易溶于水。（ ）
23. 常温下能用铝制容器盛浓硝酸是因为常温下浓硝酸根本不与铝反应。（ ）
24. 城市生活污水的任意排放，农业生产中农药、化肥使用不当，工业生产中“三废”的任意排放，是引起水污染的主要因素。（ ）
25. 纯碱、烧碱、火碱都是氢氧化钠。（ ）
26. 次氯酸是强氧化剂，是一种弱酸。（ ）
27. 催化剂能同等程度地降低正、逆反应的活化能。（ ）
28. 大多数有机化合物难溶于水，易溶于有机溶剂，是因为有机物都是分子晶体。（ ）
29. 单环芳烃类有机化合物一般情况下与很多试剂易发生加成反应，不易进行取代反应。（ ）
30. 当放热的可逆反应达到平衡时，温度升高 10℃，则平衡常数会降低一半。（ ）
31. 当钠和钾着火时可用大量的水去灭火。（ ）
32. 当皮肤被硫酸腐蚀时，应立即在受伤部位加碱性溶液，以中和硫酸。（ ）
33. 当溶液中氢氧根离子大于氢离子浓度时溶液呈碱性。（ ）
34. 当外界压力增大时，液体的沸点会降低。（ ）

35. 当用 NaOH 标定盐酸浓度时可用碱式滴定管。 ( )

36. 当在一定条件下，化学反应达到平衡时，平衡混合物中各组分浓度保持不变。 ( )

37. 低温空气分离和变压吸附空气都可制取氧气。 ( )

38. 滴定分析法是以化学反应为基础的分析方法，方法简单、快速，且对化学反应没有要求。 ( )

39. 滴定管可用于精确量取溶液体积。 ( )

40. 地壳中含量最多的金属是钠。 ( )

41. 电解食盐水阳极得到的是氯气，发生的是还原反应；阴极得到的是氢气，发生的是氧化反应。 ( )

42. 电子层结构相同的离子，核电荷数越小，离子半径就越大。 ( )

43. 电子云图中黑点越密的地方电子越多。 ( )

44. 定量分析中产生的系统误差是可以校正的误差。 ( )

45. 对于理想气体反应，等温等容下添加惰性组分时平衡不移动。 ( )

46. 二氧化硫和氯气都具有漂白作用，如果将这两种气体同时作用于潮湿的有色物质，可大大增加漂白能力。 ( )

47. 二氧化硫是硫酸的酸酐。 ( )

48. 二氧化碳密度比空气大，因此在一些低洼处或溶洞中常常会因它的积聚而缺氧。 ( )

49. 凡是吉布斯函数改变值减少（$\Delta G<0$）的过程，就一定是自发过程。 ( )

50. 凡是金属都只有金属性，而不具备非金属性。 ( )

51. 凡是能发生银镜反应的物质都是醛。 ( )

52. 凡是烃基和羟基相连的化合物都是醇。 ( )

53. 反应的化学计量点就是滴定终点。 ( )

54. 反应的熵变为正值，该反应一定能自发进行。 ( )

55. 反应级数与反应分子数总是一致的。 ( )

56. 芳香族化合物是指分子中具有苯结构的化合物，它们可以从煤焦油中提取出来。 ( )

57. 放热反应是自发的。 ( )

58. 分析检验中报告分析结果时，常用标准偏差表示数据的分散程度。 ( )

59. 分析检验中影响测定精度的是系统误差，影响测定准确度的是随机误差。 ( )

60. 干燥氯化氢化学性质不活泼，溶于水后叫盐酸，是一种弱酸。 ( )

61. 高锰酸钾标准溶液可以用分析纯的高锰酸钾直接配制。 ( )

62. 高锰酸钾法中能用盐酸作酸性介质。 ( )

63. 高锰酸钾可以用来区别甲苯和乙烯。 ( )

64. 隔膜法电解氯化钠与离子膜法电解氯化钠相比，得到的烧碱含盐量高，但对原料纯度要求低。 ( )

65. 各测定值彼此之间相符的程度就是准确度。 (　　)

66. 根据苯的构造式可知，苯可以使酸性高锰酸钾溶液褪色。 (　　)

67. 根据可逆变换反应式 $CO + H_2O \rightleftharpoons CO_2 + H_2$，反应前后气体体积不变，则增加压力对该反应平衡无影响，因此变换反应过程应在常压下进行。 (　　)

68. 根据酸碱质子理论，酸愈强，其共轭碱愈弱。 (　　)

69. 工业电石是由生石灰与焦炭或无烟煤在电炉内加热至2200℃反应制得的。 (　　)

70. 工业上的“三酸”是指硫酸、硝酸和盐酸。 (　　)

71. 工业上广泛采用赤热的炭与水蒸气反应、天然气和石油加工工业中的甲烷与水蒸气反应、电解水或食盐水等方法生产氢气。 (　　)

72. 工业上所用的乙烯主要从石油炼制厂所生产的石油裂化气中分离出来。 (　　)

73. 工业上制备碳酸钠即纯碱多采用侯氏联合制碱法，因其提高了食盐的利用率，同时避免了氯化钙残渣的产生。 (　　)

74. 工业上主要用电解食盐水溶液来制备烧碱。 (　　)

75. 工业制备烧碱时，阳离子交换膜只允许阴离子及分子通过。 (　　)

76. 工业制氯气的方法常采用氯碱法，通过电解食盐水，可得到氯气、氢气和纯碱。 (　　)

77. 工业中用水吸收二氧化氮可制得浓硝酸并放出氧气。 (　　)

78. 功、热与热力学能均为能量，它们的性质是相同的。 (　　)

79. 古代用来制造指南针的磁性物质是三氧化二铁。 (　　)

80. 合成氨的反应是放热反应，所以有人认为，为增大产率，反应温度应越低越好。 (　　)

81. 亨利定律的适用范围是低压浓溶液。 (　　)

82. 互为同系物的物质，它们的分子式一定不同；互为同分异构体的物质，它们的分子式一定相同。 (　　)

83. 化工设备的腐蚀大多属于电化学腐蚀。 (　　)

84. 化学工业中常用不活泼金属作为材料，以防腐蚀。 (　　)

85. 加入催化剂可以缩短达到平衡的时间。 (　　)

86. 甲苯和苯乙烯都是苯的同系物。 (　　)

87. 甲醛以甲醇为原料的生产过程，是由甲醇还原而制得甲醛。 (　　)

88. 甲烷只存在于天然气和石油气中。 (　　)

89. 减小分析中偶然误差的有效方法是增加平行测定次数。 (　　)

90. 碱金属有强还原性，它的离子有强氧化性。 (　　)

91. 金属单质在反应中通常做还原剂，发生氧化反应。 (　　)

92. 金属铝的两性指的是酸性和碱性。 (　　)

93. 金属钠遇水起火，可以用煤油灭火。 (　　)

94. 具有极性共价键的分子，一定是极性分子。 (　　)

95. 绝热过程都是等熵过程。 (　　)

96. 可逆相变过程中 $\Delta G=0$。（　）

97. 理想气体的密度与温度成正比。（　）

98. 理想气体状态方程式适用的条件是理想气体和高温低压下的真实气体。（　）

99. 理想气体状态方程是：$pV=RT$。（　）

100. 理想稀薄溶液中的溶质遵守亨利定律，溶剂遵守拉乌尔定律。（　）

101. 利用铝的两性可以制造耐高温的金属陶瓷。（　）

102. 硫化氢气体不能用浓硫酸干燥。（　）

103. 硫酸是一种含氧强酸，浓硫酸具有较强的氧化性。（　）

104. 氯化氢分子中存在氯离子。（　）

105. 氯气常用于自来水消毒是因为次氯酸是强氧化剂，可以杀菌。（　）

106. 氯水就是液态的氯。（　）

107. 煤、石油、天然气三大能源是不可以再生的，必须节约使用。（　）

108. 煤通过气化的方式可获得基本有机化学工业原料——一氧化碳和氢（合成气）。（　）

109. 摩尔吸光系数与溶液的性质、浓度和温度有关。（　）

110. 拿吸收池时只能拿毛面，不能拿透光面，擦拭时必须用擦镜纸擦透光面，不能用滤纸擦。（　）

111. 钠、钾等金属应保存在煤油中，白磷应保存在水中，汞需用水封。（　）

112. 钠与氢气在加热条件下反应生成氢化钠，其中钠是氧化剂。（　）

113. 能量可以从一种形式转化成另一种形式，但它既不能凭空创造，也不会自行消灭。（　）

114. 能水解的盐，其水溶液不是显酸性，就是显碱性。（　）

115. 浓 HNO_3 和还原剂反应还原产物为 NO_2，稀 HNO_3 还原产物为 NO，可见稀 HNO_3 氧化性比浓 HNO_3 强。（　）

116. 浓度为 10^{-5}mol/L 的盐酸溶液稀释 10000 倍，所得溶液的 pH 值为 9。（　）

117. 浓硫酸可以用铁制的容器盛放。（　）

118. 浓硫酸有很强的氧化性，而稀硫酸却没有氧化性。（　）

119. 浓硫酸与金属反应时，除生成金属硫酸盐外，还原产物肯定是 SO_2。（　）

120. 皮肤与浓 HNO_3 接触后显黄色是硝化作用的结果。（　）

121. 平衡常数值改变了，平衡一定会移动；反之，平衡移动了，平衡常数值也一定改变。（　）

122. 气体只要向外膨胀就要对外做体积功。（　）

123. 羟基一定是供电子基。（　）

124. 氢氟酸广泛用于分析测定矿石或钢中的 SiO_2 和玻璃器皿的刻蚀。（　）

125. 氢硫酸、亚硫酸和硫酸都是酸，因此彼此不发生反应。（　）

126. 氢气在化学反应里只能做还原剂。（　）

127. 去离子水的电导越高，纯度越高。（　）

128. 醛与托伦试剂（硝酸银的氨溶液）的反应属于氧化反应。 (　　)

129. 热力学第二定律不是守恒定律。 (　　)

130. 热力学第二定律主要解决过程方向和限度的判据问题。 (　　)

131. 热力学第一定律和第二定律表明的是隔离体系能量守恒定律和隔离体系过程方向和限度。 (　　)

132. 人体对某些元素的摄入量过多或缺乏均会引起疾病，骨痛病是由于镉中毒引起的。 (　　)

133. 容量分析法是以化学反应为基础的分析方法，所有化学反应都能作为容量分析法的基础。 (　　)

134. 如果加热后才发现没加沸石，应立即停止加热，待液体冷却后再补加。 (　　)

135. 如果有两个以上的相共存，当各相的组成不随时间而改变时，就称为相平衡。 (　　)

136. 若 A、B 两液体完全互溶，则当系统中有 B 存在时，A 的蒸气压与其摩尔分数成正比。 (　　)

137. 若该化学反应既是放热又是体积缩小的反应，那么提高压力或降低温度均有利于反应的进行。 (　　)

138. 若将 $H_2C_2O_4 \cdot 2H_2O$ 基准物长期放在有硅胶的干燥器中，用它来标定 NaOH 溶液的浓度时，会造成测定结果偏高。 (　　)

139. 若浓硫酸溅在皮肤上，应立即用稀碱水冲洗。 (　　)

140. 若在滴定操作中，用高锰酸钾溶液测定未知浓度的硫酸亚铁溶液时，应装入棕色的酸式滴定管中。 (　　)

141. 烧碱的化学名称为氢氧化钠，而纯碱的化学名称为碳酸钠。 (　　)

142. 少量钠、钾单质应保存在煤油中。 (　　)

143. 升高反应温度，有利于放热反应。 (　　)

144. 盛氢氧化钠溶液的试剂瓶，应该用橡皮塞。 (　　)

145. 石油分馏属于化学变化。 (　　)

146. 石油是一种由烃类和非烃类组成的非常复杂的多组分的混合物，其元素组成主要是碳、氢、氧、氮、硫五种。 (　　)

147. 石油中一般含芳烃较少，要从石油中取得芳烃，主要经过石油裂化和铂重整的加工过程。 (　　)

148. 实验室由乙醇制备乙烯的反应属于水解反应。 (　　)

149. 使甲基橙显黄色的溶液一定是碱性的。 (　　)

150. 水的硬度是由 CO_3^{2-}、HCO_3^- 引起的。 (　　)

151. 水是一种极弱的电解质，绝大部分以水分子形式存在，仅能离解出极少量的氢离子和氢氧根离子。 (　　)

152. 塑料中，产量最大的是聚乙烯。 (　　)

153. 酸碱的强弱是由离解常数的大小决定的。 (　　)

154. 酸碱滴定法以酸碱中和反应为基础，反应实质为生成难电离的水 ( )

155. 酸式滴定管用蒸馏水润洗后，未用标准液润洗，在测定 NaOH 时碱的浓度偏高。 ( )

156. 酸式盐溶液一定显酸性。 ( )

157. 酸性溶液中只有 H^+，没有 OH^-。 ( )

158. 缩醛反应就是醛之间的缩合反应。 ( )

159. 所有酚的酸性都比碳酸的弱。 ( )

160. 提高裂解炉出口温度可以提高乙烯收率。 ( )

161. 天然气的主要成分是 CO。 ( )

162. 铁船在大海中航行时，铁易被腐蚀，若将船体连有一定量的较活泼金属如锌，可减缓腐蚀。 ( )

163. 烃是由碳、氢、氧组成的有机化合物。 ( )

164. 通常情况下 NH_3、H_2、N_2 能共存，并且既能用浓 H_2SO_4 干燥，也能用碱石灰干燥。 ( )

165. 通常用来衡量一个国家石油化工发展水平的标志是石油产量。 ( )

166. 铜片与浓硝酸反应产生的气体可用排水集气法收集。 ( )

167. 完全中和某一元强酸，需一定量 NaOH。若改用与 NaOH 等质量的 $Ba(OH)_2$，反应后溶液一定显碱性。 ( )

168. 烷烃的氯代反应有选择性。 ( )

169. 王水的氧化能力强于浓硝酸，能溶解金和铂。 ( )

170. 戊烷的沸点高于丙烷的沸点。 ( )

171. 物质液化时，其操作温度要低于临界温度，操作压力要高于临界压力。 ( )

172. 吸光光度法灵敏度高，适用于微量组分的测量。 ( )

173. 吸光光度法只能用于浑浊溶液的测量。 ( )

174. 烯的顺反异构是构造异构。 ( )

175. 稀硝酸与硫化亚铁反应，有硫化氢气体放出。 ( )

176. 系统的温度越高，向外传递的热量越多。 ( )

177. 相平衡是研究物系伴随有相变化的物理化学过程。 ( )

178. 硝酸工业生产中所产生的尾气可用氢氧化钠溶液吸收。 ( )

179. 硝酸具有酸的通性，能与活泼金属反应放出氢气。 ( )

180. 硝酸生产中，要用碱液吸收尾气中的 NO 和 NO_2，以消除公害保护环境。 ( )

181. 硝酸是一种强氧化剂，性质活泼，易挥发，容易与其他物质发生化学反应。 ( )

182. 锌与稀硝酸反应放出氢气。 ( )

183. 雪花膏是油包水乳状液。 ( )

184. 压力对气相反应的影响很大，对于反应后分子数增加的反应，增加压力有利

于反应的进行。 ( )

185. 氧化反应的定义有狭义和广义的两种，狭义的定义是物质与氧化合的反应是氧化反应，广义的定义是得到电子的反应是氧化反应。 ( )

186. 氧化还原指示剂必须是氧化剂或还原剂。 ( )

187. 液氨汽化时蒸发热较大，故氨可作制冷剂。 ( )

188. 液体的饱和蒸气压用符号 $p^{\ominus}$ 表示，其表达了液体的相对挥发度。 ( )

189. 液体的饱和蒸气压与温度无关。 ( )

190. 一个可逆反应，当正反应速率与逆反应速率相等时，此时该反应达到化学平衡。 ( )

191. 一切化学平衡都遵循吕·查德里原理。 ( )

192. 乙醇中少量的水分可通过加入无水氯化钙或无水硫酸铜而除去。 ( )

193. 乙醛是重要的化工原料，它是由乙炔和水发生亲核加成反应制得的。 ( )

194. 乙炔的工业制法，过去用电石生产乙炔，由于碳化钙生产耗电太多，目前已改用天然气和石油为原料生产乙炔。 ( )

195. 乙炔是直线型分子，其他炔烃和乙炔类似，都属于直线型的分子结构。 ( )

196. 乙炔在氧气中的燃烧温度很高，故可用氧炔焰切割金属。 ( )

197. 乙酸乙酯在稀硫酸或氢氧化钠水溶液中都能水解，水解的程度前者较后者小。 ( )

198. 乙烷、乙烯、乙炔与氯化亚铜的氨溶液作用，有红色沉淀产生的是乙烯。 ( )

199. 乙烯、丙烯属于有机化工基本化工原料。 ( )

200. 乙烯分子中的双键中，一个是 σ 键，一个是 π 键，它们的键能不同。 ( )

201. 乙烯和聚氯乙烯是同系物。 ( )

202. 乙烯难溶于水，所以无论在什么条件下，它都不会与水作用。 ( )

203. 以石墨为电极，电解氯化铜水溶液，阴极的产物是铜。 ( )

204. 因为 $Q_p=\Delta H$，H 是状态函数，所以 Q_p 也是状态函数。 ( )

205. 因为 $\Delta H=Q_p$，所以 Q_p 也具有状态函数的性质。 ( )

206. 因为催化剂能改变正逆反应速率，所以它能使化学平衡移动。 ( )

207. 因为氯水具有漂白作用，所以干燥的氯气也具有漂白作用。 ( )

208. 硬水是指含有很多盐的海水。 ( )

209. 用离子交换法制备的去离子水，能有效地除去有机物。 ( )

210. 用湿润的淀粉碘化钾试纸就可以区分 Cl_2 和 HCl 气体。 ( )

211. 用酸式滴定管滴定时，应将右手无名指和小指向手心弯曲，轻轻抵住尖嘴，其余三指控制旋塞转动。 ( )

212. 用托伦试剂可以鉴别甲醛与丙酮。 ( )

213. 由碳化钙（电石）法制得的不纯的乙炔气体具有臭味的原因是不纯的乙炔气体中含有磷化氢、硫化氢等杂质。 ( )

214. 由铜、锌和稀硫酸组成的原电池，工作时电解质溶液的 pH 不变。 ( )
215. 由于反应前后分子数相等，所以增加压力对平衡没有影响。 ( )
216. 有 A、B 两种烃，含碳质量分数相同，则 A、B 是同系物。 ( )
217. 有机化合物都含有碳元素，但含有碳元素的化合物不一定是有机化合物。 ( )
218. 有机化合物都能燃烧。 ( )
219. 有机化合物反应速率慢且副反应多。 ( )
220. 有机化合物和无机化合物一样，只要分子式相同，就是同一种物质。 ( )
221. 有机化合物是含碳元素的化合物，所以凡是含碳的化合物都是有机物。 ( )
222. 有机化合物易燃，其原因是有机化合物中含有 C 元素，绝大多数还含有 H 元素，而 C、H 两种元素易被氧化。 ( )
223. 有机化学反应中的氧化还原反应就是有机物的电子得失反应。 ( )
224. 欲除去 Cl_2 中少量 HCl 气体，可将此混合气体通过饱和食盐水的洗气瓶。 ( )
225. 在常温时，氢气的化学性质很活泼。 ( )
226. 在常用三酸中，高锰酸钾法所采用的强酸通常是硫酸，而甲酸、硝酸两种一般则不宜使用。 ( )
227. 在滴定分析中，指示剂变色时停止滴定，该点称为化学计量点。 ( )
228. 在反应 $MnO_2+4HCl \xlongequal{} MnCl_2+2H_2O+Cl_2\uparrow$ 中，HCl 起酸和氧化剂的作用。 ( )
229. 在反应过程中产生的尾气中含有 Cl_2 应用水吸收。 ( )
230. 在分析测定中，测定的精密度越高，则分析结果的准确度越高。 ( )
231. 在化学反应过程中，提高反应温度一定会加快反应速率。 ( )
232. 在配制氢氧化钠标准溶液的实验中，称取氢氧化钠固体需要用分析天平。 ( )
233. 在任何条件下，化学平衡常数是一个恒定值。 ( )
234. 在实验室里严禁吃食品，但可以吸烟。 ( )
235. 在酸性溶液中，K^+、I^-、SO_4^{2-}、MnO_4^- 可以共存。 ( )
236. 在所有物质中，氢的原子最简单、最小，故氢的熔点、沸点也最低。 ( )
237. 在铁的催化作用下，苯能使液溴颜色变淡甚至使液溴褪色。 ( )
238. 在同温、同压下，若 A、B 两种气体的密度相同，则 A、B 的摩尔质量一定相等。 ( )
239. 在温度为 273.15K 和压力为 100kPa 时，2mol 任何气体的体积约为 44.8L。 ( )
240. 在物质的三种聚集状态中，液体分子的间距一定大于固体分子的间距。 ( )
241. 在下列变化中 $SO_2\rightarrow S$，SO_2 起还原剂的作用。 ( )

242. 在氧化还原滴定分析法中，若氧化剂生成沉淀会使电对的电极电位降低。（　）

243. 在冶金工业上，常用电解法得到 NA、Mg 和 Al 等金属，其原因是这些金属很活泼。（　）

244. 直接滴定法是用标准溶液直接进行滴定，利用指示剂或仪器测试指示化学计量点到达的滴定方式 。（　）

245. 酯化反应必须采取边反应边脱水的操作才能将酯化反应进行到底。（　）

246. 中和滴定时，直接用蘸有水滴的锥形瓶进行实验，对实验结果没有影响。（　）

247. 自然界酸雨的形成原因是大气中二氧化硫的含量增多。（　）

248. 最基本的有机原料“三烯”是指乙烯、丙烯、苯乙烯。（　）

四、判断题（高级工）

1. O_3 能杀菌，故空气中 O_3 的量即使较多也有益无害。（　）
2. SiO_2 是 H_4SiO_4 的酸酐，因此可用 SiO_2 与 H_2O 作用制得硅酸。（　）
3. 苯、甲苯、乙苯都可以使酸性 $KMnO_4$ 溶液褪色。（　）
4. 不可能把热从低温物体传到高温物体而不引起其他变化。（　）
5. 常温下，浓硝酸可以用铝槽贮存，说明铝与浓硝酸不反应。（　）
6. 当苯环上含有硝基、磺基等强吸电基团时，很难发生弗氏烷基化、酰基化反应。（　）
7. 当溶液中酸度增大时，$KMnO_4$ 的氧化能力也会增大。（　）
8. 等温等压下，某反应的 $\Delta_r G_m^\ominus = 10kJ/mol$，则该反应能自发进行。（　）
9. 二氧化硫、漂白粉、活性炭都能使红墨水褪色，其褪色原理是相同的。（　）
10. 凡中心原子采用 sp^3 杂化轨道成键的分子，其空间构型必是正四面体。（　）
11. 反应分子数等于反应式中的化学计量式之和。（　）
12. 格氏试剂很活泼，能与水、醇、氨、酸等含活泼氢的化合物反应分解为烃，但对空气稳定。（　）
13. 甲烷、乙烯、苯、乙炔中化学性质最稳定的是苯。（　）
14. 将 20mL 1mol/L H_2SO_4 溶液加入到另一 20mL 1mol/L 的 H_2SO_4 溶液中，混合液的浓度是 2mol/L。（　）
15. 金粉和银粉混合后加热，使之熔融然后冷却，得到的固体是两相。（　）
16. 精密度高的分析结果，准确度不一定高，但准确度高的分析结果，一定需要精密度高。（　）
17. 理想气体反应 D+E ═══ G+H，在 673K 时，$K_p = 0.8$，各气体分压取 $p_G = 0.4p_0$，$p_D = 0.4p_0$，$p_E = 0.4p_0$，$p_H = 0.4p_0$ 时，反应由左向右自发进行。（　）
18. 醚是两个烃基通过氧原子结合起来的化合物。它可以看作是水分子中的两个氢原子被烃基取代的生成物。（　）

19. 配制 $SnCl_2$ 溶液时，应将其先溶于适量的浓盐酸中，然后再加水稀释至所需的浓度。 ( )

20. 气相色谱法在没有标准物质做对照时，无法从色谱峰做出定性结果。此法适用于难挥发和对热稳定的物质的分析。 ( )

21. 如果体系在变化中与环境没有功的交换，则体系放出的热量一定等于环境吸收的热量。 ( )

22. 通过测定吸光物质溶液的吸光度 A，利用朗伯-比尔定律可直接求出待测物浓度。 ( )

23. 同温度下的水和水蒸气具有相同的焓值。 ( )

24. 物质 B 在 α 相和 β 相之间进行宏观转移的方向总是从浓度高的相迁至浓度低的相。 ( )

25. 烯烃的化学性质比烷烃活泼，是因为烯烃分子中存在着 π 键，炔烃比烯烃多一个 π 键，因此，炔烃的化学性质比烯烃活泼。 ( )

26. 盐碱地的农作物长势不良，甚至枯萎，其主要原因是水分从植物向土壤倒流。 ( )

27. 一定量的盐酸跟铁粉反应时，为了减缓反应速率而不影响生成 H_2 的质量，可向其中加入适量的水或乙酸钠固体。 ( )

28. 一定量气体反抗一定的压力进行绝热膨胀时，其热力学能总是减少的。( )

29. 用 EDTA 作标准溶液进行滴定时，既可以用酸式滴定管也可以用碱式滴定管。 ( )

30. 用 $KMnO_4$ 法测定 MnO_2 的含量时，采用的滴定方式是返滴定。 ( )

31. 用酸溶解金属铝时，铝块越纯溶解速率越慢。 ( )

32. 用无水 Na_2CO_3 作基准物质标定 HCl 溶液浓度时，在滴定接近终点时，要将溶液加热煮沸 2min，冷后再滴定至终点，是为了赶除 CO_2，防止终点早到使得标定结果偏高。 ( )

33. 在 101.3kPa 下，水的冰点即水的三相点为 0℃。 ( )

34. 在气相色谱分析中，液体样品通常采用的进样器是旋转六通阀。 ( )

35. 在同样的工作环境下，用可逆热机开动的火车比不可逆热机开动的火车跑得快。 ( )

36. 自发过程一定是不可逆的，所以不可逆过程一定是自发的。 ( )

五、综合题（技师）

1. 燃烧的三要素是什么？
2. 什么叫闪点？
3. 什么叫油品的凝固点？
4. 什么是临界压力？
5. 什么叫饱和蒸气压？
6. 什么是闪点？解释自燃点的定义。
7. 什么叫沸点？

8. 什么叫 pH 值?

9. 什么叫饱和蒸汽?什么叫过热蒸汽?什么叫过热度?

10. 什么叫冷却?什么叫冷凝?两者有何区别?

11. 什么叫比热容、显热和潜热?

12. 什么叫泡点和露点?

13. 已知空气的组成中，$x_{O_2}=0.21$，$x_{N_2}=0.79$，求空气的平均相对分子质量。

14. 在 80℃时，KCl 的溶解度为 51g，那么在 80℃时，100g KCl 饱和溶液中溶解了多少克 KCl?

15. 今欲配制 0.5mol/L H_2SO_4 400mL，须用 96.0%、相对密度 1.84 的浓 H_2SO_4 多少毫升?

16. 配制 20%的 NaOH 溶液 100g，须称取多少克纯度为 42%的 NaOH 溶液?

17. 16.40%(质量分数)的乙醇水溶液，其体积分数为多少?
已知：$\rho_{乙醇}=790kg/m^3$；$\rho_{水}=1000kg/m^3$。

18. 用一常压操作的连续精馏塔，分离含苯 0.44(摩尔分数，以下同)的苯-甲苯混合液 15000kg/h，塔顶馏出液中含苯 0.975，塔底釜残液含苯 0.235。试求馏出液和釜残液的流量，以摩尔流量表示。(苯相对分子质量 78，甲苯相对分子质量 92)

第三部分　化工基础知识

一、单项选择题（中级工）

1. N 个 CSTR 进行串联，当 $N\to\infty$ 时，整个串联组相当于（　　）反应器。

A. 平推流　B. 全混流　C. 间歇釜　D. 半间歇釜

2. 从反应动力学角度考虑，增高反应温度使（　　）。

A. 反应速率常数值增大　B. 反应速率常数值减小

C. 反应速率常数值不变　D. 副反应速率常数值减小

3. 当流体通过固体颗粒床层时，随着气速由无到有、由小到大，床层经历的阶段依次为（　　）。①输送床　②流化床　③固定床

A. ①②③　B. ③①②　C. ①③②　D. ③②①

4. 低温下常用的载热介质是（　　）。

A. 加压水　B. 导生液　C. 熔盐　D. 烟道气

5. 对低黏度均相液体的混合，搅拌器的循环流量从大到小的顺序为（　　）。

A. 推进式、桨式、涡轮式　B. 涡轮式、推进式、桨式

C. 推进式、涡轮式、桨式　D. 桨式、涡轮式、推进式

6. 对于非均相液液分散过程，要求被分散的“微团”越小越好，釜式反应器应优先选择（　　）搅拌器。

A. 桨式　B. 螺旋桨式　C. 涡轮式　D. 锚式

7. 对于如下特征的 G-S 相催化反应，（　　）应选用固定床反应器。

A. 反应热效应大　B. 反应转化率要求不高

C. 反应对温度敏感　D. 反应使用贵金属催化剂

8. 多相催化反应过程中，不作为控制步骤的是（　　）。

A. 外扩散过程　B. 内扩散过程　C. 表面反应过程　D. 吸附过程

9. 反应釜加强搅拌的目的是（　　）。

A. 强化传热与传质　B. 强化传热

C. 强化传质　D. 提高反应物料温度

10. 反应釜中如进行易粘壁物料的反应，宜选用（　　）搅拌器。

A. 桨式　B. 锚式　C. 涡轮式　D. 螺轴式

11. 反应速率仅是温度的函数，而与反应物浓度无关的反应是（　　）。

A. 0 级反应　B. 1 级反应　C. 2 级反应　D. 3 级反应

12. 釜式反应器的换热方式有夹套式、蛇管式、回流冷凝式和（　　）。

A. 列管式　B. 间壁式　C. 外循环式　D. 直接式

13. 釜式反应器可用于不少场合，除了（　　）。

A. 气-液　B. 液-液　C. 液-固　D. 气-固

14. 工业反应器的设计评价指标有：①转化率；②选择性；③（　　）。

A. 效率　　B. 产量　　C. 收率　　D. 操作性

15. 工业生产中常用的热源与冷源是（　　）。

A. 蒸汽与冷却水　　B. 蒸汽与冷冻盐水

C. 电加热与冷却水　　D. 导热油与冷冻盐水

16. 固定床反应器（　　）。

A. 原料气从床层上方经分布器进入反应器

B. 原料气从床层下方经分布器进入反应器

C. 原料气可以从侧壁均匀地分布进入

D. 反应后的产物也可以从床层顶部引出

17. 固定床反应器具有反应速率快、催化剂不易磨损、可在高温高压下操作等特点，床层内的气体流动可看成（　　）。

A. 湍流　　B. 对流　　C. 理想置换流动　　D. 理想混合流动

18. 固定床反应器内流体的温差比流化床反应器（　　）。

A. 大　　B. 小　　C. 相等　　D. 不确定

19. 固定床和流化床反应器相比，相同操作条件下，流化床的（　　）较好一些。

A. 传热性能　　B. 反应速率　　C. 单程转化率　　D. 收率

20. 化工生产过程按其操作方法可分为间歇、连续、半间歇操作。其中属于稳定操作的是（　　）。

A. 间歇操作　　B. 连续操作　　C. 半间歇操作　　D. 以上都不是

21. 化工生产上，用于均相反应过程的化学反应器主要有（　　）。

A. 釜式．管式　　B. 鼓泡塔式　　C. 固定床　　D. 流化床

22. 化学反应器的分类方式很多，按（　　）的不同可分为管式、釜式、塔式、固定床、流化床等。

A. 聚集状态　　B. 换热条件　　C. 结构　　D. 操作方式

23. 化学反应器中，填料塔适用于（　　）。

A. 液相、气液相　　B. 气液固相　　C. 气固相　　D. 液固相

24. 化学反应速率常数与下列因素中的（　　）无关。

A. 温度　　B. 浓度　　C. 反应物特性　　D. 活化能

25. 间歇操作的特点是（　　）。

A. 不断地向设备内投入物料　　B. 不断地从设备内取出物料

C. 生产条件不随时间变化　　D. 生产条件随时间变化

26. 间歇反应器是（　　）。

A. 一次加料，一次出料　　B. 二次加料，一次出料

C. 一次加料，二次出料　　D. 二次加料，二次出料

27. 间歇式反应器出料组成与反应器内物料的最终组成（　　）。

A. 不相同　　B. 可能相同　　C. 相同　　D. 可能不相同

28. 搅拌反应器中的夹套是对罐体内的介质进行（　　）的装置。

A. 加热　　B. 冷却　　C. 加热或冷却　　D. 保温

29. 经常采用压料方式放料的反应器是（　　）。

A. 高压釜　　B. 不锈钢釜　　C. 铅釜　　D. 搪瓷釜

30. 流化床的实际操作速度显然应（　　）临界流化速度。

A. 大于　　B. 小于　　C. 相同　　D. 无关

31. 流化床反应器内的固体颗粒的运动形式可以近似看作（　　）。

A. 活塞流　　B. 平推流　　C. 理想混合　　D. 理想置换

32. 流化床反应器主要由四个部分构成，即气体分布装置、换热装置、气体分离装置和（　　）。

A. 搅拌器　　B. 内部构件　　C. 导流筒　　D. 密封装置

33. 能适用于不同工况范围的搅拌器形式为（　　）。

A. 桨式　　B. 框式　　C. 锚式　　D. 涡轮式

34. 平推流的特征是（　　）。

A. 进入反应器的新鲜质点与留存在反应器中的质点能瞬间混合

B. 出口浓度等于进口浓度

C. 流体物料的浓度和温度在与流动方向垂直的截面上处处相等，不随时间变化

D. 物料一进入反应器，立即均匀地发散在整个反应器中

35. 气固相催化反应过程不属于扩散过程的步骤是（　　）。

A. 反应物分子从气相主体向固体催化剂外表面传递

B. 反应物分子从固体催化剂外表面向催化剂内表面传递

C. 反应物分子在催化剂表面上进行化学反应

D. 反应物分子从催化剂内表面向外表面传递

36. 气固相催化反应器分为固定床反应器、（　　）反应器。

A. 流化床　　B. 移动床　　C. 间歇　　D. 连续

37. 容积效率是指对同一个等温等容反应过程，在相同产量、相同转化率、相同初始浓度和反应温度下，（　　）反应器有效体积与（　　）反应器所需体积之比。

A. 平推流　全混流　　B. 全混流　平推流

C. 平推流　间歇釜　　D. 全混流　间歇釜

38. 小批量、多品种的精细化学品的生产适用于（　　）过程。

A. 连续操作　　B. 间歇操作　　C. 半连续操作　　D. 半间歇操作

39. 一般反应器的设计中，哪一个方程式通常是不用的？（　　）

A. 反应动力学方程式　　B. 物料衡算式

C. 热量衡算式　　D. 动量衡算式

40. 一个反应过程在工业生产中采用什么反应器并无严格规定，但首先以满足（　　）为主。

A. 工艺要求　　B. 减少能耗　　C. 操作简便　　D. 结构紧凑

41. 在典型反应器中，均相反应器是按照（　　）的。

A. 物料聚集状态分类　　B. 反应器结构分类
C. 操作方法分类　　D. 与外界有无热交换分类

42. 在釜式反应器中，对于物料黏稠性很大的液体混合，应选择（　　）搅拌器。
A. 锚式　　B. 桨式　　C. 框式　　D. 涡轮式

43. 在硫酸生产中，硫铁矿沸腾焙烧炉属于（　　）
A. 固定床反应器　　B. 流化床反应器
C. 管式反应器　　D. 釜式反应器

44. 关于流化床最大流化速度描述正确的是：（　　）。
A. 流化床达到最大流速时，流体与颗粒的摩擦力等于固体的应力
B. 流体最大流化速度小于固体的沉降速度
C. 固体的重力大于流体与颗粒的摩擦力与浮力之和
D. 最大流化速度等于固体颗粒的沉降速度

45. 实现液体搅拌和混合的方法中使用最广的是（　　）。
A. 机械搅拌　　B. 气流搅拌　　C. 管道混合　　D. 射流混合

46. 在同一温度下，反应的活化能越大，则反应速率（　　）。
A. 越快　　B. 不变　　C. 越慢　　D. 无法确定

47. 属于理想的均相反应器的是（　　）。
A. 全混流反应器　B. 固定床反应器　C. 流化床反应器　D. 鼓泡反应器

48. 化学工艺按原料的不同来分类不包括（　　）。
A. 煤化工　　B. 天然气化工　　C. 精细化工　　D. 石油化工

49. 化工工艺通常可分为（　　）。
A. 无机化工和基本有机化工工艺
B. 无机化工、基本有机化工和高分子化工工艺
C. 无机化工、基本有机化工、精细化学品工艺
D. 无机化工、基本有机化工、高分子化工、精细化学品制造

50. 在地壳中含量最多的元素是（　　）。
A. 碳　　B. 硅　　C. 钙　　D. 氧

51. 化学工业的基础原料有（　　）。
A. 石油　　B. 汽油　　C. 乙烯　　D. 酒精

52. 化工生产中常用的“三酸二碱”是指（　　）。
A. 硫酸、盐酸、硝酸和氢氧化钠、氢氧化钾
B. 硫酸、盐酸、磷酸和氢氧化钠、氢氧化钾
C. 硫酸、盐酸、硝酸和氢氧化钠、碳酸钠
D. 硫酸、盐酸、磷酸和氢氧化钾、碳酸钾

53. 所谓“三烯、三苯、一炔、一萘”是最基本的有机化工原料，其中的三烯是指（　　）。
A. 乙烯、丙烯、丁烯　　B. 乙烯、丙烯、丁二烯
C. 乙烯、丙烯、戊烯　　D. 丙烯、丁二烯、戊烯

54. 天然气的主要成分是（　　）。

A. 乙烷　　B. 乙烯　　C. 丁烷　　D. 甲烷

55. 化学工业的产品有（　　）。

A. 钢铁　　B. 煤炭　　C. 酒精　　D. 天然气

56. 属于天然纤维的是下列哪种物质？（　　）

A. 黏胶纤维　　B. 碳纤维　　C. 石棉　　D. 尼龙

57. 硝酸生产的原料是（　　）。

A. H_2　　B. N_2　　C. Ar　　D. NH_3

58. 纯碱是重要的工业原料，采用联碱法生产纯碱所需的原料没有（　　）。

A. 洗盐　　B. 石灰石　　C. 氨　　D. 二氧化碳

59. 反映一个国家石油化学工业发展规模和水平的物质是（　　）。

A. 石油　　B. 乙烯　　C. 苯乙烯　　D. 丁二烯

60. 进料与出料连续不断地流过生产装置，进、出物料量相等。此生产方式为（　　）。

A. 间歇式　　B. 连续式　　C. 半间歇式　　D. 不确定

61. 评价化工生产效果的常用指标有（　　）。

A. 停留时间　　B. 生产成本　　C. 催化剂的活性　　D. 生产能力

62. 转化率指的是（　　）。

A. 生产过程中转化掉的原料量占投入原料量的百分数

B. 生产过程中得到的产品量占理论上所应该得到的产品量的百分数

C. 生产过程中所得到的产品量占所投入原料量的百分比

D. 在催化剂作用下反应的收率

63.（　　）表达了主副反应进行程度的相对大小，能确切反映原料的利用是否合理。

A. 转化率　　B. 选择性　　C. 收率　　D. 生产能力

64. 化学反应过程中生成的目的产物占某反应物初始量的百分数表示（　　）。

A. 单程转化率　　B. 总转化率　　C. 平衡转化率　　D. 产率

65. 转化率 Z、选择性 X、收率 S 的关系是（　　）。

A. $Z=XS$　　B. $X=ZS$　　C. $S=ZX$　　D. 以上关系都不是

66. 在气固相催化反应中，空速和（　　）。

A. 气体流量成正比　　B. 温度成正比

C. 停留时间成正比　　D. 其他条件无关

67. 以下有关空间速度的说法，不正确的是：（　　）。

A. 空速越大，单位时间单位体积催化剂处理的原料气量就越大

B. 空速增加，原料气与催化剂的接触时间缩短，转化率下降

C. 空速减小，原料气与催化剂的接触时间增加，主反应的选择性提高

D. 空速的大小影响反应的选择性与转化率

68. 对于 $R+2S \longrightarrow P+Q$ 反应，原料 2mol R、3mol S，生成了 1mol P 与 1mol Q，

则对于 R 的转化率为（　　）。

A. 40.00%　　B. 50.00%　　C. 66.70%　　D. 100%

69. 丙烯氧化生产丙烯酸中，原料丙烯投料量为 600 kg/h，出料中有丙烯酸 640 kg/h，另有未反应的丙烯 25 kg/h，计算原料丙烯选择性。（　　）

A. 80%　　B. 95.83%　　C. 83.48%　　D. 79%

70. 实际生产中煅烧含有 94% $CaCO_3$ 的石灰石 500kg 得到的生石灰实际产量为 253kg，其产品收率为（　　）。

A. 51%　　B. 53.80%　　C. 90.40%　　D. 96%

71. 乙炔与氯化氢加成生产氯乙烯。通入反应器的原料乙炔量为 1000kg/h，出反应器的产物组成中乙炔含量为 300kg/h。已知按乙炔计生成氯乙烯的选择性为 90%，则按乙炔计氯乙烯的收率为（　　）。

A. 30%　　B. 70%　　C. 63%　　D. 90%

72. 在硝基苯生产中，要求每年生产纯度为 99% 的硝基苯 2000t，车间总收率为 95%，则每年实际应生产硝基苯（　　）。

A. 2084.2t　　B. 1980t　　C. 2105.2t　　D. 2126.5t

73. 化工生产一般由（　　）组成。

A. 原料处理和化学反应　　B. 化学反应和产品精制

C. 原料处理和产品精制　　D. 原料处理、化学反应和产品精制

74. 化工生产过程的核心是（　　）。

A. 混合　　B. 分离　　C. 化学反应　　D. 粉碎

75. 下列各加工过程中不属于化学工序的是（　　）。

A. 硝化　　B. 裂解　　C. 蒸馏　　D. 氧化

76. 化工生产过程的基本任务不包括的是（　　）。

A. 研究产品生产的基本过程和反应原理

B. 研究化工生产的工艺流程和最佳工艺条件

C. 研究主要设备的结构、工作原理及强化方法

D. 研究安全与环保

77. 在化工生产过程中常涉及的基本规律有（　　）。

A. 物料衡算和热量衡算

B. 热量衡算和平衡关系

C. 物料衡算、热量衡算和过程速率

D. 物料衡算、热量衡算、平衡关系和过程速率

78. 化工过程参数有（　　）。

A. 技术参数、经济参数、工艺参数　　B. 技术参数、平衡常数、速率常数

C. 技术参数、经济参数、物性参数　　D. 平衡常数、速率常数、物性参数

79. 化工生产过程是指从原料出发，完成某一化工产品生产的全过程，其核心是（　　）。

A. 生产程序　　B. 投料方式　　C. 设备选择　　D. 工艺过程

80. 对一个反应在生产中采用什么反应器并无严格规定，但首先以满足（　　）为主。

A. 工艺要求　B. 减少能耗　C. 操作简便　D. 结构紧凑

81. 下列属于公用工程的是（　　）。

A. 原料处理　B. 净化处理　C. 供水、供电　D. 生产设备

82. 下列哪种方法输送液体物料最节省能量？（　　）

A. 离心泵输送　B. 重力输送　C. 真空泵输送　D. 往复泵输送

83. 化工工艺的主要工艺影响因素有（　　）。

A. 温度、压力和流量等

B. 温度、压力、流量和空速等

C. 温度、压力、流量、空速和停留时间等

D. 温度、压力、流量、空速、停留时间和浓度等

84. 反应温度过高对化工生产造成的不良影响可能是（　　）。

A. 催化剂烧结　B. 副产物增多　C. 爆炸危险性增大　D. 以上都有可能

85.（　　）温度最高的某一部位的温度，称为热点温度。

A. 反应器内　B. 催化剂层内　C. 操作中　D. 升温时

86. 对于低压下放热的可逆气相反应，温度升高，则平衡常数（　　）。

A. 增大　B. 减小　C. 不变　D. 不能确定

87. 在其他条件不变的情况下，升高温度会使反应平衡向（　　）方向移动。

A. 放热　B. 吸热

C. 既不吸热，也不放热　D. 以上都不是

88. 在其他条件不变的情况下，增压气体反应的总压力，平衡将向气体分子数（　　）的方向移动。

A. 增加　B. 减少　C. 不变　D. 以上都不是

89. 对于反应后分子数增加的反应，提高反应的平衡产率的方法有（　　）。

A. 增大压力　B. 升高温度

C. 充入惰性气体，并保持总压不变　D. 采用催化剂

90. 合成氨生产的特点是（　　）、易燃易爆、有毒有害。

A. 高温高压　B. 大规模　C. 生产连续　D. 高成本低回报

91. 脱除二氧化硫气体应选用以下哪种介质？（　　）

A. 水　B. 碱性溶液　C. 硅胶　D. 酸性溶液

92. 工业上使用（　　）来吸收三氧化硫制备发烟硫酸。

A. 水　B. 稀硫酸　C. 98%左右的硫酸　D. 90%的硫酸

93. 加热在200℃以下用的热源是（　　）。.

A. 低压蒸汽　B. 中压蒸汽　C. 熔盐　D. 烟道气

94. 化工生产过程中，常用于加热的物料是（　　）。

A. 中压饱和水蒸气　B. 低压过热水蒸气

C. 高温烟道气　D. 高温高压过热蒸气

95. 不饱和烃中（　　）最容易被加氢饱和。

A. 环状烃类　　B. 带支链的烃类　　C. 直链烃类　　D. 以上都不是

96. 对于不同系列的烃类，在相对分子质量相近的情况下，其氢碳比大小顺序是：（　　）。

A. 烷烃＞环烷烃＞芳香烃　　B. 烷烃＜环烷烃＜芳香烃

C. 环烷烃＞烷烃＞芳香烃　　D. 烷烃＞芳香烃＞环烷烃

97. 凡温度下降至（　　）K 以下者称为深度冷冻。

A. 273　　B. 173　　C. 73　　D. －73

98. 放热反应的速率随温度的升高而（　　）。

A. 加快　　B. 减慢　　C. 不变　　D. 先减慢后加快

99. 甲烷化反应是指（　　）的反应。

A. 烃类裂解生成 CH_4　　B. CO 和 CO_2 加氢生成 CH_4

C. CH_4 生成大分子烃类　　D. 以上都不是

100. 塑料的组成以（　　）为主，还含有一定量的填料、增塑剂、着色剂及其他各种添加剂等。

A. 玻璃纤维　　B. 苯二甲酸甲酯　　C. 合成树脂　　D. 滑石粉

101. 下列哪个不是制造高分子合成材料的基本原料？（　　）

A. 矿石　　B. 石油　　C. 天然气　　D. 煤炭

102. 下列物质不是三大合成材料的是（　　）。

A. 塑料　　B. 尼龙　　C. 橡胶　　D. 纤维

103. 以高聚物为基础，加入某些助剂和填料混炼而成的可塑性材料，主要用作结构材料，该材料称为（　　）。

A. 塑料　　B. 橡胶　　C. 纤维　　D. 合成树脂

104. 橡胶与塑料和纤维比较，正确的是（　　）。

A. 模量最大　　B. T_g 最低　　C. 结晶度最大　　D. 强度最大

105. 目前人们日常生活中冰箱常用的保鲜膜是（　　）。

A. PE　　B. PVC　　C. PET　　D. PAN

106. 高压聚乙烯是（　　）。

A. PP　　B. LDPE　　C. HDPE　　D. PAN

107. 有机玻璃是指（　　）。

A. 聚乙烯　　B. 聚氯乙烯

C. 聚甲基丙烯酸甲酯　　D. 聚苯乙烯

108. PET 是指（　　）。

A. 脲醛树脂　　B. 涤纶树脂　　C. 醇酸树脂　　D. 环氧树脂

109. PVC 是指（　　）。

A. 聚乙烯　　B. 聚丙烯　　C. 聚氯乙烯　　D. 聚苯乙烯

110. 被称为“塑料王”的材料名称是（　　）。

A. 聚乙烯　　B. 聚丙烯　　C. 聚四氟乙烯　　D. 聚酰胺-6

111. 工业中应用较为广泛的热塑性塑料是（　　）。

A. 聚乙烯塑料 B. 酚醛塑料 C. 氨基塑料 D. 不饱和聚酯塑料

112. 俗称“人造羊毛”的聚丙烯腈纤维（即腈纶）的缩写代号是（　　）。

A. PE B. PVC C. PET D. PAN

113. 现有下列高聚物，用于制备轮胎的是（　　）。

A. 聚乙烯 B. 天然橡胶树脂 C. 硫化橡胶 D. 合成纤维

114. 下列不能用作工程塑料的是（　　）。

A. 聚氯乙烯 B. 聚碳酸酯 C. 聚甲醛 D. 聚酰胺

115. 合成树脂原料中一般都含有一定量的抗氧剂，其目的是（　　）。

A. 便于保存 B. 增加成本 C. 降低成本 D. 有利于反应

116. 氯丁橡胶的单体是（　　）。

A. 氯乙烯 B. 三氯乙烯 C. 3-氯丁二烯 D. 2-氯丁二烯

117. 生物化工的优点有（　　）。

A. 反应条件温和 B. 能耗低，效率高

C. 选择性强，“三废”少 D. 前三项都是

118. 在化工生产反应过程中，表示化工生产过程状态的参数是（　　）。

A. 温度 B. 生产能力 C. 选择性 D. 消耗指标

119. 化工生产操作不包括（　　）。

A. 开停车 B. 非稳态操作 C. 事故处理 D. 正常操作管理

120. 化工生产要认真填写操作记录，差错率要控制在（　　）以下。

A. 1% B. 2% C. 5‰ D. 1.5‰

121. 间歇反应器的一个生产周期不包括（　　）。

A. 设备维修时间B. 反应时间 C. 加料时间 D. 出料时间

122. 作为化工生产操作人员应该（　　）。

A. 按照师傅教的操作 B. 严格按照“操作规程”操作

C. 按照自己的理解操作 D. 随机应变操作

123. 可逆反应 $2NO_2 \rightleftharpoons N_2O_4 + Q$，50℃时平衡常数 K_1，0℃ 时平衡常数 K_2，100℃时平衡常数 K_3，则 K_1、K_2、K_3 之间的数量关系是（　　）。

A. $K_1 < K_2 < K_3$ B. $K_1 = K_2 = K_3$ C. $K_3 > K_2 > K_1$ D. $K_2 > K_1 > K_3$

124. 当某密闭容器中建立了化学平衡 $SO_2 + NO_2 \rightleftharpoons SO_3 + NO$ 后，若往容器中通入少量氧气时，将会发生的变化是（　　）。

A. 化学平衡向正反应方向移动

B. 化学平衡向逆反应方向移动

C. 化学平衡不移动

D. 容器内反应速率减慢（正、逆速率均减慢）

二、单项选择题（高级工）

1. 氨合成塔一般是由内件和外筒两部分组成的，其主要目的是（　　）。

A. 便于维修 B. 便于制造 C. 防止腐蚀 D. 有利于反应

2. 薄层固定床反应器主要用于（　　）。

A. 快速反应　B. 强放热反应　C. 可逆平衡反应　D. 可逆放热反应

3. 催化剂使用寿命短，操作较短时间就要更新或活化的反应，比较适用（　　）反应器。

A. 固定床　B. 流化床　C. 管式　D. 釜式

4. 当化学反应的热效应较小，反应过程对温度要求较宽，反应过程要求单程转化率较低时，可采用（　　）。

A. 自热式固定床反应器　B. 单段绝热式固定床反应器

C. 换热式固定床反应器　D. 多段绝热式固定床反应器

5. 对于反应级数 n 大于零的反应，为了降低反应器体积，选用（　　）。

A. 平推流反应器　B. 全混流反应器

C. 循环操作的平推流反应器　D. 全混流反应器接平推流反应器

6. 对于化学反应 $A+B \longrightarrow F$（主反应），$B+F \longrightarrow S$（副反应），为了提高选择性，应采用下列哪种操作方式？（　　）

A. 间歇操作

B. 半间歇操作：一次性加入 A 物质，B 物质连续加入

C. 连续操作

D. 半间歇操作：一次性加入 B 物质，A 物质连续加入

7. 活化能越大的反应，速率常数随温度变化越（　　）。

A. 大　B. 小　C. 无关　D. 不确定

8. 对于一级反应，其半衰期与反应物的起始浓度（　　）。

A. 无关　B. 成正比　C. 成反比　D. 不确定

9. 对自催化反应 $A+P \longrightarrow P+S$ 而言，必然存在最优反应时间，使反应的（　　）最大。

A. 转化率　B. 反应速率　C. 收率　D. 选择性

10. 二级反应 $2A \longrightarrow B$，当 A 的初始浓度为 0.200 mol/L 时半衰期为 40s，则该反应的速率常数是（　　）。

A. 8L/(mol·s)　B. 0.125L/(mol·s)

C. $40s^{-1}$　D. 40L/(mol·s)

11. 各种类型反应器采用的传热装置中，描述错误的是（　　）。

A. 间歇操作反应釜的传热装置主要是夹套和蛇管，大型反应釜传热要求较高时，可在釜内安装列管式换热器

B. 对外换热式固定床反应器的传热装置主要是列管式结构

C. 鼓泡塔反应器中进行的放热应，必须设置如夹套、蛇管、列管式冷却器等塔内换热装置或设置塔外换热器进行换热

D. 同样反应所需的换热装置，传热温差相同时，流化床所需换热装置的换热面积一定小于固定床换热器

12. 工业上甲醇氧化生产甲醛所用的反应器为（　　）。

A. 绝热式固定床反应器　B. 流化床反应器

C. 换热式固定床反应器　　　　　　D. 釜式反应器

13. 工业乙炔与氯化氢合成氯乙烯的化学反应器是（　　）。

A. 釜式反应器　B. 管式反应器　C. 流化床反应器　D. 固定床反应器

14. 环氧乙烷水合生产乙二醇常用下列哪种形式的反应器？（　　）

A. 管式　　B. 釜式　　C. 鼓泡塔　　D. 固定床

15. 既适用于放热反应，也适用于吸热反应的典型固定床反应器类型是（　　）。

A. 列管结构对外换热式固定床　　B. 多段绝热反应器

C. 自身换热式固定床　　D. 单段绝热反应器

16. 某反应为放热反应，但反应在75℃时才开始进行，最佳的反应温度为115℃。下列最合适的传热介质是（　　）。

A. 导热油　　B. 蒸汽和常温水　C. 熔盐　　D. 热水

17. 如果平行反应 A→P(主)，A→S(副) 均为一级不可逆反应，若活化能 $E_主$ > 活化能 $E_副$，提高选择性 S_p 应（　　）。

A. 提高浓度　　B. 提高温度　　C. 降低浓度　　D. 降低温度

18. 若反应物料随着反应的进行逐渐变得黏稠，则应选择下列哪种搅拌器？（　　）

A. 桨式搅拌器　B. 框式搅拌器　C. 旋桨式搅拌器　D. 涡轮式搅拌器

19. 通常对气固相放热催化反应而言，下列四种类型的反应器中相对采用较少的类型是（　　）。

A. 多段绝热式固定床反应器，段间采用间接换热形式

B. 多段绝热式固定床反应器，段间采用直接冷激形式

C. 沸腾床反应器，反应器中设置换热单元

D. 列管换热式反应器，管间采用间接换热的形式

20. 下面说法正确的是（　　）。

A. 釜式反应器中带蛇管的传热效果比较好，所以应该尽量选择带蛇管的釜式反应器

B. 固定床催化反应器中的催化剂既有催化效果，也可加强气体分布和增强传质效果

C. 流化床反应器是液体在其中流动，所以称为流化床反应器

D. 塔式反应器都是鼓泡式反应器

21. 乙苯脱氢制苯乙烯、氨合成等都采用（　　）催化反应器。

A. 固定床　　B. 流化床　　C. 釜式　　D. 鼓泡式

22. 与平推流反应器比较，进行同样的反应过程，全混流反应器所需要的有效体积要（　　）。

A. 大　　B. 小　　C. 相同　　D. 无法确定

23. 在间歇反应器中进行一级反应，如反应时间为1h转化率为0.8，如反应时间为

2h 转化率为（　　），如反应时间为 0.5h 转化率为（　　）。

A. 0.9　0.5　B. 0.96　0.55　C. 0.96　0.5　D. 0.9　0.55

24. 在同样的反应条件和要求下，为了更加经济地选择反应器，通常选择（　　）。

A. 全混釜　B. 平推流反应器　C. 间歇反应器　D. 不能确定

25. 低压法羰基合成醋酸的原料是（　　）。

A. 乙醇和一氧化碳　B. 乙烯和一氧化碳

C. 甲醇和一氧化碳　D. 乙醛和一氧化碳

26. 在选择化工过程是否采用连续操作时，下述几个理由不正确的是（　　）。

A. 操作稳定安全　B. 一般年产量大于 4500t 的产品

C. 反应速率极慢的化学反应过程　D. 工艺成熟

27. 单程转化率指（　　）。

A. 目的产物量/进入反应器的原料总量×100%

B. 目的产物量/参加反应的原料量×100%

C. 目的产物量/生成的副产物量×100%

D. 参加反应的原料量/进入反应器的原料总量×100%

28. 带有循环物流的化工生产过程中的单程转化率的统计数据（　　）总转化率的统计数据。

A. 大于　B. 小于　C. 相同　D. 无法确定

29. 反应物流经床层时，单位质量催化剂在单位时间内所获得目的产物量称为（　　）

A. 空速　B. 催化剂负荷　C. 催化剂空时收率 D. 催化剂选择性

30. 乙炔与醋酸催化合成醋酸乙烯酯，已知新鲜乙炔的流量为 600kg/h，混合乙炔的流量为 5000kg/h，反应后乙炔的流量为 4450kg/h，循环乙炔的流量为 4400kg/h，弛放乙炔的流量为 50kg/h，则乙炔的单程转化率和总转化率分别为（　　）。

A. 11%、91.67% B. 13%、91.67%　C. 11%、93.55%　D. 13%、93.55%

31. 对于某一反应系统，存在如下两个反应：

(1) $A+2B=C+D$　①主反应，目的产物为 C

(2) $3A+4B=E+F$　②副反应

已知反应器入口 A=10mol，出口 C=6mol，E=1mol，则此反应系统中反应物 A 的转化率、目的产物的选择性分别为（　　）。

A. 80%、85%　B. 90%、66.67% C. 85%、66.67% D. 60%、75%

32. 100mol 苯胺在用浓硫酸进行焙烘磺化时，反应物中含 88.2mol 对氨基苯磺酸、1mol 邻氨基苯磺酸、2mol 苯胺，另有一定数量的焦油物，则以苯胺计的对氨基苯磺酸的理论收率是（　　）。

A. 98%　B. 86.40%　C. 90.00%　D. 88%

33. 由乙烯制取二氯乙烷，反应式为 $C_2H_4+Cl_2 \longrightarrow ClH_2C—CH_2Cl$。通入反应的乙烯量为 600kg/h，其中乙烯含量为 92%（质量分数），反应后得到二氯乙烷为 1700kg/h，并测得尾气中乙烯量为 40kg/h，则乙烯的转化率、二氯乙烷的产率及收率分别是（　　）。

A. 93.3%、94%、92.8%　　B. 93.3%、95.1%、93.2%

C. 94.1%、95.4%、93.1%　　D. 94.1%、95.6%、96.7%

34. 某硫酸厂以 35%S 的标准硫铁矿为原料生产硫酸，设硫被全部烧成 SO_2，如硫的烧出率为 98.5%，SO_2 的洗涤净化率为 94%，硫的转化率为 99%，则 100t 硫铁矿可得（　　）t100%硫酸。

A. 280.7　　B. 32.1　　C. 98.3　　D. 104.5

35. 已知环氧乙烷合成反应器生产能力为 144t/d，年工作时间 8000h，按乙烯原料计算，生成环氧乙烷的选择性为 71%，通入反应器的乙烯为 43720kg/h，下列生产指标正确的是（　　）。（原子量：C—12，H—1，O—16）

A. 反应器年生产能力为 48kt/a，乙烯转化率为 12.3%

B. 反应器年生产能力为 52.56kt/a，乙烯转化率为 12.3%

C. 反应器年生产能力为 48kt/a，乙烯转化率为 8.73%

D. 反应器年生产能力为 52.56kt/a，乙烯转化率为 8.73%

36. 在乙烯装置工艺管道的吹扫方法中不包括（　　）。

A. 逆式吹扫法　　B. 贯通吹扫法　　C. 分段吹扫法　　D. 爆破吹扫法

37. 乙醛氧化生产醋酸，原料投料量为纯度 99.4%的乙醛 500kg/h，得到的产物为纯度 98%的醋酸 580kg/h，计算乙醛的理论及实际消耗定额（kg/h）。（　　）

A. 723、862　　B. 500、623　　C. 723、826　　D. 862、723

38. 关于原料配比，叙述不正确的是（　　）。

A. 多数条件下，原料的配比不等于化学计量系数比

B. 原料配比严格按化学计量系数比就能保证原料 100%转化

C. 使价廉易得的反应物过量能保证反应经济合理

D. 恰当的原料配比可以避开混合气体的爆炸范围

39. 化学反应热不仅与化学反应有关，而且与（　　）。

A. 反应温度和压力有关　　B. 参加反应物质的量有关

C. 物质的状态有关　　D. 以上三种情况有关

40. 在化学反应中温度升高可以使下列哪种类型反应的速率提高得更快？（　　）

A. 活化能高的反应　　B. 活化能低的反应

C. 压力较高的反应　　D. 压力较低的反应

41. 实际生产过程中，为提高反应过程的目的产物的单程收率，宜采用以下哪种措施？（　　）

A. 延长反应时间，提高反应的转化率，从而提高目的产物的收率

B. 缩短反应时间，提高反应的选择性，从而提高目的产物的收率

C. 选择合适的反应时间和空速，从而使转化率与选择性的乘积即单程收率达最大

D. 选择适宜的反应器类型，从而提高目的产物的收率

42. 对于 $CO+2H_2 \longrightarrow CH_3OH$，正反应为放热反应。如何通过改变温度、压力来提高甲醇的产率？（　　）

A. 升温、加压　B. 降温、降压　C. 升温、降压　D. 降温、加压

43. 高压法甲醇合成塔的原料气分主、副线进料。其中，副线进料的目的是（　　）。

A. 调节原料气的浓度　B. 调节反应器中的压力

C. 调节催化剂床层反应温度　D. 调节原料气的空间速度

44. 合成氨反应过程：$N_2+3H_2 \longrightarrow 2NH_3+Q$，有利于反应快速进行的条件是（　　）。

A. 高温低压　B. 高温高压　C. 低温高压　D. 低温低压

45. 合成氨工艺中，原料气需要进行预处理，其中脱硫、脱碳是指脱除原料气中的（　　）。

A. SO_2、CO_2　B. H_2S、CO_2　C. SO_2、CO　D. H_2S、CO

46. 目前我国冰醋酸的生产方法主要是（　　）。

A. 甲醇羰基化方法　B. 乙烯氧化法

C. 乙醇氧化法　D. 乙醛氧化法

47. 有利于 SO_2 氧化向正方向进行的条件是（　　）。

A. 增加温度　B. 降低温度　C. 降低压力　D. 增加催化剂

48. 以下对硫酸生产中二氧化硫催化氧化采用“两转两吸”流程叙述正确的是（　　）。

A. 最终转化率高，尾气中二氧化硫低

B. 进转化器中的炉气中二氧化硫的起始浓度高

C. 催化剂利用系数高

D. 用于该流程的投资较其他流程的投资少

49. 合成尿素中，提高氨碳比的作用是：①使平衡向生成尿素的方向移动；②防止缩二脲的生成；③有利于控制合成塔的操作温度；④减轻甲铵液（氨基甲酸铵溶液）对设备的腐蚀。以上正确的有（　　）。

A. ①　B. ①②　C. ①②③　D. 4 条皆是

50. 聚合物主链中的取代基有规律地交替排列在中轴分子链的两端的聚合物，称（　　）。

A. 定向聚合　B. 间规聚合　C. 无规聚合　D. 本体聚合

51. 生产 ABS 工程塑料的原料是（　　）。

A. 丁二烯、苯乙烯和丙烯　B. 丁二烯、苯乙烯和丙烯腈

C. 丁二烯、苯乙烯和乙烯　D. 丁二烯、苯乙烯和氯化氢

52. 属于热固性塑料的是（　　）。

A. PS　B. PVC　C. EP　D. PP

53. 下列聚合物中最易发生解聚反应的是（　　）。

A. PE　B. PP　C. PS　D. PMMA

54. 以乙烯为原料经催化剂催化聚合而得的一种热聚性化合物是（　　）。

A. PB　　B. PE　　C. PVC　　D. PP

55. 下列高聚物中，采用缩聚反应来生产的典型产品是（　　）。

A. PVC　　B. PET　　C. PS　　D. PE

56. 任何牌号聚丙烯必须要加的稳定剂是（　　）。

A. 抗氧剂　　B. 爽滑剂　　C. 卤素吸收剂　　D. 抗老化剂

57. BPO 是聚合反应时的（　　）。

A. 引发剂　　B. 单体　　C. 氧化剂　　D. 催化剂

58. 氯乙烯聚合只能通过（　　）。

A. 自由基聚合　　B. 阳离子聚合　　C. 阴离子聚合　　D. 配位聚合

59. 指出下列物质中哪一个不是自由基型聚合反应中的单体。（　　）

A. 乙烯　　B. 丙烯醇　　C. 丁二烯　　D. 丙二醇

60. 卡普隆又称尼龙 6，是聚酰胺纤维的一种，它的单体是己内酰胺和（　　）。

A. 环己醇　　B. 氨基乙酸　　C. 对苯二甲酸二甲酯　　D. 萘

61. 下列哪种单体适合进行阳离子型聚合反应？（　　）

A. 聚乙烯　　B. 聚丙烯　　C. 聚丙烯腈　　D. 聚氯乙烯

62. 下面高聚物哪一个不是均聚物？（　　）

A. PVC　　B. PTFE　　C. ABS 树脂　　D. PP

63. 当固定床反应器操作过程中发生超压现象，需要紧急处理时，应按以下哪种方式操作？（　　）

A. 打开入口放空阀放空　　B. 打开出口放空阀放空

C. 降低反应温度　　D. 通入惰性气体

64. 在有催化剂参与的反应过程中，在某一反应周期内，操作温度常采用（　　）。

A. 恒定　　B. 逐渐升高　　C. 逐渐降低　　D. 波浪变化

65. 为防止反应釜中的物料被氧化，可采用以下哪种措施？（　　）

A. 向反应釜通空气　　B. 对反应釜抽真空

C. 向反应釜通 N_2 气或水蒸气　　D. 将反应釜的物料装满

66. 在 2L 的密闭容器中进行反应：N_2(气)＋$3H_2$(气)$=\!=\!=$$2NH_3$(气)，30s 内有 0.6mol 氨生成，表示这 30s 内的反应速率不正确的是（　　）。

A. $V_{N_2}=0.005$mol/(L·s)　　B. $V_{H_2}=0.015$mol/(L·s)

C. $V_{NH_3}=0.01$mol/(L·s)　　D. $V_{NH_3}=0.02$mol/(L·s)

67. 总转化率的大小说明新鲜原料最终（　　）的高低。

A. 反应深度　　B. 反应速率　　C. 反应时间　　D. 反应温度

68. 催化裂化条件下，不能发生氢转移反应的单体烃是（　　）。

A. 烷烃　　B. 环烷烃　　C. 烯烃　　D. 稠环芳烃

69. 要降低汽油中的烯烃含量，以下措施正确的是（　　）。

A. 降低反应深度和提高催化剂活性

B. 提高反应深度和催化剂活性

C. 降低反应深度和活性

D. 提高反应深度，降低活性

70. 随着催化裂化的反应时间的不断增加，下列变化正确的是（　　）。

A. 焦炭产率上升 B. 气体产率下降　C. 柴油产率上升　D. 汽油产率上升

71. 在催化裂化反应过程中，下列描述不正确的是（　　）。

A. 汽油存在最高产率　　B. 柴油存在最高产率

C. 轻油存在最高产率　　D. 转化率有一个最高点

72. 催化裂化反应温度提高后，下述反应速率增加最多的是（　　）。

A. 原料→焦炭的反应　　B. 原料→汽油的反应

C. 汽油→气体的反应　　D. 以上反应速率增加一样多

73. 关于流化床气泡的描述正确的是（　　）。

A. 流化中气泡向上运动的速度随着气泡的增大而减小

B. 流化床中气泡增大、体积相差很多的原因是气泡的合并

C. 气泡在流化床中的运动是造成固体颗粒和气体返混的主要原因

D. 气泡现象的产生使其速度超过最大流化速度许多倍，使床层不存在

74. 当提高反应温度时，聚合釜压力会（　　）。

A. 提高　B. 降低　C. 不变　D. 增加至 $10kgf/cm^2$

75. 原油中的硫化物在高温时能形成（　　）腐蚀介质。

A. S　B. H_2S　C. RSH　D. S-H_2S-RSH

76. 喷气燃料进行精制，主要是为了除去硫、硫化物等物质，尤其是要除去（　　）。

A. 硫化氢　B. 不饱和烃　C. 有机酸　D. 硫醇

77. 柴油中十六烷值随（　　）含量的增大而上升。

A. 正构烷烃　B. 异构烷烃　C. 环烷烃　D. 芳烃

78. 油品的黏度随温度的降低而（　　）。

A. 减小　B. 不变　C. 增大　D. 以上都不对

79. 原油电脱盐中，脱盐的实现主要靠（　　）。

A. 电场　B. 加注破乳剂　C. 保证温度　D. 注水

80. 加热炉烟气中CO含量随过剩空气量的变化规律是：过剩空气从大变小时，CO含量从（　　）变（　　），当过剩空气量较大时，CO的含量变化较（　　）。

A. 高　低　慢　B. 低　高　慢　C. 高　低　快　D. 低　高　快

81. 关于复叠制冷过程，下列说法正确的是（　　）。

A. 互相提供冷量，无需外界提供　　B. 两种冷剂进行物质交换

C. 由两个简单的制冷循环合并的一个制冷循环　　D. 有两个独立的制冷循环

82. 某化学反应温度每升高10℃反应速率增加3倍，当温度升高40℃时，反应速率共增加（　　）倍。

A. 12　B. 81　C. 27　D. 120

83. 关于重大事故的处理原则，下列表述错误的是（　　）。

A. 不跑、冒、滴、漏，不超温、超压、窜压

B. 事故判断要及时准确、动作迅速，请示汇报要及时，相互联系要及时

C. 可以就地排放油和气体，防止发生着火爆炸等恶性事故

D. 注意保护催化剂及设备

84. 下列各项中，属于局部紧急停车的是（　　）。

A. 由外供蒸汽故障引起的紧急停车　B. 由电源故障引起的紧急停车

C. 由仪表风故障引起的紧急停车　　D. 由急冷水故障引起的紧急停车

85. 装置吹扫合格的标准是指（　　）。

A. 目视排气清净

B. 在排气口用白布打靶检查 5min 内无任何脏物

C. 手摸无脏

D. 涂有白铅油的靶板打靶 1min 无任何脏物

86. 目前采用较多的取代二硫化碳作为硫化剂的是（　　）。

A. 一甲基二硫化物　　B. 二甲基二硫化物

C. 二甲基一硫化物　　D. 甲基硫化物

87. 脱硫系统配制胺液用水及系统补水采用（　　）。

A. 循环水　B. 净化水　C. 无盐水　D. 冷凝水

88. 甲烷化反应是（　　）反应。

A. 放热　B. 吸热　C. 绝热　D. 以上都不是

89. 反应压力不变，循环氢纯度越高对加氢反应越（　　）。

A. 有利　　B. 不利

C. 无影响　　D. 先有利于反应后不利于反应

90. 非烃化合物中，含（　　）化合物最难被加氢。

A. N　B. S　C. O　D. 以上都不是

91. 加氢裂化的特点是可以生产优质的（　　）。

A. 汽油　B. 石脑油　C. 航煤　D. 以上都不是

92. 氢气中（　　）含量高，容易造成加氢裂化过程超温。

A. CO 和 CO_2　B. 惰性气体　C. CH_4　D. H_2O

93. 加氢裂化的优点是（　　）。

A. 可生产高辛烷值汽油

B. 可生产优质航煤

C. 可生产高十六烷值柴油

D. 以上都不是

94. 加氢裂化过程中，（　　）脱氢的反应。

A. 也会有　B. 不会有　C. 不可能有　D. 肯定有

95. 甲烷化反应易造成催化剂床层（　　）。

A. 超温　B. 粉碎　C. 温度分布不均匀 D. 超压

96. 降低（　　）可以在不改变反应压力和温度的前提下使加氢和裂化的深度均增大。

A. 循环氢量　　B. 氢油比　　C. 空速　　D. 原料油

97. 油水分离的效果与温度（　　）。

A. 有关　　B. 无关　　C. 关系不大　　D. 以上都不是

98. （　　）用于表示油品的物理性质和热力学性质。

A. 黏度　　B. 特性因数　　C. 密度　　D. 相对密度

99. 新氢中的惰性气体含量大小对加氢裂化过程（　　）。

A. 不利　　B. 无影响　　C. 有利　　D. 以上都不是

100. 催化剂硫化时，如果床层温升大，应该（　　）。

A. 停止注硫　　B. 降低入口温度　　C. 减少注硫量　　D. 提高循环量

101. 在温度和压力不变时，改变空速（　　）加氢裂化的反应深度。

A. 也会改变　　B. 不会改变　　C. 或许会改变　　D. 以上都不是

102. 下列脱硫剂对二氧化碳吸附能力较强的是（　　）。

A. 一乙醇胺　　B. 二异丙醇胺　　C. 甲基二乙醇胺　　D. 二乙醇胺

103. 对脱硫剂进行净化，可以避免（　　）。

A. 设备腐蚀　　B. 脱硫剂损耗　　C. 胺液再生塔冲塔　　D. 以上都不是

104. 在脱硫中加入少量的（　　）可以减少设备腐蚀。

A. 阻泡剂　　B. 缓蚀剂　　C. 中和冲洗剂　　D. 氯化物

105. 氢分压的增大，会使裂化反应深度（　　）。

A. 增加　　B. 减小　　C. 不一定受影响　　D. 先减小后增大

106. 在正常生产时，应尽可能地控制好加氢裂化反应器各催化剂床层的入口温度，使它们（　　）。

A. 相等或相近　　B. 有足够大的温差

C. 等于上一床层出口温度　　D. 可节省冷氢用量

107. 关于采用贯通吹扫法进行工艺管道的吹扫时，下列说法正确的是（　　）。

A. 使所有管道同时排放　　B. 先吹扫主管道，再吹扫支管道

C. 吹扫没有先后顺序　　D. 先吹支管道，再吹扫主管道

108. 下列不属于乙烯装置生产特点的是（　　）。

A. 生产过程复杂，工艺条件多变　　B. 易燃、易爆、有毒、有害

C. 高温高压、低温低压　　D. 连续性不强

109. 下列方法中，（　　）不可能用来制取乙烯。

A. 管式炉裂解　　B. 催化裂解

C. 乙醇脱水　　D. 甲烷氧气高温反应

110. 烃类裂解制乙烯过程正确的操作条件是（　　）。

A. 低温、低压、长时间　　B. 高温、低压、短时间

C. 高温、低压、长时间　　D. 高温、高压、短时间

111. 在适宜的工艺条件下，烃类裂解可以得到以下产物（　　）。

A. 乙炔、乙烯、乙醇、乙酸、丁烯、芳烃

B. 乙炔、乙烯、丙烯、丁烯、丁二烯、芳烃

C. 乙炔、乙烯、乙醛、丁烯、丁二烯、芳烃

D. 乙醇、乙烯、丙烯、丁烯、丁二烯、芳烃

112. 乙烯生产工艺中裂解气的分离一般采用（　　）。

A. 深冷分离法　　B. 油吸收精馏分离法

C. 催化加氢精馏法　　D. 精馏法

113. 裂解气深冷分离的主要依据是（　　）。

A. 各烃相对分子质量的大小　　B. 各烃的相对挥发度不同

C. 各烃分子结构的不同　　D. 各烃分子间作用力不同

114. 裂解气深冷分离过程中采用的主要方法是（　　）。

A. 精馏法　　B. 吸附法　　C. 萃取法　　D. 特殊精馏法

115. 下面关于裂解气分离流程说法正确的是（　　）。

A. 一套乙烯装置采用哪种流程，主要取决于流程对所需处理裂解气的适应性、能量消耗、运转周期及稳定性、装置投资等几个方面

B. 一套乙烯装置分离收率和分离流程顺序关系很大，顺序分离流程和前脱乙烷流程、前脱丙烷流程相比乙烯收率最高

C. 顺序分离流程适用于轻质油作裂解原料的裂解气的分离，同时适宜采用前加氢工艺

D. 前脱丙烷流程中，碳三、碳四馏分不进入脱甲烷塔，冷量利用合理，可以节省耐低温合金钢用量

116. 有关装置吹扫的说法不正确的是（　　）。

A. 安全阀与管道连接处断开，并加盲板

B. 仪表引压管线不应该吹扫

C. 吹扫汽轮机入口管线时，汽轮机要处于盘车状态

D. 蒸汽吹扫时必须充分暖管，并注意疏水

117. 乙烯工业上前加氢和后加氢是依（　　）为界划分的。

A. 冷箱　　B. 脱甲烷塔　　C. 脱乙烷塔　　D. 脱丙烷塔

118. 火炬冒黑烟正确的处理方法是（　　）。

A. 减小消烟蒸气量　　B. 增大消烟蒸气量

C. 增大火炬排放量　　D. 停火炬气压缩机

119. 关于乙烯装置设置火炬系统的目的，下列说法不正确的是（　　）。

A. 乙烯装置在非正常状态下，将系统内排放的大量气相烃类通过火炬系统烧掉

B. 乙烯装置在正常状态下，将系统内排放的液相烃类通过火炬系统烧掉

C. 防止环境污染

D. 保护装置的安全

120. 关于分离冷区的节能措施，下列说法错误的是（　　）。

A. 加强保温、减少冷损失

B. 采用高效填料塔提高塔分离效率

C. 充分回收火炬气

D. 合理匹配热交换，尽量使冷热物料在高温差下换热，以提高换热效率

121. 阻聚剂的作用是（　　）。

A. 完全阻止聚合反应的进行

B. 减缓和抑制进料中不饱和烃的聚合、结焦

C. 加快聚合反应的进行

D. 阻止反应向可逆方向进行

122. 阻聚剂的作用过程是（　　）。

A. 分离　　B. 吸收　　C. 分散　　D. 吸附

123. 关于乙烯装置管式裂解炉的防冻措施，下列叙述不正确的是（　　）。

A. 保证燃料气、燃料油、原料管线的伴热畅通

B. 提高排烟温度

C. 排尽停用炉汽包液位

D. 保证停用炉内有一定数量的火嘴处于燃烧状态

124. 制冷分为四个过程，其中给深冷分离提供冷剂是在（　　）过程中。

A. 压缩　　B. 冷凝　　C. 蒸发　　D. 膨胀

125. 下列烃类裂解时，乙烯收率由高到低的次序是（　　）。

A. 烷烃＞单环芳烃＞环烷烃＞多环芳烃

B. 烷烃＞环烷烃＞单环芳烃＞多环芳烃

C. 环烷烃＞烷烃＞单环芳烃＞多环芳烃

D. 环烷烃＞单环芳烃＞烷烃＞多环芳烃

126. 以下列烃为原料的裂解反应，所得氢收率由高到低的排列顺序为（　　）。

A. 正己烷＞正丁烷＞异丁烷　　B. 正丁烷＞正己烷＞异丁烷

C. 正己烷＞异丁烷＞正丁烷　　D. 异丁烷＞正丁烷＞正己烷

127. 关于裂解原料中杂质的说法不正确的是（　　）。

A. 原料中的氯会引起裂解炉对流段及辐射段结焦

B. 原料中汞含量太高，会在板翅式换热器中积累损坏换热器

C. 原料中砷含量太高会引起碳二、碳三催化剂中毒

D. 原料中硫可以抑制裂解炉炉管的管壁催化效应，所以原料中硫含量越高越好

128. 热泵的定义是指（　　）。

A. 通过做功将热量由高温热源传给低温热源的供热系统

B. 通过做功将热量由低温热源传给高温热源的供热系统

C. 输送热流体的泵

D. 输送高温流体的泵

129. 深冷顺序分离流程中，冷箱可以分离出的物料有（　　）。

A. 氢气　　B. 氢气和甲烷　　C. 甲烷　　D. 甲烷和乙烯

130. 关于裂解炉的节能措施，下列说法正确的是（　　）。

A. 排烟温度越高越好，有利于防止露点腐蚀

B. 加强炉壁温度的测试工作，强化保温隔热措施，减少炉壁散热损失
C. 增加空气过剩系数
D. 加强急冷锅炉清焦管理，尽可能增加低位热能的回收量

131. 裂解炉紧急停车时，为了保护炉管不被损坏，应该保证（　　）的供给。
A. 原料　B. 燃料　C. 稀释蒸汽　D. 高压蒸汽

132. 为防止急冷水系统腐蚀，通常在急冷水中注入（　　）。
A. KOH　B. HCl　C. P_2O_5　D. NaOH

133. 关于冷箱中流体甲烷的节流膨胀，下列说法正确的是（　　）。
A. 等焓膨胀，压力降越大，节流后温度越高
B. 等焓膨胀，压力降越大，节流后温度越低
C. 等熵膨胀，压力降越大，节流后温度越高
D. 等熵膨胀，压力降越大，节流后温度越低

134. 原则上，沸点（　　）的物质可以作制冷剂。
A. 高　B. 低　C. 不高不低　D. 没有特殊要求

135. 碱洗的目的是为了脱除裂解气中的（　　）气体。
A. H_2S+CO_2　B. H_2S+CO　C. $CO+CO_2$　D. CH_4+CO

136. 裂解气中酸性气体的脱除，通常采用乙醇胺法和碱洗法，两者比较（　　）。
A. 乙醇胺法吸收酸性气体更彻底
B. 乙醇胺法中乙醇胺可回收重复利用
C. 碱洗法更适用于酸性气体含量高的裂解气
D. 碱洗法中碱液消耗量小，更经济

137. 分子筛再生适合在（　　）状态下进行。
A. 高温，高压　B. 低温，高压　C. 高温，低压　D. 低温，低压

138. 碱洗塔水洗段的主要作用是（　　）。
A. 洗涤裂解气中的二氧化碳　B. 洗涤裂解气中的硫化氢
C. 洗涤裂解气中的苯　D. 洗涤裂解气中夹带的碱液

139. 关于温度对碱洗的影响，下列说法不正确的是（　　）。
A. 热碱有利于脱除 CO_2　B. H_2S 的脱除无需热碱
C. 提高温度会提高塔高　D. 温度过高会加大重烃聚合

140. 分子筛吸附水的过程为（　　）。
A. 放热过程　B. 吸热过程
C. 吸附刚开始吸热平衡后放热　D. 吸附刚开始放热平衡后吸热

141. 下列各项中，不利于碱液洗涤的操作是（　　）。
A. 裂解气在碱洗前进行预热　B. 适当提高操作压力
C. 不断提高碱液浓度　D. 提高碱液循环次数

142. 分子筛对不同分子的吸附能力，下列说法正确的是（　　）。
A. 分子不饱和度越高越容易吸附　B. 分子极性越弱越容易吸附
C. 分子越小越容易吸附　D. 分子越大越容易吸附

143. 节流阀利用的是（　　）原理来制冷的。

A. 物质守恒　B. 能量守恒　C. 热量平衡　D. 焦耳-汤姆逊效应

144. 大检修时设备倒空的先后顺序为（　　）。

A. 先泄压，后导液　B. 先导液，后泄压

C. 泄压和导液可同时进行　D. 无先后次序

三、判断题（中级工）

1. 温度增加，化学反应速率常数一定增加。（　　）
2. 化学反应的活化能是指基元反应、分子反应需吸收的能量。（　　）
3. 由于反应前后分子数相等，所以增加压力对反应速率没有影响。（　　）
4. 反应速率常数与温度无关，只与浓度有关。（　　）
5. 反应过程的整体速率由最快的那一步决定。（　　）
6. 对于零级反应，增加反应物的浓度可提高化学反应速率。（　　）
7. 任何化学反应的反应级数都与其计量系数有关。（　　）
8. 若一个化学反应是一级反应，则该反应的速率与反应物浓度的一次方成正比。（　　）
9. 高速搅拌的釜式反应器中的流动模型可以看成全混流。（　　）
10. 长径比较大的流化床反应器中的流动模型可以看成平推流。（　　）
11. 间歇釜式反应器由于剧烈搅拌、混合，反应器内有效空间中各位置的物料温度、浓度均相同。（　　）
12. 按照反应器的结构形式，可把反应器分成釜式、管式、塔式、固定床和流化床。（　　）
13. 按物质的聚集状态，反应器分为均相反应器和非均相反应器。（　　）
14. 工业反应器按换热方式可分为等温反应器，绝热反应器，非等温、非绝热反应器等。（　　）
15. 非均相反应器可分为气-固相反应器、气-液相反应器。（　　）
16. 釜式反应器、管式反应器、流化床反应器都可用于均相反应过程。（　　）
17. 对液-气、液-固非均相的反应物系，若热效应不大时，多采用釜式反应器。（　　）
18. 釜式反应器主要由釜体、搅拌器和换热器三部分所组成。（　　）
19. 为了使釜式聚合反应器传质、传热过程正常进行，聚合釜中必须安装搅拌器。（　　）
20. 搅拌器的密封装置可分为填料密封和机械密封。（　　）
21. 釜式反应器体积越大，传热越容易。（　　）
22. 釜式反应器既可以用于间歇生产过程，也能用于连续生产过程。（　　）
23. 间歇操作釜式反应器既可以用于均相的液相反应，也可用于非均相液相反应，但不能用于非均相气液相鼓泡反应。（　　）
24. 管式反应器主要用于气相或液相连续反应过程，且能承受较高压力。（　　）
25. 管式反应器亦可进行间歇或连续操作。（　　）

26. 管式反应器的优点是减小返混和控制反应时间。（　）

27. 在管式反应器中，单管反应器只适合热效应小的反应过程。（　）

28. 固定床反应器在管内装有一定数量的固体催化剂，气体一般自下而上从催化剂颗粒之间的缝隙内通过。（　）

29. 固定床反应器适用于气-液相化学反应。（　）

30. 绝热式固定床反应器适合热效应不大的反应，反应过程无需换热。（　）

31. 单段绝热床反应器适用于反应热效应较大、允许反应温度变化较大的场合，如乙苯脱氢制苯乙烯。（　）

32. 流化床中，由于床层内流体和固体剧烈搅动混合，使床层温度分布均匀，避免了局部过热现象。（　）

33. 原料无须净化就可以送入催化反应器。（　）

34. 气液相反应器按气液相接触形态分类时，气体以气泡形式分散在液相中的反应器形式有鼓泡塔反应器、搅拌鼓泡釜式反应器和填料塔反应器等。（　）

35. 鼓泡塔内气体为连续相，液体为分散相，液体返混程度较大。（　）

36. 鼓泡塔反应器和釜式反应器一样，既可以连续操作，也可以间歇操作。（　）

37. 煤、石油、天然气是化学工业的基本原料。（　）

38. 三烯是最基本的有机原料，是指“乙烯、丙烯、丁烯”。（　）

39. 通常用来衡量一个国家石油化工发展水平的标志是石油产量。（　）

40. 含碳、氢的化合物往往都是有机化合物，而尿素的分子式为 $CO(NH_2)_2$，所以尿素生产是有机化工。（　）

41. 甲烷只存在于天然气和石油气中。（　）

42. 炼厂气的主要组成是 H_2、C-1～C-5 间的烷烃以及少量烯烃类。（　）

43. 将石油加工成各种石油产品的过程称为石油炼制。（　）

44. 转化率是参加化学反应的某种原料量占通入反应体系的该种原料总量的比例。（　）

45. 选择性是目的产品的实际产量除以参加反应的某种原料量为基准计算的理论产率。（　）

46. 化工生产上，生产收率越高，说明反应转化率越高，反之亦然。（　）

47. 对相同的反应物和产物，选择性（产率）等于转化率和收率相乘。（　）

48. 衡量一个反应效率的好坏，不能单靠某一指标来确定，应综合转化率和产率两个方面的因素来评定。（　）

49. 生产能力是指生产装置每年生产的产品量，如 30 万吨/年合成氨装置指的是生产能力。（　）

50. 空间速度是指单位时间内通过单位体积催化剂上的反应混合气的体积，单位是 h^{-1}。（　）

51. 一定条件下，乙烷裂解生产乙烯，通入反应器的乙烷为 5000kg/h，裂解气中含乙烯为 1500kg/h，则乙烯的收率为 30％。（　）

52. 从原料开始，物料流经一系列由管道连接的设备，经过包括物质和能量转换的

加工，最后得到预期的产品，将实施这些转换所需要的一系列功能单元和设备有机组合的次序和方式，称为化工工艺。（ ）

53. 反应是化工生产过程的核心，其他的操作都是围绕着化学反应组织实施的。（ ）
54. 化工工艺的特点是生产过程综合化、装置规模大型化和产品精细化。（ ）
55. 化学工艺是根据化学的原理和规律，采用化学和物理的措施而将原料转化为产品的方法和过程。（ ）
56. 研究一个催化体系时，应先从动力学考虑反应速率，再从热力学考虑反应能进行到什么程度。（ ）
57. 温度增加有利于活化能大的反应进行。（ ）
58. 升高反应温度，有利于放热反应。（ ）
59. 一个放热反应在什么情况下都是放热反应。（ ）
60. 在一般情况下，降低反应物的浓度，有助于加快反应速率。（ ）
61. 影响化工反应过程的主要因素有原料的组成和性质、催化剂性能、工艺条件和设备结构等。（ ）
62. 在生产过程中，温度、压力、原料组成、停留时间等工艺参数是可调节的，尤以温度的影响最大。（ ）
63. 对于同一个产品生产，因其组成、化学特性、分离要求、产品质量等相同，须采用同一操作方式。（ ）
64. 任何一个化工生产过程都是由一系列化学反应操作和一系列物理操作构成的。（ ）
65. 一个典型的化工生产过程由原料的预处理、化学反应、产物分离三部分构成。（ ）
66. 化工过程主要是由化学处理的单元反应过程的单元操作过程组成的。（ ）
67. 常见的物料处理方法有：气固分离、液体分离、蒸发和结晶、干燥、吸收和吸附。（ ）
68. 连续式生产方式的优点是生产灵活，投资省，上马快；缺点是生产能力小，生产较难控制，因而产品质量得不到保证。（ ）
69. 间歇操作是稳态操作，而连续操作是非稳态操作。（ ）
70. 化工生产中的公用工程是指供水、供电、供气和供热等。（ ）
71. 工业生产中常用的冷源与热源是冷却水和导热油。（ ）
72. 乙炔的工业制法，过去用电石生产乙炔，由于碳化钙生产耗电太多，目前已改用天然气和石油为原料生产乙炔。（ ）
73. 煤通过气化的方式可获得基本有机化学工业原料——一氧化碳和氢（合成气）。（ ）
74. 合成氨的原料气经脱硫、变换是为了提高合成氨的收率。（ ）
75. 以水蒸气为气化剂制取的煤气为水煤气。（ ）
76. 硫酸生产的主要工序有：硫铁矿的预处理、二氧化硫炉气的制备、炉气的净化

及干燥、二氧化硫的催化氧化和三氧化硫的吸收。 ( )

77. 稀硫酸被加热沸腾时，只有水蒸气放出。 ( )
78. 隔膜法电解制烧碱，一般来说，应尽量采用精制的食盐水，使电解在较低的温度下进行，以防止氯气在阳极液中的溶解。 ( )
79. 隔膜电解法生产烧碱过程中，氯气是由电解槽的阴极产生的，氢气是由电解槽的阳极产生的。 ( )
80. 尿素溶液的结晶是利用尿素在不同温度下相对挥发度的差别，将尿素从溶液中结晶分离出来。 ( )
81. 一般酸性气体的脱除采用物理吸收法、化学吸收法或物理化学吸收法。( )
82. 工业上常见的脱除二氧化碳的方法为溶液吸收法，它分为循环吸收法和联合吸收法。 ( )
83. 对于体积增大的反应，水蒸气作为降低气体分压的稀释剂越多越好。 ( )
84. 酯化反应必须采取边反应边脱水的操作才能进行到底。 ( )
85. 石油中有部分烃的相对分子质量很大，所以石油化工为高分子化工。 ( )
86. 合成纤维制成的衣物易污染，不吸汗，夏天穿着时易感到闷热。 ( )
87. 聚氯乙烯被广泛用于各种包装、容器，如食品保鲜膜等。 ( )
88. 三大合成材料橡胶、塑料、纤维基本上都是由自由基型聚合反应完成的。 ( )
89. 通常用于婴儿纸尿裤中的高吸水性材料是聚丙烯酸类树脂。 ( )
90. 连锁式聚合反应过程包括链引发、链增长和链终止。 ( )
91. 合成或天然树脂，外加一定的助剂而加工成的产品就称为纤维。 ( )
92. 玻璃钢是一种以玻璃丝为主要填料的不饱和树脂塑料。 ( )
93. 塑料中加入稳定剂是为了抑制和防止塑料在加工过程中受热、光及氧等的作用而分解变质，延长使用寿命。 ( )
94. 尼龙的优异性能有：耐磨性好，强度高，弹性模量小，密度小，吸湿性好。 ( )
95. 间歇反应器的一个生产周期应包括：反应时间、加料时间、出料时间、加热（或冷却）时间、清洗时间等。 ( )
96. 连续操作设备中物料性质不随时间而变化，多为稳态操作。 ( )
97. 化工生产的操作方式主要有开停车、正常操作管理及事故处理等。 ( )
98. 化工生产的操作常用的有连续操作、半连续操作、间歇操作等。 ( )
99. 催化裂化主要以裂化反应为主，各种烃类在催化剂上所进行的化学反应不同，主要是发生分解反应、异构化、氢转移、芳构化、脱氢反应等，转化成汽油、柴油、气体等主要产品以及油浆焦炭。 ( )
100. 不同的反应，其化学反应速率是不同的，但对于相同的反应，其化学反应速率是相同的。 ( )
101. 原油中最主要的元素是碳和氢化物。 ( )
102. 硅是原油中主要的非金属元素之一。 ( )

103. 车用汽油的抗爆性是用辛烷值来表示的。 ( )
104. 钒是原油中重要的金属元素之一。 ( )
105. 油品没有沸点，只有沸程（馏程）。 ( )
106. 油品的自燃点随油品的变轻而降低。 ( )
107. 油品的黏度与压力无关。 ( )
108. 油品的燃点随油品变重而升高。 ( )
109. 油品的闪点与组成无关。 ( )
110. 石油及其产品是一个复杂的有机物混合体系。 ( )
111. 加氢过程是严重的放热过程。 ( )
112. 裂化过程是吸热过程。 ( )
113. 燃料燃烧时，空气越多，燃烧越充分，所以加热炉烟气氧含量越高越好。 ( )
114. 当一个可逆反应达到平衡状态后，实际上反应已经停止了。 ( )
115. 参加化学反应的各物质的质量总和等于反应后生成的各物质的质量总和。 ( )

四、判断题（高级工）

1. 对于反应级数大于1的反应，容积效率<1时，转化率越高，容积效率越小。 ( )
2. 对同一反应，活化能一定，则反应的起始浓度越低，反应的速率常数对浓度的变化越敏感。 ( )
3. 对于可逆放热反应而言，并非温度越高反应速率越快，而是存在最佳反应温度，即反应速率最快时对应的温度。 ( )
4. 为了得到最高目的产品产量，在生产就要提高单程转化率。 ( )
5. 不同种类的催化剂相比较，其堆积密度大，不一定流化性能就差。 ( )
6. 催化剂粒度变粗会影响催化剂流化性能。 ( )
7. 再生斜管、待生斜管催化剂输送为静压差输送。 ( )
8. 气体速度增大，密相床密度减小，稀相床密度增大。 ( )
9. 内扩散的影响使平行反应中级数高者选择性高。 ( )
10. 在进行搅拌器选型时，低黏度均相液体的混合一般按循环流量大小顺序优先考虑选择螺旋桨式、涡轮式搅拌器；低黏度非均相液体混合则按剪切作用大小顺序优先考虑选择涡轮式、螺旋桨式搅拌器；高黏度液体的混合一般选择大直径、低转速，循环流量和剪切作用均较小的锚式、桨式和框式搅拌器。 ( )
11. 为了防止反应釜的主体与搅拌轴之间的泄漏，真空度要求比较高的反应釜常需要采用填料密封轴封装置。 ( )
12. 釜式反应器返混小，所需反应器体积较小。 ( )
13. 均相反应器内不存在微元尺度的质量和热量传递。 ( )
14. 单釜连续操作，物料在釜内停留时间不一，因而会降低转化率。 ( )
15. 一般来说，单个反应器并联操作可以提高反应深度，串联操作可以增大处

理量。 ( )

16. 反应器并联的一般目的是为了提高生产能力，串联的一般目的是为了提高转化率。 ( )
17. 为了减少连续操作釜式反应器的返混，工业上常采用多釜串联操作。 ( )
18. 在连续操作釜式反应器中，串联的釜数越多，其有效容积越小，则其经济效益越好。 ( )
19. 连续操作釜式反应器的热稳定条件是 $Q_r=Q_c$，且 $dQ_r/dT<dQ_c/dT$。 ( )
20. 对于 $n>0$ 的简单反应，各反应器的生产能力大小为：PFR 最小，N-CSTR 次之，1-CSTR 最大。 ( )
21. 单一反应过程，采用平推流反应器总比全混流反应器所需要的体积小。 ( )
22. 固定床反应器的传热速率比流化床反应器的传热速率快。 ( )
23. 固定床反应器比流化床反应器的传热效率低。 ( )
24. 对于列管式固定床反应器，当反应温度为 280℃时可选用导生油作热载体。 ( )
25. 流化床反应器的操作速度一定要小于流化速度。 ( )
26. 选择反应器要从满足工艺要求出发，并结合各类反应器的性能和特点来确定。 ( )
27. 生产合成氨、甲醛反应器属于固定床反应器。 ( )
28. 苯烃化制乙苯，乙醛氧化合成醋酸，乙烯直接氧化生产乙醛都可选用鼓泡塔反应器。 ( )
29. 化工基础数据可分为两类：物性数据和热力学数据。 ( )
30. 反应物的单程转化率总小于总转化率。 ( )
31. 从经济观点看，提高总转化率比提高单程转化率更有利。 ( )
32. 空速大，接触时间短；空速小，接触时间长。 ( )
33. 化学反应器的空时就是反应物料在反应器内的停留时间，用来表明反应时间长短。 ( )
34. 原料消耗定额的高低，说明生产水平的高低和操作技术水平的好坏。 ( )
35. 实际过程的原料消耗量有可能低于理论消耗定额。 ( )
36. 原料纯度越高，原料的消耗定额就会越低。 ( )
37. 两套合成氨生产装置生产能力均为 600kt/a，说明两套装置具有相同的生产强度。 ( )
38. 提高设备的生产强度，可以实现在同一设备中生产出更多的产品，进而提高设备的生产能力。 ( )
39. 利用苯作为原料生产某一有机化合物，平均月产量 1000t，月消耗苯 1100t，苯的消耗额为 1.1t 苯/t 产品。 ( )
40. 化工产品生产中，若每小时投入的某种原料量增加 10%，结果发现单程收率不变，说明作为计算基准的该原料量增加 10%。 ( )
41. 乙酸乙烯酯的合成，乙炔气相法的时空收率为 1t/(d·m^3 催化剂)，乙烯气相

法的为6t/(d・m^3 催化剂)，说明乙烯气相法设备的生产强度较乙炔法的高。（　）

42. 已知通入苯乙烯反应器的原料乙苯量为1000kg/h，苯乙烯收率为40%，以反应乙苯计的苯乙烯选择性为90%。原料乙苯中含甲苯2%（质量分数），则每小时参加反应的乙苯量为435kg。（　）
43. 采用列管式固定床反应器生产氯乙烯，使用相同类型的催化剂，在两台反应器生产能力相同条件下，则催化剂装填量越多的反应器生产强度越大。（　）
44. 反应与分离过程一体化，如反应-精馏、反应-吸收等，能提高可逆反应效率。（　）
45. 按照原理，化工生产过程由三种基本传递过程和反应过程组成。（　）
46. 若该化学反应既是放热又是体积缩小的反应，那么提高压力或降低温度均有利于反应的进行。（　）
47. 根据可逆变换反应式 $CO+H_2O \rightleftharpoons CO_2+H_2$，反应前后气体体积不变，则增加压力对该反应平衡无影响，因此变换反应过程应在常压下进行。（　）
48. 对于连串反应，若目的产物是中间产物，则反应物转化率越高，其目的产物的选择性越低。（　）
49. 平行反应，若主反应活化能大于副反应活化能，则升高温度有利于提高选择性。（　）
50. 根据反应平衡理论，对可逆反应，随转化率的升高，反应温度应逐渐降低。（　）
51. 工业合成氨的反应是放热过程，随着瞬时转化率的增加，最适宜温度是降低的。（　）
52. 动力学分析只涉及反应过程的始态和终态，不涉及中间过程。（　）
53. 延长停留时间可以使原料的转化率增加，选择性下降。（　）
54. 在实际生产中，采取物料的循环是提高原料利用率的有效方法。（　）
55. 对于化工生产过程中混合气体的压缩输送过程，若其压缩比大于4～6时，则必须采用多级压缩。（　）
56. 从理论上说，多级压缩的级数越多压缩的终温越低。（　）
57. 对于合成氨中一氧化碳变换反应，存在着一个最佳反应温度。（　）
58. 一氧化碳变换反应是一个可逆的体积减小的放热反应，故提高压力和降低温度均可提高一氧化碳的平衡转化率。（　）
59. 在合成氨反应中，增大反应物浓度，反应物的转化率一定提高。（　）
60. 在氨合成塔中，提高氨净值的途径有：升高温度，提高压力，保持氢氮比为3左右并减少惰性气体含量。（　）
61. 硫氧化物的控制技术和工艺可分为燃烧前脱硫与燃烧后脱硫两大类型。（　）
62. 氨氧化法制硝酸时，降低温度、提高压力，可以提高一氧化氮的氧化率。（　）

63. 煤水蒸气转化法制氢工艺中，水蒸气分解率代表水蒸气与碳的反应程度。（　）

64. 在尿素的生产工艺中，提高氨碳比，能防止缩二脲的生成，保证产品质量，同时减轻甲铵液对设备的腐蚀。（　）

65. 鲁姆斯裂解乙烯装置急冷系统采用先水冷后油冷。（　）

66. 管式裂解炉最易结焦的部位是出口处和弯头处。（　）

67. 尾气中的 H_2S 气体可选用二乙醇胺吸收。（　）

68. 高压法甲醇合成塔的原料气分主、副线进料，其中副线进料的目的是调节原料气的浓度。（　）

69. 乙醛氧化制醋酸，反应压力愈高愈好，因此宜采用很高的压力条件。（　）

70. 乙烯高压法中的聚合反应属于自由基型的聚合反应。（　）

71. 聚合物的熔融指数指在一定温度、压力条件下，聚合物经过一定长度、一定直径的毛细管，在5min内流出的物料量（以克计）。（　）

72. 聚氯乙烯在工业上的生产方法主要是乳液聚合。（　）

73. 聚氯乙烯树脂都是由氯乙烯单体经自由基聚合反应合成的。其工业生产方法主要为本体聚合法。（　）

74. 聚合反应中，氮气常用于置换反应装置和输送催化剂等多种用途。（　）

75. 聚甲基丙烯的聚合反应属于自由基型聚合反应。（　）

76. 多元醇和多元酸经缩聚反应可生产聚氨酯。（　）

77. 在乳液聚合中，乳化剂不参加聚合反应，但它的存在对聚合反应（聚合反应速率和聚合物的相对分子质量）有很大影响。（　）

78. 由生胶制造各种橡胶制品一般生产过程包括塑炼、混炼、压延、成型、硫化五个阶段。（　）

79. 未经硫化的橡胶分子结构是线型或支链型，硫化的目的是使橡胶分子适度交联，形成体型或网状结构。（　）

80. 橡胶成型的基本过程包括：塑炼、混炼、压延和挤出、成型和硫化等基本工序。（　）

81. 塑炼是指将橡胶由高弹态转变为可塑状态的过程。（　）

82. 悬浮聚合可以近似认为是由无数个小本体聚合组成的。（　）

83. 本体聚合的关键问题是聚合热的排除。（　）

84. 在合成橡胶中，弹性最好的是顺丁橡胶。（　）

85. 在缩聚反应过程中不会生成低分子副产物。（　）

86. 悬浮聚合体系一般由单体、水、分散剂、引发剂组成。（　）

87. 酚醛树脂、醇酸树脂、聚酰胺属于缩聚物有机高分子化合物。（　）

88. 若想增大丁苯橡胶的刚性，可增大苯乙烯的比例。（　）

89. 对气-固催化反应，工业上为了减小系统阻力，常常采用较低的操作气速。（　）

90. 催化剂使用初期活性较高，操作温度宜控制在工艺允许范围内的较低处。
( )
91. 液相本体法生产聚丙烯的投料顺序为：第一步投底料，第二步投活化剂，第三步加催化剂，第四步加氢气。 ( )
92. 固定床反应器操作中，对于空速的操作原则是先提温后提空速。 ( )
93. 渣油催化裂化的一个显著特点是高温短停留时间。 ( )
94. 流化床中料腿的作用是输送旋风分离器分离下来的催化剂粉尘并起密封作用。
( )
95. 催化剂颗粒越大，旋风分离器回收效率越低。 ( )
96. 对于同类烃，其相对分子质量越大，发生催化裂解反应的速率越慢。 ( )
97. 在裂化过程中生成的焦炭并不是纯碳，而是脱氧缩合生成的一种碳氢比很高的稠环芳烃。 ( )
98. 决定烃类催化裂化反应速率快慢的关键是化学反应。 ( )
99. 反应温度提高后，柴油的十六烷值降低，胶质含量增加。 ( )
100. 对于再生器烧焦过程来说，供氧必须和需氧相等才能达到平衡。 ( )
101. 进入旋风分离器锥体的催化剂速度会越来越慢，最后进入料斗，经料腿排入床层。 ( )
102. 对于氮、硫含量较高的原料，可通过加氢精制的方法进行脱硫脱氮预处理。
( )
103. 提高反应温度能提高汽油辛烷值，因为汽油中的烯烃都随温度提高而增加。
( )
104. 固体颗粒能够被比自己轻得多的流体流化起来，其内在原因是流体在颗粒固体之间流动时与小颗粒产生摩擦力。 ( )
105. 实际生产中高线速的气体流化床因为气泡的存在流化并不均匀，床层的压力降是在变化的。 ( )
106. 催化裂化流化床易于散式流化。 ( )
107. 测定聚丙烯的特性黏度便可知聚丙烯的平均相对分子质量。 ( )
108. 空气不可作为气态润滑剂。 ( )
109. 润滑油黏度的表示法分两类：绝对黏度和相对黏度。 ( )
110. 抗乳化度好的润滑油，油与水不能生成稳定的乳化液，可以很快分离。
( )
111. 从热力学角度考虑，提高反应温度有利于一次反应和二次反应的进行。
( )
112. 重质原油在低温条件下有利于油水分离。 ( )
113. 燃料高热值减去低热值就是水蒸气的相变热。 ( )
114. 抗氧化剂又称防胶剂，它的作用是抑制燃料氧化变质进而生成胶质，提高柴油的安定性。 ( )
115. 油品的动力黏度是指油品内分子之间因运动摩擦而产生的阻力大小。 ( )

116. 碱性氮是油品氮化物中最难被加氢，而使N转化成NH_3的物质。（　　）

117. 碱性氮在精制油中含量的高低反映了油品加氢精制的深度。（　　）

118. 在事故处理时，吹扫用的氮气纯度必须＞99.9%。（　　）

119. 反应注水采用的是无盐水。（　　）

120. 胺的贮罐及缓冲罐用氮气保护，可以减少氧化而变质。（　　）

121. 在脱硫操作中，压力高能够延长气体与脱硫剂接触时间，提高脱硫效果。（　　）

122. 甲烷化反应剧烈放热，易造成超温。（　　）

123. 只要氢分压足够高，加氢裂化过程不会有脱氢反应发生。（　　）

124. 所有可以和氢气反应生成硫化氢的硫化物都可以用作硫化剂。（　　）

125. 二甲基二硫化物（DMDS）是目前使用较多的硫化剂。（　　）

126. 用甲基二乙醇胺作脱硫剂，不仅能脱除硫化氢，还能脱除COS、RSH、二硫化碳。（　　）

127. 加氢裂化过程有水生成，所以原料含水并不重要。（　　）

128. 使用1.0MPa、250℃的饱和蒸汽作热源，脱硫剂会分解、老化，所以不合适。（　　）

129. 压力越低越有利于裂解反应的进行。（　　）

130. 低温时油水分离不好，因此，为使油水分离，温度越高越好。（　　）

131. 非烃化合物是指所有的除含有C、H元素以外，还含有其他元素的有机化合物。（　　）

132. 含硫化合物加氢后有硫化氢生成。（　　）

133. 甲烷化反应生成的是甲烷，不会影响产品的质量，也不影响催化剂的活性和寿命，所以氢中含有多少一氧化碳和二氧化碳没关系。（　　）

134. 因为加氢裂化使用的催化剂必须在硫化态时才有活性，因此原料中的硫含量越高越好。（　　）

135. 过剩空气系数越大，越能保证燃料的充分燃烧，加热炉的热效率也越高。（　　）

136. 催化剂的空速越小，油品与催化剂接触的时间越长。（　　）

137. 装置升温升压后，如没有可燃气体检测仪，也可以用肥皂水继续查漏点。（　　）

138. 加氢裂化过程是一个放热反应过程，因此降低反应温度反应深度增大。（　　）

139. 乙醇胺是一种脱硫剂，也是一种弱碱，碱性随温度上升而减弱。（　　）

140. 我国生产的航空汽油是催化裂化或催化重整所得的低辛烷值汽油馏分。（　　）

141. 只有当温度＜230℃就可以和氢气反应生成硫化氢的硫化物，才能作为硫化剂使用。（　　）

142. 含硫化合物的腐蚀只有在较高的温度下才会产生。（　　）

143. 在一定温度、压力下，脱硫剂的化学吸收脱硫，溶解度是一定的。（　）
144. 当石油馏分沸程相同时，含芳烃越多密度越大，含烷烃越多密度越小，所以可通过密度值大致看出油品中烃类组成。（　）
145. 加氢裂化过程氢分压越高越好。（　）
146. 加氢裂化过程操作压力越高越好。（　）
147. 在实际生产中，改变空速和改变温度一样也可以调节加氢裂化产品的分布。（　）
148. 加氢裂化过程各类反应进行的深度不受工艺条件的影响。（　）
149. 因为氢气不会结焦，因此，只要材质允许，可以将氢气加热至任意高的温度。（　）
150. 加热炉热效率越高，燃料的利用率越高，燃料消耗越低。（　）
151. 惰性气体进入系统后也不会发生化学反应，氢气中惰性气体的含量可以不控制。（　）
152. 乙烯装置生产具有高温、高压、深度冷冻的特点，同时又有硫、碱等腐蚀介质的存在，所以单台裂解炉的开工率是指年实际开工日数与年设计运行日数之比。（　）
153. 当原料油品质变化时，应根据原料油品质的变化对裂解炉操作条件和急冷系统进行及时调整。（　）
154. 管式裂解炉冬季停用炉内保持一定数量的火嘴处于燃烧状态是为了防止炉管低温腐蚀。（　）
155. 当裂解炉的炉型确定后，裂解原料组分变化对炉出口温度没有影响。（　）
156. 裂解气中炔烃的含量与裂解原料和操作条件有关，对于一定的裂解原料而言，炔烃的含量随裂解深度的提高而减少。（　）
157. 在裂解气压缩过程中，除去了裂解气中全部的水和重烃。（　）
158. 对于裂解气酸性气体的碱洗来说，碱浓度越高越好。（　）
159. 裂解气深冷分离过程中，脱除裂解气中的水分采用精馏法。（　）
160. 分子筛吸附水汽的容量随温度的升高而升高。（　）
161. 完成干燥作业的首要条件是根据被干燥系统对干燥后露点的要求，结合装置工艺和设备现状选定或配置供系统干燥作业的低露点的连续气源。（　）
162. 干燥器的再生原理是分子筛在高压低温状态下对脱附水有利。（　）
163. 裂解气的深冷分离原理是在低温条件下，将氢及甲烷以上更重的烃都冷凝下来，然后利用各烃的相对挥发度的差异，在精馏塔内进行多组分的分离，最后再利用精馏得到高纯度的乙烯、丙烯及其他烃类。（　）
164. 在深冷分离过程中，由于温度极低，极易散冷，用绝热材料将高效换热器和气液分离罐等都包在一个箱子里，这个箱子称为冷箱。（　）
165. 节流原理是根据焦耳-汤姆逊效应，即气体物质在其转化温度以下，绝热膨胀，使自身温度下降，且相同条件下同一种物质在节流前后，压力降越大，温度差也越大。（　）

166. 在相同条件下，同种物料在节流前温度越低，则节流后的温度越低。（ ）

167. 乙烯装置采用混合冷剂制冷循环（即多元制冷）不仅可以节约能量，而且可以节省设备投资费用。（ ）

168. 采用两种或多种不同的冷冻剂进行并联操作，组成复叠式制冷压缩机的制冷过程，为复叠制冷。（ ）

169. 甲烷化反应是氢气中的一氧化碳与氢气在镍型催化剂作用下反应生成甲烷和水的过程。（ ）

170. 裂解气深冷分离过程中，脱除炔烃常用催化加氢法。（ ）

171. 由热力学可知，催化加氢反应平衡常数随温度的升高而变大，所以提高温度对反应平衡有利，但温度过高容易造成飞温，所以要适当选择反应温度。（ ）

172. 乙炔加氢过程中形成的乙烯、乙炔二聚、三聚的低聚物，是褐绿色透明状液体，称为绿油。（ ）

173. 飞温是在很短的时间内，床层局部温度急剧上升的现象。（ ）

174. 火炬最大排放量的确定原则是按事故状态时各系统排出的全部气体总量来考虑的。（ ）

175. 火炬正常燃烧时，分子封氮气应该关闭。（ ）

176. 火炬点火前，要确认其他装置与火炬相连的所有系统与大气隔断，其火炬排放管线及火炬常明线管线已用氮气彻底置换合格。（ ）

177. 联动试车的目的是全面考核全系统的设备、自控仪表、联锁、管道、阀门和供电等的性能与质量，全面检查施工安装是否符合设计与标准规范要求。（ ）

178. 联动试车阶段包括全系统的气密、干燥、置换、三剂填充，一个系统的水运、油运和运用假物料或实物料进行的“逆式开车”。（ ）

179. 单机试车由设计单位负责编制方案并组织实施，施工单位参加。（ ）

180. 乙烯装置开车方案优化的目的是在安全的基础上，争取在最短时间内取得合格产品，以较低的试车费用获得最佳的经济效果。（ ）

181. 管道系统的吹扫目的是将系统存在的脏物、泥沙、焊渣、锈皮及其他机械杂质，在化工投料前彻底吹扫干净，防止因管道及系统存有杂物堵塞阀门、管道及设备，发生意外故障。（ ）

182. 装置正常停车前，应根据装置运转情况和以往的停车经验，在确保装置安全、环保并尽量减少物料损失的情况下停车，并且尽量回收合格产品，缩短停车时间。（ ）

183. 局部紧急停车的特点就是能在短时间内恢复装置开车，处理的原则是各系统能保持原始状态的就尽量维持。（ ）

184. 在处理局部停车时要注意停车部分与全装置各系统的联系，以免干扰其余部分的正常运转而造成不必要的损失。（ ）

五、多项选择题（高级工、技师）

1. 碱洗塔碱洗段包括（　　）。
A. 强碱段　　B. 中强碱段　　C. 弱碱段　　D. 水洗段
2. 分子筛用甲烷或氮气再生，其原因正确的是（　　）。
A. 氮气和甲烷的分子直径比水小
B. 高温的非极性分子，不易被分子筛吸附
C. 可降低水汽在分子筛固体表面上的分压
D. 氮气和甲烷的分子直径比水大
3. 关于裂解气压缩的目的，下列叙述正确的有（　　）。
A. 提高分离的深冷分离操作温度　　B. 节约低温能量和低温材料
C. 除去裂解气中的水分和重烃　　D. 减少干燥脱水和精馏分离的负担
4. 为了减少裂解时的结焦量，可以向原料中加入结焦抑制剂。添加的结焦抑制剂种类很多，可以采用（　　）。
A. 硫化物　　B. 聚有机硅氧烷
C. 碱金属或碱土金属化合物　　D. 含磷化合物
5. 裂解原料中要求（　　）的含量越低越好。
A. 硫化物　　B. 烯烃　　C. 铅、砷　　D. 胶质和残炭
6. 热泵一般有（　　）。
A. 开式A型热泵（塔釜物料为介质取消再沸器）
B. 开式B型热泵（塔顶物料为介质取消冷凝器）
C. 闭式热泵
D. 半开式热泵
7. 通过闭式热泵与开式热泵的比较，下列说法正确的是（　　）。
A. 两者均适用于塔压降较小的系统　　B. 两者的功耗均随塔压的升高而升高
C. 开式热泵比闭式热泵减少了设备　　D. 闭式热泵比开式热泵减少了设备
8. 热泵流程适宜应用于（　　）。
A. 塔顶与塔釜温差大的系统　　B. 塔顶与塔釜温差小的系统
C. 塔的压降较大的系统　　D. 塔的压降较小的系统
9. 裂解气多段压缩的优点包括（　　）。
A. 可节省压缩功　B. 可降低压缩比　C. 可降低排气温度　D. 可简化工艺流程
10. 裂解气在深冷分离过程中所需的低温冷冻量由（　　）提供。
A. 丙烯制冷系统　　B. 乙烯制冷系统
C. 甲烷制冷系统　　D. 裂解气中间馏分的等焓节流或等熵膨胀
11. 分子筛用作吸附剂，具有的特点有（　　）。
A. 具有极强的吸附选择性　　B. 具有较强的吸附能力
C. 吸附容量随温度变化　　D. 吸附容量随气体线速度变化
12. 乙烯生产原料的选择是一个重大的技术经济问题，目前乙烯生产原料的发展趋势有（　　）。

A. 原料单一化　B. 原料多样化　C. 原料轻质化　D. 原料重质化

13. 原油常减压蒸馏的常压塔能生产出以下产品：（　）。

A. 汽油组分　B. 重柴油　C. 润滑油组分　D. 催化裂化原料

14. 下列溶剂中可以用作溶剂吸收脱除炔烃的有（　）。

A. 二甲基甲酰胺　B. 汽油　C. *N*-甲基吡咯烷酮　D. 乙醇胺

15. 裂解气中乙炔浓度较高时，反应器一般可采用（　）。

A. 单段床绝热　B. 多段串联的绝热反应器

C. 等温反应器　D. 等温绝热式反应器串联使用

16. 选择CO作为加氢反应抑制剂是因为（　）。

A. CO不易被催化剂活性中心吸附

B. CO较乙烯更易被催化剂活性中心吸附

C. CO较乙炔更易被催化剂活性中心吸附

D. 催化剂活性中心吸附CO的难易程度介于乙炔和乙烯之间

17. 反应器发生飞温的危害有（　）。

A. 损坏催化剂　B. 发生事故　C. 破坏设备　D. 影响生产

18. 乙烯装置乙烯损失的主要部位有（　）。

A. 冷箱尾气　B. 脱乙烷塔釜

C. 压缩凝液汽提塔釜　D. 乙烯精馏塔釜

19. 乙烯装置的火炬系统一般由（　）组成。

A. 火炬排放系统　B. 气、液分离系统　C. 火炬头系统　D. 火炬气回收系统

20. 火炬分子密封的作用有（　）。

A. 维持火炬正压　B. 防止火炬气外泄

C. 防止火炬回火　D. 防止空气倒流入火炬系统

21. 火炬头设置有蒸汽是为了（　）。

A. 消烟　B. 保护火炬头

C. 引入空气使之与排出气体充分混合　D. 防止空气倒流

22. 裂解气深冷分离过程有（　）。

A. 干燥　B. 深冷　C. 加氢反应　D. 精馏

23. 关于乙烯装置吹扫的原则，下列表述正确的有（　）。

A. 管道及系统吹扫，应预先制订系统管道吹扫流程图

B. 吹扫管道连接的安全阀进口时，应将安全阀与管道连接处断开，并加盲板

C. 对塔、罐、容器等要制订专门清理方案

D. 应将吹扫管道上安装的所有仪表元件拆除，防止损坏

24. 装置吹扫前要求（　）。

A. 工艺管道安装竣工

B. 设备安装竣工

C. 强度试验合格

D. 孔板、转子流量计等已抽出内件并安装复位

25. 典型的深冷分离流程有（　）

A. 前脱乙烷流程 B. 前脱丙烷流程 C. 顺序分离流程 D. 前加氢流程

26. 当发生重大物料泄漏事故时，可以通过（　）手段对泄漏源进行控制。

A. 关闭相关阀门 B. 改变工艺流程 C. 局部停车 D. 降负荷运行

27. 近年来，各乙烯生产国均采用新技术、新工艺、新材料和新设备，对原有乙烯装置进行了改造或新建，主要从（　）等方面入手，以达到提高经济效益的最终目的。

A. 提高乙烯收率 B. 增加生产能力

C. 扩大原料的灵活性 D. 降低能耗和物耗

28. 锅炉发生汽水共沸时，应对锅炉进行换水，以降低锅炉水的（　）。

A. pH 值 B. 碱度 C. 含盐量 D. 硬度

29. 关于装置的干燥，下列说法正确的是（　）。

A. 干燥是除去系统中残留的水分

B. 系统干燥前，工艺管道安装完备

C. 系统干燥前，要求工艺管道吹扫合格，气密均已合格

D. 一般是干燥完后再做气密

30. 系统进行氮气置换时，要求（　）。

A. 系统内各调节阀打开 B. 系统内各调节阀关闭

C. 系统内各调节阀旁路打开 D. 系统内各调节阀旁路关闭

31. 乙烯装置开车前的必备条件有（　）。

A. 装置准备 B. 技术准备 C. 化工投料方案 D. 人员准备

32. 装置正常停车检修或消缺时，必须编制完善的停车方案。正常停车方案一般要包括（　）等内容。

A. 安全环保注意事项 B. 停车网络图

C. 盲板图 D. 倒空置换进度表

33. 为缩短倒空置换时间，在乙烯装置停车方案中应对（　）作出合理安排，并严格按方案实施，以免影响到装置的检修安全性和总体进度。

A. 人力 B. 物力 C. 用氮 D. 用水

34. 正常停车的原则是（　）。

A. 安全 B. 环保 C. 节约 D. 省时

35. 裂解气采用五段压缩时，关于压力对碱洗的影响，下列说法正确的有（　）。

A. 提高压力有利于 CO_2 和 H_2S 的吸收

B. 压力高不利于 CO_2 和 H_2S 的吸收

C. 压力过高会使裂解气中的重烃露点升高，凝液增加

D. 提高操作压力会增加设备投资

36. 在催化裂化中，烯烃主要发生（　）反应。

A. 分解 B. 异构化 C. 氢转移 D. 芳构化

37. 局部紧急停车的处理原则有（　）。

A. 安全原则　　B. 经济原则

C. 因地制宜，区别对待的原则　　D. 各系统保温保压保液面原则

38. 原料中（　　）会导致汽油辛烷值上升。

A. 烷烃上升　　B. 环烷烃上升　　C. 芳烃上升　　D. 粗汽油上升

六、综合题（技师）

1. 什么是催化剂的选择性？
2. 催化裂化的化学反应机理是什么？
3. 什么是裂化效率？有何意义？
4. 什么叫单一反应？什么叫可逆反应？
5. 什么叫反应速率？影响反应速率的主要因素是什么？
6. 什么叫反应转化率？
7. 反应岗位操作的首要任务是什么？
8. 催化裂化平行顺序反应的特点是什么？
9. 流化床形成的必备条件是什么？
10. 影响临界流化速度的主要因素有哪些？
11. 影响流化床气体把固体带入稀相带出量的主要因素有哪些？
12. 催化裂化原料中的稠环芳烃含量增加是否有利？
13. 在 $N_2+3H_2 \rightleftharpoons 2NH_3+Q$ 的平衡体系中，改变什么条件，能使反应速率增大且氨的产率增大？

第四部分　流体力学知识

一、单项选择题（中级工）

1. 某设备进、出口测压仪表中的读数分别为 p_1（表压）＝1200mmHg（1mmHg＝133.322Pa）和 p_2（真空度）＝700mmHg，当地大气压为 750mmHg，则两处的绝对压力差为（　　）mmHg。

   A. 500　　B. 1250　　C. 1150　　D. 1900

2. 用“ϕ 外径 mm×壁厚 mm”来表示规格的是（　　）。

   A. 铸铁管　　B. 钢管　　C. 铅管　　D. 水泥管

3. 密度为 1000kg/m^3 的流体，在 ϕ108×4 的管内流动，流速为 2m/s，流体的黏度为 1cP（1cP＝0.001Pa・s），其 Re 为（　　）。

   A. 10^5　　B. 2×10^7　　C. 2×10^6　　D. 2×10^5

4. 离心泵的轴功率 N 和流量 Q 的关系为（　　）。

   A. Q 增大，N 增大　　B. Q 增大，N 先增大后减小

   C. Q 增大，N 减小　　D. Q 增大，N 先减小后增大

5. 离心泵铭牌上标明的扬程是（　　）。

   A. 功率最大时的扬程　　B. 最大流量时的扬程

   C. 泵的最大量程　　D. 效率最高时的扬程

6. 离心通风机铭牌上的标明风压是 100mmH_2O，意思是（　　）。

   A. 输任何条件的气体介质的全风压都达到 100mmH_2O

   B. 输送空气时不论流量多少，全风压都可达到 100mmH_2O

   C. 输送任何气体介质，当效率最高时，全风压为 100mmH_2O

   D. 输送 20℃、101325Pa 的空气，在效率最高时全风压为 100mmH_2O

7. 压力表上的读数表示被测流体的绝对压力比大气压力高出的数值，称为（　　）。

   A. 真空度　　B. 表压力

   C. 相对压力　　D. 附加压力

8. 流体由 1—1 截面流入 2—2 截面的条件是（　　）。

   A. $gz_1+p_1/\rho=gz_2+p_2/\rho$　　B. $gz_1+p_1/\rho>gz_2+p_2/\rho$

   C. $gz_1+p_1/\rho<gz_2+p_2/\rho$　　D. 以上都不是

9. 泵将液体由低处送到高处的高度差叫做泵的（　　）。

   A. 安装高度　　B. 扬程

   C. 吸上高度　　D. 升扬高度

10. 当流量、管长和管子的摩擦系数等不变时，管路阻力近似地与管径的（　　）

次方成反比。

A. 2　　B. 3　　C. 4　　D. 5

11. 输送表压为0.5MPa、流量为180m^3/h的饱和水蒸气应选用（　　）。

A. D_g80的黑铁管　　B. D_g80的无缝钢管

C. D_g40的黑铁管　　D. D_g40的无缝钢管

12. 符合化工管路布置原则的是（　　）。

A. 各种管线成列平行，尽量走直线

B. 平行管路垂直排列时，冷的在上，热的在下

C. 并列管路上的管件和阀门应集中安装

D. 一般采用暗线安装

13. 离心泵中Y型泵为（　　）。

A. 单级单吸清水泵　　B. 多级清水泵

C. 耐腐蚀泵　　D. 油泵

14. 离心泵的轴功率是（　　）。

A. 在流量为零时最大　　B. 在压头最大时最大

C. 在流量为零时最小　　D. 在工作点处为最小

15. 离心泵汽蚀余量Δh与流量Q的关系为（　　）。

A. Q增大，Δh增大　　B. Q增大，Δh减小

C. Q增大，Δh不变　　D. Q增大，Δh先增大后减小

16. 离心泵的工作点是指（　　）。

A. 与泵最高效率时对应的点　　B. 由泵的特性曲线所决定的点

C. 由管路特性曲线所决定的点　　D. 泵的特性曲线与管路特性曲线的交点

17. 在测定离心泵性能时，若将压力表装在调节阀后面，则压力表读数p_2将（　　）。

A. 随流量增大而减小　　B. 随流量增大而增大

C. 随流量增大而基本不变　　D. 随流量增大而先增大后减小

18. 流体流动时的摩擦阻力损失h_f所损失的是机械能中的（　　）项。

A. 动能　　B. 位能　　C. 静压能　　D. 总机械能

19. 在完全湍流时（阻力平方区），粗糙管的摩擦系数λ数值（　　）。

A. 与光滑管一样　　B. 只取决于Re

C. 取决于相对粗糙度　　D. 与粗糙度无关

20. 某塔高30m，进行水压试验时，离塔底10m高处的压力表的读数为500kPa（塔外大气压力为100kPa），那么塔顶处水的压力为（　　）。

A. 403.8kPa　　B. 698.1kPa　　C. 600kPa　　D. 无法确定

21. 单级单吸式离心清水泵，系列代号为（　　）。

A. IS　　B. D　　C. Sh　　D. S

22. 液体密度与20℃的清水差别较大时，泵的特性曲线将发生变化，应加以修正的是（　　）。

A. 流量　　B. 效率　　C. 扬程　　D. 轴功率

23. 离心泵性能曲线中的扬程流量线是在（　　）的情况下测定的。

A. 效率一定　　B. 功率一定　　C. 转速一定　　D. 管路布置一定

24. 流体运动时，能量损失的根本原因是由于流体存在着（　　）。

A. 压力　　B. 动能　　C. 湍流　　D. 黏性

25. 一定流量的水在圆形直管内呈层流流动，若将管内径增加一倍，产生的流动阻力将为原来的（　　）。

A. 1/2　　B. 1/4　　C. 1/8　　D. 1/32

26. 下列几种叶轮中，（　　）叶轮效率最高

A. 开式　　B. 半开式　　C. 闭式　　D. 浆式

27. 离心泵的工作原理是利用叶轮高速运转产生的（　　）。

A. 向心力　　B. 重力　　C. 离心力　　D. 拉力

28. 水在内径一定的圆管中稳定流动，若水的质量流量一定，当水温度升高时，*Re* 将（　　）。

A. 增大　　B. 减小　　C. 不变　　D. 不确定

29. 一水平放置的异径管，流体从小管流向大管，有一 U 形压差计，一端 A 与小径管相连，另一端 B 与大径管相连，差压计读数 *R* 的大小反映（　　）。

A. A、B 两截面间压差值　　B. A、B 两截面间流动压降损失

C. A、B 两截面间动压头的变化　　D. 突然扩大或突然缩小流动损失

30. 工程上，常以（　　）流体为基准，计量流体的位能、动能和静压能，分别称为位压头、动压头和静压头。

A. 1kg　　B. 1N　　C. 1mol　　D. 1kmol

31. 液体液封高度的确定是根据（　　）。

A. 连续性方程　　B. 物料衡算式

C. 静力学方程　　D. 牛顿黏性定律

32. 离心泵输送液体的黏度越大，则（　　）。

A. 泵的扬程越大　　B. 流量越大

C. 效率越大　　D. 轴功率越大

33. 离心泵是根据泵的（　　）。

A. 扬程和流量选择　　B. 轴功率和流量选择

C. 扬程和轴功率选择　　D. 转速和轴功率选择

34. 齿轮泵的工作原理是（　　）。

A. 利用离心力的作用输送流体　　B. 依靠重力作用输送流体

C. 依靠另外一种流体的能量输送流体　　D. 利用工作室容积的变化输送流体

35. 计量泵的工作原理是（　　）。

A. 利用离心力的作用输送流体　　B. 依靠重力作用输送流体

C. 依靠另外一种流体的能量输送流体　　D. 利用工作室容积的变化输送流体

36. 泵的吸液高度是有极限的，而且与当地大气压和液体的（　　）有关。

A. 质量　　B. 密度　　C. 体积　　D. 流量

37. 气体在管径不同的管道内稳定流动时，它的（　　）不变。

A. 流量　　B. 质量流量

C. 体积流量　　D. 质量流量和体积流量

38. 流体在变径管中作稳定流动，在管径缩小的地方其静压能将（　　）。

A. 减小　　B. 增加　　C. 不变　　D. 以上答案都不对

39. 当地大气压为 745mmHg，测得一容器内的绝对压力为 350mmHg，则真空度为（　　）。

A. 350mmHg　　B. 395mmHg　　C. 410mmHg　　D. 1095mmHg

40. 测流体流量时，随流量增加，孔板流量计两侧压差值将（　　）。

A. 减少　　B. 增加　　C. 不变　　以上答案都不对

41. 在静止的连通的同一种连续流体内，任意一点的压力增大时，其他各点的压力则（　　）。

A. 相应增大　　B. 减小　　C. 不变　　D. 不一定

42. 流体在圆形直管内做滞流流动时，其管中心最大流速 u 与平均流速 u_C 的关系为（　　）。

A. $u=1/3u_C$　　B. $u=0.5u_C$

C. $u=2u_C$　　D. $u=3u_C$

43. 用阻力系数法计算局部阻力时，出口阻力系数为（　　）。

A. 1　　B. 0.5　　C. 0.1　　D. 0

44. 下列单位换算不正确的一项是（　　）。

A. $1atm=1.033kgf/m^2$　　B. 1atm＝760mmHg

C. 1at＝735.6mmHg　　D. $1at=10.33mH_2O$

45. 通过计算得出管道的直径为 50mm，该选用下列哪种标准管？（　　）

A. ϕ60mm×3.5mm　　B. ϕ75.50mm×3.75mm

C. ϕ114mm×4mm　　D. ϕ48mm×3.5mm

46. 经计算某泵的扬程是 30m，流量为 $10m^3/h$，选择下列哪种泵最合适？（　　）

A. 扬程 32m，流量 $12.5m^3/h$　　B. 扬程 35m，流量 $7.5m^3/h$

C. 扬程 24m，流量 $15m^3/h$　　D. 扬程 35m，流量 $15m^3/h$

47. 气体的黏度随温度升高而（　　）。

A. 增大　　B. 减小　　C. 不变　　D. 略有改变

48. 光滑管的摩擦因数 λ（　　）。

A. 仅与 Re 有关　　B. 只与 ε/D 有关

C. 与 Re 和 ε/D 有关　　D. 与 Re 和 ε/D 无关

49. 下列选项中不是流体的一项为（　　）。

A. 液态水　　B. 空气　　C. CO_2 气体　　D. 钢铁

50. 应用流体静力学方程式可以（　　）。

A. 测定压力、测定液面　　B. 测定流量、测定液面

C. 测定流速、确定液封高度　　D. 以上答案都不对

51. 离心泵的特性曲线有（　　）条。

A. 2　　B. 3　　C. 4　　D. 5

52. 流体在圆形管道中流动时，连续性方程可写为（　　）。

A. $u_2/u_1=D_1/D_2$　　B. $u_2/u_1=(D_1/D_2)^2$

C. $u_2/u_1=(D_2/D_1)^2$　　D. $u_2/u_1=D_2/D_1$

53. 离心泵原来输送水时的流量为 q_V，现改用输送密度为水的 1.2 倍的水溶液，其他物理性质可视为与水相同，管路状况不变，流量（　　）。

A. 增大　　B. 减小　　C. 不变　　D. 无法确定

54. 泵壳的作用是（　　）。

A. 汇集能量　　B. 汇集液体　　C. 汇集热量　　D. 将位能转化为动能

55. 离心泵的流量称为（　　）。

A. 吸液能力　　B. 送液能力　　C. 漏液能力　　D. 处理液体能力

56. 稳定流动是指（　　）。

A. 流动参数与时间变化有关，与位置无关

B. 流动参数与时间和位置变化均无关

C. 流动参数与时间变化无关，与位置有关

D. 流动参数与时间变化和位置变化都有关

57. 离心泵的特性曲线不包括（　　）。

A. 流量扬程线　　B. 流量功率线　　C. 流量效率线　　D. 功率扬程线

58. 影响流体压力降的主要因素是（　　）。

A. 温度　　B. 压力　　C. 流速　　D. 密度

59. 离心泵中，F 型泵为（　　）。

A. 单级单吸清水泵　　B. 多级清水泵

C. 耐腐蚀泵　　D. 油泵

60. 在压力单位“mH_2O”中，水的温度状态应指（　　）。

A. 0℃　　B. 4℃　　C. 20℃　　D. 25℃

61. 以 2m/s 的流速从内径为 50mm 的管中稳定地流入内径为 100mm 的管中，水在 100mm 的管中的流速为（　　）m/s。

A. 4　　B. 2　　C. 1　　D. 0.5

62. 某气体在等径的管路中作稳定的等温流动，进口压力比出口压力大，则进口气体的平均流速（　　）出口处的平均流速。

A. 大于　　B. 等于　　C. 小于　　D. 不能确定

63. 转子流量计的设计原理是依据（　　）。

A. 流动的速度　　B. 液体对转子的浮力

C. 流动时在转子的上、下端产生了压力差　　D. 流体的密度

64. 离心泵的扬程是指（　　）。

A. 液体的升扬高度

B. 1kg 液体经泵后获得的能量

C. 1N 液体经泵后获得的能量

D. 从泵出口到管路出口间的垂直高度，即压出高度

65. 离心泵效率随流量的变化情况是（　　）。

A. Q 增大，η 增大　　B. Q 增大，η 先增大后减小

C. Q 增大，η 减小　　D. Q 增大，η 先减小后增大

66. 在中低压化工设备和管道中，常用法兰的密封面结构有平面、凹凸面和榫槽面三种形式，其适用压力由高到低的排列顺序为（　　）。

A. 平面、凹凸面、榫槽面　　B. 凹凸面、平面、榫槽面

C. 榫槽面、凹凸面、平面　　D. 平面、榫槽面、凹凸面

67. 密度为 $850kg/m^3$ 的液体以 $5m^3/h$ 的流量流过输送管，其质量流量为（　　）。

A. 170kg/h　　B. 1700kg/h

C. 425kg/h　　D. 4250kg/h

68. 定态流动系统中，水从粗管流入细管。若细管流速是粗管的 4 倍，则粗管内径是细管的（　　）倍。

A. 2　　B. 3　　C. 4　　D. 5

69. 下列不属于离心泵的主要构件是（　　）。

A. 叶轮　　B. 泵壳　　C. 轴封装置　　D. 泵轴

70. 进行离心泵特性曲线测定实验，泵出口处的压力表读数随阀门开大而（　　）。

A. 增大　　B. 减小　　C. 先大后小　　D. 无规律变化

71. 流体阻力的外部表现是（　　）。

A. 流速降低　　B. 流量降低　　C. 压力降低　　D. 压力增大

72. 层流流动时不影响阻力大小的参数是（　　）。

A. 管径　　B. 管长　　C. 管壁粗糙度　　D. 流速

73. 流体运动时，能量损失的根本原因是由于流体存在着（　　）。

A. 压力　　B. 动能　　C. 湍流　　D. 黏性

74. 影响流体压力降的主要因素是（　　）。

A. 温度　　B. 压力　　C. 流速　　D. 密度

75. 液体通过离心泵后其获得的能量最终形式是　（　　）。

A. 速度　　B. 压力　　C. 热力学能　　D. 位能

76. 升高温度时，液体的黏度将（　　），而气体的黏度将增大。

A. 增大　　B. 不变　　C. 减小　　D. 无法判断

77. 层流内层的厚度随雷诺数的增加而（　　）。

A. 减小　　B. 不变　　C. 增加　　D. 不能确定

78. 液体的流量一定时，流道截面积减小，液体的压力将（　　）。

A. 减小　　B. 不变　　C. 增加　　D. 不能确定

79. 离心泵在一定管路系统下工作，压头与被输送液体的密度无关的条件是：（　　）。

A. $Z_2-Z_1=0$　　B. $\Sigma h_f=0$

C. $(U_2^2/2)-(U_1^2/2)=0$　　D. $p_2-p_1=0$

80. 液体的密度随温度的升高而（　　）。

A. 增大　　B. 减小　　C. 不变　　D. 不一定

81. 某液体在内径为 D_0 的水平管路中稳定流动，其平均流速为 u_0，当它以相同的体积流量通过等长的内径为 D_2（$D_2=D_0/2$）的管子时，若流体为层流，则压降 Δp 为原来的（　　）倍。

A. 4　　B. 8　　C. 16　　D. 32

82. 8B29 离心泵（　　）。

A. 流量为 $29m^3/h$，效率最高时扬程为 8m

B. 效率最高时扬程为 29m，流量为 $8\ m^3/h$

C. 泵吸入口直径为 8cm，效率最高时扬程约为 29m

D. 泵吸入口直径为 200mm，效率最高时扬程约为 29m

83. 在稳定流动系统中，液体流速与管径的关系（　　）。

A. 成正比　　B. 与管径平方成正比

C. 与管径平方成反比　　D. 无一定关系

84. 当离心泵输送的液体沸点低于水的沸点时，则泵的安装高度应（　　）。

A. 加大　　B. 减小　　C. 不变　　D. 无法确定

85. 水在圆形直管中作完全湍流时，当输送量、管长和管子的摩擦系数不变，仅将其管径缩小一半，则流阻变为原来的（　　）倍。

A. 16　　B. 32　　C. 不变　　D. 64

86. 有一段由大管和小管串联的管路，管内液体作连续稳定的流动，大管内径为 D，而小管内径为 $D/2$，大管内液体的流速为 u，则小管内液体的流速为（　　）。

A. u　　B. $2u$　　C. $4u$　　D. $1/2u$

87. 稳定流动是指流体在流动系统中，任一截面上流体的流速、压力、密度等与流动有关的物理量（　　）。

A. 仅随位置变，不随时间变　　B. 仅随时间变、不随位置变

C. 既不随时间变，也不随位置变　　D. 以上答案都不对

88. 某设备压力表示值为 0.8MPa，则此设备内的绝对压力是（　　）。（注：当地大气压为 100kPa）

A. 0.8MPa　　B. 0.9MPa　　C. 0.7MPa　　D. 1atm

89. 流体所具有的机械能不包括（　　）。

A. 位能　　B. 动能　　C. 静压能　　D. 热力学能

90. 当圆形直管内流体的 Re 值为 45600 时，其流动形态属（　　）。

A. 层流　　B. 湍流　　C. 过渡状态　　D. 无法判断

91. 孔板流量计是（　　）式流量计。

A. 恒截面、变压差　　B. 恒压差、变截面

C. 变截面、变压差　　D. 变压差、恒截面

92. 泵将液体由低处送到高处的高度差叫做泵的（　　）。

A. 安装高度　　B. 扬程　　C. 吸上高度　　D. 升扬高度

93. 层流与湍流的本质区别是（　　）。

A. 湍流流速>层流流速

B. 流道截面大的为湍流，截面小的为层流

C. 层流的雷诺数<湍流的雷诺数

D. 层流无径向脉动，而湍流有径向脉动

94. 气体在水平等径直管内等温流动时，其平均流速（　　）。

A. 不变　　B. 增大　　C. 减小　　D. 不能确定

95. 下列操作不属于单元操作的有（　　）。

A. 合成氨反应　　B. 乙醇的提浓

C. 纸张的干燥　　D. 原油的输送

96. 当流量 V 保持不变时，将管道内径缩小一半，则 Re 是原来的（　　）。

A. 1/2　　B. 2 倍　　C. 4 倍　　D. 8 倍

97. 压力表上显示的压力，即为被测流体的（　　）。

A. 绝对压　　B. 表压　　C. 真空度　　D. 压力

98. 为提高 U 形压差计的灵敏度，在选择指示液时，应使指示液和被测流体的密度差（$\rho_{指}-\rho$）的值（　　）。

A. 偏大　　B. 偏小　　C. 越大越好　　D. 无法判断

99. 水在一条等径垂直管内作向下定态连续流动时，其流速（　　）。

A. 会越流越快　　B. 会越流越慢　　C. 不变　　D. 无法判断

100. 水由敞口恒液位的高位槽通过一管道流向压力恒定的反应器，当管道上的阀门开度减小后，管道总阻力损失（　　）。

A. 增大　　B. 减小　　C. 不变　　D. 不能判断

101. 用皮托管来测量气体流速时，其测出来的流速是指（　　）。

A. 气体的平均流速　　B. 气体的最大流速

C. 皮托管头部所处位置上气体的点速度　D. 无法判断

102. 离心泵输送介质密度改变，随着变化的参数是（　　）。

A. 流量　　B. 扬程　　C. 轴功率　　D. 以上都不是

103. 流体在图示的管路中稳定流动，AB 与 CD 的管径管材、管长均相同，试判断：静压力差 Δp_{AB}（　　）Δp_{CD}。

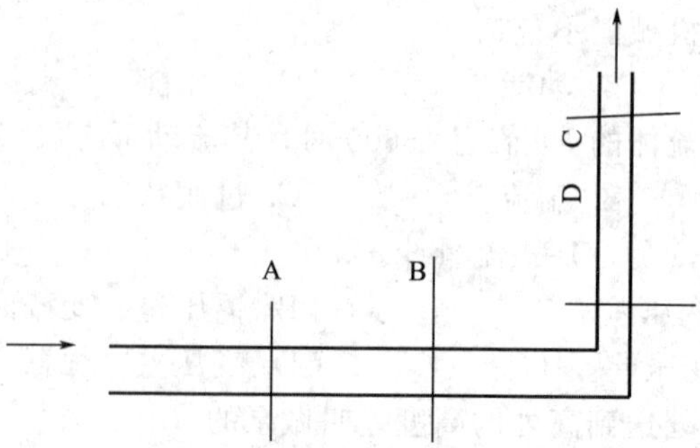

A. 大于　　B. 等于　　C. 小于　　D. 以上答案都不正确

104. 确定设备相对位置高度的是（　　）。

A. 静力学方程式　　B. 连续性方程式

C. 柏努利方程式　　D. 阻力计算式

105. 下列说法正确的是（　　）。

A. 泵只能在工作点下工作

B. 泵的设计点即泵在指定管路上的工作点

C. 管路的扬程和流量取决于泵的扬程和流量

D. 改变离心泵工作点的常用方法是改变转速

106. 在同等条件下，泵效率有可能最高的是以下（　　）。

A. 离心泵　　B. 往复泵　　C. 转子泵　　D. 旋涡泵

107. 离心泵性能的标定条件是（　　）

A. 0℃，101.3kPa 的空气　　B. 20℃，101.3kPa 的空气

C. 0℃，101.3kPa 的清水　　D. 20℃，101.3kPa 的清水

108. 每秒钟泵对（　　）所做的功，称为有效功率。

A. 泵轴　　B. 输送液体　　C. 泵壳　　D. 叶轮

109. 单位质量的流体所具有的（　　）称为流体的比容。

A. 黏度　　B. 体积　　C. 位能　　D. 动能

110. 在静止流体内部判断压力相等的必要条件是（　　）。

A. 同一种流体内部　　B. 连通着的两种流体

C. 同一种连续流体　　D. 同一水平面上，同一种连续流体

111. 实际流体的柏努利方程不可以直接求取项目是　（　　）。

A. 动能差　　B. 静压能差　　C. 总阻力　　D. 外加功

112. 机械密封与填料密封相比，（　　）的功率消耗较大。

A. 机械密封　　B. 填料密封　　C. 差不多　　D. 以上答案都不对

113. 喷射泵是利用流体流动时的（　　）的原理来工作的。

A. 静压能转化为动能　　B. 动能转化为静压能

C. 热能转化为静压能　　D. 热能转化为动能

114. 测量液体的流量，孔板流量计取压口应放在（　　）。

A. 上部　　B. 下部　　C. 中部　　D. 任意地方

115. 离心泵工作时，流量稳定，那么它的扬程与管路所需的有效压头相比应该（　　）。

A. 大于管路所需有效压头　　B. 一样

C. 小于管路所需有效压头　　D. 以上答案都不对

二、单项选择题（高级工）

1. 安全阀应铅直地安装在（　　）。

A. 容器的高压进口管道上　　B. 管道接头前

C. 容器与管道之间　　D. 气相界面位置上

2. 安装在管路中的阀门（　　）。

A. 需考虑流体方向　　B. 不必考虑流体方向

C. 不必考虑操作时的方便　　D. 不必考虑维修时的方便

3. 泵若需自配电机，为防止电机超负荷，常按实际工作的（　　）计算轴功率 N，取（1.1～1.2）N 作为选电机的依据。

A. 最大扬程　　B. 最小扬程　　C. 最大流量　　D. 最小流量

4. 采用出口阀门调节离心泵流量时，开大出口阀门，扬程（　　）。

A. 增大　　B. 不变　　C. 减小　　D. 先增大后减小

5. 产生离心泵启动后不进水的原因是（　　）。

A. 吸入管浸入深度不够　　B. 填料压得过紧

C. 泵内发生汽蚀现象　　D. 轴承润滑不良

6. 常拆的小管径管路通常用（　　）连接。

A. 螺纹　　B. 法兰　　C. 承插式　　D. 焊接

7. 齿轮泵的流量调节可采用（　　）。

A. 进口阀　　B. 出口阀　　C. 旁路阀　　D. 都可以

8. 喘振是（　　）时所出现的一种不稳定工作状态。

A. 实际流量大于性能曲线所表明的最小流量

B. 实际流量大于性能曲线所表明的最大流量

C. 实际流量小于性能曲线所表明的最小流量

D. 实际流量小于性能曲线所表明的最大流量

9. 单级离心泵采取（　　）平衡轴向力。

A. 平衡鼓　　B. 叶轮对称布置　　C. 平衡孔　　D. 平衡盘

10. 当两个同规格的离心泵串联使用时，只能说（　　）。

A. 串联泵较单台泵实际的扬程增大一倍

B. 串联泵的工作点处较单台泵的工作点处扬程增大一倍

C. 当流量相同时，串联泵特性曲线上的扬程是单台泵特性曲线上的扬程的两倍

D. 在管路中操作的串联泵，流量与单台泵操作时相同，但扬程增大两倍

11. 当两台规格相同的离心泵并联时，只能说（　　）。

A. 在新的工作点处较原工作点处的流量增大一倍

B. 当扬程相同时，并联泵特性曲线上的流量是单台泵特性曲线上流量的两倍

C. 在管路中操作的并联泵较单台泵流量增大一倍

D. 在管路中操作的并联泵扬程与单台泵操作时相同，但流量增大两倍

12. 对离心泵错误的安装或操作方法是（　　）。

A. 吸入管直径大于泵的吸入口直径　　B. 启动前先向泵内灌满液体

C. 启动时先将出口阀关闭　　D. 停车时先停电机，再关闭出口阀

13. 对于往复泵，下列说法错误的是（　　）。

A. 有自吸作用

B. 实际流量只与单位时间内活塞扫过的面积有关

C. 理论上扬程与流量无关，可以达到无限大

D. 启动前必须先用液体灌满泵体，并将出口阀门关闭

14. 多级离心泵比单级离心泵（　　）。

A. 流量大　　B. 流量小　　C. 扬程高　　D. 扬程低

15. 关闭出口阀启动离心泵的原因是（　　）。

A. 轴功率最大　　B. 能量损失最小　　C. 启动电流最小　　D. 处于高效区

16. 关小离心泵的出口阀，吸入口处的压力如何变化？（　　）

A. 增大　　B. 减小　　C. 不变　　D. 不能确定

17. 管件中连接管路支管的部件称为（　　）。

A. 弯头　　B. 三通或四通　　C. 丝堵　　D. 活接头

18. 化工管路中，对于要求强度高、密封性能好、能拆卸的管路，通常采用（　　）。

A. 法兰连接　　B. 承插连接　　C. 焊接　　D. 螺纹连接

19. 化工过程中常用到下列类型泵：①离心泵，②往复泵，③齿轮泵，④螺杆泵。其中属于正位移泵的是（　　）。

A. ①②③　　B. ②③④　　C. ①④　　D. ①

20. 化工生产中在一定温度下的有腐蚀性液体的输送中，主要用不锈钢管、（　　）管等。

A. 塑料　　B. 石墨　　C. 碳钢　　D. 玻璃

21. 将含晶体10%的悬浊液送往料槽宜选用（　　）。

A. 离心泵　　B. 往复泵　　C. 齿轮泵　　D. 喷射泵

22. 经过标定的孔板流量计，使用较长一段时间后，孔板的孔径通常会有所增大。对此，甲认为：该孔板流量计的流量值将比实际流量值低；乙认为：孔板流量计使用长时间后量程将扩大。甲、乙看法有道理的是（　　）。

A. 甲、乙均有理　　B. 甲、乙均无理

C. 甲有理　　D. 乙有理

23. 离心泵操作中，能导致泵出口压力过高的原因是（　　）。

A. 润滑油不足　　B. 密封损坏

C. 排出管路堵塞　　D. 冷却水不足

24. 离心泵抽空、无流量，其发生的原因可能有：①启动时泵内未灌满液体；②吸入管路堵塞或仪表漏气；③吸入容器内液面过低；④泵轴反向转动；⑤泵内漏进气体；⑥底阀漏液。你认为可能的是（　　）。

A. ①③⑤　　B. ②④⑥　　C. 全都不是　　D. 全都是

25. 离心泵的安装高度有一定限制的原因主要是（　　）。

A. 防止产生“气缚”现象　　B. 防止产生汽蚀

C. 受泵的扬程的限制　　D. 受泵的功率的限制

26. 离心泵的泵壳的作用是（　　）。

A. 避免气缚现象　　　　　　　　B. 避免汽蚀现象

C. 灌泵　　　　　　　　　　　　D. 汇集和导液的通道、能量转换装置

27. 离心泵的调节阀（　　）。

A. 只能安装在进口管路上　　　　B. 只能安装在出口管路上

C. 安装在进口管路或出口管路上均可　D. 只能安装在旁路上

28. 离心泵的调节阀开大时，（　　）。

A. 吸入管路阻力损失不变　　　　B. 泵出口的压力减小

C. 泵入口的真空度减小　　　　　D. 泵工作点的扬程升高

29. 离心泵的实际安装高度（　　）允许安装高度，就可防止汽蚀现象发生。

A. 大于　　B. 小于　　C. 等于　　D. 近似于

30. 离心泵的扬程随着流量的增加而（　　）。

A. 增加　　B. 减小　　C. 不变　　D. 无规律性

31. 离心泵发生汽蚀可能是由于（　　）。

A. 离心泵未排净泵内气体

B. 离心泵实际安装高度超过最大允许安装高度。

C. 离心泵发生泄漏

D. 所输送的液体中可能含有砂粒

32. 离心泵开动以前必须充满液体是为了防止发生（　　）。

A. 气缚现象　　B. 汽蚀现象　　C. 汽化现象　　D. 气浮现象

33. 离心泵内导轮的作用是（　　）。

A. 增加转速　　B. 改变叶轮转向　　C. 转变能量形式　　D. 密封

34. 离心泵启动稳定后先打开（　　）。

A. 出水阀　　B. 进水阀　　C. 旁路阀　　D. 放空阀

35. 离心泵设置的进水阀应该是（　　）。

A. 球阀　　B. 截止阀　　C. 隔膜阀　　D. 蝶阀

36. 离心泵是依靠离心力对流体做功，其做功的部件是（　　）。

A. 泵壳　　B. 泵轴　　C. 电机　　D. 叶轮

37. 离心泵与往复泵的相同之处在于（　　）。

A. 工作原理　　　　　　　　　　B. 流量的调节方法

C. 安装高度的限制　　　　　　　D. 流量与扬程的关系

38. 离心泵在启动前应（　　）出口阀，旋涡泵启动前应（　　）出口阀。

A. 打开　打开　　　　　　　　　B. 关闭　打开

C. 打开　关闭　　　　　　　　　D. 关闭　关闭

39. 离心泵在液面之下，启动后不出水的原因可能是（　　）。

A. 吸入管阀卡　　　　　　　　　B. 填料压得过紧

C. 泵内发生汽蚀现象　　　　　　D. 轴承润滑不良

40. 离心泵在正常运转时，其扬程与升扬高度的大小比较是（　　）。

A. 扬程＞升扬高度　　　　　　　B. 扬程＝升扬高度

C. 扬程＜升扬高度　　　　　　　　D. 不能确定

41. 离心泵轴封的作用是（　　）。

A. 减少高压液体漏回泵的吸入口　　B. 减少高压液体漏回吸入管

C. 减少高压液体漏出泵外　　　　　D. 减少高压液体漏入排出管

42. 离心泵装置中（　　）的滤网可以阻拦液体中的固体颗粒被吸入而堵塞管道和泵壳。

A. 吸入管路　　B. 排出管路　　C. 调节管路　　D. 分支管路

43. 离心泵最常用的调节方法是（　　）。

A. 改变吸入管路中阀门开度　　　　B. 改变出口管路中阀门开度

C. 安装回流支路，改变循环量的大小D. 车削离心泵的叶轮

44. 离心清水泵的叶轮形式应该为（　　）。

A. 开式　　B. 半开式　　C. 闭式　　D. 以上都不对

45. 流量调节，往复泵常用（　　）。

A. 出口阀　　B. 进口阀　　C. 旁路阀　　D. 安全阀

46. 某泵在运行的时候发现有汽蚀现象，应（　　）。

A. 停泵向泵内灌液　　　　　　　　B. 降低泵的安装高度

C. 检查进口管路是否漏液　　　　　D. 检查出口管阻力是否过大

47. 某同学进行离心泵特性曲线测定实验，启动泵后，出水管不出水，泵进口处真空表指示真空度很高，他对故障原因做出了正确判断，排除了故障。你认为以下可能的原因中，哪一个是真正的原因？（　　）

A. 水温太高　　　　　　　　　　　B. 真空表坏了

C. 吸入管路堵塞　　　　　　　　　D. 排除管路堵塞

48. 哪种泵特别适用于输送腐蚀性强、易燃、易爆、剧毒、有放射性以及极为贵重的液体？（　　）

A. 离心泵　　B. 屏蔽泵　　C. 液下泵　　D. 耐腐蚀泵

49. 能用于输送含有悬浮物质流体的是（　　）。

A. 旋塞　　B. 截止阀　　C. 节流阀　　D. 闸阀

50. 能自动间歇排除冷凝液并阻止蒸汽排出的是（　　）。

A. 安全阀　　B. 减压阀　　C. 止回阀　　D. 疏水阀

51. 启动往复泵前其出口阀必须（　　）。

A. 关闭　　B. 打开　　C. 微开　　D. 无所谓

52. 若被输送的流体黏度增高，则离心泵的压头（　　）。

A. 降低　　B. 提高　　C. 不变　　D. 先降低后提高

53. 若被输送液体的黏度增大时，离心泵的效率（　　）。

A. 增大　　B. 减小　　C. 不变　　D. 不定

54. 试比较离心泵下述三种流量调节方式能耗的大小：①阀门调节（节流法）；②旁路调节；③改变泵叶轮的转速或切削叶轮。（　　）

A. ②＞①＞③　　B. ①＞②＞③　　C. ②＞③＞①　　D. ①＞③＞②

55. 低温泵的气相平衡线的作用是防止泵的（　　）。

A. 汽蚀　　B. 气缚　　C. 憋压　　D. 超温

56. 输送膏状物应选用（　　）。

A. 离心泵　　B. 往复泵　　C. 齿轮泵　　D. 压缩机

57. 输送小流量，但需高扬程的物料（如精馏塔回流液），应选用（　　）。

A. 离心泵　　B. 往复泵　　C. 齿轮泵　　D. 旋涡泵

58. 通风机日常维护保养要求做到（　　）。

A. 保持轴承润滑良好，温度不超过65℃

B. 保持冷却水畅通，出水温度不超过35℃

C. 注意风机有无杂音、振动，地脚螺栓和紧固件是否松动，保持设备清洁，零部件齐全

D. 以上三种要求

59. 往复泵的流量调节采用（　　）。

A. 入口阀开度　　B. 出口阀开度　　C. 出口支路　　D. 入口支路

60. 往复泵适应于（　　）。

A. 大流量且要求流量均匀的场合　　B. 介质腐蚀性强的场合

C. 流量较小、压头较高的场合　　D. 投资较小的场合

61. 为防止离心泵发生气缚现象，采取的措施是（　　）。

A. 启泵前灌泵　　B. 降低泵的安装高度

C. 降低被输送液体的温度　　D. 关小泵出口调节阀

62. 为了防止（　　）现象发生，启动离心泵时必须先关闭泵的出口阀。

A. 电机烧坏　　B. 叶轮受损　　C. 气缚　　D. 汽蚀

63. 下列不是用来调节离心泵流量的选项是（　　）。

A. 调节离心泵出口阀的开度　　B. 改变叶轮转速

C. 改变叶轮直径　　D. 调节离心泵的旁路调节阀

64. 下列阀门中，（　　）不是自动作用阀。

A. 安全阀　　B. 疏水阀　　C. 闸阀　　D. 止回阀

65. 下列流体输送机械中必须安装稳压装置和除热装置的是（　　）。

A. 离心泵　　B. 往复泵　　C. 往复压缩机　　D. 旋转泵

66. 下列哪个选项是离心泵的主要部件？（　　）

A. 叶轮和泵壳　　B. 电机

C. 密封环　　D. 轴封装置和轴向力平衡装置

67. 下列说法正确的是（　　）。

A. 在离心泵的吸入管末端安装单向底阀是为了防止汽蚀

B. 汽蚀与气缚的现象相同，发生原因不同

C. 调节离心泵的流量可用改变出口阀门或入口阀门开度的方法来进行

D. 允许安装高度可能比吸入液面低

68. 下列说法正确的是（　　）。

A. 泵只能在工作点下工作

B. 泵的设计点即泵在指定管路上的工作点

C. 管路的扬程和流量取决于泵的扬程和流量

D. 改变离心泵工作点的常用方法是改变转速

69. 下列四种阀门，通常情况下最适合流量调节的阀门是（　　）。

A. 截止阀　　B. 闸阀　　C. 考克阀　　D. 蝶阀

70. 下列四种流量计，不属于差压式流量计的是（　　）。

A. 孔板流量计　　B. 喷嘴流量计　　C. 文丘里流量计　　D. 转子流量计

71. 旋涡泵常用的调节方法是（　　）。

A. 改变吸入管路中阀门开度　　B. 改变出口管路中阀门开度

C. 安装回流支路，改变循环量的大小D. 改变泵的转速

72. 要切断而不需要流量调节的地方，为减小管道阻力，一般选用（　　）。

A. 截止阀　　B. 针型阀　　C. 闸阀　　D. 止回阀

73. 叶轮的作用是（　　）。

A. 传递动能　　B. 传递位能　　C. 传递静压能　　D. 传递机械能

74. 一台离心泵开动不久，泵入口处的真空度正常，泵出口处的压力表也逐渐降低为零，此时离心泵完全打不出水，发生故障的原因是（　　）。

A. 忘了灌水　　B. 吸入管路堵塞

C. 压出管路堵塞　　D. 吸入管路漏气

75. 以下种类的泵具有自吸能力的是（　　）。

A. 往复泵　　B. 旋涡泵

C. 离心泵　　D. 齿轮泵和旋涡泵

76. 用离心泵将水池的水抽吸到水塔中，若离心泵在正常操作范围内工作，开大出口阀门将导致（　　）。

A. 送水量增加，整个管路压头损失减少

B. 送水量增加，整个管路压头损失增加

C. 送水量增加，泵的轴功率不变

D. 以上答案都不对

77. 用离心泵向高压容器输送液体，现将高压容器改为常压容器，其他条件不变，则该泵输送液体流量（　　），轴功率（　　）。

A. 增加　减小　　B. 增加　增加

C. 减小　减小　　D. 不确定　不变

78. 与液体相比，输送相同质量流量的气体，气体输送机械的（　　）。

A. 体积较小　　B. 压头更高

C. 结构设计更简单　　D. 效率更高

79. 在①离心泵、②往复泵、③旋涡泵、④齿轮泵中，能用调节出口阀开度的方法来调节流量的有（　　）。

A. ①②　　B. ①③　　C. ①　　D. ②④

80. 在测定离心泵性能时，若将压力表装在调节阀后面，则压力表读数将随流量增大而（　　）。

A. 增大　　B. 减小　　C. 基本不变　　D. 先增大，后减小

81. 在使用往复泵时，发现流量不足，其产生的原因是（　　）。

A. 进出口滑阀不严、弹簧损坏　　B. 过滤器堵塞或缸内有气体

C. 往复次数减少　　D. 以上三种原因

82. 在维修离心水泵的叶轮时，要求叶轮的进口端和出口端的外圆，其径向跳动量一般不应超过（　　）。

A. 0.02mm　　B. 0.05mm　　C. 0.08mm　　D. 0.10mm

83. 在选择离心通风机时根据（　　）。

A. 实际风量、实际风压　　B. 标准风量、标准风压

C. 标准风量、实际风压　　D. 实际风量、标准风压

84. 在一输送系统中，改变离心泵的出口阀门开度，不会影响（　　）。

A. 管路特性曲线　　B. 管路所需压头

C. 泵的特性曲线　　D. 泵的工作点

85. 造成离心泵气缚的原因是（　　）。

A. 安装高度太高　　B. 泵内流体平均密度太小

C. 入口管路阻力太大　　D. 泵不能抽水

86. 真空泵发热或真空低的原因有可能是（　　）。

A. 注入软水量不足　　B. 过滤尾气带水多

C. 进气管道堵塞　　D. 以上答案都不对

87. NPSHr 表示离心泵（　　）。

A. 吸入口管路可给予的泵进口处超过汽化压力的富余能量

B. 不发生汽蚀时，泵进口处需要有超过汽化压力还有的富余能量

C. 吸入口管路进入泵进口处的最小流量

88. 按照离心泵完好标准，轻石脑油返输用离心泵，其机械密封允许泄漏量（　　）。

A. 比液化气的允许泄漏量多 5 滴　　B. 每分钟 5 滴

C. 每分钟 10 滴　　D. 每分钟 15 滴

89. 往复泵调节泵的流量可通过调节（　　）来实现。

A. 泵入口阀的开度　　B. 泵出口阀的开度

C. 泵旁路阀的开度　　D. 电机电流

90. 往复泵启动时阀门的状态应是（　　）。

A. 进口阀全开，出口阀全关　　B. 进口阀全关，出口阀全关

C. 进口阀全开，出口阀全开　　D. 进口阀全关，出口阀全开

91. 备用离心泵，要求每天盘泵，机泵盘车的要求是（　　）。

A. 沿运转方向盘车 360°　　B. 沿运转方向盘车 180°

C. 沿运转方向盘车 720°　　D. 沿运转方向盘车两周半

92. 低温离心泵的轴封形式多样，炼化行业中（　　）适用范围较为广泛。

A. 填料密封　　B. 机械密封　　C. 干气密封　　D. 浮环密封

93. 低温乙烯泵的泵出口最小流量止回阀在（　）打开。

A. 泵出口流量超过额定流量的25%

B. 泵出口流量超过额定流量的10%

C. 泵出口流量小于额定流量的25%

D. 泵出口流量小于额定流量的10%

三、判断题（中级工）

1. 1cP 等于 1×10^{-3} Pa·s。（　）
2. 泵对流体的机械能就是升举高度。（　）
3. 泵在理论上的最大安装高度为10.33m。（　）
4. 并联管路中各条支流管中能量损失不相等。（　）
5. 柏努利方程说明流体在流动过程中能量的转换关系。（　）
6. 测流体流量时，随流量增加孔板流量计两侧压差值将增加，若改用转子流量计，随流量增加转子两侧压差值将不变。（　）
7. 层流内层影响传热、传质，其厚度越大，传热、传质的阻力越大。（　）
8. 大气压等于760mmHg。（　）
9. 当泵运转正常时，其扬程总是大于升扬高度。（　）
10. 当流量为零时旋涡泵轴功率也为零。（　）
11. 当流体处于雷诺数 Re 为2000～4000的范围时，流体的流动形态可能为湍流或层流，要视外界条件的影响而定，这种无固定形态的流动形态称为过渡流，可见过渡流是不定常流动。（　）
12. 对于同一根直管，不管是垂直或水平安装，所测得能量损失相同。（　）
13. 改变离心泵出口阀的开度，可以改变泵的特性曲线。（　）
14. 管内流体是湍流时，所有的流体都是湍流。（　）
15. 化工管路中的公称压力就等于工作压力。（　）
16. 静止液体内部压力与其表面压力无关。（　）
17. 雷诺数 $Re\geqslant4000$ 时，一定是层流流动。（　）
18. 离心泵的安装高度与被输送液体的温度无关。（　）
19. 离心泵的泵壳既是汇集叶轮抛出液体的部件，又是流体机械能的转换装置。（　）
20. 离心泵的能量损失包括：容积损失、机械损失、水力损失。（　）
21. 离心泵的性能曲线中的 H-Q 线是在功率一定的情况下测定的。（　）
22. 离心泵的扬程和升扬高度相同，都是将液体送到高处的距离。（　）
23. 离心泵的扬程是液体出泵和进泵的压力差换算成的液柱高度。（　）
24. 离心泵的叶片采用后弯叶片时能量利用率低。（　）
25. 离心泵铭牌上注明的性能参数是轴功率最大时的性能。（　）
26. 连续性方程与管路上是否装有管件、阀门或输送设备等无关。（　）

27. 两台相同的泵并联后，其工作点的流量是单台泵的 2 倍。（ ）

28. 流体的流动形态分为层流、过渡流和湍流三种。（ ）

29. 流体的黏度是表示流体流动性能的一个物理量，黏度越大的流体，同样的流速下阻力损失越大。（ ）

30. 流体发生自流的条件是上游的能量大于下游的能量。（ ）

31. 流体在截面为圆形的管道中流动，当流量为定值时，流速增大，管径减小，则基建费用减少，但日常操作费用增加。（ ）

32. 流体在水平管内作稳定连续流动时，当流经直径小处，流速会增大，其静压力也会升高。（ ）

33. 流体在一管道中呈湍流流动，摩擦系数 λ 是雷诺数 Re 的函数，当 Re 增大时，λ 减小，故管路阻力损失也必然减小。（ ）

34. 流体在直管内作层流流动时，其流体阻力与流体的性质、管径、管长有关，而与管子的粗糙度无关。（ ）

35. 流体黏性是流体的固有性质之一。（ ）

36. 流体质点在管内彼此独立地、互不干扰地向前运动的流动形态是湍流。（ ）

37. 流体阻力的大小与管长成正比，与管径成反比。（ ）

38. 流体阻力的大小只取决于流体的黏性。（ ）

39. 气体的黏度随温度的升高而升高，而液体的黏度随温度的降低而升高。（ ）

40. 气体在一等径管中等温稳定流动，现进出口压力不同，气体进出口处的密度发生变化，从而进出口处气体的质量流速也不同。（ ）

41. 若将同一转速的同一型号离心泵分别装在一条阻力很大、一条阻力很小的管路中进行性能测量，其测出泵的性能曲线就不一样。（ ）

42. 若某离心泵的叶轮转速足够快，且设泵的强度足够大，则理论上泵的吸上高度 H_g 可达无限大。（ ）

43. 输送液体的密度越大，泵的扬程越小。（ ）

44. 往复泵的流量随扬程增加而减少。（ ）

45. 往复泵理论上扬程与流量无关，可以达到无限大。（ ）

46. 文丘里流量计较孔板流量计的能量损失大。（ ）

47. 相对密度为 1.5 的液体密度为 $1500kg/m^3$。（ ）

48. 扬程为 20m 的离心泵，不能把水输送到 20m 的高度。（ ）

49. 液体的相对密度是指某液体在一定温度下的密度与 277K、标准大气压下纯水的密度之比。（ ）

50. 液体密度与离心泵的特性参数中的轴功率 N 有关。（ ）

51. 用孔板流量计测量液体流量时，被测介质的温度变化会影响测量精度。（ ）

52. 用一 U 形管差压计测某一压力差，现换一口径比原来大的 U 形管差压计来测量同一压力差，指示液与前 U 形管相同，则所测得的读数 $R/$与前 U 形管的读数 R 相同。（ ）

53. 由离心泵和某一管路组成的输送系统，其工作点由泵铭牌上的流量和扬程

所决定。 ( )

54. 在连通着的同一种静止流体内，处于同一水平面的各点压力相等，而与容器的形状无关。 ( )
55. 在同材质同直径同长度的水平和垂直直管内，若流过的液体量相同，则在垂直管内产生的阻力大于水平管内产生的阻力。 ( )
56. 在稳定流动过程中，流体流经各等截面处的体积流量相等。 ( )
57. 只要流动参数随位置变化就是不稳定流动。 ( )
58. 转子流量计的转子位置越高，流量越大。 ( )
59. 转子流量计也称等压降、等流速流量计。 ( )
60. 一般泵出口管比进口管径要细些。 ( )
61. 离心泵关闭出口阀运转时间不宜过大，否则会引起不良后果。 ( )
62. 流体密度与比重物理意义一样。 ( )
63. 流体流动的雷诺数越大，流体流动的阻力系数也越大。 ( )
64. 液体输送单元操作属于动量传递过程。 ( )
65. 一离心泵的扬程为 50m，表示该泵能将液体送到 50m 的高处。 ( )

四、判断题（高级工）

1. 当离心泵发生气缚或汽蚀现象时，处理的方法均相同。 ( )
2. 当汽蚀发生时，离心泵的入口真空表读数增大。 ( )
3. 工厂中两台并联的离心泵，总是一开一闭。 ( )
4. 关小离心泵的进口阀，可能导致汽蚀现象。 ( )
5. 化工生产中常用液封来控制液体的出口压力。 ( )
6. 将含晶体 10％的悬浮液送往料槽宜选用往复泵。 ( )
7. 降低离心泵的安装高度就可以避免发生气缚现象。 ( )
8. 截止阀安装时应使管路流体由下而上流过阀座口。 ( )
9. 离心泵的安装高度超过允许安装高度时，将可能发生气缚现象。 ( )
10. 离心泵的泵内有空气是引起离心泵气缚现象的原因。 ( )
11. 离心泵的密封环损坏会导致泵的流量下降。 ( )
12. 离心泵的汽蚀是因管内有空气所致的不正常操作现象。 ( )
13. 离心泵开启前，泵后阀应处在打开的状态。 ( )
14. 离心泵工作时，泵轴带动叶轮旋转，叶片之间的液体随叶轮一起旋转，产生了较大的离心力。 ( )
15. 离心泵流量调节阀门安装在出口的主要目的是为了防止汽蚀。 ( )
16. 离心泵启动后打不上压，可以连续多次启动，即可开车正常。 ( )
17. 离心泵停车时，单级泵应先停电，多级泵应先关出口阀。 ( )
18. 离心泵停车时要先关出口阀后断电。 ( )
19. 离心泵吸不上液体是汽蚀现象。 ( )
20. 离心泵的流量是用回路来调节的。 ( )
21. 离心泵在试用过程中电机被烧坏，事故原因有两方面：一方面是发生汽蚀现

象；另一方面是填料压得太紧，开泵前未进行盘车。（ ）

22. 离心泵在运行中，若关闭出口阀，则泵的流量为零，扬程也为零。（ ）
23. 离心泵最常用的流量调节方法是改变吸入阀的开度。（ ）
24. 离心压缩机的“喘振”现象是由于进气量超过上限所引起的。（ ）
25. 流体的流量一定，所选的管径越小，其流体输送成本越低。（ ）
26. 某离心泵运行一年后发现有气缚现象，应降低泵的安装高度。（ ）
27. 输送液体的密度越大，泵的扬程越小。（ ）
28. 水环真空泵属于液体输送机械。（ ）
29. 往复泵流量既可以通过旁路调节，也可以通过出口管路阀门调节。（ ）
30. 往复泵适于高扬程、小流量的清洁液体。（ ）
31. 往复泵有自吸作用，安装高度没有限制。（ ）
32. 为了防止汽蚀，离心泵的调节阀安装在入口管线上。（ ）
33. 小管路除外，一般对于常拆管路应采用法兰连接。（ ）
34. 旋涡泵是离心泵，因此可以用出口阀调节流量。（ ）
35. 液体物料只能采用泵输送。（ ）
36. 用节流孔板测量流量时，流量越小测量误差越小。（ ）
37. 用转子流量计测流体流量时，随流量增加，转子两侧压差值将增加。（ ）
38. 由于泵内存在气体，使离心泵启动时无法正常输送液体而产生汽蚀现象。（ ）
39. 在氨水泵出口处有漏液现象，应切换到备用氨水泵，并进行及时维修。（ ）
40. 在离心泵的吸入管末端安装单向底阀是为了防止“汽蚀”。（ ）
41. 在启动旋转泵时，出口阀应关闭。（ ）
42. 在运转过程中，滚动轴承的温度一般不应大于65℃。（ ）
43. 闸阀的特点是密封性能较好，流体阻力小，具有一定的调节流量性能，适用于控制清洁液体，安装时没有方向。（ ）
44. 转子流量计可以安装在垂直管路上，也可以在倾斜管路上使用。（ ）
45. 离心泵的最小连续流量为额定流量的30％～40％，否则泵运行不稳定或发热。（ ）
46. 由于黏性介质系数 K_Q 小于1，所以同样操作条件下，离心泵输送油时的流量比输送水时的流量要小。（ ）
47. 由于黏性介质系数 K_H 小于1，所以同样操作条件下，离心泵输送水的扬程比输送油的扬程要大一些。（ ）
48. 泵检修后试车时应充分排气，因泵启动后气体不易排出。（ ）
49. 判断4112P1泵填料泄漏情况的最好方法是观察底部排放水的情况。（ ）
50. 离心泵关闭出口阀试车时，最小流量阀应打开。（ ）
51. 离心泵的最小连续流量为额定流量的30％～40％，否则泵运行不稳定或发热。（ ）
52. 离心泵的扬程与转速的平方根成正比关系。（ ）

五、综合题（技师）

1. 装置检修后重新开工，发现新上的某台离心泵出口压力达不到工艺要求，且震动大，哪些原因可引起以上现象？应怎样排除？
2. 什么是稳定流动？
3. 蒸汽喷射器的工作原理是什么？
4. 常顶回流罐长 8m，直径 3m（头盖体积忽略不计），装水试漏每小时进水 $20m^3$，几小时能装满？
5. 某泵的有效功率是 42.9kW，效率是 75%，流量是 $140m^3/h$，油品密度 $750kg/m^3$，求泵的扬程和轴功率。
6. 某台泵的吸入口管管径 $\phi108mm \times 4mm$，出口管管径为 $\phi76mm \times 2.5mm$，油在入口管中流速为 1.5m/s，求油在出口管中的流速。
7. 启动或停用引风机时应注意哪些问题？
8. 简述比例泵的启动和停泵步骤。
9. 离心泵的振动原因及处理办法是什么？
10. 离心泵启动时，为何先不开出口阀？
11. 泵的电机为何不允许反转或空转？
12. 叶轮的作用是什么？
13. 汽蚀现象有什么危害？
14. 用离心泵的入口阀来调节流量会造成什么后果？为什么？
15. 离心泵的启动步骤如何？
16. 简述截止阀的结构及优缺点。
17. 阀门的型号由几个单元组成？分别是什么？
18. 机泵防冻防凝主要做哪些工作？
19. 泵在什么条件下不允许开车？
20. 泵流量降低应如何处理？
21. 电机温度过高应如何处理？
22. 泵抽空的原因是什么？
23. 泵体振动的原因是什么？
24. 泵出口压力过高的原因是什么？
25. 泵轴承发热有几种原因？你如何处理？
26. 泵的机械密封或填料密封泄漏有几种原因？处理方法是什么？
27. 电动机电流过大的原因有几种？你如何处理？
28. 改变离心泵流量的方法是什么？
29. 启动机泵的步骤是什么？
30. 对运转中的机泵你怎样维护？
31. 泵运转过程中流量减小的原因是什么？怎样处理？
32. 离心泵在启动时为什么出口阀要关死？

33. 改变离心泵扬程的方法是什么？
34. 离心泵的流量为什么不能用入口阀门控制？
35. 在什么情况下机泵紧急停车？
36. 泵半抽空有何危害？应怎样处理？
37. 液态烃泵泄漏会有什么危害？
38. 泵抽空你怎样处理？
39. 泵体振动你如何处理？
40. 泵出口压力过高你如何处理？
41. 机泵的切换方法是什么？
42. 阐述离心泵的工作原理。
43. 什么叫气缚？
44. 什么叫扬程？
45. 什么叫泵的转数？
46. 一般离心泵如何备用？
47. 输送介质的密度变化对离心泵的性能有何影响？
48. 输送介质的黏度变化对离心泵的性能有何影响？
49. 离心泵在运行时能长时间关闭出口阀吗？
50. 如何防止离心泵汽蚀现象的发生？
51. 离心泵的流量调节有哪些方法？
52. 机泵为什么要经常盘车？
53. 备用泵冬天防冻检查内容是什么？
54. 泵机械密封的四个密封点是什么？
55. 泵的轴承和电机过热的原因有哪些？
56. 泵内有杂音或振动的原因有哪些？
57. 什么叫汽蚀现象？
58. 解释泵 80YⅡ-100×2 的型号意义。
59. 泵检修完后验收条件是什么？
60. 泵盘车盘不动的原因是什么？
61. 如何启动机泵？
62. 泵的切换方法是什么？
63. 泵出口压力表漏了应如何处理？
64. 泵壳的作用是什么？
65. 改变泵流量的方法是什么？
66. 泵的密封作用是什么？有几种类型？
67. 开泵后打不出液体的原因是什么？怎样处理？
68. 液体的性质对泵的性能有何影响？
69. 解释泵的轴向推动力。

70. 解释 250YSⅡ-150×2A 各项的意义。

71. 离心泵汽蚀的危害是什么？

72. 用油泵抽水行不行？应注意什么？

73. 某地区大气压力为 100kPa，有一设备需在真空度为 80kPa 条件下，试求该设备绝对压力。

74. 已知油罐内油品密度为 $700kg/m^3$，油罐油品高度为 3m，油罐顶部压力为 0.15MPa，计算油罐底部承受压力。

第五部分　传热学知识

一、单项选择题（中级工）

1. 保温材料一般都是结构疏松、热导率（　　）的固体材料。
   A. 较小　　B. 较大　　C. 无关　　D. 不一定
2. 传热过程中当两侧流体的对流传热系数都较大时，影响传热过程的将是（　　）。
   A. 管壁热阻　　B. 污垢热阻
   C. 管内对流传热热阻　　D. 管外对流传热热阻
3. 当换热器中冷热流体的进出口温度一定时，（　　）的说法是错误的。
   A. 逆流时，Δt_m 一定大于并流、错流或折流时的 Δt_m
   B. 采用逆流操作时可以节约热流体（或冷流体）的用量
   C. 采用逆流操作可以减少所需的传热面积
   D. 温度差校正系数 $\varphi\Delta t$ 的大小反映了流体流向接近逆流的程度
4. 热导率的单位为（　　）。
   A. W/(m·℃)　　B. W/(m²·℃)　　C. W/(kg·℃)　　D. W/(s·℃)
5. 对间壁两侧流体一侧恒温、另一侧变温的传热过程，逆流和并流时 Δt_m 的大小为（　　）。
   A. $\Delta t_{m逆} > \Delta t_{m并}$　　B. $\Delta t_{m逆} < \Delta t_{m并}$
   C. $\Delta t_{m逆} = \Delta t_{m并}$　　D. 不确定
6. 对流传热膜系数的单位是（　　）。
   A. W/(m²·℃)　　B. J/(m²·℃)　　C. W/(m·℃)　　D. J/(s·m·℃)
7. 对流传热时流体处于湍动状态，在滞流内层中，热量传递的主要方式是（　　）。
   A. 传导　　B. 对流　　C. 辐射　　D. 传导和对流同时
8. 对流传热速率等于系数×推动力，其中推动力是（　　）。
   A. 两流体的温度差　　B. 流体温度和壁温度差
   C. 同一流体的温度差　　D. 两流体的速度差
9. 对流给热热阻主要集中在（　　）。
   A. 虚拟膜层　　B. 缓冲层　　C. 湍流主体　　D. 层流内层
10. 对下述几组换热介质，通常在列管式换热器中 K 值从大到小正确的排列顺序应是（　　）。冷流体、热流体：① 水、气体；② 水、沸腾水蒸气冷凝；③ 水、水；④ 水、轻油。
    A. ②>④>③>①　　B. ③>④>②>①
    C. ③>②>①>④　　D. ②>③>④>①

11. 对于工业生产来说，提高传热膜系数最容易的方法是（　　）。

A. 改变工艺条件　　B. 改变传热面积

C. 改变流体性质　　D. 改变流体的流动状态

12. 对于间壁式换热器，流体的流动速度增加，其传热系数（　　）。

A. 减小　　B. 不变　　C. 增加　　D. 不能确定

13. 对于列管式换热器，当壳体与换热管温度差（　　）时，产生的温度差应力具有破坏性，因此需要进行热补偿。

A. 大于 45℃　　B. 大于 50℃　　C. 大于 55℃　　D. 大于 60℃

14. 多层串联平壁稳定导热，各层平壁的导热速率（　　）。

A. 不相等　　B. 不能确定　　C. 相等　　D. 下降

15. 辐射和热传导、对流方式传递热量的根本区别是（　　）。

A. 有无传递介质　　B. 物体是否运动

C. 物体内分子是否运动　　D. 全部正确

16. 管式换热器与板式换热器相比（　　）。

A. 传热效率高　　B. 结构紧凑　　C. 材料消耗少　　D. 耐压性能好

17. 化工厂常见的间壁式换热器是（　　）。

A. 固定管板式换热器　　B. 板式换热器

C. 釜式换热器　　D. 蛇管式换热器

18. 化工过程两流体间宏观上发生热量传递的条件是（　　）。

A. 保温　　B. 不同传热方式　　C. 存在温度差　　D. 传热方式相同

19. 换热器管间用饱和水蒸气加热，管内为空气（空气在管内作湍流流动），使空气温度由 20℃升至 80℃，现需空气流量增加为原来的 2 倍，若要保持空气进出口温度不变，则此时的传热温差约为原来的（　　）倍。

A. 1.149　　B. 1.74　　C. 2　　D. 不变

20. 换热器中的换热管在管板上排列，在相同管板面积中排列管数最多的是（　　）排列。

A. 正方形　　B. 正三角形　　C. 同心圆　　D. 矩形

21. 换热器中换热管与管板不采用（　　）连接方式。

A. 焊接　　B. 胀接　　C. 螺纹　　D. 胀焊

22. 减少圆形管导热损失，采用包覆三种保温材料 A、B、C，若 $\delta_A=\delta_B=\delta_C$（厚度），热导率 $\lambda_A>\lambda_B>\lambda_C$，则包覆的顺序从内到外依次为（　　）。

A. A,B,C　　B. A,C,B　　C. C,B,A　　D. B,A,C

23. 将 1500kg/h、80℃的硝基苯通过换热器冷却到 40℃，冷却水初温为 30℃，出口温度不超过 35℃，硝基苯比热容为 1.38kJ/(kg·K)，则换热器的热负荷为（　　）。

A. 19800kJ/h　　B. 82800kJ/h　　C. 82800kW　　D. 19800kW

24. 金属的纯度对热导率的影响很大，一般合金的热导率比纯金属的热导率会（　　）。

A. 增大　　　　B. 减小　　　　C. 相等　　　　D. 不同金属不一样

25. 空气、水、金属固体的热导率分别为 λ_1、λ_2、λ_3，其大小顺序正确的是（　　）。

A. $\lambda_1>\lambda_2>\lambda_3$　　B. $\lambda_1<\lambda_2<\lambda_3$　　C. $\lambda_2>\lambda_3>\lambda_1$　　D. $\lambda_2<\lambda_3<\lambda_1$

26. 冷、热流体在换热器中进行无相变逆流传热，换热器用久后形成污垢层，在同样的操作条件下，与无垢层相比，结垢后的换热器的 K（　　）。

A. 变大　　　　B. 变小　　　　C. 不变　　　　D. 不确定

27. 两种流体的对流传热膜系数分别为 α_1 和 α_2，当 $\alpha_1 \ll \alpha_2$ 时，欲提高传热系数，提高（　　）的值才有明显的效果。

A. α_1　　　　B. α_2　　　　C. α_1 和 α_2　　　　D. 与两者无关

28. 列管式换热器一般不采用多壳程结构，而采用（　　）以强化传热效果。

A. 隔板　　　　B. 波纹板　　　　C. 翅片板　　　　D. 折流挡板

29. 用于处理管程不易结垢的高压介质，并且管程与壳程温差大的场合时，需选用（　　）换热器。

A. 固定管板式　　B. U 形管式　　C. 浮头式　　　　D. 套管式

30. 棉花保温性能好，主要是因为（　　）。

A. 棉纤维素热导率小

B. 棉花中含有相当数量的油脂

C. 棉花中含有大量空气，而空气的运动又受到极为严重的阻碍

D. 棉花白色，因而黑度小

31. 某并流操作的间壁式换热气中，热流体的进出口温度为 90℃和 50℃，冷流体的进出口温度为 20℃和 40℃，此时传热平均温度差 $\Delta t_m =$（　　）。

A. 30.8℃　　　B. 39.2℃　　　C. 40℃　　　　D. 以上答案都不对

32. 某单程列管式换热器，水走管程呈湍流流动，为满足扩大生产需要，保持水的进口温度不变的条件下，将用水量增大一倍，则水的对流传热膜系数为改变前的（　　）。

A. 1.149 倍　　　B. 1.74 倍　　　C. 2 倍　　　　D. 不变

33. 某反应为放热反应，但反应在 75℃时才开始进行，最佳的反应温度为 115℃，下列最合适的传热介质是（　　）。

A. 导热油　　　　B. 蒸汽和常温水　C. 熔盐　　　　D. 热水

34. 某换热器中冷热流体的进出口温度分别为 $T_1=400\text{K}$、$T_2=300\text{K}$、$t_1=200\text{K}$、$t_2=230\text{K}$，逆流时，$\Delta t_m =$（　　）K。

A. 170　　　　B. 100　　　　C. 200　　　　D. 132

35. 逆流换热时，冷流体出口温度的最高极限值是（　　）。

A. 热流体出口温度　　　　　　B. 冷流体出口温度

C. 冷流体进口温度　　　　　　D. 热流体进口温度

36. 气体的热导率数值随温度的变化趋势为（　　）。

A. T 升高，λ 增大　　　　　　B. T 升高，λ 减小

C. T 升高，λ 可能增大或减小　　D. T 变化，λ 不变

37. 若固体壁为金属材料，当壁厚很薄时，器壁两侧流体的对流传热膜系数相差悬殊，则要求提高传热系数以加快传热速率时，必须设法提高（　　）的膜系数才能见效。

A. 最小　　B. 最大　　C. 两侧　　D. 无法判断

38. 设水在一圆直管内呈湍流流动，在稳定段处，其对流传热系数为 α_1；若将水的质量流量加倍，而保持其他条件不变，此时的对流传热系数 α_2 与 α_1 的关系为（　　）。

A. $\alpha_2=\alpha_1$　　B. $\alpha_2=1.74\alpha_1$　　C. $\alpha_2=20.8\alpha_1$　　D. $\alpha_2=20.4\alpha_1$

39. 双层平壁定态热传导，两层壁厚相同，各层的热导率分别为 λ_1 和 λ_2，其对应的温度差为 Δt_1 和 Δt_2，若 $\Delta t_1>\Delta t_2$，则 λ_1 和 λ_2 的关系为（　　）。

A. $\lambda_1<\lambda_2$　　B. $\lambda_1>\lambda_2$　　C. $\lambda_1=\lambda_2$　　D. 无法确定

40. 水在无相变时在圆形管内强制湍流，对流传热系数 α_i 为 $1000W/(m^2\cdot℃)$，若将水的流量增加 1 倍，而其他条件不变，则 α_i 为（　　）。

A. 2000　　B. 1741　　C. 不变　　D. 500

41. 套管冷凝器的内管走空气，管间走饱和水蒸气，如果蒸汽压力一定，空气进口温度一定，当空气流量增加时，传热系数 K 应（　　）。

A. 增大　　B. 减小　　C. 基本不变　　D. 无法判断

42. 列管式换热器中，管子的排列一般有直列和错列两种，当传热面积一定时，采用（　　）排列对流传热系数稍大。

A. 直列　　B. 错列　　C. 无法确定

43. 为了提高列管换热器管内流体的 α 值，可在器内设置（　　）。

A. 分程隔板　　B. 折流接板　　C. 多壳程　　D. U 形管

44. 稳定的多层平壁的导热中，某层的热阻愈大，则该层的温度差（　　）。

A. 愈大　　B. 愈小　　C. 不变　　D. 无法确定

45. 物质热导率的顺序是（　　）。

A. 金属＞一般固体＞液体＞气体　　B. 金属＞液体＞一般固体＞气体
C. 金属＞气体＞液体＞一般固体　　D. 金属＞液体＞气体＞一般固体

46. 下列不能提高对流传热膜系数的是（　　）。

A. 利用多管程结构　　B. 增大管径
C. 在壳程内装折流挡板　　D. 冷凝时在管壁上开一些纵槽

47. 下列不属于热传递的基本方式的是（　　）。

A. 热传导　　B. 介电加热　　C. 热对流　　D. 热辐射

48. 下列过程的对流传热系数最大的是（　　）。

A. 蒸汽的滴状冷凝　　B. 空气作强制对流
C. 蒸汽的膜状冷凝　　D. 水的强制对流

49. 下列换热器中，总传热系数最大的是（　　）。

A. 列管式换热器　　B. 套管式换热器
C. 板式换热器　　D. 蛇管换热器

50. 下列哪个选项不是列管换热器的主要构成部件？（　　）

A. 外壳　　B. 蛇管　　C. 管束　　D. 封头

51. 下列哪一种不属于列管式换热器？（　　）

A. U形管式　　B. 浮头式　　C. 螺旋板式　　D. 固定管板式

52. 下列四种不同的对流给热过程：空气自然对流 α_1，空气强制对流 α_2（流速为3m/s），水强制对流 α_3（流速为3m/s），水蒸气冷凝 α_4。α 值的大小关系为（　　）。

A. $\alpha_3>\alpha_4>\alpha_1>\alpha_2$　　B. $\alpha_4>\alpha_3>\alpha_2>\alpha_1$

C. $\alpha_4>\alpha_2>\alpha_1>\alpha_3$　　D. $\alpha_3>\alpha_2>\alpha_1>\alpha_4$

53. 一套管换热器，环隙为120℃蒸汽冷凝，管内空气从20℃被加热到50℃，则管壁温度应接近于（　　）。

A. 35℃　　B. 120℃　　C. 77.5℃　　D. 50℃

54. 影响液体对流传热系数的因素不包括（　　）。

A. 流动形态　　B. 液体的物理性质　C. 操作压力　　D. 传热面尺寸

55. 用120℃的饱和水蒸气加热常温空气。蒸汽的冷凝膜系数约为2000W/(m^2·K)，空气的膜系数约为60W/(m^2·K)，其过程的传热系数 K 及传热面壁温接近于（　　）。

A. 2000W/(m^2·K)，120℃　　B. 2000W/(m^2·K)，40℃

C. 60W/(m^2·K)，120℃　　D. 60W/(m^2·K)，40℃

56. 用120℃的饱和蒸汽加热原油，换热后蒸汽冷凝成同温度的冷凝水，此时两流体的平均温度差之间的关系为 $\Delta t_{m并流}$（　　）$\Delta t_{m逆流}$。

A. 小于　　B. 大于　　C. 等于　　D. 不定

57. 用饱和水蒸气加热空气时，传热管的壁温接近（　　）。

A. 蒸汽的温度　　B. 空气的出口温度

C. 空气进、出口平均温度　　D. 无法确定

58. 用潜热法计算流体间的传热量（　　）。

A. 仅适用于相态不变而温度变化的情况

B. 仅适用于温度不变而相态变化的情况

C. 仅适用于既有相变化，又有温度变化的情况

D. 以上均错

59. 有机化合物及其水溶液作为载冷剂使用时的主要缺点是（　　）。

A. 腐蚀性强　　B. 载热能力小　　C. 凝固温度较高　D. 价格较高

60. 有一冷藏室需用一块厚度为100mm的软木板作隔热层。现有两块面积、厚度和材质相同的软木板，但一块含水较多，另一块干燥，从隔热效果来看，宜选用（　　）。

A. 含水较多的那块　　B. 干燥的那块

C. 两块效果相同　　D. 不能判断

61. 有一套管换热器，环隙中有119.6℃的蒸汽冷凝，管内的空气从20℃被加热到

50℃，管壁温度应接近（　　）。

A. 20℃　　B. 50℃　　C. 77.3℃　　D. 119.6℃

62. 在传热过程中，使载热体用量最少的两流体的流动方向是（　　）。

A. 并流　　B. 逆流　　C. 错流　　D. 折流

63. 在房间中利用火炉进行取暖时，其传热方式为（　　）。

A. 传导和对流　　B. 传导和辐射

C. 传导、对流和辐射，但对流和辐射是主要的

D. 只有对流

64. 在管壳式换热器中，用饱和蒸汽冷凝以加热空气，下面两项判断为（　　）。甲：传热管壁温度接近加热蒸汽温度。乙：总传热系数接近于空气侧的对流传热系数。

A. 甲、乙均合理　　B. 甲、乙均不合理

C. 甲合理、乙不合理　　D. 甲不合理、乙合理

65. 在换热器，计算得知 $\Delta t_{大}=70K$，$\Delta t_{小}=30K$，则平均温差 $\Delta t=$（　　）。

A. 47.2K　　B. 50K　　C. 40K　　D. 118K

66. 在间壁式换热器中，冷、热两流体换热的特点是（　　）。

A. 直接接触换热　　B. 间接接触换热

C. 间歇换热　　D. 连续换热

67. 在两灰体间进行辐射传热，两灰体的温度差为 50℃，现因某种原因，两者的温度各升高 100℃，则此时的辐射传热量与原来的相比，应该（　　）。

A. 增大　　B. 变小　　C. 不变　　D. 不确定

68. 在稳定变温传热中，流体的流向选择（　　）时传热平均温度差最大。

A. 并流　　B. 逆流　　C. 错流　　D. 折流

69. 在蒸汽冷凝传热中，不凝气体的存在对 α 的影响是（　　）。

A. 会使 α 大大降低　　B. 会使 α 大大升高

C. 对 α 无影响　　D. 无法判断

70. 蒸汽中不凝性气体的存在，会使它的对流传热系数 α 值（　　）。

A. 降低　　B. 升高　　C. 不变　　D. 都有可能

71. 中压废热锅炉的蒸汽压力为（　　）。

A. 4.0～10MPa　　B. 1.4～4.3MPa

C. 1.4～3.9MPa　　D. 4.0～12MPa

72. 总传热系数与下列哪个因素无关？（　　）

A. 传热面积　　B. 流体流动状态　　C. 污垢热阻　　D. 传热间壁壁厚

73. 在以下换热器中，（　　）不易泄漏。

A. 波纹管换热器　B. U 形管换热器　　C. 浮头式换热器　　D. 板式换热器

74. 按照中石化 20 世纪 80 年代传热推动力较好水平，已知某纯逆流换热器冷流出入口温度为 80～100℃，热流出口温度为 110℃，则热流入口最接近的温度为（　　）℃。

A. 120　　B. 130　　C. 135　　D. 140

75. 有一换热器型号为 FB-700-185-25-4，则其管束直径为 ϕ（　　）mm。

A. 10　　B. 15　　C. 20　　D. 25

76.（　　）是内插物管换热器使用较广泛的管内插件。

A. 金属丝网　　B. 螺旋线　　C. 麻花铁　　D. 环

77. 热的传递是由于换热器管壁两侧流体的（　　）不同而引起的。

A. 流动状态　　B. 湍流系数　　C. 压力　　D. 温度

78. 特别适用于总传热系数受壳程制约的高黏度物流传热的是（　　）。

A. 螺纹管换热器　　B. 折流杆换热器

C. 波纹管换热器　　D. 内插物管换热器

79. 换热器折流板间距最小为（　　）mm。

A. 20　　B. 50　　C. 80　　D. 100

80. 对管束和壳体温差不大、壳程物料较干净的场合可选用（　　）换热器。

A. 浮头式　　B. 固定管板式　　C. U 形管式　　D. 套管式

二、单项选择题（高级工）

1. 翅片管换热器的翅片应安装在（　　）。

A. α 小的一侧　　B. α 大的一侧　　C. 管内　　D. 管外

2. 当壳体和管速之间温度大于 50℃时，考虑热补偿，列管换热器应选用（　　）。

A. 固定管板式　　B. 浮头式　　C. 套管式　　D. 填料函式

3. 导致列管式换热器传热效率下降的原因可能是（　　）。

A. 列管结垢或堵塞　　B. 不凝气或冷凝液增多

C. 管道或阀门堵塞　　D. 以上三种情况都有可能

4. 对于加热器，热流体应该走（　　）。

A. 管程　　B. 壳程

C. 管程和壳程轮流走　　D. 以上答案都不对

5. 对于间壁式换热器，流体的流动速度增加，其热交换能力将（　　）。

A. 减小　　B. 不变　　C. 增加　　D. 不能确定

6. 多管程列管换热器比较适用于（　　）的场合。

A. 管内流体流量小，所需传热面积大　　B. 管内流体流量小，所需传热面积小

C. 管内流体流量大，所需传热面积大　　D. 管内流体流量大，所需传热面积小

7. 防止换热器管子振动，可采用（　　）的措施。

A. 增大折流板上的孔径与管子外径间隙

B. 增大折流板间隔

C. 减小管壁厚度和折流板厚度

D. 在流体入口处前设置缓冲措施防止脉冲

8. 工业采用翅片状的暖气管代替圆钢管，其目的是（　　）。

A. 增加热阻，减少热量损失　　B. 节约钢材

C. 增强美观　　D. 增加传热面积，提高传热效果

9. 工业生产中，沸腾传热应设法保持在（　　）。

A. 自然对流区　　B. 核状沸腾区　　C. 膜状沸腾区　　D. 过渡区

10. 化工厂常见的间壁式换热器是（　　）。

A. 固定管板式换热器　　B. 板式换热器

C. 釜式换热器　　D. 蛇管式换热器。

11. 换热器经长时间使用需进行定期检查，检查内容不正确的是（　　）。

A. 外部连接是否完好　　B. 是否存在内漏

C. 对腐蚀性强的流体，要检测壁厚　　D. 检查传热面粗糙度

12. 换热器中被冷物料出口温度升高，可能引起的有原因多个，不包括（　　）。

A. 冷物料流量下降　　B. 热物料流量下降

C. 热物料进口温度升高　　D. 冷物料进口温度升高

13. 会引起列管式换热器冷物料出口温度下降的事故有（　　）。

A. 正常操作时，冷物料进口管堵　　B. 热物料流量太大

C. 冷物料泵坏　　D. 热物料泵坏

14. 夹套式换热器的优点是（　　）。

A. 传热系数大

B. 构造简单，价格低廉，不占器内有效容积

C. 传热面积大

D. 传热量小

15. 可在器内设置搅拌器的是（　　）换热器。

A. 套管　　B. 釜式　　C. 夹套　　D. 热管

16. 利用水在逆流操作的套管换热器中冷却某物料。要求热流体的温度 T_1、T_2 及流量 W_1 不变。今因冷却水进口温度 t_1 增高，为保证完成生产任务，提高冷却水的流量 W_2，其结果是（　　）。

A. K 增大，Δt_m 不变　　B. Q 不变，Δt_m 下降，K 增大

C. Q 不变，K 增大，Δt_m 不确定　　D. Q 增大，Δt_m 下降

17. 两流体间可整体作逆流流动的管式换热器是（　　）。

A. U 形管式换热器　　B. 浮头式换热器

C. 板翅式换热器　　D. 套管式换热器

18. 列管换热器的传热效率下降可能是由于（　　）。

A. 壳体内不凝汽或冷凝液增多　　B. 壳体介质流动过快

C. 管束与折流板的结构不合理　　D. 壳体和管束温差过大

19. 列管换热器停车时（　　）。

A. 先停热流体，再停冷流体　　B. 先停冷流体，再停热流体

C. 两种流体同时停止　　D. 无所谓

20. 列管换热器在使用过程中出现传热效率下降，其产生的原因及其处理方法是（　　）。

A. 管路或阀门堵塞，壳体内不凝气或冷凝液增多，应该及时检查清理，排放

不凝气或冷凝液

B. 管路振动，加固管路

C. 外壳歪斜，联络管线拉力或推力甚大，重新调整找正

D. 以上全部正确

21. 列管换热器中下列流体宜走壳程的是（　　）。

A. 不洁净或易结垢的流体　　B. 腐蚀性的流体

C. 压力高的流体　　D. 被冷却的流体

22. 列管式换热器启动时，首先通入的流体是（　　）。

A. 热流体　　B. 冷流体

C. 最接近环境温度的流体　　D. 任一流体

23. 列管式换热器在停车时，应先停（　　），后停（　　）。

A. 热流体　冷流体　　B. 冷流体　热流体

C. 无法确定　　D. 同时停止

24. 流体流量突然减少，会导致传热温差（　　）。

A. 升高　　B. 下降　　C. 始终不变　　D. 变化无规律

25. 某厂已用一换热器使得烟道气能加热水产生饱和蒸汽。为强化传热过程，可采取的措施中（　　）是最有效、最实用的。

A. 提高烟道气流速　　B. 提高水的流速

C. 在水侧加翅片　　D. 换一台传热面积更大的设备

26. 蛇管式换热器的优点是（　　）。

A. 传热膜系数大　　B. 平均传热温度差大

C. 传热速率大　　D. 传热速率变化不大

27. 水蒸气在列管换热器中加热某盐溶液，水蒸气走壳程，为强化传热，下列措施中最为经济有效的是（　　）。

A. 增大换热器尺寸以增大传热面积　　B. 在壳程设置折流挡板

C. 改单管程为双管程　　D. 减小传热壁面厚度

28. 套管换热器的换热方式为（　　）。

A. 混合式　　B. 间壁式　　C. 蓄热式　　D. 其他方式

29. 套管冷凝器的内管走空气，管间走饱和水蒸气，如果蒸汽压力一定，空气进口温度一定，当空气流量增加时，空气出口温度（　　）。

A. 增大　　B. 减小　　C. 基本不变　　D. 无法判断

30. 为了减少室外设备的热损失，保温层外所包的一层金属皮应该是（　　）。

A. 表面光滑，颜色较浅　　B. 表面粗糙，颜色较深

C. 表面粗糙，颜色较浅　　D. 上述三种情况效果都一样

31. 为了在某固定空间造成充分的自然对流，有下面两种说法：①加热器应置于该空间的上部；②冷凝器应置于该空间的下部。正确的结论应该是（　　）。

A. 这两种说法都对　　B. 这两种说法都不对

C. 第一种说法对，第二种说法不对　D. 第一种说法不对，第二种说法对

32. 温差过大时，下列哪种管壳式换热器需要设置膨胀节？（　　）。

A. 浮头式　　B. 固定管板式

C. U 形管式　　D. 填料函式

33. 下列不能提高对流传热膜系数的是（　　）。

A. 利用多管程结构　　B. 增大管径

C. 在壳程内装折流挡板　　D. 冷凝时在管壁上开一些纵槽

34. 下列不属于强化传热的方法是（　　）。

A. 定期清洗换热设备　　B. 增大流体的流速

C. 加装挡板　　D. 加装保温层

35. 下列换热器中，用于管程和壳程均经常清洗的换热场合的是（　　）。

A. 固定管板式换热器　　B. U 形管式换热器

C. 填料函式换热器　　D. 板翅式换热器

36. 下列管式换热器操作程序哪一种操作不正确？（　　）

A. 开车时，应先进冷物料，后进热物料

B. 停车时，应先停热物料，后停冷物料

C. 开车时要排出不凝气

D. 发生管堵或严重结垢时，应分别加大冷、热物料流量，以保持传热量

37. 下列哪个选项不是列管换热器的主要构成部件？（　　）

A. 外壳　　B. 蛇管　　C. 管束　　D. 封头

38. 夏天电风扇之所以能解热是因为（　　）。

A. 它降低了环境温度

B. 产生强制对流带走了人体表面的热量

C. 增强了自然对流

D. 产生了导热

39. 要求热流体从 300℃降到 200℃，冷流体从 50℃升高到 260℃，宜采用（　　）换热。

A. 逆流　　B. 并流　　C. 并流或逆流　　D. 以上都不正确

40. 以下不能提高传热速率的途径是（　　）。

A. 延长传热时间　　B. 增大传热面积

C. 增加传热温差　　D. 提高传热系数 K

41. 有两台同样的管壳式换热器，拟作气体冷却器用。在气、液流量及进口温度一定时，为使气体温度降到最低，应采用的流程为（　　）。

A. 气体走管外，气体并联逆流操作　　B. 气体走管内，气体并联逆流操作

C. 气体走管内，气体串联逆流操作　　D. 气体走管外，气体串联逆流操作

42. 有两台同样的列管式换热器用于冷却气体，在气、液流量及进口温度一定的情况下，为使气体温度降到最低，拟采用（　　）。

A. 气体走管内，串联逆流操作　　B. 气体走管内，并联逆流操作

C. 气体走管外，串联逆流操作　　D. 气体走管外，并联逆流操作

43. 有一换热设备，准备在其外面包以两层保温材料，要达到良好的保温效果，应将热导率较小的保温包在（　　）。

A. 外层　　B. 内层　　C. 外层或内层　　D. 以上答案都不对

44. 有一种 30℃ 流体需加热到 80℃，下列四种热流体的热量都能满足要求，选（　　）有利于节能。

A. 400℃的蒸汽　B. 300℃的蒸汽　C. 200℃的蒸汽　D. 150℃的热流体

45. 在管壳式换热器中，饱和蒸气宜走管间，以便于（　　），且蒸气较洁净，它对清洗无要求。

A. 及时排除冷凝液　　B. 流速不太快

C. 流通面积不太小　　D. 传热不过多

46. 在管壳式换热器中，被冷却的流体宜走管间，可利用外壳向外的散热作用（　　）。

A. 以增强冷却效果　　B. 以免流速过快

C. 以免流通面积过小　　D. 以免传热过多

47. 在管壳式换热器中，不洁净和易结垢的流体宜走管内，因为管内（　　）。

A. 清洗比较方便　　B. 流速较快

C. 流通面积小　　D. 易于传热

48. 在管壳式换热器中安装折流挡板的目的，是为了加大壳程流体的（　　），使湍动程度加剧，以提高壳程对流传热系数。

A. 黏度　　B. 密度　　C. 速度　　D. 高度

49. 在换热器的操作中，不需做的是（　　）。

A. 投产时，先预热，后加热

B. 定期更换两流体的流动途径

C. 定期分析流体的成分，以确定有无内漏

D. 定期排放不凝性气体，定期清洗

50. 在列管式换热器操作中，不需停车的事故有（　　）。

A. 换热器部分管堵　　B. 自控系统失灵

C. 换热器结垢严重　　D. 换热器列管穿孔

51. 在列管式换热器中，易结晶的物质走（　　）。

A. 管程　　B. 壳程　　C. 均不行　　D. 均可

52. 在列管式换热器中，用水冷凝乙醇蒸气，乙醇蒸气宜安排走（　　）。

A. 管程　　B. 壳程　　C. 管、壳程均可　D. 无法确定

53. 在套管换热器中，用热流体加热冷流体，操作条件不变，经过一段时间后管壁结垢，则 K（　　）。

A. 变大　　B. 不变　　C. 变小　　D. 不确定

54. 在同一换热器中，当冷热流体的进出口温度一定时，平均温度差最大的流向安排是（　　）。

A. 折流　　B. 错流　　C. 并流　　D. 逆流

55. 在稳定变温传热中，流体的流向选择（　　）时，传热平均温差最大。

A. 并流　　B. 逆流　　C. 错流　　D. 折流

56. 在卧式列管换热器中，用常压饱和蒸汽对空气进行加热（冷凝液在饱和温度下排出），饱和蒸汽应走（　　），蒸汽流动方向（　　）。

A. 管程　从上到下　　B. 壳程　从下到上

C. 管程　从下到上　　D. 壳程　从上到下

57. 在一单程列管换热器中，用100℃的热水加热一种易生垢的有机液体，这种液体超过80℃时易分解，试确定有机液体的通入空间及流向。（　　）

A. 走管程，并流　　B. 走壳程，并流

C. 走管程，逆流　　D. 走壳程，逆流

58. 在蒸汽-空气间壁换热过程中，为强化传热，下列方案中的（　　）在工程上可行。

A. 提高蒸汽流速

B. 提高空气流速

C. 采用过热蒸汽以提高蒸汽温度

D. 在蒸汽一侧管壁加装翅片，增加冷凝面积

59. 蒸汽中若含有不凝结气体，将（　　）凝结换热效果。

A. 大大减弱　　B. 大大增强

C. 不影响　　D. 可能减弱也可能增强

60. 当燃料对比价格≥1，传热温差在（　　）℃范围内时，传递单位热量总费用与传热温差成反比。

A. 0～20　　B. 0～30　　C. 0～40　　D. 0～50

61. 螺纹管的外表面可扩展为光管的（　　）倍。

A. 1.5～2.5　　B. 2.2～2.5　　C. 2.2～2.7　　D. 2.5～2.8

62. 不属于换热器检修内容的是（　　）。

A. 清扫管束和壳体

B. 管束焊口、胀口处理及单管更换

C. 检查修复管箱、前后盖、大小浮头、接管及其密封面，更换垫片

D. 检查校验安全附件

三、判断题（中级工）

1. 板式换热器是间壁式换热器的一种形式。（　　）

2. 饱和水蒸气和空气通过间壁进行稳定热交换，由于空气侧的膜系数远远小于饱和水蒸气侧的膜系数，故空气侧的传热速率比饱和水蒸气侧的传热速率小。（　　）

3. 传热的阻力与流体的流动形态关系不大。（　　）

4. 传热速率即为热负荷。（　　）

5. 传热速率是由工艺生产条件决定的，是对换热器换热能力的要求。（　　）

6. 当冷热两流体的 α 相差较大时，欲提高换热器的 K 值，关键是采取措施提高较

小 α。 ( )

7. 热导率 λ 与黏度 μ 一样，是物质的物理性质之一，它是物质导热性能的标志。 ( )
8. 对流传热的热阻主要集中在滞流内层中。 ( )
9. 对流传热过程是流体与流体之间的传热过程。 ( )
10. 对于间壁两侧流体稳定变温传热来说，载热体的消耗量逆流时大于并流时的用量。 ( )
11. 对于同一种流体，有相变时的 α 值比无相变时的 α 要大。 ( )
12. 多管程换热器的目的是强化传热。 ( )
13. 辐射不需要任何物质作媒介。 ( )
14. 工业设备的保温材料，一般都是取热导率较小的材料。 ( )
15. 工业生产中用于废热回收的换热方式是混合式换热。 ( )
16. 换热器的管壁温度总是接近于对流传热系数大的那一侧流体的温度。 ( )
17. 换热器中，逆流的平均温差总是大于并流的平均温差。 ( )
18. 空气、水、金属固体的热导率分别为 λ_1、λ_2 和 λ_3，其顺序为 $\lambda_1<\lambda_2<\lambda_3$。 ( )
19. 冷热流体在换热时，并流时的传热温度差要比逆流时的传热温度差大。 ( )
20. 流体与壁面进行稳定的强制湍流对流传热，层流内层的热阻比湍流主体的热阻大，故层流内层内的传热比湍流主体内的传热速率小。 ( )
21. 强化传热的最根本途径是增大传热系数 K。 ( )
22. 热泵是一种独立的输送热量的设备。 ( )
23. 热导率是物质导热能力的标志，热导率值越大，导热能力越弱。 ( )
24. 热负荷是指换热器本身具有的换热能力。 ( )
25. 热量由固体壁面传递给流体或者相反的过程称为给热。 ( )
26. 水在圆形管道中强制湍流时的 α_i 为 1000W/(m^2·℃)，若将水的流量增加一倍，而其他条件不变，则 α_i 将变为 2000W/(m^2·℃)。 ( )
27. 套管冷凝器的内管走空气，管间走饱和水蒸气，如果蒸汽压力一定，空气进口温度一定，当空气流量增加时，总传热系数 K 应增大，空气出口温度会提高。 ( )
28. 提高换热器的传热系数，能够有效地提高传热速率。 ( )
29. 通过三层平壁的定态热传导，各层界面间接触均匀，第一层两侧温度为 120℃ 和 80℃，第三层外表面温度为 40℃，则第一层热阻 R_1 和第二层、第三层热阻 R_2、R_3 之间的关系为 $R_1>(R_2+R_3)$。 ( )
30. 物质的热导率均随温度的升高而增大。 ( )
31. 系统温度越高，所含热量越多。 ( )
32. 要提高传热系数 K，应从降低最大热阻着手。 ( )
33. 由多层等厚平壁构成的导热壁面中，所用材料的热导率愈大，则该壁面的热阻愈大，其两侧的温差愈大。 ( )

34. 在传热实验中用饱和水蒸气加热空气，总传热系数 K 接近于空气侧的对流传热系数，而壁温接近于饱和水蒸气侧流体的温度值。（　）

35. 在列管换热器中，采用多程结构，可增大换热面积。（　）

36. 在列管式换热器中，当热流体为饱和蒸汽时，流体的逆流平均温差和并流平均温差相等。（　）

37. 在流体进出口温度完全相同的情况下，逆流的温度差要小于折流的温度差。（　）

38. 在稳定多层圆筒壁导热中，通过多层圆筒壁的传热速率 Q 相等，而且通过单位传热面积的传热速率 Q/A 也相同。（　）

39. 在一定压力下操作的工业沸腾装置，为使有较高的传热系数，常采用膜状沸腾。（　）

40. 增大单位体积的传热面积是强化传热的最有效途径。（　）

41. 对总传热系数来说，各项热阻倒数之和越大，传热系数越小。（　）

42. 已知流体的质量流量和热焓差，而不需要温差就可以算出热负荷。（　）

43. 换热器的选择，从压力降的角度，Re 小的走管程有利。（　）

44. 在换热器传热过程中，两侧流体的温度和温差沿传热面肯定是变化的。（　）

45. 换热器传热面积越大，传递的热量也越多。（　）

46. 在对流传热中流体质点有明显位移。（　）

47. 固定管板式换热器适用于走两流体的温差较大、腐蚀性较大的物料。（　）

48. 换热器的热负荷是指单位时间通过单位传热面积所传递的单位热量。（　）

49. 从传热的基本公式来看，单位面积传递的热量 Q/A 与温差 Δt_m 成正比，与各项热阻之和成反比。（　）

50. 一般情况下，传热温差选用越小，传质单位热量总费用越低。（　）

51. 膨胀节是一种位移补偿器，波纹管膨胀节能同时补偿轴向、径向的位移。（　）

52. 式 $Nu=0.023Re^n Pr^{(1/3)}\varphi$ 是换热器的通用膜传热系数表达式。（　）

53. 当燃料相对价格≤1时，传热温差选用越小，传质单位热量总费用越低。（　）

54. 对总传热系数来说，各项热阻倒数之和越大，传热系数越小。（　）

55. 已知流体的质量流量和热焓差，而不需要温差就可以算出热负荷。（　）

56. 在换热器传热过程中，两侧流体的温度和温差沿传热面肯定是变化的。（　）

四、判断题（高级工）

1. 板式换热器是间壁式换热器的一种形式。（　）

2. 采用错流和折流可以提高换热器的传热速率。（　）

3. 采用列管式换热器，用水冷却某气体，若气体有稀酸冷凝出时，气体应走管程。（　）

4. 当换热器中热流体的质量流量、进出口温度及冷流体进出口温度一定时，采用并流操作可节省冷流体用量。（　）

5. 当流量一定时，管程或壳程越多，给热系数越大，因此应尽可能采用多管程或多壳程换热器。（　）
6. 对夹套式换热器而言，用蒸汽加热时应使蒸汽由夹套下部进入。（　）
7. 对于一台加热器，当冷、热两种流量一定时，换热器面积越大，换热效果越好。（　）
8. 浮头式换热器具有能消除热应力、便于清洗和检修方便的特点。（　）
9. 换热器不论是加热器还是冷却器，热流体都走壳程，冷流体都走管程。（　）
10. 换热器开车时，是先进冷物料，后进热物料，以防换热器突然受热而变形。（　）
11. 换热器冷凝操作应定期排放蒸汽侧的不凝气体。（　）
12. 换热器内设置挡板是为了提高管外流体流速，提高传热速率。（　）
13. 换热器生产过程中，物料的流动速度越大，换热效果越好，故流速越大越好。（　）
14. 换热器投产时，先通入热流体，后通入冷流体。（　）
15. 换热器在使用前的试压重点检查列管是否泄漏。（　）
16. 换热器正常操作之后才能打开放空阀。（　）
17. 间壁式换热器内热量的传递是由对流传热-热传导-对流传热这三个串联着的过程组成的。（　）
18. 冷热流体进行热交换时，流体的流动速度越快，对流传热热阻越大。（　）
19. 冷热流体温差很大时一般采用浮头式列管换热器。（　）
20. 列管换热器中设置补偿圈的目的主要是便于换热器的清洗和强化传热。（　）
21. 热水泵在冬季启动前，必须先预热。（　）
22. 实际生产中（特殊情况除外）传热一般都采用并流操作。（　）
23. 提高传热系数可以提高蒸发器的蒸发能力。（　）
24. 为了提高传热效率，采用蒸汽加热时必须不断排除冷凝水并及时排放不凝性气体。（　）
25. 用常压水蒸气冷凝来加热空气，空气平均温度为20℃，则壁温约为60℃。（　）
26. 在列管换热器中，具有腐蚀性的物料应走壳程。（　）
27. 在列管换热器中，用饱和水蒸气加热某反应物料，让水蒸气走管程，以减少热量损失。（　）
28. 在列管式换热器管间装设了两块横向的折流挡板，则该换热器变成双壳程的换热器。（　）
29. 在列管式换热器中，为了防止管壳程的物质互混，在列管的接头处必须采用焊接方式连接。（　）
30. 在螺旋板式换热器中，流体只能做严格的逆流流动。（　）

31. 在无相变的对流传热过程中，减少热阻的最有效措施是降低流体湍动程度。（ ）

32. 缩小管径和增大流速都能提高传热系数，但是缩小管径的效果不如增大流速效果明显。（ ）

33. 换热器的换热强度是指单位面积换热器所传递的热量，单位是 W/m^2。（ ）

34. 换热器的选择，从压力降的角度，*Re* 小的走管程有利。（ ）

35. T 形翅片管的优点是传热性能主要受通道内复杂的汽液两相流动控制，凹槽内的沸腾使气体有规律地逃逸出来。（ ）

五、综合题（技师）

1. 冷 002 的型号 FLB1200-375-25-6 的含义是什么？
2. 换热器的主要结构有哪些？
3. 载热体的概念是什么？
4. 传热系数的物理意义是什么？
5. 冷换设备投用前的检查内容有哪些？
6. 简述浮头式换热器的结构特点。
7. 简述固定管板式换热器的结构特点。
8. G400-50-16-2Ⅱ中各部分所表示的内容是什么？
9. F600-100-64-2Ⅱ中各部分所表示的内容是什么？
10. 换热器分几类？每类的换热方式是什么？
11. 液体走管程和壳程的选择原则是什么？
12. 如何提高换热器的总传热系数 *K*？
13. 什么叫热辐射？举例说明。
14. 提高换热器传热效率的途径有哪些？
15. 换热器（列管）管程和壳程物料的选择原则是什么？
16. 什么是显热、潜热？
17. 换热器在冬季如何防冻？
18. 固定管板式换热器壳体上的补偿圈或称膨胀节起什么作用？
19. 简述间壁式换热器中冷热流体传热的过程。

第六部分　传质学知识

一、单项选择题（中级工）

1.“在一般过滤操作中，实际上起到主要介质作用的是滤饼层而不是过滤介质本身”，“滤渣就是滤饼”，（　　）。

A. 这两种说法都对　　B. 两种说法都不对

C. 只有第一种说法正确　　D. 只有第二种说法正确

2. 板框压滤机洗涤速率为恒压过滤最终速率的1/4，这一规律只有在（　　）时才成立。

A. 过滤时的压差与洗涤时的压差相同

B. 滤液的黏度与洗涤液的黏度相同

C. 过滤压差与洗涤压差相同且滤液的黏度与洗涤液的黏度相同

D. 过滤压差与洗涤压差相同，滤液的黏度与洗涤液的黏度相同，且过滤面积与洗涤面积相同

3. 尘粒在电除尘器中的运动是（　　）。

A. 匀速直线运动　B. 自由落体运动　C. 变速运动　D. 静止的

4. 对标准旋风分离器系列，下列说法正确的是（　　）。

A. 尺寸大，则处理量大，但压降也大

B. 尺寸大，则分离效率高，且压降小

C. 尺寸小，则处理量小，分离效率高

D. 尺寸小，则分离效率差，且压降大

5. 多层降尘室是根据（　　）原理而设计的。

A. 含尘气体处理量与降尘室的层数无关

B. 含尘气体处理量与降尘室的高度无关

C. 含尘气体处理量与降尘室的直径无关

D. 含尘气体处理量与降尘室的大小无关

6. 固体颗粒直径增加，其沉降速度（　　）。

A. 减小　B. 不变　C. 增加　D. 不能确定

7. 过滤操作中滤液流动遇到的阻力是（　　）。

A. 过滤介质阻力　　B. 滤饼阻力

C. 过滤介质和滤饼阻力之和　　D. 无法确定

8. 过滤常数 K 与（　　）无关。

A. 滤液黏度　B. 过滤面积　C. 滤浆浓度　D. 滤饼的压缩性

9. 过滤速率与（　　）成反比。

A. 操作压差和滤液黏度　　B. 滤液黏度和滤渣厚度

C. 滤渣厚度和颗粒直径　　D. 颗粒直径和操作压差

10. 含尘气体通过长4m、宽3m、高1m的降尘室，已知颗粒的沉降速度为0.25m/s，则降尘室的生产能力为（　　）。

A. $3m^3/s$　　B. $1m^3/s$　　C. $0.75m^3/s$　　D. $6m^3/s$

11. 恒压过滤，过滤常数K值增大，则过滤速度（　　）。

A. 加快　　B. 减慢　　C. 不变　　D. 不能确定

12. 降尘室的高度减小，生产能力将（　　）。

A. 增大　　B. 不变

C. 减小　　D. 以上答案都不正确

13. 矩形沉降槽的宽为1.2m，用来处理流量为$60m^3/h$、颗粒的沉降速度为$2.8\times10^{-3}m/s$的悬浮污水，则沉降槽的长至少需要（　　）。

A. 2m　　B. 5m　　C. 8m　　D. 10m

14. 自由沉降的意思是（　　）。

A. 颗粒在沉降过程中受到的流体阻力可忽略不计

B. 颗粒开始的降落速度为零，没有附加一个初始速度

C. 颗粒在降落的方向上只受重力作用，没有离心力等的作用

D. 颗粒间不发生碰撞或接触的情况下的沉降过程

15. 颗粒在空气中的自由沉降速度（　　）颗粒在水中的自由沉降速度。

A. 大于　　B. 等于　　C. 小于　　D. 无法判断

16. 可引起过滤速率减小的原因是（　　）。

A. 滤饼厚度减小　　B. 液体黏度减小

C. 压力差减小　　D. 过滤面积增大

17. 离心分离的基本原理是固体颗粒产生的离心力（　　）液体产生的离心力。

A. 小于　　B. 等于　　C. 大于　　D. 两者无关

18. 离心分离因数的表达式为（　　）。

A. $\alpha=\omega R/g$　　B. $\alpha=\omega g/R$　　C. $\alpha=\omega R^2/g$　　D. $\alpha=\omega^2 R/g$

19. 某粒径的颗粒在降尘室中沉降，若降尘室的高度增加一倍，则该降尘室的生产能力将（　　）。

A. 增加一倍　　B. 为原来1/2　　C. 不变　　D. 不确定

20. 球形固体颗粒在重力沉降槽内作自由沉降，当操作处于层流沉降区时，升高悬浮液的温度，粒子的沉降速度将（　　）。

A. 增大?　　B. 不变　　C. 减小　　D. 无法判断

21. 若沉降室高度降低，则沉降时间（　　），生产能力（　　）。

A. 增加　下降　　B. 不变　增加　　C. 缩短　不变　　D. 缩短　增加

22. 推导过滤基本方程时，一个基本的假设是（　　）。

A. 滤液在介质中呈湍流流动　　B. 滤液在介质中呈层流流动

C. 滤液在滤渣中呈湍流流动　　D. 滤液在滤渣中呈层流流动

23. 微粒在降尘室内能除去的条件为：停留时间（　　）它的尘降时间。

A. 不等于　B. 大于或等于　C. 小于　D. 大于或小于

24. 为使离心机有较大的分离因数和保证转鼓有足够的机械强度，应采用（　）的转鼓。

A. 高转速、大直径　B. 高转速、小直径

C. 低转速、大直径　D. 低转速、小直径

25. 下列哪一个分离过程不属于非均相物系的分离过程？（　）

A. 沉降　B. 结晶　C. 过滤　D. 离心分离

26. 下列哪个因素不影响旋转真空过滤机的生产能力？（　）

A. 过滤面积　B. 转速　C. 过滤时间　D. 浸没角

27. 下列说法正确的是（　）。

A. 滤浆黏性越大，过滤速度越快

B. 滤浆黏性越小，过滤速度越快

C. 滤浆中悬浮颗粒越大，过滤速度越快

D. 滤浆中悬浮颗粒越小，过滤速度越快

28. 下列用来分离气-固非均相物系的是（　）。

A. 板框压滤机　B. 转筒真空过滤机

C. 袋滤器　D. 三足式离心机

29. 旋风分离器的进气口宽度 B 值增大，其临界直径（　）。

A. 减小　B. 增大　C. 不变　D. 不能确定

30. 旋风分离器主要是利用（　）的作用使颗粒沉降而达到分离。

A. 重力　B. 惯性离心力

C. 静电场　D. 重力和惯性离心力

31. 以下表达式中正确的是（　）。

A. 过滤速率与过滤面积平方 A^2 成正比

B. 过滤速率与过滤面积 A 成正比

C. 过滤速率与所得滤液体积 V 成正比

D. 过滤速率与虚拟滤液体积 V_e 成反比

32. 以下过滤机是连续式过滤机的是（　）。

A. 箱式叶滤机　B. 真空叶滤机

C. 回转真空过滤机　D. 板框压滤机

33. 与降尘室的生产能力无关的是（　）。

A. 降尘室的长　B. 降尘室的宽

C. 降尘室的高　D. 颗粒的沉降速度

34. 在讨论旋风分离器分离性能时，临界直径这一术语是指（　）。

A. 旋风分离器效率最高时的旋风分离器的直径

B. 旋风分离器允许的最小直径

C. 旋风分离器能够全部分离出来的最小颗粒的直径

D. 能保持滞流流型时的最大颗粒直径

35. 在外力作用下，使密度不同的两相发生相对运动而实现分离的操作是（　　）。

A. 蒸馏　　B. 沉降　　C. 萃取　　D. 过滤

36. 在重力场中，微小颗粒的沉降速度与（　　）无关。

A. 粒子的几何形状　　B. 粒子的尺寸大小

C. 流体与粒子的密度　　D. 流体的速度

二、单项选择题（高级工）

1. 当其他条件不变时，提高回转真空过滤机的转速，则过滤机的生产能力（　　）。

A. 提高　　B. 提高　　C. 不变　　D. 不一定

2. 拟采用一个降尘室和一个旋风分离器来除去某含尘气体中的灰尘，则较适合的安排是（　　）。

A. 降尘室放在旋风分离器之前　　B. 降尘室放在旋风分离器之后

C. 降尘室和旋风分离器并联　　D. 方案 A. B 均可

3. 如果气体处理量较大，可以采取两个以上尺寸较小的旋风分离器（　　）使用。

A. 串联　　B. 并联

C. 先串联后并联　　D. 先并联后串联

4. 通常悬浮液的分离宜在（　　）下进行。

A. 高温　　B. 低温　　C. 常温　　D. 超低温

5. 下列不影响过滤速度的因素是（　　）。

A. 悬浮液的性质　　B. 悬浮液的高度

C. 滤饼性质　　D. 过滤介质

6. 下列措施中不一定能有效地提高过滤速率的是（　　）。

A. 加热滤浆　　B. 在过滤介质上游加压

C. 在过滤介质下游抽真空　　D. 及时卸渣

7. 下列物系中，不可以用旋风分离器加以分离的是（　　）。

A. 悬浮液　　B. 含尘气体　　C. 酒精水溶液　　D. 乳浊液

8. 下列物系中，可以用过滤的方法加以分离的是（　　）。

A. 悬浮液　　B. 空气　　C. 酒精水溶液　　D. 乳浊液

9. 现有一乳浊液要进行分离操作，可采用（　　）。

A. 沉降器　　B. 三足式离心机　　C. 碟式离心机　　D. 板框过滤机

10. 现有一需分离的气固混合物，其固体颗粒平均尺寸在 10μm 左右，适宜的气固相分离器是（　　）。

A. 旋风分离器　　B. 重力沉降器　　C. 板框过滤机　　D. 真空抽滤机

11. 以下过滤机是连续式过滤机的是（　　）。

A. 箱式叶滤机　　B. 真空叶滤机

C. 回转真空过滤机　　D. 板框压滤机

12. 用板框压滤机组合时，应将板、框按（　　）顺序安装。

A. 123123123…　　B. 123212321…　　C. 3121212…　　D. 132132132…

13. 用降尘室除去烟气中的尘粒，因某种原因使进入降尘室的烟气温度上升，若气体流量不变，含尘情况不变，降尘室出口气体的含尘量将（　　）。

A. 变大　　B. 不变　　C. 变小　　D. 不确定

14. 用于分离气-固非均相混合物的离心设备是（　　）。

A. 降尘室　　B. 旋风分离器　　C. 过滤式离心机　　D. 转鼓真空过滤机

15. 有一高温含尘气流，尘粒的平均直径在 2～3μm，现要达到较好的除尘效果，可采用（　　）。

A. 降尘室　　B. 旋风分离器　　C. 湿法除尘　　D. 袋滤器

16. 欲提高降尘室的生产能力，主要的措施是（　　）。

A. 提高降尘室的高度　　B. 延长沉降时间

C. 增大沉降面积　　D. 都可以

17. 在①旋风分离器、②降尘室、③袋滤器、④静电除尘器等除尘设备中，能除去气体中颗粒的直径符合由大到小的顺序的是（　　）。

A. ①②③④　　B. ④③①②　　C. ②①③④　　D. ②①④③

18. 在一个过滤周期中，为了达到最大生产能力，（　　）。

A. 过滤时间应大于辅助时间

B. 过滤时间应小于辅助时间

C. 过滤时间应等于辅助时间

D. 过滤加洗涤所需时间等于 1/2 周期

三、判断题（中级工）

1. 板框压滤机的过滤时间等于其他辅助操作时间总和时，其生产能力最大。（　　）
2. 板框压滤机的整个操作过程分为过滤、洗涤、卸渣和重装四个阶段。根据经验，当板框压滤机的过滤时间等于其他辅助操作时间总和时，其生产能力最大。（　　）
3. 板框压滤机是一种连续性的过滤设备。（　　）
4. 沉降分离的原理是依据分散物质与分散介质之间的黏度差来分离的。（　　）
5. 沉降分离要满足的基本条件是，停留时间不小于沉降时间，且停留时间越大越好。（　　）
6. 分离过程可以分为机械分离和传质分离过程两大类。（　　）
7. 过滤、沉降属于传质分离过程。（　　）
8. 过滤操作是分离悬浮液的有效方法之一。（　　）
9. 过滤速率与过滤面积成正比。（　　）
10. 将降尘室用隔板分层后，若能 100%除去的最小颗粒直径要求不变，则生产能力将变大；沉降速度不变，沉降时间变小。（　　）
11. 降尘室的生产能力不仅与降尘室的宽度和长度有关，而且与降尘室的高度有关。（　　）
12. 降尘室的生产能力与降尘室的底面积、高度及层降速度有关。（　　）

13. 降尘室的生产能力只与沉降面积和颗粒沉降速度有关，而与高度无关。 ( )

14. 颗粒的自由沉降是指颗粒间不发生碰撞或接触等相互影响的情况下的沉降过程。 ( )

15. 离心分离因数越大，其分离能力越强。 ( )

16. 要使固体颗粒在沉降器内从流体中分离出来，颗粒沉降所需要的时间必须大于颗粒在器内的停留时间。 ( )

17. 在除去某粒径的颗粒时，若降尘室的高度增加一倍，则其生产能力不变。 ( )

18. 在斯托克斯区域内粒径为 16μm 及 8μm 的两种颗粒在同一旋风分离器中沉降，则两种颗粒的离心沉降速度之比为 2。 ( )

19. 在一般过滤操作中，实际上起到主要介质作用的是滤饼层而不是过滤介质本身。 ( )

20. 在重力场中，固体颗粒的沉降速度与颗粒几何形状无关。 ( )

21. 直径越大的旋风分离器，其分离效率越差。 ( )

四、判断题（高级工）

1. 板框压滤机的滤板和滤框，可根据生产要求进行任意排列。 ( )
2. 采用在过滤介质上游加压的方法可以有效地提高过滤速率。 ( )
3. 沉降器具有澄清液体和增稠悬浮液的双重功能。 ( )
4. 过滤操作适用于分离含固体物质的非均相物系。 ( )
5. 将滤浆冷却可提高过滤速率。 ( )
6. 利用电力来分离非均相物系可以彻底将非均相物系分离干净。 ( )
7. 滤浆与洗涤水是从同一条管路进入压滤机的。 ( )
8. 气固分离时，选择分离设备，依颗粒从大到小分别采用沉降室、旋风分离器、袋滤器。 ( )
9. 为提高离心机的分离效率，通常采用小直径、高转速的转鼓。 ( )
10. 旋风除尘器能够使全部粉尘得到分离。 ( )
11. 欲提高降尘室的生产能力，主要的措施是提高降尘室的高度。 ( )
12. 在过滤操作中，过滤介质必须将所有颗粒都截留下来。 ( )
13. 重力沉降设备比离心沉降设备分离效果更好，而且设备体积也较小。 ( )
14. 助滤剂只能单独使用。 ( )
15. 转鼓真空过滤机在生产过程中，滤饼厚度达不到要求，主要是由于真空度过低。 ( )
16. 转筒真空过滤机是一种间歇性的过滤设备。 ( )

五、综合题（技师）

1. 什么是非均相物系？
2. 非均相物系的主要分离方法有哪些？

3. 简述沉降操作的原理。
4. 简述沉降速度基本计算式中 ζ 的物理意义及计算时的处理方法。
5. 试画出旋风分离器的基本结构图，并说明气流在旋风分离器中的运动规律。
6. 过滤方法有几种？分别适用于什么场合？
7. 工业上常用的过滤介质有哪几种？分别适用于什么场合？
8. 过滤得到的滤饼是浆状物质，使过滤很难进行，试讨论解决方法。
9. 旋风分离器的进口为什么要设置成切线方向？
10. 转筒真空过滤机主要由哪几部分组成？其工作时转筒旋转一周完成哪几个工作循环？

第七部分　压缩与制冷基础知识

一、单项选择题（中级工）

1. 深度制冷的温度范围在（　　）。

A. 173K 以内　B. 273K 以下　C. 173K 以下　D. 73K 以下

2. 为了提高制冷系统的经济性，发挥较大的效益，工业上单级压缩循环压缩比（　　）。

A. 不超过 12　B. 不超过 6～8　C. 不超过 4　D. 不超过 8～10

3. 往复式压缩机压缩过程是（　　）过程。

A. 绝热　B. 等热　C. 多变　D. 仅是体积减小压力增大

4. 下列压缩过程耗功最大的是（　　）。

A. 等温压缩　B. 绝热压缩　C. 多变压缩　D. 以上都差不多

5. 空调所用制冷技术属于（　　）。

A. 普通制冷　B. 深度制冷　C. 低温制冷　D. 超低温制冷

6. 往复式压缩机产生排气量不够的原因是（　　）。

A. 吸入气体过脏　B. 安全阀不严　C. 汽缸内有水　D. 冷却水量不够

7. 离心式压缩机大修的检修周期为（　　）。

A. 6 个月　B. 12 个月　C. 18 个月　D. 24 个月

8. 气氨压力越低，则其冷凝温度（　　）。

A. 越低　B. 越高　C. 不受影响　D. 先低后高

9. 离心式压缩机的主要特点是（　　）。

A. 工作范围宽且效率高　B. 流量小但压力高　C. 叶片易受磨损　D. 以上都不对

10. 等温压缩过程使焓值（　　）。

A. 增高　B. 减少　C. 不变　D. 以上都不对

11. 气体的节流过程是一个（　　）过程。

A. 等温　B. 等焓　C. 等压　D. 等熵

12. 透平式压缩机属于（　　）压缩机。

A. 往复式　B. 离心式　C. 轴流式　D. 流体作用式

二、单项选择题（高级工）

1. 机组实际压缩过程是（　　）压缩。

A. 绝热　B. 多变　C. 等温　D. 不变

2. 按有关规定，机组厂房处的噪声规定为（　　）分贝。

A. 90　　B. 85　　C. 75　　D. 120

3. 气氨先经压缩，然后冷却的过程中，其焓的变化过程为（　　）。

A. 变大再变大　　B. 变小再变小　　C. 变大再变小　　D. 变小再变大

4. 电机铭牌上为20kW，功率因数为0.8，则电机输出功率为（　　）。

A. 16kW　　B. 20kW　　C. 25kW　　D. 20.8kW

5. 离心式压缩机的安全工况点是在（　　）。

A. 喘振线左上方　　B. 喘振线右下方　　C. 防护线左上方　　D. 防护线右下方

6. 主气流为径向的速度型空压机的形式为（　　）。

A. 轴流式　　B. 轴流离心式　　C. 离心式　　D. 活塞式

7. 理想的压缩蒸汽冷冻机的工作过程为（　　）。

A. 绝热压缩→等温放热→绝热膨胀→等温吸热

B. 等温放热→等温吸热→绝热压缩→绝热膨胀

C. 等温吸热→绝热膨胀→等温放热→绝热压缩

D. 绝热压缩→绝热膨胀→等温放热→等温吸热

8. 压缩机的防喘振控制要求是（　　）。

A. 测量=给定　　B. 测量≤给定　　C. 测量≥给定　　D. 以上都不对

9. 制冷的基本膨胀是（　　）。

A. 等焓膨胀和等熵膨胀　　B. 等压膨胀

C. 等容膨胀　　D. 等温膨胀

三、判断题（中级工）

1. 氟里昂是以前常用的冷冻剂，它一般不会污染环境。（　　）
2. 节流膨胀后，会使液氨温度下降。（　　）
3. 压缩机铭牌上标注的生产能力，通常是指常温状态下的体积流量。（　　）
4. 节流机构除了起节流降压作用外，还具有自动调节制冷剂流量的作用。（　　）
5. 离心式制冷压缩机不属于容积型压缩机。（　　）
6. 实际气体的压缩过程包括吸气、压缩、排气、余隙气体的膨胀四个过程。（　　）
7. 离心式压缩机在负荷降低到一定程度时，气体的排送会出现强烈的振荡，从而引起机身的剧烈振动，这种现象称为节流现象。（　　）
8. 离心式压缩机的特性曲线是以流量和功率两参数作为坐标的。（　　）
9. 蒸汽的膨胀是一个化学变化过程。（　　）
10. 润滑油高位槽既能稳压，又能防止油压低跳车。（　　）
11. 制冷剂经减压阀后，压力下降，体积增大，焓值也增大。（　　）
12. 气体在离心式压缩机中的流动是沿着垂直于压缩机轴的径向进行的。（　　）
13. 压缩机旁路调节阀应选气闭式，压缩机入口调节阀应选气开式。（　　）
14. 密封油高位槽液位调节阀是气关式。（　　）

15. 实际气体的压缩系数 $Z=1$ 时，可以作为理想气体处理。 ( )

16. 气体相对分子质量变化再大，对压缩机也不会有影响。 ( )

17. 一般大机组的工作转速高于 1.3～1.4 倍的第一临界转速，而低于 0.7 倍的第二临界转速。 ( )

18. 压缩机稳定工作范围指的是最小流量限制到最大流量限制以及其他限制之间的工作范围。 ( )

19. 转子有临界转速是因为转子存在着不平衡量。 ( )

20. 转速越高，压缩机的特性曲线就越陡。 ( )

21. 离心压缩机的“喘振”现象是由于进气量超过上限所引起的。 ( )

22. 离心式压缩机气量调节的常用方法是调节出口阀的开度。 ( )

23. 压缩机的压缩比是指 p_1/p_2，即进口压力与出口压力之比。 ( )

24. 往复压缩机的实际工作循环是由压缩—吸气—排气—膨胀四个过程组成的。 ( )

25. 离心式压缩机的气量调节严禁使用出口阀来调节。 ( )

26. 往复压缩机启动前应检查返回阀是否处于全开位置。 ( )

27. 透平式压缩机通常用出口节流调节阀来调节气体流量。 ( )

四、判断题（高级工）

1. 制冷循环中制冷剂就是载冷体。 ( )
2. 机组振动频率若与转子转速不同，称为工频振动。 ( )
3. 离心式压缩机中轴向力主要是靠止推轴承来承受的。 ( )
4. 通过改变泵的转速或改变叶轮的直径可以改变离心泵的特性。 ( )
5. 机组紧急停车，转子瞬间反向推力很大，对副推力瓦产生冲击。 ( )
6. 多级压缩机特性曲线比单级特性曲线陡。 ( )
7. 在吸气状态不变的情况下，当机器的转速改变时，其性能曲线是会改变的。 ( )
8. 节流膨胀在任何条件下都能产生制冷效应。 ( )
9. 压缩机的平衡盘平衡了所有的轴向力。 ( )

五、综合题（技师）

1. 对空冷器的日常检查内容是什么？
2. 简述往复式压缩机遇到何种情况需要立即紧急停车。
3. 螺杆制冷机排气压力超高的原因有哪些？
4. 低温贮存装置螺杆式制冷机的经济器系统是什么？
5. 简述冷冻机油在制冷机中的主要作用。
6. 简述螺杆式制冷机的特点。
7. 简述离心压缩机振动突然增大的原因。
8. 如何判断往复式压缩机气阀阀片漏气？
9. 机组停机后是否盘车时间越长越好？为什么？

10. 某压缩机进口压力 0.8MPa，压缩机的压缩比为 2.5，求出口压力。
11. 离心压缩机大修的主要验收标准是什么?
12. 压缩机喘振的概念是什么?
13. 凝汽式汽轮机的轴封蒸汽压力过高或过低有什么影响?
14. 有些压缩机为什么要有密封油系统?
15. 压缩机正常操作中为什么要先升速，后升压?
16. 开车前为何要盘车?
17. 大机组自身主要有哪些保安联锁? 其设置的目的何在?
18. 在开车时，暖机时间要充分，请问是否越长越好? 为什么?
19. 压缩机转子轴向力是如何产生的? 平衡方法是什么?

第八部分　干燥知识

一、单项选择题（中级工）

1.（　　）是根据在一定的干燥条件下物料中所含水分能否用干燥的方法加以除去来划分的。

A. 结合水分和非结合水分　　B. 结合水分和平衡水分

C. 平衡水分和自由水分　　D. 自由水分和结合水分

2.（　　）越少，湿空气吸收水汽的能力越大。

A. 湿度　　B. 绝对湿度　　C. 饱和湿度　　D. 相对湿度

3. 50kg 湿物料中含水 10kg，则干基含水量为（　　）%。

A. 15　　B. 20　　C. 25　　D. 40

4. 饱和空气在恒压下冷却，温度由 t_1 降至 t_2，则其相对湿度 φ（　　），绝对湿度 H（　　），露点 t_d（　　）。

A. 增加　减小　不变　　B. 不变　减小　不变

C. 降低　不变　不变　　D. 无法确定

5. 不能用普通干燥方法除去的水分是（　　）。

A. 结合水分　　B. 非结合水分　　C. 自由水分　　D. 平衡水分

6. 除了（　　），下列都是干燥过程中使用预热器的目的。

A. 提高空气露点　　B. 提高空气干球温度

C. 降低空气的相对湿度　　D. 增大空气的吸湿能力

7. 当 $\varphi<100\%$时，物料的平衡水分一定是（　　）。

A. 非结合水　　B. 自由水分　　C. 结合水分　　D. 临界水分

8. 当被干燥的粒状物料要求磨损不大，而产量较大时，选用（　　）较合适。

A. 气流式　　B. 厢式　　C. 转筒式　　D. 流化床式

9. 当湿空气的湿度 H 一定时，温度 t 越高则（　　）。

A. 相对湿度百分数 φ 越高，吸水能力越大

B. 相对湿度百分数 φ 越高，吸水能力越小

C. 相对湿度百分数 φ 越低，吸水能力越小

D. 相对湿度百分数 φ 越低，吸水能力越大

10. 对于不饱和空气，其干球温度 t、湿球温度 t_w 和露点 t_d 之间的关系为（　　）。

A. $t_w>t>t_d$　　B. $t>t_w>t_d$　　C. $t_d>t>t_w$　　D. $t_d>t_w>t$

11. 对于对流干燥器，干燥介质的出口温度应（　　）。

A. 低于露点　　B. 等于露点　　C. 高于露点　　D. 不能确定

12. 对于木材干燥，（　　）。

A. 采用干空气有利于干燥　　B. 采用湿空气有利于干燥

C. 应该采用高温空气干燥　　D. 应该采用明火烤

13. 对于一定干球温度的空气，其相对湿度愈低时，其湿球温度（　　）。

A. 愈高　　B. 愈低

C. 不变　　D. 不定，与其他因素有关

14. 对于一定水分蒸发量而言，空气的消耗量与（　　）无关。

A. 空气的最初湿度　　B. 空气的最终湿度

C. 空气的最初和最终湿度　　D. 经历的过程

15. 反映热空气容纳水汽能力的参数是（　　）。

A. 绝对湿度　B. 相对湿度　C. 湿容积　D. 湿比热容

16. 干、湿球温度差（$T-T_{湿}$）较大表示（　　）。

A. 湿空气的吸热能力强　　B. 湿空气的吸湿汽化水分能力强

C. 湿空气的相对湿度较大　　D. 湿空气的吸湿汽化水分能力弱

17. 干燥得以进行的必要条件是（　　）。

A. 物料内部温度必须大于物料表面温度

B. 物料内部水蒸气压力必须大于物料表面水蒸气压力

C. 物料表面水蒸气压力必须大于空气中的水蒸气压力

D. 物料表面温度必须大于空气温度

18. 干燥过程中可以除去的水分是（　　）。

A. 结合水分和平衡水分　　B. 结合水分和自由水分

C. 平衡水分和自由水分　　D. 非结合水分和自由水分

19. 增加湿空气吹过湿物料的速度，则湿的平衡含水量（　　）。

A. 增大　B. 不变　C. 下降　D. 不能确定

20. 干燥热敏性物料时，为提高干燥速率，不宜采用的措施是（　　）。

A. 提高干燥介质的温度　　B. 改变物料与干燥介质的接触方式

C. 降低干燥介质的相对湿度　　D. 增大干燥介质流速

21. 在总压不变的条件下，将湿空气与不断降温的冷壁相接触，直至空气在光滑的冷壁面上析出水雾，此时的冷壁温度称为（　　）。

A. 湿球温度　B. 干球温度　C. 露点　D. 绝对饱和温度

22. 干燥是（　　）过程。

A. 传质　　B. 传热

C. 传热和传质　　D. 既不是传热也不是传质

23. 工业上用（　　）表示含水气体的水含量。

A. 百分比　B. 密度　C. 摩尔比　D. 露点

24. 将饱和湿空气在等压下降温，其湿度将（　　）。

A. 下降　B. 不变　C. 增大　D. 不能确定

25. 将不饱和空气在恒温、等湿条件下压缩，其干燥能力将（　　）。

A. 不变　B. 增加　C. 减弱　D. 先增加后减弱

26. 将不饱和湿空气在总压和湿度不变的条件下冷却，当温度达到（　　）时，空

气中的水汽开始凝结成露滴。

A. 干球温度　　B. 湿球温度　　C. 露点　　D. 绝热饱和温度

27. 将氯化钙与湿物料放在一起，使物料中水分除去，这是采用哪种去湿方法？（　　）

A. 机械去湿　　B. 吸附去湿　　C. 供热去湿　　D. 无法确定

28. 将水喷洒于空气中而使空气减湿，应该使水温（　　）。

A. 等于湿球温度　　B. 低于湿球温度

C. 高于露点　　D. 低于露点

29. 进行干燥过程的必要条件是干燥介质的温度大于物料表面温度，使得（　　）。

A. 物料表面所产生的湿分分压大于气流中湿分分压

B. 物料表面所产生的湿分分压小于气流中湿分分压

C. 物料表面所产生的湿分分压等于气流中湿分分压

D. 物料表面所产生的湿分分压大于或小于气流中湿分分压

30. 属于空气干燥器的是（　　）。

A. 热传导式干燥器　　B. 辐射形式干燥器

C. 对流形式干燥器　　D. 传导辐射干燥器

31. 空气经过绝热饱和器时不发生变化的参数是（　　）。

A. 温度　　B. 湿度　　C. 焓　　D. 潜热

32. 在总压101.33kPa、温度20℃下，某空气的湿度为0.01kg水/kg干空气，现维持总压不变，将空气温度升高到50℃，则相对湿度（　　）。

A. 增大　　B. 减小　　C. 不变　　D. 无法判断

33. 利用空气作介质干燥热敏性物料，且干燥处于降速阶段，欲缩短干燥时间，则可采取的最有效措施是（　　）。

A. 提高介质温度　　B. 增大干燥面积，减薄物料厚度

C. 降低介质相对湿度　　D. 提高介质流速

34. 流化床干燥器尾气含尘量大的原因是（　　）。

A. 风量大　　B. 物料层高度不够

C. 热风温度低　　D. 风量分布分配不均匀

35. 某物料在干燥过程中达到临界含水量后的干燥时间过长，为提高干燥速率，下列措施中最为有效的是（　　）。

A. 提高气速　　B. 提高气温

C. 提高物料温度　　D. 减小颗粒的粒度

36. 在绝热饱和器中空气经历的过程为（　　）变化。

A. 等焓增湿　　B. 等温增湿　　C. 等焓减湿　　D. 等温等湿

37. 气流干燥器适用于干燥（　　）介质。

A. 热固性　　B. 热敏性　　C. 热稳定性　　D. 一般性

38. 在一定温度和总压下，湿空气的水汽分压和饱和湿空气的水汽分压相等，则湿空气的相对湿度为（　　）。

A. 0　　B. 100％　　C. 0～50％　　D. 50％

39. 若需从牛奶料液直接得到奶粉制品，选用（　　）。

A. 沸腾床干燥器　　B. 气流干燥器

C. 转筒干燥器　　D. 喷雾干燥器

40. 湿空气不能作为干燥介质的条件是（　　）。

A. 相对湿度大于 1　　B. 相对湿度等于 1

C. 相对湿度等于 0　　D. 相对湿度小于 0

41. 湿空气达到饱和状态时，露点温度 $T_{露}$、干球温度 T、湿球温度 $T_{湿}$ 三者的关系为（　　）。

A. $T>T_{湿}>T_{露}$　　B. $T_{露}>T_{湿}>T$

C. $T_{湿}>T_{露}>T$　　D. $T=T_{露}=T_{湿}$

42. 在一定空气状态下，用对流干燥方法干燥湿物料时，能除去的水分为（　　）。

A. 结合水分　　B. 非结合水分　　C. 平衡水分　　D. 自由水分

43. 湿空气在预热过程中不变化的参数是（　　）。

A. 露点温度　　B. 焓　　C. 相对湿度　　D. 湿球温度

44. 同一物料，如恒速阶段的干燥速率加快，则该物料的临界含水量将（　　）。

A. 不变　　B. 减少　　C. 增大　　D. 不一定

45. 物料中的平衡水分随温度的升高而（　　）。

A. 增大　　B. 减小

C. 不变　　D. 不一定，还与其他因素有关

46. 下列条件中，影响恒速干燥阶段干燥速率的是（　　）。

A. 湿物料的直径　　B. 湿物料的含水量

C. 干燥介质流动速度　　D. 湿物料的结构

47. 下列叙述正确的是（　　）。

A. 空气的相对湿度越大，吸湿能力越强

B. 湿空气的比体积为 1kg 湿空气的体积

C. 湿球温度与绝热饱和温度必相等

D. 对流干燥中，空气是最常用的干燥介质

48. 相同的湿空气以不同流速吹过同一湿物料，流速越大，物料的平衡含水量（　　）。

A. 越大　　B. 越小　　C. 不变　　D. 先增大后减小

49. 要小批量干燥晶体物料，该晶体在摩擦下易碎，但又希望产品保留较好的晶形，应选用下面哪种干燥器？（　　）

A. 厢式干燥器　　B. 滚筒干燥器　　C. 气流干燥器　　D. 沸腾床干燥器

50. 已知湿空气的参数（　　），利用 H-I 图可查得其他未知参数。

A. (t_w, t)　　B. (t_d, H)　　C. (p, H)　　D. (I, t_w)

51. 以下关于对流干燥的特点，不正确的是（　　）。

A. 对流干燥过程是气、固两相热、质同时传递的过程

B. 对流干燥过程中气体传热给固体

C. 对流干燥过程中湿物料的水被汽化进入气相

D. 对流干燥过程中湿物料表面温度始终恒定于空气的湿球温度

52. 影响干燥速率的主要因素除了湿物料、干燥设备外，还有一个重要因素是（ ）。

A. 绝干物料 B. 平衡水分 C. 干燥介质 D. 湿球温度

53. 用对流干燥方法干燥湿物料时，不能除去的水分为（ ）。

A. 平衡水分 B. 自由水分 C. 非结合水分 D. 结合水分

54. 欲从液体料浆直接获得固体产品，则最适宜的干燥器是（ ）。

A. 气流干燥器 B. 流化床干燥器 C. 喷雾干燥器 D. 厢式干燥器

55. 在（ ）阶段中，干燥速率的大小主要取决于物料本身的结构、形状和尺寸，而与外部的干燥条件关系不大。

A. 预热 B. 恒速干燥 C. 降速干燥 D. 以上都不是

56. 在干燥操作中，湿空气经过预热器后，相对湿度将（ ）。

A. 增大 B. 不变 C. 下降 D. 不能确定

57. 在等速干燥阶段，用同一种热空气以相同的流速吹过不同种类的物料层表面，则对干燥速率的正确判断是（ ）。

A. 随物料的种类不同而有极大差别

B. 随物料种类不同可能会有差别

C. 不同种类物料的干燥速率是相同的

D. 不好判断

58. 在对流干燥操作中将空气加热的目的是（ ）。

A. 提高温度 B. 增大相对湿度

C. 降低绝对湿度 D. 降低相对湿度

59. 在对流干燥过程中，湿空气经过预热器后，下面描述不正确的是（ ）。

A. 湿空气的比容增加 B. 湿空气的焓增加

C. 湿空气的湿度下降 D. 空气的吸湿能力增加

60. 在对流干燥中湿空气的相对湿度越低，表明湿空气的吸湿能力（ ）

A. 越强 B. 越弱 C. 不变 D. 都不对

61. 在内部扩散控制阶段影响干燥速率的主要因素有（ ）。

A. 空气的性质 B. 物料的结构、形状和大小

C. 干基含水量 D. 湿基含水量

二、单项选择题（高级工）

1. 干燥计算中，湿空气初始性质绝对湿度及相对湿度应取（ ）。

A. 冬季平均最低值 B. 冬季平均最高值

C. 夏季平均最高值 D. 夏季平均最低值

2. 干燥热敏性物料时，为提高干燥速率，不宜采用的措施是（ ）。

A. 提高干燥介质的温度 B. 改变物料与干燥介质的接触方式

C. 降低干燥介质相对湿度 D. 增大干燥介质流速

3. 空气温度为 t_0，湿度为 H_0，相对湿度为 φ_0 的湿空气，经一间接蒸汽加热的预热器后，空气的温度为 t_1，湿度为 H_1，相对湿度为 φ_1，则（　　）。

A. $H_1>H_0$　　B. $\varphi_0>\varphi_1$　　C. $H_1<H_0$　　D. $\varphi_0<\varphi_1$

4. 某一对流干燥流程需一风机：（1）风机装在预热器之前，即新鲜空气入口处；（2）风机装在预热器之后。比较（1）、（2）两种情况下风机的风量 VS_1 和 VS_2，则有（　　）。

A. $VS_1=VS_2$　　B. $VS_1>VS_2$　　C. $VS_1<VS_2$　　D. 无法判断

5. 若湿物料的湿基含水量为20%，其干基含水量为（　　）。

A. 17%　　B. 23%　　C. 36%　　D. 25%

6. 湿空气经预热后，它的焓增大，而它的湿含量 H 和相对湿度 φ 属于下面哪一种情况？（　　）

A. H,φ 都升高　　B. H 不变，φ 降低

C. H,φ 都降低　　D. H 降低，φ 不变

7. 在沸腾床干燥器操作中，若尾气含尘量较大时，处理的方法有（　　）。

A. 调整风量和温度　　B. 检查操作指标变化

C. 检查修理　　D. 以上三种方法

8. 在（　　）两种干燥器中，固体颗粒和干燥介质呈悬浮状态接触。

A. 厢式与气流　　B. 厢式与流化床

C. 洞道式与气流　　D. 气流与流化床

三、判断题（中级工）

1. 对流干燥速率的快慢只取决于传热，与干燥介质无关。（　　）
2. 干燥硫化氢气体中的水分可以用浓硫酸。（　　）
3. 利用浓 H_2SO_4 吸收物料中的湿分是干燥。（　　）
4. 物料的平衡水分随其本身温度升高的变化趋势为增大。（　　）
5. 对流干燥中，湿物料的平衡水分与湿空气的性质有关。（　　）
6. 对于不饱和空气，其干球温度>湿球温度>露点温度总是成立的。（　　）
7. 当空气温度为 t、湿度为 H 时，干燥产品含水量为零是干燥的极限。（　　）
8. 当湿空气的湿度 H 一定时，干球温度 t 愈低，则相对湿度 φ 值愈低，因此吸水能力愈大。（　　）
9. 对流干燥中湿物料的平衡水分与湿空气的性质有关。（　　）
10. 对于一定的干球温度的空气，其相对湿度愈低时，则其湿球温度愈低。（　　）
11. 沸腾床干燥器中的适宜气速应大于带出速度，小于临界速度。（　　）
12. 干燥操作的目的是将物料中的含水量降至规定的指标以上。（　　）
13. 干燥过程传质推动力：物料表面水分压 $p_{表水}$>热空气中的水分压 $p_{空水}$（　　）
14. 干燥过程既是传热过程又是传质过程。（　　）
15. 干燥介质干燥物料后离开干燥器，其湿含量增加，温度也上升。（　　）
16. 干燥进行的必要条件是物料表面的水汽（或其他蒸气）的压力必须大于干燥介

质中水汽（或其他蒸气）的分压。 （ ）

17. 恒定干燥介质条件下，降速干燥阶段的湿料表面温度为湿球温度。 （ ）
18. 恒速干燥阶段，湿物料表面的湿度也维持不变。 （ ）
19. 恒速干燥阶段，所除去的水分为结合水分。 （ ）
20. 空气的干、湿球温度及露点温度在任何情况下都应该是不相等的。 （ ）
21. 空气的干球温度和湿球温度相差越大，说明该空气偏离饱和程度就越大。 （ ）
22. 空气干燥器包括空气预热器和干燥器两大部分。 （ ）
23. 临界点是恒速干燥和降速干燥的分界点，其含水量 X_c 越大越好。 （ ）
24. 临界水分是在一定空气状态下，湿物料可能达到的最大干燥限度。 （ ）
25. 木材干燥时，为防止收缩不均而弯曲，应采用湿度大的空气作干燥介质。 （ ）
26. 喷雾干燥塔干燥得不到粒状产品。 （ ）
27. 热能去湿方法即固体的干燥操作。 （ ）
28. 任何湿物料只要与一定温度的空气相接触都能被干燥为绝干物料。 （ ）
29. 若相对湿度为零，说明空气中水汽含量为零。 （ ）
30. 若以湿空气作为干燥介质，由于夏季的气温高，则湿空气用量就少。 （ ）
31. 湿空气的干球温度和湿球温度一般相等。 （ ）
32. 湿空气的湿度是衡量其干燥能力大小的指标值。 （ ）
33. 湿空气进入干燥器前预热，可降低其相对湿度。 （ ）
34. 湿空气温度一定时，相对湿度越低，湿球温度也越低。 （ ）
35. 湿空气在预热过程中露点是不变的参数。 （ ）
36. 湿球温度计是用来测定空气的一种温度计。 （ ）
37. 所谓露点，是指将不饱和空气等湿度冷却至饱和状态时的温度。 （ ）
38. 同一物料，如恒速阶段的干燥速率加快，则该物料的临界含水量将增大。 （ ）
39. 同一种物料在一定的干燥速率下，物料愈厚，则其临界含水量愈高。 （ ）
40. 物料在干燥过程中，临界含水量值越大，便会越早地转入降速干燥阶段，使在相同的干燥任务下所需的干燥时间越短。 （ ）
41. 相对湿度下空气相对湿度百分数越大，则物料中所含平衡水分越多。 （ ）
42. 相对湿度越低，则距饱和程度越远，表明该湿空气的吸收水汽的能力越弱。 （ ）
43. 选择干燥器时，首先要考虑的是该干燥器生产能力的大小。 （ ）
44. 在干燥过程中，只有物料与湿度为零的绝干空气接触才可能得到绝干物料。 （ ）
45. 在物料干燥过程中所能除去的水分均是非结合水分。 （ ）
46. 在一定温度下，物料中的结合水分与非结合水分的划分只与物料本身性质有关，而与空气状态无关。 （ ）

四、判断题（高级工）

1. 在其他条件相同的情况下，干燥过程中空气消耗量 L 通常，在夏季比冬季为大。（　）

2. 一定湿度 H 的气体，当总压 p 加大时，露点温度 t_d 升高。（　）

3. 在恒速干燥阶段，湿物料表面的温度近似等于热空气的湿球温度。（　）

五、综合题（技师）

1. 何谓干燥操作？干燥过程得以进行的条件是什么？

2. 何谓干燥速率？干燥速率受哪些因素的影响？

3. 干燥过程分为哪几个阶段？各受什么控制？

4. 物料中的水分按能否用干燥操作分为哪几种，按除去的难易程度分为哪几种？

第九部分　精馏知识

一、单项选择题（中级工）

1. （　　）是保证精馏过程连续稳定操作的必要条件之一。

A. 液相回流　　B. 进料　　C. 侧线抽出　　D. 产品提纯

2. （　　）是指离开这种板的气液两相互相成平衡，而且塔板上的液相组成也可视为均匀的。

A. 浮阀板　　B. 喷射板　　C. 理论板　　D. 分离板

3. 不影响理论塔板数的是进料的（　　）。

A. 位置　　B. 热状态　　C. 组成　　D. 进料量

4. 操作中的精馏塔，保持进料量 F、进料组成 x_F、进料热状况参数 q、塔釜加热量 Q 不变，减少塔顶馏出量 D，则塔顶易挥发组分回收率 η（　　）。

A. 变大　　B. 变小　　C. 不变　　D. 不确定

5. 操作中的精馏塔，若选用的回流比小于最小回流比，则（　　）。

A. 不能操作　　B. x_D、x_W 均增加　　C. x_D、x_W 均不变　　D. x_D 减少，x_W 增加

6. 从节能观点出发，适宜回流比 R 应取（　　）倍最小回流比 R_{min}。

A. 1.1　　B. 1.3　　C. 1.7　　D. 2

7. 在温度-组成（t-x-y）图中的气液共存区内，当温度增加时，液相中易挥发组分的含量会（　　）。

A. 增大　　B. 增大及减少　　C. 减少　　D. 不变

8. 当分离沸点较高，而且又是热敏性混合液时，精馏操作压力应采用（　　）。

A. 加压　　B. 减压　　C. 常压　　D. 不确定

9. 当回流从全回流逐渐减小时，精馏段操作线向平衡线靠近。为达到给定的分离要求，所需的理论板数（　　）。

A. 逐渐减少　　B. 逐渐增多　　C. 不变　　D. 无法判断

10. 对于难分离进料组分低浓度混合物，为了保证 x_D，采用下列哪种进料较好？（　　）

A. 靠上　　B. 与平常进料一样　　C. 靠下　　D. 以上都可以

11. 二元连续精馏操作中进料热状况参数 q 的变化将引起（　　）的变化。

A. 平衡线和对角线　　B. 平衡线和进料线

C. 精馏段操作线和平衡线　　D. 提馏段操作线和进料线

12. 回流比 R 的大小对精馏操作影响很大，在达到一定的分离要求时，（　　）。

A. 当 R 增大时，操作线偏离平衡线更远，理论板增加

B. 当 R 增大时，操作线偏离平衡线更远，理论板减少

C. 当 R 增大时，操作线偏离平衡线的状态不能确定理论板增加与减少

D. 当 R 增大时，操作线偏离平衡线更远，理论板不变

13. 回流比的（　　）值为全回流。

A. 上限　　B. 下限　　C. 平均　　D. 混合

14. 回流比的计算公式是（　　）。

A. 回流量比塔顶采出量　　B. 回流量比塔顶采出量加进料量

C. 回流量比进料量　　D. 回流量加进料量比全塔采出量

15. 降低精馏塔的操作压力，可以（　　）。

A. 降低操作温度，改善传热效果　　B. 降低操作温度，改善分离效果

C. 提高生产能力，降低分离效果　　D. 降低生产能力，降低传热效果

16. 精馏操作时，若其他操作条件均不变，只将塔顶的泡点回流改为过冷液体回流，则塔顶产品组成 x_D 变化为（　　）。

A. 变小　　B. 不变　　C. 变大　　D. 不确定

17. 精馏操作中，饱和液体进料量 F、精馏段上升蒸汽量 V 与提馏段上升蒸汽量 V'的关系为（　　）。

A. $V=V'+F$　　B. $V<V'+F$　　C. $V=V'$　　D. $V>V'+F$

18. 精馏操作中，当 F、x_F、x_D、x_W 及回流比 R 一定时，仅将进料状态由饱和液体改为饱和蒸汽进料，则完成分离任务所需的理论塔板数将（　　）。

A. 减少　　B. 不变

C. 增加　　D. 以上答案都不正确

19. 精馏操作中，料液的黏度越高，塔的效率将（　　）。

A. 越低　　B. 有微小的变化　　C. 不变　　D. 越高

20. 精馏操作中，其他条件不变，仅将进料量升高，则塔液泛速度将（　　）。

A. 减少　　B. 不变

C. 增加　　D. 以上答案都不正确

21. 精馏操作中，全回流的理论塔板数（　　）。

A. 最多　　B. 最少　　C. 为零　　D. 适宜

22. 最小回流比（　　）。

A. 回流量接近于零

B. 在生产中有一定应用价值

C. 不能用公式计算

D. 是一种极限状态，可用来计算实际回流比

23. 精馏的操作线为直线，主要是因为（　　）。

A. 理论板假设　　B. 理想物系

C. 塔顶泡点回流　　D. 恒摩尔流假设

24. 精馏段操作线的斜率为 $R/(R+1)$，全回流时其斜率等于（　　）。

A. 0　　B. 1　　C. ∞　　D. -1

25. 精馏分离操作完成如下任务：（　　）。

A. 混合气体的分离　　B. 气、固相分离

C. 液、固相分离　　D. 溶液系的分离

26. 精馏过程设计时，增大操作压力，塔顶温度（　　）。

A. 增大　B. 减小　C. 不变　D. 不能确定

27. 精馏过程中采用负压操作可以（　　）。

A. 使塔操作温度提高　　B. 使物料的沸点升高

C. 使物料的沸点降低　　D. 适当减少塔板数

28. 精馏塔操作时，回流比与理论塔板数的关系是（　　）。

A. 回流比增大时，理论塔板数增多

B. 回流比增大时，理论塔板数减少

C. 全回流时，理论塔板数最多，但此时无产品

D. 回流比为最小回流比时，理论塔板数最小

29. 精馏塔的操作压力增大，（　　）。

A. 气相量增加

B. 液相和气相中易挥发组分的浓度都增加

C. 塔的分离效率增大

D. 塔的处理能力减小

30. 精馏塔分离某二元混合物，规定产品组成 x_D、x_W。当进料为 x_{F_1} 时，相应的回流比为 R_1；当进料为 x_{F_2} 时，相应的回流比为 R_2。若 $x_{F_1}<x_{F_2}$，进料热状态不变，则（　　）。

A. $R_1<R_2$　B. $R_1=R_2$　C. $R_1>R_2$　D. 无法判断

31. 精馏塔釜温度过高会造成（　　）。

A. 轻组分损失增加　　B. 塔顶馏出物作为产品不合格

C. 釜液作为产品质量不合格　　D. 可能造成塔板严重漏液

32. 精馏塔回流量增加，（　　）。

A. 塔压差明显减小，塔顶产品纯度会提高

B. 塔压差明显增大，塔顶产品纯度会提高

C. 塔压差明显增大，塔顶产品纯度会降低

D. 塔压差明显减小，塔顶产品纯度会降低

33. 精馏塔热量衡算包括（　　）。

A. 冷却水用量和塔釜再沸器蒸汽耗量

B. 进入精馏塔的热量和离开精馏塔的热量

C. 以上两者的和

D. 塔釜再沸器蒸汽耗量

34. 精馏塔塔底产品纯度下降，可能是（　　）。

A. 提馏段板数不足　　B. 精馏段板数不足

C. 再沸器热量过多　　D. 塔釜温度升高

35. 精馏塔提馏段每块塔板上升的蒸汽量是 20kmol/h，则精馏段的每块塔板上升的蒸汽量是（　　）

A. 25kmol/h　　B. 20kmol/h　　C. 15kmol/h　　D. 以上都有可能

36. 精馏塔在 x_F、q、R 一定下操作时，将加料口向上移动一层塔板，此时塔顶产品浓度 x_D 将（　　），塔底产品浓度 x_W 将（　　）。

A. 变大　变小　B. 变大　变大　C. 变小　变大　D. 变小　变小

37. 精馏塔中由塔顶向下的第 $n-1$、n、$n+1$ 层塔板，其气相组成关系为（　　）。

A. $y_{n+1}>y_n>y_{n-1}$　　B. $y_{n+1}=y_n=y_{n-1}$

C. $y_{n+1}<y_n<y_{n-1}$　　D. 不确定

38. 精馏塔中自上而下（　　）。

A. 分为精馏段、加料板和提馏段三个部分

B. 温度依次降低

C. 易挥发组分浓度依次降低

D. 蒸汽质量依次减少

39. 精馏中引入回流，下降的液相与上升的气相发生传质，使上升的气相易挥发组分浓度提高，最恰当的说法是（　　）。

A. 液相中易挥发组分进入气相

B. 气相中难挥发组分进入液相

C. 液相中易挥发组分和难挥发组分同时进入气相，但其中易挥发组分较多

D. 液相中易挥发组分进入气相和气相中难挥发组分进入液相必定同时发生

40. 可用来分析蒸馏原理的相图是（　　）。

A. p-y 图　　B. x-y 图　　C. p-x-y 图　　D. p-x 图

41. 冷凝器的作用是提供（　　）产品及保证有适宜的液相回流。

A. 塔顶气相　　B. 塔顶液相　　C. 塔底气相　　D. 塔底液相

42. 连续精馏，提馏段操作线位置一般与（　　）无关。

A. 进料量的多少　B. 进料的热状况　C. 釜残液的组成　D. 回流比

43. 连续精馏中，精馏段操作线随（　　）而变。

A. 回流比　　B. 进料热状态　　C. 残液组成　　D. 进料组成

44. 两股不同组成的料液进同一精馏塔分离，两股料分别进入塔的相应塔板和两股料混合后再进塔相比，前者能耗（　　）后者。

A. 大于　　B. 小于

C. 等于　　D. 有时大于有时小于

45. 两组分物系的相对挥发度越小，则表示分离该物系越（　　）。

A. 容易　　B. 困难　　C. 完全　　D. 不完全

46. 某常压精馏塔，塔顶设全凝器，现测得其塔顶温度升高，则塔顶产品中易挥发组分的含量将（　　）。

A. 升高　　B. 降低　　C. 不变　　D. 以上答案都不对

47. 某二元混合物，其中 A 为易挥发组分，当液相组成 $x_A=0.6$，相应的泡点为 t_1，与之平衡的气相组成为 $y_A=0.7$，与该 $y_A=0.7$ 的气相对应的露点为 t_2，则 t_1 与 t_2 的关系为（　　）。

A. $t_1=t_2$　　B. $t_1<t_2$　　C. $t_1>t_2$　　D. 不一定

48. 某精馏塔的理论板数为 17 块（包括塔釜），全塔效率为 0.5，则实际塔板数为（　　）块。

A. 34　　B. 31　　C. 33　　D. 32

49. 某精馏塔的馏出液量是 50kmol/h，回流比是 2，则精馏段的回流量是（　　）。

A. 100kmol/h　　B. 50kmol/h　　C. 25kmol/h　　D. 125kmol/h

50. 某精馏塔的塔顶表压为 3atm，此精馏塔是（　　）。

A. 减压精馏　　B. 常压精馏　　C. 加压精馏　　D. 以上都不是

51. 某精馏塔精馏段理论塔板数为 n_1 层，提馏段理论板数为 n_2 层，现因设备改造，使精馏段理论板数增加，提馏段理论板数不变，且 F、x_F、q、R、V 等均不变，则此时（　　）。

A. x_D 增加，x_W 不变　　B. x_D 增加，x_W 减小

C. x_D 增加，x_W 增加　　D. x_D 增加，x_W 的变化视具体情况而定

52. 气液两相在筛板上接触，其分散相为液相的接触方式是（　　）。

A. 鼓泡接触　　B. 喷射接触

C. 泡沫接触　　D. 以上三种都不对

53. 区别精馏与普通蒸馏的必要条件是（　　）。

A. 相对挥发度大于 1　　B. 操作压力小于饱和蒸气压

C. 操作温度大于泡点温度　　D. 回流

54. 溶液能否用一般精馏方法分离，主要取决于（　　）。

A. 各组分溶解度的差异　　B. 各组分相对挥发度的大小

C. 是否遵循拉乌尔定律　　D. 以上答案都不对

55. 若仅仅加大精馏塔的回流量，会引起的结果是（　　）。

A. 塔顶产品中易挥发组分浓度提高　　B. 塔底产品中易挥发组分浓度提高

C. 提高塔顶产品的产量　　D. 减少塔釜产品的产量

56. 若进料量、进料组成、进料热状况都不变，要提高 x_D，可采用（　　）的措施。

A. 减小回流比　　B. 增加提馏段理论板数

C. 增加精馏段理论板数　　D. 塔釜保温良好

57. 若要求双组分混合液分离成较纯的两个组分，则应采用（　　）。

A. 平衡蒸馏　　B. 一般蒸馏　　C. 精馏　　D. 无法确定

58. 塔板上造成气泡夹带的原因是（　　）。

A. 气速过大　　B. 气速过小　　C. 液流量过大　　D. 液流量过小

59. 塔顶全凝器改为分凝器后，其他操作条件不变，则所需理论塔板数（　　）。

A. 增多　　B. 减少　　C. 不变　　D. 不确定

60. 图解法求理论塔板数画梯级的开始点是（　　）。

A. (x_D,x_D)　　B. (x_F,x_F)　　C. (x_W,x_W)　　D. (1,1)

61. 下列精馏塔中，哪种形式的塔操作弹性最大？（　　）

A. 泡罩塔　　B. 填料塔　　C. 浮阀塔　　D. 筛板塔

62. 下列哪个选项不属于精馏设备的主要部分？（　　）

A. 精馏塔　　B. 塔顶冷凝器　　C. 再沸器　　D. 馏出液贮槽

63. 下列哪种情况不是诱发降液管液泛的原因？（　　）

A. 液、气负荷过大　　B. 过量雾沫夹带

C. 塔板间距过小　　D. 过量漏液

64. 下列判断不正确的是（　　）。

A. 上升气速过大引起漏液　　B. 上升气速过大造成过量雾沫夹带

C. 上升气速过大引起液泛　　D. 上升气速过大造成大量气泡夹带

65. 下列说法错误的是（　　）。

A. 回流比增大时，操作线偏离平衡线越远越接近对角线

B. 全回流时所需理论板数最小，生产中最好选用全回流操作

C. 全回流有一定的实用价值

D. 实际回流比应在全回流和最小回流比之间

66. 下列塔设备中，操作弹性最小的是（　　）。

A. 筛板塔　　B. 浮阀塔　　C. 泡罩塔　　D. 舌板塔

67. 下列叙述错误的是（　　）。

A. 板式塔内以塔板作为气、液两相接触传质的基本构件

B. 安装出口堰是为了保证气、液两相在塔板上有充分的接触时间

C. 降液管是塔板间液流通道，也是溢流液中所夹带气体的分离场所

D. 降液管与下层塔板的间距应大于出口堰的高度

68. 下面（　　）不是精馏装置所包括的设备。

A. 分离器　　B. 再沸器　　C. 冷凝器　　D. 精馏塔

69. 下述分离过程中不属于传质分离过程的是（　　）。

A. 萃取分离　　B. 吸收分离　　C. 精馏分离　　D. 离心分离

70. 以下说法正确的是（　　）。

A. 冷液进料 $q=1$　　B. 气液混合进料 $0<q<1$

C. 过热蒸气进料 $q=0$　　D. 饱和液体进料 $q<1$

71. 有关灵敏板的叙述，正确的是（　　）。

A. 是操作条件变化时，塔内温度变化最大的那块板

B. 板上温度变化，物料组成不一定都变

C. 板上温度升高，反应塔顶产品组成下降

D. 板上温度升高，反应塔底产品组成增大

72. 在化工生产中提纯高浓度产品应用最广泛的蒸馏方式为（　　）。

A. 简单蒸馏　　B. 平衡蒸馏　　C. 精馏　　D. 特殊蒸馏

73. 在精馏操作中，若进料组成、馏出液组成与釜液组成均不变，在气液混合进料中，液相分率 q 增加，则最小回流比 R_{min}（　　）。

A. 增大　　B. 不变　　C. 减小　　D. 无法判断

74. 在精馏操作中多次部分汽化将获得接近纯的（　　）。

A. 难挥发组成　　B. 难挥发组成和易挥发组成

C. 易挥发组成　　D. 原料液

75. 在精馏过程中，当 x_D、x_W、x_F、q 和回流液量一定时，只增大进料量（不引起液泛），则回流比 R（　　）。

A. 增大　　B. 减小　　C. 不变　　D. 以上答案都不对

76. 在精馏过程中，回流的作用是（　　）。

A. 提供下降的液体　　B. 提供上升的蒸汽

C. 提供塔顶产品　　D. 提供塔底产品

77. 在精馏塔的计算中，离开某理论板的气液相温度分别为 t_1 与 t_2，它们的相对大小为（　　）。

A. $t_1=t_2$　　B. $t_1>t_2$　　C. $t_1<t_2$　　D. 不确定

78. 在精馏塔中，加料板以上（不包括加料板）的塔部分称为（　　）。

A. 精馏段　　B. 提馏段　　C. 进料段　　D. 混合段

79. 在精馏塔中每一块塔板上（　　）。

A. 只进行传质作用　　B. 只进行传热作用

C. 同时进行传热传质　　D. 既不进行传热也不进行传质

80. 在筛板精馏塔设计中，增加塔板开孔率，可使漏液线（　　）。

A. 上移　　B. 不动　　C. 下移　　D. 都有可能

81. 在四种典型塔板中，操作弹性最大的是（　　）型。

A. 泡罩　　B. 筛孔　　C. 浮阀　　D. 舌

82. 在相同的条件 R、x_D、x_F、x_W 下，q 值越大，所需理论塔板数（　　）。

A. 越少　　B. 越多　　C. 不变　　D. 不确定

83. 在一定操作压力下，塔釜、塔顶温度可以反映出（　　）。

A. 生产能力　　B. 产品质量　　C. 操作条件　　D. 不确定

84. 在二元连续精馏塔的操作中，进料量及组成不变，再沸器热负荷恒定，若回流比减少，则塔顶低沸点组分浓度（　　）。

A. 升高　　B. 下降　　C. 不变　　D. 不确定

85. 在再沸器中溶液（　　）而产生上升蒸气，是精馏得以连续稳定操作的一个必不可少的条件。

A. 部分冷凝　　B. 全部冷凝　　C. 部分汽化　　D. 全部汽化

86. 在蒸馏单元操作中，对产品质量影响最重要的因素是（　　）。

A. 压力　　B. 温度　　C. 塔釜液位　　D. 进料量

87. 在蒸馏生产过程中，从塔釜到塔顶，压力（　　）。

A. 由高到低　　B. 由低到高　　C. 不变　　D. 都有可能

88. 在蒸馏生产过程中，从塔釜到塔顶（　　）的浓度越来越高。

A. 重组分　　B. 轻组分　　C. 混合液　　D. 各组分

89. 蒸馏分离的依据是混合物中各组分的（　　）不同。

A. 浓度　　B. 挥发度　　C. 温度　　D. 溶解度

90. 蒸馏生产要求控制压力在允许范围内稳定，大幅度波动会破坏（　　）。

A. 生产效率　　B. 产品质量　　C. 气-液平衡　　D. 不确定

91. 蒸馏塔板的作用是（　　）。

A. 热量传递　　B. 质量传递　　C. 热量和质量传递　　D. 停留液体

92. 正常操作的二元精馏塔，塔内某截面上升气相组成 Y_{n+1} 和下降液相组成 X_n 的关系是（　　）。

A. $Y_{n+1}>X_n$　　B. $Y_{n+1}<X_n$　　C. $Y_{n+1}=X_n$　　D. 不能确定

93. 只要求从混合液中得到高纯度的难挥发组分，采用只有提馏段的半截塔，则进料口应位于塔的（　　）部。

A. 顶　　B. 中　　C. 中下　　D. 底

二、单项选择题（高级工）

1. 加大回流比，塔顶轻组分组成将（　　）。

A. 不变　　B. 变小　　C. 变大　　D. 忽大忽小

2. 精馏操作中叙述正确的是（　　）。

A. 调节塔顶温度最直接有效的方法是调整回流量

B. 精馏塔的压力、温度达到工艺指标，塔顶产品就可以采出

C. 精馏塔的压力、温度达到工艺指标，塔釜物料才可以采出

D. 精馏塔的压力、温度达到工艺指标，回流阀就必须关闭，回流罐的液体全部作为产品采出

3. 精馏塔操作前，釜液进料位置应该达到（　　）。

A. 低于1/3　　B. 1/3　　C. 1/2～2/3　　D. 满釜

4. 精馏塔的操作中，先后顺序正确的是（　　）。

A. 先通入加热蒸汽再通入冷凝水　　B. 先停冷却水，再停产品产出

C. 先停再沸器，再停进料　　D. 先全回流操作再调节适宜回流比

5. 精馏塔开车时，塔顶馏出物应该是（　　）。

A. 全回流　　B. 部分回流部分出料

C. 低于最小回流比回流　　D. 全部出料

6. 精馏塔内上升蒸汽不足时将发生的不正常现象是（　　）。

A. 液泛　　B. 漏液　　C. 雾沫夹带　　D. 干板

7. 精馏塔温度控制最关键的部位是（　　）。

A. 灵敏板温度　　B. 塔底温度　　C. 塔顶温度　　D. 进料温度

8. 精馏塔在操作时由于塔顶冷凝器冷却水用量不足而只能使蒸汽部分冷凝，则馏出液浓度（　　）。

A. 下降　　B. 不动　　C. 上升　　D. 无法判断

9. 精馏塔在全回流操作下（　　）。

A. 塔顶产品量为零，塔底必须取出产品

B. 塔顶、塔底产品量为零，必须不断加料

C. 塔顶、塔底产品量及进料量均为零

D. 进料量与塔底产品量均为零，但必须从塔顶取出产品

10. 可能导致液泛的操作是（　　）。

A. 液体流量过小　　B. 气体流量太小

C. 过量液沫夹带　　D. 严重漏液

11. 某筛板精馏塔在操作一段时间后，分离效率降低，且全塔压降增加，其原因及应采取的措施是（　　）。

A. 塔板受腐蚀，孔径增大，产生漏液，应增加塔釜热负荷

B. 筛孔被堵塞，孔径减小，孔速增加，雾沫夹带严重，应降低负荷操作

C. 塔板脱落，理论板数减少，应停工检修

D. 降液管折断，气体短路，需要更换降液管

12. 下层塔板的液体漫到上层塔板的现象称为（　　）。

A. 液泛　B. 漏液　C. 载液　D. 泄漏

13. 下列不是产生淹塔的原因是（　　）。

A. 上升蒸汽量大　　B. 下降液体量大

C. 再沸器加热量大　　D. 回流量小

14. 下列操作中（　　）可引起冲塔。

A. 塔顶回流量大　　B. 塔釜蒸汽量大

C. 塔釜蒸汽量小　　D. 进料温度低

15. 下列操作中（　　）会造成塔底轻组分含量大。

A. 塔顶回流量小　　B. 塔釜蒸汽量大

C. 回流量大　　D. 进料温度高

16. 下列操作属于板式塔正常操作的是（　　）。

A. 液泛　B. 鼓泡　C. 泄漏　D. 雾沫夹带

17. 下列（　　）是产生塔板漏液的原因。

A. 上升蒸汽量小　　B. 下降液体量大

C. 进料量大　　D. 再沸器加热量大

18. 严重的雾沫夹带将导致（　　）。

A. 塔压增大　　B. 板效率下降

C. 液泛　　D. 板效率提高

19. 要想得到98%质量的乙醇，适宜的操作是（　　）。

A. 简单蒸馏　B. 精馏　C. 水蒸气蒸馏　D. 恒沸蒸馏

20. 一板式精馏塔操作时漏液，你准备采用（　　）方法加以解决。

A. 加大回流比　B. 加大釜供热量　C. 减少进料量　D. 减小塔釜供热量

21. 由气体和液体流量过大两种原因共同造成的是（　　）现象。

A. 漏液　B. 液沫夹带　C. 气泡夹带　D. 液泛

22. 有关精馏操作的叙述错误的是（　　）。

A. 精馏的实质是多级蒸馏

B. 精馏装置的主要设备有精馏塔、再沸器、冷凝器、回流罐和输送设备等

C. 精馏塔以进料板为界，上部为精馏段，下部为提馏段

D. 精馏是利用各组分密度不同，分离互溶液体混合物的单元操作

23. 在板式塔中进行气液传质时，若液体流量一定，气速过小，容易发生（　　）现象；气速过大，容易发生（　　）或（　　）现象，所以必须控制适宜的气速。

A. 漏液　液泛　淹塔　　B. 漏液　液泛　液沫夹带

C. 漏液　液沫夹带　淹塔　　D. 液沫夹带　液泛　淹塔

24. 在精馏塔操作中，若出现塔釜温度及压力不稳时，产生的原因可能是（　　）。

A. 蒸汽压力不稳定　　B. 疏水器不畅通

C. 加热器有泄漏　　D. 以上三种原因都有可能

25. 在精馏塔操作中，若出现淹塔时，可采取的处理方法有（　　）。

A. 调进料量，降釜温，停采出　　B. 降回流，增大采出量

C. 停车检修　　D. 以上三种方法都可以

26. 在蒸馏生产中，液泛是容易产生的操作事故，其表现形式是（　　）。

A. 塔压增加　　B. 温度升高

C. 回流比减小　　D. 温度降低

27. 操作中的精馏塔，F、q、x_D、x_W、V'不变，减小 x_F，则有　（　　）。

A. D 增大，R 减小　　B. D 不变，R 增加

C. D 减小，R 增加　　D. D 减小，R 不变

28. 操作中的精馏塔，若保持 F、x_F、q 和提馏段气相流量 V'不变，减少塔顶产品量 D，则变化结果是（　　）。

A. x_D 增加，x_W 增加　　B. x_D 减小，x_W 减小

C. x_D 增加，x_W 减小　　D. x_D 减小，x_W 增加

29. 二元溶液连续精馏计算中，物料的进料状态变化将引起（　　）的变化。

A. 相平衡线　　B. 进料线和提馏段操作线

C. 精馏段操作线　　D. 相平衡线和操作线

30. 精馏塔釜温度指示较实际温度高，会造成（　　）。

A. 轻组分损失增加　　B. 塔顶馏出物作为产品不合格

C. 釜液作为产品质量不合格　　D. 可能造成塔板严重漏液

31. 两组分液体混合物，其相对挥发度 α 越大，表示用普通蒸馏方法进行分离（　　）。

A. 较容易　　B. 较困难　　C. 很困难　　D. 不能够

32. 馏塔精馏段操作线方程为 $y=0.75x+0.216$，则操作回流比为（　　）。

A. 0.75　　B. 3　　C. 0.216　　D. 1.5

33. 某二元混合物，$\alpha=3$，全回流条件下 $x_n=0.3$，$y_{n-1}=$（　　）。

A. 0.9　　B. 0.3　　C. 0.854　　D. 0.794

34. 某二元混合物，进料量为100kmol/h，$x_F=0.6$，要求塔顶 x_D 不小于0.9，则塔顶最大产量为（　　）。

A. 60kmol/h　B. 66.7kmol/h　C. 90kmol/h　D. 100kmol/h

35. 某二元混合物，若液相组成 x_A 为 0.45，相应的泡点温度为 t_1；气相组成 y_A 为 0.45，相应的露点温度为 t_2，则（　　）。

A. $t_1 < t_2$　B. $t_1 = t_2$　C. $t_1 > t_2$　D. 不能判断

36. 下列哪种情况不属于塔板上的非理想流动？（　　）

A. 液沫夹带　B. 降液管液泛　C. 返混现象　D. 气泡夹带

37. 已知 $q=1.1$，则加料液中液体量与总加料量之比为（　　）。

A. 0.1∶1　B. 1.1∶1　C. 1∶1.1　D. 1∶1

38. 已知精馏 q 线为 $y=2x-0.5$，则原料液的进料状况为（　　）。

A. 过冷液体　B. 饱和液体　C. 气液混合物　D. 饱和蒸气

39. 已知精馏段操作线方程为 $y=0.75x+0.24$，则该塔顶产品浓度 x 为（　　）。

A. 0.9　B. 0.96　C. 0.98　D. 0.72

40. 用精馏塔完成分离任务所需理论板数 N_T 为 8（包括再沸器），若全塔效率 E_T 为 50%，则塔内实际板数为（　　）。

A. 16 层　B. 12 层　C. 14 层　D. 无法确定

41. 在常压下苯的沸点为 80.1℃，环已烷的沸点为 80.73℃，欲使该两组分混合物得到分离，则宜采用（　　）。

A. 恒沸精馏　B. 普通精馏　C. 萃取精馏　D. 水蒸气蒸馏

42. 在多数板式塔内气、液两相的流动，从总体上是（　　）流流动，而在塔板上两相为（　　）流流动。（　　）

A. 逆　错　B. 逆　并　C. 错　逆　D. 并　逆

43. 单元操作精馏主要属于（　　）的传递过程。

A. 热量　B. 动量　C. 能量　D. 质量

44. 精馏操作时，若其他操作条件均不变，只将塔顶的过冷液体回流改为泡点回流，则塔顶产品组成变化为（　　）。

A. 变小　B. 不变　C. 变大　D. 不确定。

45. 精馏操作中液体混合物被加热到（　　）时，可实现精馏的目的。

A. 泡点　B. 露点　C. 泡点和露点间　D. 高于露点

46. 区别精馏与普通蒸馏的必要条件是（　　）。

A. 相对挥发度小于 1　B. 操作压力小于饱和蒸气压

C. 操作温度大于泡点温度　D. 回流

47. 适宜的回流比取决于（　　）。

A. 生产能力　B. 生产能力和操作费用

C. 塔板数　D. 操作费用和设备折旧费

48. 如果精馏塔进料组成发生变化，轻组分增加，则（　　）。

A. 釜温下降　B. 釜温升高　C. 釜压升高　D. 顶温升高

49. 精馏塔釜压升高将导致塔釜温度（　　）。

A. 不变　B. 下降　C. 升高　D. 无法确定

三、判断题（中级工）

1. y-x 相图中，相平衡曲线上各点的温度都相同。 ( )
2. 板间距与物料性质有关。 ( )
3. 采用图解法与逐板法求理论塔板数的基本原理完全相同。 ( )
4. 传质设备中的浮阀塔板和泡罩塔板均属于错流塔板。 ( )
5. 当塔顶产品重组分增加时，应适当提高回流量。 ( )
6. 对乙醇-水系统，用普通精馏方法进行分离，只要塔板数足够，可以得到纯度为98%（摩尔分数）以上的纯乙醇。 ( )
7. 对于普通物系，原料组成浓度越低，塔顶产品达到同样浓度所需要的最小回流比越大。 ( )
8. 对于溶液来讲，泡点温度等于露点温度。 ( )
9. 二元溶液连续精馏计算中，进料热状态的变化将引起操作线与 q 线的变化。 ( )
10. 分离任务要求一定，当回流比一定时，在五种进料状况中，冷液进料的 q 值最大，提馏段操作线与平衡线之间的距离最小，分离所需的总理论塔板数最多。 ( )
11. 浮阀塔板结构简单，造价也不高，操作弹性大，是一种优良的塔板。 ( )
12. 根据恒摩尔流的假设，精馏塔中每层塔板液体的摩尔流量和蒸汽的摩尔流量均相等。 ( )
13. 50%的乙醇水溶液，用普通蒸馏的方法不能获得98%的乙醇水溶液。 ( )
14. 回流是精馏稳定连续进行的必要条件。 ( )
15. 混合液的沸点只与外界压力有关。 ( )
16. 间歇精馏只有精馏段而无提馏段。 ( )
17. 间歇蒸馏塔塔顶馏出液中的轻组分浓度随着操作的进行逐渐增大。 ( )
18. 将精馏塔从塔顶出来的蒸汽先在分凝器中部分冷凝，冷凝液刚好供回流用，相当于一次部分冷凝，精馏段的理论塔板数应比求得的能完成分离任务的精馏段理论板数少一块。 ( )
19. 精馏采用饱和蒸汽进料时，精馏段与提馏段下降液体的流量相等。 ( )
20. 精馏操作的回流比减小至最小回流比时，所需理论板数为最小。 ( )
21. 精馏操作中，操作回流比小于最小回流比时，精馏塔不能正常工作。 ( )
22. 精馏段、提馏段操作线方程为直线基于的假设为理论板。 ( )
23. 精馏过程塔顶产品流量总是小于塔釜产品流量。 ( )
24. 精馏过程中，平衡线随回流比的改变而改变。 ( )
25. 精馏设计中，回流比越大，所需理论板越少，操作能耗越大。 ( )
26. 精馏时，饱和液体进料，其精、提馏段操作线交点为（x_F，x_F）。 ( )
27. 精馏是传热和传质同时发生的单元操作过程。 ( )
28. 精馏塔板的作用主要是为了支承液体。 ( )

29. 精馏塔的操作弹性越大，说明保证该塔正常操作的范围越大，操作越稳定。（　　）

30. 精馏塔的进料温度升高，提馏段的提浓能力不变。（　　）

31. 精馏塔的总板效率就是各单板效率的平均值。（　　）

32. 精馏塔釜压升高将导致塔釜温度下降。（　　）

33. 精馏塔内的温度随易挥发组分浓度增大而降低。（　　）

34. 精馏塔压力升高，液相中易挥发组分浓度升高。（　　）

35. 精馏塔中温度最高处在塔顶。（　　）

36. 决定精馏塔分离能力大小的主要因素是相对挥发度、理论塔板数、回流比。（　　）

37. 理想的进料板位置是其气体和液体的组成与进料的气体和液体组成最接近。（　　）

38. 灵敏板温度上升，塔顶产品浓度将提高。（　　）

39. 评价塔板结构时，塔板效率越高，塔板压降越低，则该种结构越好。（　　）

40. 全回流时理论塔板数最多。（　　）

41. 如 x_D、x_F、x_W 一定，则进料为泡点的饱和液体，其所需精馏段理论塔板数一定比冷液体进料为少。（　　）

42. 筛板精馏塔的操作弹性大于泡罩精馏塔的操作弹性。（　　）

43. 筛板塔板结构简单，造价低，但分离效率较泡罩低，因此已逐步淘汰。（　　）

44. 筛板塔孔的大小无规则可循。（　　）

45. 筛孔塔板易于制造，易于大型化，压降小，生产能力高，操作弹性大，是一种优良的塔板。（　　）

46. 实现规定的分离要求，所需实际塔板数比理论塔板数多。（　　）

47. 实现稳定的精馏操作必须保持全塔系统的物料平衡和热量平衡。（　　）

48. 随进料热状态参数 q 增大，精馏段操作线斜率不变，提馏段操作线斜率增大。（　　）

49. 塔顶产品纯度降低的原因之一是塔上半段板数过少。（　　）

50. 填料的等板高度越高，表明其传质效果越好。（　　）

51. 填料主要是用来阻止气液两相的接触，以免发生液泛现象。（　　）

52. 通过简单蒸馏可以得到接近纯的部分。（　　）

53. 系统的平均相对挥发度 α 可以表示系统的分离难易程度，$\alpha>1$，可以分离，$\alpha=1$，不能分离，$\alpha<1$，更不能分离。（　　）

54. 液泛不能通过压力降来判断。（　　）

55. 已知某精馏塔操作时的进料线（q 线）方程为 $y=0.6$，则该塔的进料热状况为饱和液体进料。（　　）

56. 用来表达蒸馏平衡关系的定律叫亨利定律。（　　）

57. 用某精馏塔分离二元混合物，规定产品组成 x_D、x_W。当进料为 x_{F_1} 时，相应的回流比为 R_1；进料为 x_{F_2} 时，相应的回流比为 R_2。若 $x_{F_1}<x_{F_2}$，进料热状

态不变，则 $R_1 < R_2$。（ ）

58. 与塔底相比，精馏塔的塔顶易挥发组分浓度最大，且气、液流量最少。（ ）
59. 再沸器的作用是精馏塔物料提供精馏塔物料热源，使物料得到加热汽化。（ ）
60. 在产品浓度要求一定的情况下，进料温度越低，精馏所需的理论板数就越少。（ ）
61. 在对热敏性混合液进行精馏时必须采用加压分离。（ ）
62. 在二元溶液的 x-y 图中，平衡线与对角线的距离越远，则该溶液就越易分离。（ ）
63. 在精馏塔内任意一块理论板，其气相露点温度大于液相的泡点温度。（ ）
64. 在精馏塔中从上到下，液体中的轻组分逐渐增大。（ ）
65. 在精馏塔中目前是浮阀塔的构造最为简单。（ ）
66. 在蒸馏中，回流比的作用是维持蒸馏塔的正常操作，提高蒸馏效果。（ ）
67. 蒸馏的原理是利用液体混合物中各组分溶解度的不同来分离各组分的。（ ）
68. 蒸馏过程按蒸馏方式分类可分为简单蒸馏、平衡蒸馏、精馏和特殊精馏。（ ）
69. 蒸馏是以液体混合物中各组分挥发能力不同为依据而进行分离的一种操作。（ ）
70. 蒸馏塔发生液泛现象可能是由于气相速度过大，也可能是液相速度过大。（ ）
71. 蒸馏塔总是塔顶作为产品，塔底作为残液排放。（ ）
72. 最小回流比状态下的理论塔板数为最少理论塔板数。（ ）
73. 在减压精馏过程中，可提高溶液的沸点。（ ）

四、判断题（高级工）

1. 连续精馏预进料时，先打开放空阀，充氮置换系统中的空气，以防在进料时出现事故。（ ）
2. 连续精馏停车时，先停再沸器，后停进料。（ ）
3. 雾沫夹带过量是造成精馏塔液泛的原因之一。（ ）
4. 精馏塔操作过程中主要通过控制温度、压力、进料量和回流比来实现对气、液负荷的控制。（ ）
5. 在精馏操作中，严重的雾沫夹带将导致塔压的增大。（ ）
6. 精馏操作时，塔釜温度偏低，其他操作条件不变，则馏出液的组成变低。（ ）
7. 精馏操作中，操作回流比必须大于最小回流比。（ ）
8. 控制精馏塔时加大加热蒸汽量，则塔内温度一定升高。（ ）
9. 控制精馏塔时加大回流量，则塔内压力一定降低。（ ）
10. 精馏操作时，若 F、D、x_F、q、R、加料板位置都不变，而将塔顶泡点回流改为冷回流，则塔顶产品组成 x_D 变大。（ ）

11. 精馏塔的不正常操作现象有液泛、泄漏和气体的不均匀分布。 ( )

12. 在精馏操作过程中同样条件下以全回流时的产品浓度最高。 ( )

13. 精馏塔操作中常采用灵敏板温度来控制塔釜再沸器的加热蒸汽量。 ( )

14. 精馏操作时，增大回流比，其他操作条件不变，则精馏段的液气比和馏出液的组成均不变。 ( )

15. 精馏操作中，回流比越大越好。 ( )

16. 减压蒸馏时应先加热再抽真空。 ( )

17. 精馏操作中，塔顶馏分重组分含量增加时，常采用降低回流比来使产品质量合格。 ( )

18. 精馏塔操作中，若馏出液质量下降，常采用增大回流比的办法使产品质量合格。 ( )

19. 精馏操作中，若塔板上气液两相接触越充分，则塔板分离能力越高，满足一定分离要求所需要的理论塔板数越少 ( )

20. 精馏操作中，在进料状态稳定的情况下，塔内气相负荷的大小是通过调整回流比大小来实现的。 ( )

21. 沸程又叫馏程，它是指单组分物料在一定压力下从初馏点到干点的温度范围。 ( )

五、综合题（技师）

1. 精馏的三个最基本的条件是什么？
2. 请说明淹塔是怎样造成的。
3. 蒸馏塔顶产品外送送不出去的原因是什么？
4. 精馏塔内是在什么情况下达到混合物分离目的的？
5. 塔的分馏精确度与什么有关系？
6. 减压蒸馏的原理是什么？
7. 影响稳定塔的操作因素有哪些？具体写出其影响。
8. 热虹吸式重沸器的操作原理是什么？
9. 什么叫分馏？
10. 什么叫淹塔？什么叫冲塔？
11. 进料温度对产品质量的影响如何？
12. 影响塔底温度的因素有哪些？如何调节？
13. 影响压力的因素有哪些？如何调节？
14. 影响回流罐液面的因素有哪些？如何调节？
15. 塔底液面的高低对塔操作有何影响？
16. 回流温度对塔操作有何影响？
17. 为什么要保持回流罐液面？
18. 回流量的大小对塔操作有何影响？
19. 影响回流量的因素有哪些？如何调节？
20. 简述分离容器的工作原理。

21. 蒸馏的概念是什么？
22. 简单蒸馏的内容是什么？
23. 何为精馏？
24. 何为雾沫夹带现象？
25. 何为闪蒸？
26. 简述评价塔设备的基本性能指标。
27. 精馏过程的原理是什么？
28. 什么叫相平衡？
29. 什么叫回流比？
30. 压力高对产品质量有什么影响？
31. 压力低对产品质量有什么影响？
32. 塔底液面高对精馏效果有何影响？
33. 塔底液面低对精馏效果有何影响？
34. 塔底再沸器的作用是什么？
35. 塔顶冷凝器的作用是什么？
36. 换热设备包括几类？
37. 塔回流的作用是什么？
38. 塔回流有几种方式？
39. 什么叫泡点？
40. 什么叫露点？
41. 回流比大对精馏效果有何影响？
42. 回流比小对精馏效果有何影响？
43. 塔的结构有哪些？
44. 分馏的依据是什么？
45. 分馏的基本条件是什么？
46. 塔板有几种形式？
47. 浮阀塔板的优缺点有哪些？
48. 什么叫重沸器？有几种形式？特点是什么？
49. 实现精馏过程的两个必备条件是什么？
50. 什么是饱和温度？压力和饱和温度的关系如何？
51. 某常减装置加工量为 6500t/d，生产 3# 航煤、0# 柴油方案，回流量 $54m^3/h$，外送产品量 $7m^3/h$，试求一下回流比。

第十部分　结晶基础知识

一、单项选择题（中级工）

1. （　　）是结晶过程必不可少的推动力。

A. 饱和度　B. 溶解度　C. 平衡溶解度　D. 过饱和度

2. 构成晶体的微观粒子（分子、原子或离子）按一定的几何规则排列，由此形成的最小单元称为（　　）。

A. 晶体　B. 晶系　C. 晶格　D. 晶习

3. 结晶操作过程中，有利于形成较大颗粒晶体的操作是（　　）。

A. 迅速降温　B. 缓慢降温　C. 激烈搅拌　D. 快速过滤

4. 结晶操作中，一定物质在一定溶剂中的溶解度主要随（　　）变化。

A. 溶质浓度　B. 操作压力　C. 操作温度　D. 过饱和度

5. 结晶操作中溶液的过饱和度是指溶液质量浓度与溶解度的关系为（　　）。

A. 两者相等　B. 前者小于后者　C. 前者大于后者　D. 都不对

6. 结晶的发生必有赖于（　　）的存在。

A. 未饱和　B. 饱和　C. 不饱和及饱和　D. 过饱和

7. 结晶过程中，较高的过饱和度可以（　　）晶体。

A. 得到少量，体积较大的　B. 得到大量，体积细小的

C. 得到大量，体积较大的　D. 得到少量，体积细小的

8. 结晶进行的先决条件是（　　）。

A. 过饱和溶液　B. 饱和溶液　C. 不饱和溶液　D. 都可以

9. 结晶设备都含有（　　）。

A. 加热器　B. 冷凝器　C. 搅拌器　D. 加热器和冷凝器

10. 结晶作为一种分离操作，与蒸馏等其他常用的分离方法相比，具有（　　）的特点。

A. 晶体黏度均匀

B. 操作能耗低设备材质要求不高，“三废”排放少

C. 设备材质要求不高，“三废”排放少，包装运输方便

D. 产品纯度高

11. 在蒸发操作中，下列措施有利于晶体颗粒大而少的产品的是（　　）。

A. 增大过饱和度　B. 迅速降温　C. 强烈搅拌　D. 加入少量晶种

12. 下列叙述正确的是（　　）。

A. 溶液一旦达到过饱和就能自发地析出晶体

B. 过饱和溶液的温度与饱和溶液的温度差称为过饱和度

C. 过饱和溶液可以通过冷却饱和溶液来制备

D. 对一定的溶质和溶剂，其超饱和溶解度曲线只有一条

13. 在结晶过程中，杂质对晶体成长速率（　　）。

A. 有抑制作用　　B. 有促进作用

C. 有的有 A 作用，有的有 B 作用　　D. 没有影响

14. 在工业生产中为了得到质量好、粒度大的晶体，常在介稳区进行结晶。介稳区是指（　　）。

A. 溶液没有达到饱和的区域

B. 溶液刚好达到饱和的区域

C. 溶液有一定过饱和度，但程度小，不能自发地析出结晶的区域

D. 溶液的过饱和程度大，能自发地析出结晶的区域

二、单项选择题（高级工）

1. 晶体不具备的特点是（　　）。

A. 具有一定的几何外形　　B. 具有各向异性

C. 具有一定的熔点　　D. 具有一定的沸点

2. 以下物质从 70℃降低到 50℃，不析出结晶的是（　　）。

A. 饱和 KBr 溶液　　B. 饱和 Na_2SO_4 溶液

C. 饱和 KNO_3 溶液　　D. 饱和 KCl 溶液

3. 防止离子碱结晶的方法有（　　）。

A. 氮封　　B. 降温　　C. 加压　　D. 稀释

三、判断题（中级工）

1. 结晶过程中形成的晶体越小越容易过滤。（　　）

2. 过饱和度是产生结晶过程的根本推动力。（　　）

3. 油品的冷滤点有时就是结晶点。（　　）

4. 结晶操作与萃取操作的理论依据相同。（　　）

5. 冷却结晶适用于溶解度随温度降低而显著降低的物系。（　　）

6. 结晶时只有同类分子或离子才能排列成晶体，因此结晶具有良好的选择性，利用这种选择性即可实现混合物的分离。（　　）

7. DTB 型结晶器属于间歇结晶设备。（　　）

8. 结晶点就是冰点。（　　）

9. 浊点和冰点是一个概念。（　　）

四、判断题（高级工）

1. 结晶操作中，Krystal-Oslo 分级结晶器有冷却型、蒸发型、真空蒸发冷却型三种类型，它们的最主要区别在于达到过饱和状态的方法不同。（　　）

2. 浓硫酸的结晶温度随着浓度的升高而升高。（　　）

五、综合题（技师）

1. 何谓结晶操作？结晶操作有哪些特点？

2. 溶液结晶的方法有哪几种？
3. 什么叫过饱和溶液？过饱和度有哪些表示方法？
4. 结晶过程包括哪几个阶段？
5. 影响结晶操作的因素有哪些？
6. 扩散理论的论点是什么？

第十一部分　气体的吸收基本原理

一、单项选择题（中级工）

1. 当 $X^* > X$ 时，（　　）。

A. 发生吸收过程　　B. 发生解吸过程

C. 吸收推动力为零　　D. 解吸推动力为零

2. “液膜控制”吸收过程的条件是（　　）。

A. 易溶气体，气膜阻力可忽略　　B. 难溶气体，气膜阻力可忽略

C. 易溶气体，液膜阻力可忽略　　D. 难溶气体，液膜阻力可忽略

3. 氨水的摩尔分数为20%，而它的比摩尔分数应是（　　）%。

A. 15　　B. 20　　C. 25　　D. 30

4. 传质单元数只与物系的（　　）有关。

A. 气体处理量　　B. 吸收剂用量

C. 气体的进口、出口浓度和推动力　　D. 吸收剂进口浓度

5. 当 V、y_1、y_2 及 X_2 一定时，减少吸收剂用量，则所需填料层高度 Z 与液相出口浓度 X_1 的变化为（　　）。

A. Z、X_1 均增大　　B. Z、X_1 均减小

C. Z 减少，X_1 增大　　D. Z 增大，X_1 减小

6. 低浓度的气膜控制系统，在逆流吸收操作中，若其他条件不变，入口液体组成增高时，则气相出口组成将（　　）。

A. 增加　　B. 减少　　C. 不变　　D. 不定

7. 低浓度逆流吸收塔设计中，若气体流量、进出口组成及液体进口组成一定，减小吸收剂用量，传质推动力将（　　）。

A. 变大　　B. 不变　　C. 变小　　D. 不确定

8. 对接近常压的溶质浓度低的气液平衡系统，当总压增大时，亨利系数 E（　　），相平衡常数 m（　　），溶解度系数（　　）。

A. 增大　减小　不变　　B. 减小　不变　不变

C. 不变　减小　不变　　D. 均无法确定

9. 对于吸收来说，当其他条件一定时，溶液出口浓度越低，则下列说法正确的是（　　）。

A. 吸收剂用量越小，吸收推动力越小

B. 吸收剂用量越小，吸收推动力越大

C. 吸收剂用量越大，吸收推动力越小

D. 吸收剂用量越大，吸收推动力越大

10. 反映吸收过程进行的难易程度的因数为（　　）。

A. 传质单元高度 B. 液气比数　　C. 传质单元数　　D. 脱吸因数

11. 根据双膜理论，用水吸收空气中的氨的吸收过程是（　　）。

A. 气膜控制　　B. 液膜控制　　C. 双膜控制　　D. 不能确定

12. 根据双膜理论，在气液接触界面处（　　）。

A. 气相组成大于液相组成　　B. 气相组成小于液相组成

C. 气相组成等于液相组成　　D. 气相组成与液相组成平衡

13. 计算吸收塔的塔径时，适宜的空塔气速为液泛气速的（　　）倍。

A. 0.6～0.8　　B. 1.1～2.0　　C. 0.3～0.5　　D. 1.6～2.4

14. 利用气体混合物各组分在液体中溶解度的差异而使气体中不同组分分离的操作称为（　　）。

A. 蒸馏　　B. 萃取　　C. 吸收　　D. 解吸

15. 某吸收过程，已知气膜吸收系数 k_Y 为 4×10^{-4} kmol/(m^2·s)，液膜吸收系数 k_X 为 8kmol/(m^2·s)，由此可判断该过程为（　　）。

A. 气膜控制　　B. 液膜控制　　C. 判断依据不足　　D. 双膜控制

16. 逆流操作的填料塔，当脱吸因数 $S>1$，且填料层为无限高时，气液两相平衡出现在（　　）。

A. 塔顶　　B. 塔底　　C. 塔上部　　D. 塔下部

17. 逆流填料塔的泛点气速与液体喷淋量的关系是（　　）。

A. 喷淋量减小，泛点气速减小　　B. 无关

C. 喷淋量减小，泛点气速增大　　D. 喷淋量增大，泛点气速增大

18. 逆流吸收的填料塔中，当吸收因数 $A<1$，填料层无限高时，气液平衡出现在塔的什么位置？（　　）

A. 塔顶　　B. 塔上部　　C. 塔底　　D. 塔下部

19. 溶解度较小时，气体在液相中的溶解度遵守（　　）定律。

A. 拉乌尔　　B. 亨利　　C. 开尔文　　D. 依数性

20. 若混合气体中氨的体积分数为 0.5，则其摩尔比为（　　）。

A. 0.5　　B. 1　　C. 0.3　　D. 0.1

21. 填料塔内用清水吸收混合气中氯化氢，当用水量增加时，气相总传质单元数 N_{OG} 将（　　）。

A. 增加　　B. 减小　　C. 不变　　D. 不能判断

22. 填料塔以清水逆流吸收空气、氨混合气体中的氨。当操作条件一定时（Y_1、L、V 都一定时），若塔内填料层高度 Z 增加，而其他操作条件不变，出口气体的浓度 Y_2 将（　　）。

A. 上升　　B. 下降　　C. 不变　　D. 无法判断

23. 填料塔中用清水吸收混合气中 NH_3，当水泵发生故障上水量减少时，气相总传质单元数（　　）。

A. 增加　　B. 减少　　C. 不变　　D. 不确定

24. 填料支承装置是填料塔的主要附件之一，要求支承装置的自由截面积应（　　）填料层的自由截面积。

A. 小于　　B. 大于　　C. 等于　　D. 都可以

25. 通常所讨论的吸收操作中，当吸收剂用量趋于最小用量时，完成一定的任务（　　）。

A. 回收率趋向最高　　B. 吸收推动力趋向最大

C. 固定资产投资费用最高　　D. 操作费用最低

26. 吸收操作的目的是分离（　　）。

A. 气体混合物　　B. 液体均相混合物

C. 气液混合物　　D. 部分互溶的均相混合物

27. 吸收操作过程中，在塔的负荷范围内，当混合气处理量增大时，为保持回收率不变，可采取的措施有（　　）。

A. 减少操作温度　　B. 减少吸收剂用量

C. 降低填料层高度　　D. 减少操作压力

28. 吸收操作气速一般（　　）。

A. 大于泛点气速　　B. 小于载点气速

C. 大于泛点气速而小于载点气速　　D. 大于载点气速而小于泛点气速

29. 吸收操作中，减少吸收剂用量，将引起尾气浓度（　　）。

A. 升高　　B. 下降　　C. 不变　　D. 无法判断

30. 吸收操作中，气流若达到（　　），将有大量液体被气流带出，操作极不稳定。

A. 液泛气速　　B. 空塔气速　　C. 载点气速　　D. 临界气速

31. 吸收过程能够进行的条件是（　　）。

A. $p=p^*$　　B. $p>p^*$　　C. $p<p^*$　　D. 不需条件

32. 吸收过程是溶质（　　）的传递过程。

A. 从气相向液相　B. 气液两相之间　C. 从液相向气相　D. 任一相态

33. 吸收过程中一般多采用逆流流程，主要是因为（　　）。

A. 流体阻力最小　B. 传质推动力最大　C. 流程最简单　D. 操作最方便

34. 吸收混合气中苯，已知 $y_1=0.04$，吸收率是80%，则 Y_1、Y_2 是（　　）。

A. 0.04167kmol 苯/kmol 惰气，0.00833kmol 苯/kmol 惰气

B. 0.02kmol 苯/kmol 惰气，0.005kmol 苯/kmol 惰气

C. 0.04167kmol 苯/kmol 惰气，0.02kmol 苯/kmol 惰气

D. 0.0831kmol 苯/kmol 惰气，0.002kmol 苯/kmol 惰气

35. 吸收塔的设计中，若填料性质及处理量（气体）一定，液气比增加，则传质推动力（　　）。

A. 增大　　B. 减小　　C. 不变　　D. 不能判断

36. 吸收塔内不同截面处吸收速率（　　）。

A. 基本相同　　B. 各不相同　　C. 完全相同　　D. 均为0

37. 吸收塔尾气超标，可能引起的原因是（　　）。

A. 塔压增大　　B. 吸收剂降温

C. 吸收剂用量增大　　D. 吸收剂纯度下降

38. 下列不是填料特性的是（　　）。

A. 比表面积　　B. 空隙率　　C. 填料因子　　D. 填料密度

39. 气体吸收单元操作中，下述说法错误的是（　　）。

A. 溶解度系数 H 值大，为易溶气体

B. 亨利系数 E 值大，为易溶气体

C. 亨利系数 E 值大，为难溶气体

D. 平衡常数 m 值大，为难溶气体

40. 已知常压、20℃时稀氨水的相平衡关系为 $Y^*=0.94X$，今使含氨 6%（摩尔分数）的混合气体与 $X=0.05$ 的氨水接触，则将发生（　　）。

A. 解吸过程　　B. 吸收过程

C. 已达平衡无过程发生　　D. 无法判断

41. 用纯溶剂吸收混合气中的溶质，逆流操作时，平衡关系满足亨利定律。当入塔气体浓度 y_1 上升，而其他入塔条件不变，则气体出塔浓度 y_2 和吸收率 φ 的变化为（　　）。

A. y_2 上升，φ 下降　　B. y_2 下降，φ 上升

C. y_2 上升，φ 不变　　D. y_2 上升，φ 变化不确定

42. 用水吸收下列气体时，（　　）属于液膜控制。

A. 氯化氢　　B. 氨　　C. 氯气　　D. 三氧化硫

43. 与吸收设备的形式、操作条件等有关的参数是（　　）。

A. 传质单元数　　B. 传质单元高度　　C. 理论板数　　D. 塔板高度

44. 在进行吸收操作时，吸收操作线总是位于平衡线的（　　）。

A. 上方　　B. 下方　　C. 重合　　D. 不一定

45. 在逆流吸收的填料塔中，当其他条件不变，只增大吸收剂的用量（不引起液泛）时，平衡线在 Y-X 图上的位置将（　　）。

A. 降低　　B. 不变　　C. 升高　　D. 不能判断

46. 在气膜控制的吸收过程中，增加吸收剂用量，则（　　）。

A. 吸收传质阻力明显下降　　B. 吸收传质阻力基本不变

C. 吸收传质推动力减小　　D. 操作费用减小

47. 在填料塔中，低浓度难溶气体逆流吸收时，若其他条件不变，但入口气量增加，则出口气体吸收质组成将（　　）。

A. 增加　　B. 减少　　C. 不变　　D. 不定

48. 在吸收操作过程中，当吸收剂用量增加时，出塔溶液浓度（　　），尾气中溶质浓度（　　）。

A. 下降　下降　　B. 增高　增高　　C. 下降　增高　　D. 增高　下降

49. 在吸收操作中，操作温度升高，其他条件不变，相平衡常数 m（　　）。

A. 增加　　B. 不变　　C. 减小　　D. 不能确定

50. 在吸收操作中，其他条件不变，只增加操作温度，则吸收率将（　　）。

A. 增加　　B. 减小　　C. 不变　　D. 不能判断

51. 在吸收操作中，吸收塔某一截面上的总推动力（以液相组成差表示）为（　　）。

A. X^*-X　　B. $X-X^*$　　C. X_i-X　　D. $X-X_i$

52. 在一符合亨利定律的气液平衡系统中，溶质在气相中的摩尔浓度与其在液相中的摩尔浓度的差值为（　　）。

A. 正值　　B. 负值　　C. 零　　D. 不确定

53. 只要组分在气相中的分压（　　）液相中该组分的平衡分压，解吸就会继续进行，直至达到一个新的平衡为止。

A. 大于　　B. 小于　　C. 等于　　D. 不等于

54. 最大吸收率 η 与（　　）无关。

A. 液气比　　B. 液体入塔浓度　　C. 相平衡常数　　D. 吸收塔形式

55. 最小液气比（　　）。

A. 在生产中可以达到　　B. 是操作线斜率

C. 均可用公式进行计算　　D. 可作为选择适宜液气比的依据

56. 氯化氢在水中的溶解度很大，其溶解度与压力有关，并随温度升高而（　　）。

A. 增大　　B. 减小　　C. 不变　　D. 无法判断

57. 吸收效果的好坏可用（　　）来表示。

A. 转化率　　B. 变换率　　C. 吸收率　　D. 合成率

58. 一般情况下吸收剂用量为最小用量的（　　）倍。

A. 2　　B. 1.1～2.0　　C. 1.1　　D. 1.5～2.0

59. 选择适宜的（　　）是吸收分离高效而又经济的主要因素。

A. 溶剂　　B. 溶质　　C. 催化剂　　D. 吸收塔

60. 在亨利表达式中 m 随温度升高而（　　）。

A. 不变　　B. 下降　　C. 上升　　D. 成平方关系

61. MFA 吸收 CO_2 过程中对于（　　）是惰气。

A. CO、CO_2、H_2　　B. CO、H_2、N_2

C. H_2S、CO_2、N_2　　D. H_2S、CO、CO_2

62. 亨利定律的表达式是（　　）。

A. $Y^*=mx$　　B. $Y^*=mx_2$　　C. $Y^*=m/x$　　D. $Y^*=x/m$

63. 液氮洗涤一氧化碳是（　　）过程。

A. 化学　　B. 物理　　C. 吸收　　D. 吸附

64. 低温甲醇洗工艺利用了低温甲醇对合成氨工艺原料气中各气体成分选择性吸收的特点，选择性吸收是指（　　）。

A. 各气体成分的沸点不同

B. 各气体成分在甲醇中的溶解度不同

C. 各气体成分在工艺气中的含量不同

D. 各气体成分的相对分子质量不同

65. 吸收的极限是由（　　）决定的。

A. 温度　　B. 压力　　C. 相平衡　　D. 溶剂量

66. 在气体吸收过程中，吸收剂的纯度提高，气液两相的浓度差增大，吸收的（　　）。

A. 推动力增大，对吸收有利　　B. 推动力减小，对吸收有利

C. 推动力增大，对吸收不好　　D. 推动力无变化

67. 绝大多数气体吸收过程是一个溶解放热过程，因此降低温度对吸收有益，但是温度太低不会产生（　　）的不利影响。

A. 制冷剂增加　　B. 吸收剂的黏度增加

C. 不易解吸　　D. 流体输送能量增加

68. 吸收率的计算公式为（　　）。

A. 吸收率 $\eta=\frac{\text{吸收质原含量}}{\text{吸收质被吸收的量}}\times100\%$

B. 吸收率 $\eta=\frac{\text{吸收质被吸收的量}}{\text{吸收质原含量}}\times100\%$

C. 吸收率 $\eta=\frac{\text{吸收质原含量}-\text{吸收质被吸收的量}}{\text{吸收质被吸收的量}}\times100\%$

D. 吸收率 $\eta=\frac{\text{吸收质原含量}+\text{吸收质被吸收的量}}{\text{吸收质原含量}}\times100\%$

69. 在气体吸收过程中，吸收传质的方向和限度将取决于气液两相平衡关系。吸收操作时应控制（　　）。

A. $p_A>p_A^*$　　B. $p_A<p_A^*$　　C. $p_A=p_A^*$　　D. 上述答案都不对

70. 吸收烟气时，烟气和吸收剂在吸收塔中应有足够的接触面积和（　　）。

A. 滞留时间　　B. 流速　　C. 流量　　D. 压力

71. 脱硫工艺中钙硫比（Ca/S）是指注入吸收剂量与吸收二氧化硫量的（　　）。

A. 体积比　　B. 质量比　　C. 摩尔比　　D. 浓度比

72. 吸收塔塔径的确定是以（　　）为依据来计算的。

A. 进料量　　B. 塔内上升气量　　C. 塔内下降液体　　D. 空塔速度

二、单项选择题（高级工）

1. 选择吸收剂时不需要考虑的是（　　）。

A. 对溶质的溶解度　　B. 对溶质的选择性

C. 操作条件下的挥发度　　D. 操作温度下的密度

2. 从解吸塔出来的半贫液一般进入吸收塔的（　　），以便循环使用。

A. 中部　　B. 上部　　C. 底部　　D. 上述均可

3. 从节能观点出发，适宜的吸收剂用量 L 应取（　　）倍最小用量 $L_{\min}$。

A. 2　　B. 1.5　　C. 1.3　　D. 1.1

4. 低浓度的气膜控制系统，在逆流吸收操作中，若其他条件不变，但入口液体组成增高时，则气相出口将（　　）。

A. 增加　　B. 减少　　C. 不变　　D. 不定

5. 对处理易溶气体的吸收，为较显著地提高吸收速率，应增大（　　）的流速。

A. 气相　　B. 液相　　C. 气液两相　　D. 不确定

6. 对难溶气体，如欲提高其吸收速率，较有效的手段是（　　）。

A. 增大液相流速　　B. 增大气相流速　　C. 减小液相流速　　D. 减小气相流速

7. 对气体吸收有利的操作条件应是（　　）。

A. 低温＋高压　　B. 高温＋高压　　C. 低温＋低压　　D. 高温＋低压

8. 目前工业生产中应用十分广泛的吸收设备是（　　）。

A. 板式塔　　B. 填料塔　　C. 湍球塔　　D. 喷射式吸收器

9. 目前吸收操作使用最广泛的塔是（　　）。

A. 板式塔　　B. 湍流塔　　C. 湍球塔　　D. 填料塔

10. 能显著增大吸收速率的是（　　）。

A. 增大气体总压　　B. 增大吸收质的分压

C. 增大易溶气体的流速　　D. 增大难溶气体的流速

11. 填料塔的排液装置是为了使液体从塔内排出时，一方面使液体能顺利排出，另一方面保证塔内气体不会从排液管排出，因此排液装置一般采用（　　）装置。

A. 液封　　B. 管端为45°向下的斜口或向下缺口

C. 设置液体再分布器　　D. 设置除雾器

12. 完成指定的生产任务，采取的措施能使填料层高度降低的是（　　）。

A. 减少吸收剂中溶质的含量　　B. 用并流代替逆流操作

C. 减少吸收剂用量　　D. 吸收剂循环使用

13. 为改善液体的壁流现象的装置是（　　）。

A. 填料支承板　　B. 液体分布器　　C. 液体再分布器　　D. 除沫器

14. 温度（　　），将有利于解吸的进行。

A. 降低　　B. 升高　　C. 变化　　D. 不变

15. 吸收操作大多采用填料塔，下列（　　）不属于填料塔构件。

A. 液相分布器　　B. 疏水器　　C. 填料　　D. 液相再分布器

16. 吸收操作过程中，在塔的负荷范围内，当混合气处理量增大时，为保持回收率不变，可采取的措施有（　　）。

A. 减小吸收剂用量　　B. 增大吸收剂用量

C. 增加操作温度　　D. 减小操作压力

17. 一般来说，溶解度大的其吸收速度（　　），溶解度小的其吸收速度（　　）。

A. 慢　慢　　B. 快　快　　C. 快　慢　　D. 慢　快

18. 吸收操作中，减少吸收剂用量，将引起尾气浓度（　　）。

A. 升高　　　　B. 下降　　　　C. 不变　　　　D. 无法判断

19. 吸收过程中一般多采用逆流流程，主要是因为（　　）。

A. 流体阻力最小　　　　B. 传质推动力最大

C. 流程最简单　　　　D. 操作最方便

20. 吸收塔开车操作时，应（　　）。

A. 先通入气体后进入喷淋液体　　　　B. 增大喷淋量总是有利于吸收操作

C. 先进入喷淋液体后通入气体　　　　D. 先进气体或液体都可以

21. 吸收塔尾气超标，可能引起的原因是（　　）。

A. 塔压增大　　　　B. 吸收剂降温

C. 吸收剂用量增大　　　　D. 吸收剂纯度下降

22. 下列哪一项不是工业上常用的解吸方法？（　　）

A. 加压解吸　　　　B. 加热解吸

C. 在惰性气体中解吸　　　　D. 精馏

23. 选择吸收剂时不需要考虑的是（　　）。

A. 对溶质的溶解度　　　　B. 对溶质的选择性

C. 操作条件下的挥发度　　　　D. 操作温度下的密度

24. 选择吸收剂时应重点考虑的是（　　）。

A. 挥发度＋再生性　　　　B. 选择性＋再生性

C. 挥发度＋选择性　　　　D. 溶解度＋选择性

25. 在填料吸收塔中，为了保证吸收剂液体的均匀分布，塔顶需设置（　　）。

A. 液体喷淋装置　B. 再分布器　　　　C. 冷凝器　　　　D. 塔釜

26. 在吸收操作中，保持 L 不变，随着气体速度的增加，塔压的变化趋势（　　）。

A. 变大　　　　B. 变小　　　　C. 不变　　　　D. 不确定

27. 在吸收操作中，塔内液面波动，产生的原因可能是（　　）。

A. 原料气压力波动　　　　B. 吸收剂用量波动

C. 液面调节器出现故障　　　　D. 以上三种原因都有可能

28. 在吸收操作中，吸收剂（如水）用量突然下降，产生的原因可能是（　　）。

A. 溶液槽液位低、泵抽空　　　　B. 水压低或停水

C. 水泵坏　　　　D. 以上三种原因都有可能

29. 在吸收塔操作过程中，当吸收剂用量增加时，出塔溶液浓度（　　），尾气中溶质浓度（　　）。

A. 下降　下降　　B. 增高　增高　　C. 下降　增高　　D. 增高　下降

30. 正常操作的吸收塔，若因某种原因使吸收剂量减少至小于正常操作值时，可能发生下列（　　）情况。

A. 出塔液体浓度增加，回收率增加

B. 出塔液体浓度减小，出塔气体浓度增加

C. 出塔液体浓度增加，出塔气体浓度增加

D. 塔将发生液泛现象

31. 在氯碱生产氯氢工段泡沫吸收塔中，气液两相常形成三种类型的分散系统，该分散系统包括（　　）。

① 鼓泡层　② 泡沫层　③ 雾沫层

A. ①②　B. ②③　C. ①③　D. ①②③

32. 在泡沫塔中，当空塔速度介于 0.5～0.7m/s 时，气液两相将形成（　　）。

A. 鼓泡层　B. 泡沫层　C. 雾沫层　D. 液泛层

33. 氯气干燥采用填料塔时，如果空塔气速过高，将引起（　　）现象，导致传质效果变差。

A. 沟流　B. 液泛　C. 雾沫夹带　D. 壁流

34. 由于氯化氢被水吸收时放出大量的热，所以会使酸液的温度（　　），氯化氢气体的分压（　　），从而不利于氯化氢气体的吸收。

A. 升高　增大　B. 升高　减小　C. 降低　减小　D. 降低　增大

35. 任何温度下盐酸均与气相中的 HCl 成均衡，当气相中的 HCl 分压（　　）平衡分压时，气体中的 HCl 即溶解于盐酸中。

A. 小于　B. 大于　C. 等于　D. 无法判断

36. 当气相中的 HCl 分压（　　）平衡分压时，盐酸中的 HCl 即释放。

A. 高于　B. 低于　C. 等于　D. 无法判断

37. HCl 的溶解热使反应系统温度升高，相对地（　　）液相表面上的 HCl 平衡分压阻止吸收过程进行。

A. 增高　B. 降低　C. 不改变　D. 无法判断

38. 在氯碱生产吸收 HCl 时产生的溶解热将液相不断加热，直至一定程度时部分水分汽化，将大部分溶解热除去的方法称为（　　）。

A. 冷却吸收　B. 膜式吸收　C. 绝热吸收　D. 加热吸收

39. 当气体中氯化氢的分压与水汽分压和为 0.1MPa(760mmHg) 时，氯化氢在水中的溶解度随着温度的升高而（　　）。

A. 减小　B. 不变　C. 增大　D. 无法判断

40. 氯碱生产中，出现吸收塔大量冒氯化氢的原因可能有（　　）。

① 塔内氯化氢分压增大　② 吸收水量过少　③ 氯化氢纯度低

A. ①②　B. ②③　C. ①③　D. ①②③

41. 混合气体中每一组分可以被溶解吸收的程度取决于（　　）。

A. 气体中该组分的分压　B. 溶液中该组分的平衡分压

C. 既取决于 A，亦取决于 B　D. 与 A、B 无关

42. 治理 SO_2 废气，一般采用（　　）法。

A. 催化　B. 吸收　C. 燃烧　D. 转化

43. 下列物质中既是物理吸收剂，又是化学吸收剂的是（　　）。

A. MEA　B. 环丁砜

C. 聚碳酸丙烯酸甲酯　D. CH_3OH

44. 甲醇吸收二氧化碳的过程中气/液比过高，会导致出塔气中二氧化碳（　　）。

A. 升高　　B. 降低　　C. 不变化　　D. 无法判断

45. 硫酸生产过程中，尾气含有少量的 SO_2，一般采用（　　）的方法进行脱除。

A. NaOH 水溶液吸收　　B. NaCl 水溶液吸收

C. 氨水吸收　　D. 清水吸收

46. MDEA 吸收的硫化氢增多，则 pH 值（　　）。

A. 上升　　B. 下降　　C. 没有变化　　D. 无法确定

47. 发现贫液中硫化氢浓度过高，最主要是调整（　　），避免出现净化尾气硫化氢含量高的现象。

A. 吸收塔压力　　B. 溶剂循环量

C. 吸收塔温度　　D. 再生塔温度

48. 吸收塔温度高，可以通过（　　）操作来调整。

A. 降低尾气出塔温度　　B. 降低溶剂进塔温度

C. 降低吸收塔压力　　D. 降低水冷塔急冷水量

49. 下列溶剂中，（　　）不可以用作溶剂吸收脱除炔烃。

A. 二甲基甲酰胺　　B. 丙酮

C. *N*-甲基吡咯烷酮　　D. 乙醇胺

50. 下列工艺中，不需要使用催化剂的是（　　）。

A. 溶剂吸收法脱除炔烃　　B. 气相加氢脱除炔烃

C. 催化精馏法脱除炔烃　　D. 液相加氢脱除炔烃

51. 在一填料塔中用净油来吸收混合气体中的苯，已知混合气体的总量为 $1000m^3/h$，其中苯的体积分数为 4%，操作压力为 101.3kPa，温度为 293K，吸收剂的用量为 103kmol/h，要求吸收率为 80%，塔底苯溶液的浓度为（　　）kmol/kmol。

A. 0.01　　B. 0.013　　C. 0.02　　D. 0.026

三、判断题（中级工）

1. 操作弹性大、阻力小是填料塔和湍球塔共同的优点。（　　）

2. 当吸收剂需循环使用时，吸收塔的吸收剂入口条件将受到解吸操作条件的制约。（　　）

3. 对一定操作条件下的填料吸收塔，如将塔填料层增高一些，则塔的 H_{OG} 将增大，N_{OG} 将不变。（　　）

4. 根据双膜理论，吸收过程的主要阻力集中在两流体的双膜内。（　　）

5. 根据相平衡理论，低温高压有利于吸收，因此吸收压力越高越好。（　　）

6. 亨利定律是稀溶液定律，适用于任何压力下的难溶气体。（　　）

7. 亨利系数 E 值很大，为易溶气体。（　　）

8. 亨利系数随温度的升高而减小，由亨利定律可知，当温度升高时，表明气体的溶解度增大。（　　）

9. 目前用于进行吸收计算的是双膜理论。（　　）

10. 难溶气体的吸收阻力主要集中在气膜上。（　　）

11. 气阻淹塔是由上升气体流量太小引起的。 ( )
12. 双膜理论认为相互接触的气、液两流体间存在着稳定的相界面，界面两侧各有一个很薄的滞流膜层，吸收质以涡流扩散方式通过此两膜层，在相界面处，气、液两相达到平衡。 ( )
13. 提高吸收剂用量对吸收是有利的，当系统为气膜控制时，K_{yA}值将增大。 ( )
14. 填料塔的液泛仅受液气比影响，而与填料特性等无关。 ( )
15. 填料吸收塔正常操作时的气速必须小于载点气速。 ( )
16. 填料吸收塔正常操作时的气体流速必须大于载点气速，小于泛点气速。 ( )
17. 脱吸因数的大小可反映溶质吸收率的高低。 ( )
18. 物理吸收操作是一种将分离的气体混合物，通过吸收剂转化成较容易分离的液体。 ( )
19. 物理吸收法脱除 CO_2 时，吸收剂的再生采用三级膨胀，首先解析出来的气体是 CO_2。 ( )
20. 吸收操作常采用高温操作，这是因为温度越高，吸收剂的溶解度越大。 ( )
21. 吸收操作的依据是根据混合物的挥发度不同而达到分离的目的。 ( )
22. 吸收操作是双向传热过程。 ( )
23. 吸收操作是双向传质过程。 ( )
24. 吸收操作线方程是由物料衡算得出的，因而它与吸收相平衡、吸收温度、两相接触状况、塔的结构等都没有关系。 ( )
25. 吸收操作中，增大液气比有利于增加传质推动力，提高吸收速率。 ( )
26. 吸收进行的依据是混合气体中各组分的溶解度不同。 ( )
27. 吸收塔的吸收速率随着温度的提高而增大。 ( )
28. 吸收塔中气液两相为并流流动。 ( )
29. 用水吸收 CO_2 属于液膜控制。 ( )
30. 用水吸收 HCl 气体是物理吸收，用水吸收 CO_2 是化学吸收。 ( )
31. 在逆流吸收操作中，若已知平衡线与操作线为互相平行的直线，则全塔的平均推动力 ΔY_m 与塔内任意截面的推动力 $Y-Y^*$ 相等。 ( )
32. 在填料吸收塔实验中，二氧化碳吸收过程属于液膜控制。 ( )
33. 在吸收操作中，改变传质单元数的大小对吸收系数无影响。 ( )
34. 在吸收操作中，若吸收剂用量趋于最小值时，吸收推动力趋于最大。 ( )
35. 在吸收操作中，只有气液两相处于不平衡状态时，才能进行吸收。 ( )
36. 在吸收过程中不能被溶解的气体组分叫惰性气体。 ( )
37. 解吸是吸收的逆过程。 ( )
38. 吸收是用适当的液体与气体混合物相接触，使气体混合物中的一个组分溶解到液体中，从而达到与其余组分分离的目的。 ( )
39. 在稀溶液中，溶质服从亨利定律，则溶剂必然服从拉乌尔定律。 ( )
40. 由亨利定律可知，可溶气体在气相的平衡分压与该气体在液相中的摩尔分数成

正比。（ ）

41. 对于吸收操作，增加气体流速，增大吸收剂用量都有利于气体吸收。（ ）

42. 系统压力降低则硫化氢吸收塔气相出口硫含量降低。（ ）

43. 解吸的必要条件是气相中可吸收组分的分压必须小于液相中吸收质和平衡分压。（ ）

44. 吸收质在溶液中的浓度与其在气相中的平衡分压成反比。（ ）

四、判断题（高级工）

1. 当气体溶解度很大时，可以采用提高气相湍流强度来降低吸收阻力。（ ）
2. 当吸收剂的喷淋密度过小时，可以适当增加填料层高度来补偿。（ ）
3. 福尔马林溶液吸收塔，采用循环液吸收法是因为吸收液作产品，新鲜水受到控制。（ ）
4. 乱堆填料安装前，应先在填料塔内注满水。（ ）
5. 填料塔的基本结构包括：圆柱形塔体、填料、填料压板、填料支承板、液体分布装置、液体再分布装置。（ ）
6. 填料塔开车时，我们总是先用较大的吸收剂流量来润湿填料表面，甚至淹塔，然后再调节到正常的吸收剂用量，这样吸收效果较好。（ ）
7. 同一种填料，不管用什么方式堆放到塔中，其比表面积总是相同的。（ ）
8. 温度升高和压力降低对解吸有利。（ ）
9. 吸收操作中，所选用的吸收剂的黏度要低。（ ）
10. 吸收操作中吸收剂用量越多越有利。（ ）
11. 吸收过程一般只能在填料塔中进行。（ ）
12. 吸收既可以选用板式塔，也可以选用填料塔。（ ）
13. 吸收塔在开车时，先启动吸收剂，后充压至操作压力。（ ）
14. 吸收塔在停车时，先卸压至常压后方可停止吸收剂。（ ）
15. 用清水吸收空气中二硫化碳，混合气体的处理量及进、出口浓度都已确定，所得吸收液要求达到一定标准以利于回收。对此过程，必须采用适量的吸收剂，即由 $L=(1.2\sim2.0)L_{\min}$ 来确定水的用量。（ ）
16. 在吸收操作中，选择吸收剂时，要求吸收剂的蒸气压尽可能高。（ ）
17. 在选择吸收塔用的填料时，应选比表面积大的、空隙率大的和填料因子大的填料才好。（ ）
18. 增大难溶气体的流速，可有效地提高吸收速率。（ ）
19. 正常操作的逆流吸收塔，因吸收剂入塔量减少，以致使液气比小于原定的最小液气比，则吸收过程无法进行。（ ）
20. 泡沫塔吸收塔与填料塔吸收塔相比，其优越性主要体现在泡沫塔体积小，干燥速度快。（ ）
21. 氯碱生产氯氢工段泡沫吸收塔中，氯气的空塔气速越大，吸收效果越好。（ ）
22. 在泡罩吸收塔中，空塔速度过大会形成液泛，过小会造成漏液现象。（ ）

23. 工业上生产 31%的盐酸时，被吸收气体中 HCl 含量较低时采用绝热吸收法。 (　　)

24. 低温甲醇对原料气中的氢气和一氧化碳完全没有吸收效果。 (　　)

25. 吸收过二氧化碳的甲醇更有利于吸收硫化氢。 (　　)

26. 因为氨是极易被水吸收的，所以当发生跑氨时，应用大量水对其进行稀释。 (　　)

27. 在吸收单元操作中，吸收剂的选择应考虑吸收剂的溶解度、选择性、挥发性、黏性以及尽可能具有无毒、不易燃、化学性能稳定、无腐蚀、不发泡、冰点及比热容较低、价廉易得等。 (　　)

28. 在气体吸收过程中，操作气速过大会导致大量的雾沫夹带，甚至造成液泛，使吸收无法进行。 (　　)

29. 硫酸生产中净化尾气硫化氢含量高一定是尾气处理部分不正常。 (　　)

五、综合题（技师）

1. 什么是吸收？
2. 什么是雾沫夹带现象？其影响因素有哪些？
3. 影响塔板效率的主要因素有哪些？
4. 塔板上气液接触可分为几种类型？
5. 何谓气体吸收的气膜控制？气膜控制时应怎样强化吸收速率？
6. 何谓气体吸收的液膜控制？液膜控制时应怎样强化吸收速率？
7. 吸收和精馏过程本质的区别在哪里？
8. 什么是双膜理论？
9. 除雾器的基本工作原理是什么？

第十二部分　蒸发基础知识

一、单项选择题（中级工）

1. 在蒸发装置中，加热设备和管道保温是降低（　　）的一项重要措施。
   A. 散热损失　　B. 水消耗　　C. 蒸汽消耗　　D. 蒸发溶液消耗
2. 采用多效蒸发的目的是（　　）。
   A. 增加溶液的蒸发量　　B. 提高设备的利用率
   C. 为了节省加热蒸汽消耗量　　D. 使工艺流程更简单
3. 单效蒸发的单位蒸汽消耗比多效蒸发（　　）。
   A. 小　　B. 大　　C. 一样　　D. 无法确定
4. 单效蒸发器计算中 D/W 称为单位蒸汽消耗量，如原料液的沸点为 393K，下列哪种情况 D/W 最大？（　　）
   A. 原料液在 293K 时加入蒸发器　　B. 原料液在 390K 时加入蒸发器
   C. 原料液在 393K 时加入蒸发器　　D. 原料液在 395K 时加入蒸发器
5. 自然循环蒸发器中溶液的循环速度是依靠（　　）形成的。
   A. 压力差　　B. 密度差　　C. 循环差　　D. 液位差
6. 二次蒸汽为（　　）。
   A. 加热蒸汽　　B. 第二效所用的加热蒸汽
   C. 第二效溶液中蒸发的蒸汽　　D. 无论哪一效溶液中蒸发出来的蒸汽
7. 工业生产中的蒸发通常是（　　）。
   A. 自然蒸发　　B. 沸腾蒸发　　C. 自然真空蒸发　　D. 不确定
8. 氯碱生产蒸发过程中，随着碱液 NaOH 浓度增加，所得到的碱液的结晶盐粒径（　　）。
   A. 变大　　B. 变小　　C. 不变　　D. 无法判断
9. 化学工业中分离挥发性溶剂与不挥发性溶质的主要方法是（　　）。
   A. 蒸馏　　B. 蒸发　　C. 结晶　　D. 吸收
10. 减压蒸发不具有的优点是（　　）。
    A. 减少传热面积　　B. 可蒸发不耐高温的溶液
    C. 提高热能利用率　　D. 减少基建费和操作费
11. 将非挥发性溶质溶于溶剂中形成稀溶液时，将引起（　　）。
    A. 沸点升高　　B. 熔点升高　　C. 蒸气压升高　　D. 都不对
12. 就蒸发同样任务而言，单效蒸发生产能力 $W_{单}$ 与多效蒸发生产能力 $W_{多}$（　　）。
    A. $W_{单}>W_{多}$　　B. $W_{单}<W_{多}$　　C. $W_{单}=W_{多}$　　D. 不确定
13. 利用物料蒸发进行换热的条件是（　　）。

A. 各组分的沸点低　　B. 原料沸点低于产物沸点

C. 产物沸点低于原料沸点　　D. 物料泡点为反应温度

14. 逆流加料多效蒸发过程适用于（　　）。

A. 黏度较小溶液的蒸发

B. 有结晶析出的蒸发

C. 黏度随温度和浓度变化较大的溶液的蒸发

D. 都可以

15. 下列不是溶液的沸点比二次蒸汽的饱和温度高的原因是（　　）。

A. 溶质的存在　　B. 液柱静压力

C. 导管的流体阻力　　D. 溶剂数量

16. 下列不是蒸发设备所包含的构件是（　　）。

A. 加热室　　B. 分离室　　C. 气体分布器　　D. 除沫器

17. 下列蒸发器，溶液循环速度最快的是（　　）。

A. 标准式　　B. 悬框式　　C. 列文式　　D. 强制循环式

18. 下列蒸发器不属于循环型蒸发器的是（　　）。

A. 升膜式　　B. 列文式　　C. 外热式　　D. 标准型

19. 循环型蒸发器的传热效果比单程型的效果要（　　）。

A. 高　　B. 低　　C. 相同　　D. 不确定

20. 用一单效蒸发器将 2000kg/h 的 11% NaCl 水溶液浓缩至 25%（均为质量分数），则所需蒸发的水分量为（　　）。

A. 1120kg/h　　B. 1210 kg/h　　C. 280 kg/h　　D. 2000kg/h

21. 在单效蒸发器内，将某物质的水溶液自浓度为 5%浓缩至 25%（皆为质量分数）。每小时处理 2t 原料液。溶液在常压下蒸发，沸点是 373K（二次蒸汽的汽化热为 2260kJ/kg）。加热蒸汽的温度为 403K，汽化热为 2180kJ/kg。则原料液在沸点时加入蒸发器，加热蒸汽的消耗量是（　　）。

A. 1960kg/h　　B. 1660kg/h　　C. 1590kg/h　　D. 1.04kg/h

22. 真空蒸发的优点是（　　）。

A. 设备简单　　B. 操作简单　　C. 减少化学反应　　D. 增加化学反应

23. 在相同的条件下蒸发同样任务的溶液时，多效蒸发总温度差损失 $\sum\Delta_{多}$ 与单效蒸发的总温度差损失 $\sum\Delta_{单}$（　　）。

A. $\sum\Delta_{多}=\sum\Delta_{单}$　　B. $\sum\Delta_{多}>\sum\Delta_{单}$

C. $\sum\Delta_{多}<\sum\Delta_{单}$　　D. 不确定

24. 在相同条件下，蒸发溶液的传热温度差要（　　）蒸发纯水的传热温度差。

A. 大于　　B. 小于　　C. 等于　　D. 无法判断

25. 在一定的压力下，纯水的沸点比 NaCl 水溶液的沸点（　　）。

A. 高　　B. 低

C. 有可能高也有可能低　　D. 高 20℃

26. 在蒸发过程中，溶液的（　　）均增大。

A. 温度、压力　　B. 浓度、沸点　　C. 温度、浓度　　D. 压力、浓度

27. 蒸发操作的目的是将溶液进行（　　）。

A. 浓缩　　B. 结晶　　C. 溶剂与溶质的彻底分离　　D. 水分汽化

28. 蒸发操作中所谓温度差损失，实际是指溶液的沸点（　　）二次蒸汽的饱和温度。

A. 小于　　B. 等于　　C. 大于　　D. 上述三者都不是

29. 蒸发操作中消耗的热量主要用于三部分，不包括（　　）。

A. 补偿热损失　　B. 加热原料液　　C. 析出溶质　　D. 汽化溶剂

30. 蒸发可适用于（　　）。

A. 溶有不挥发性溶质的溶液

B. 溶有挥发性溶质的溶液

C. 溶有不挥发性溶质和溶有挥发性溶质的溶液

D. 挥发度相同的溶液

31. 蒸发流程中除沫器的作用主要是（　　）。

A. 气液分离　　B. 强化蒸发器传热　　C. 除去不凝性气体　　D. 利用二次蒸汽

32. 蒸发器的单位蒸汽消耗量指的是（　　）。

A. 蒸发 1kg 水所消耗的水蒸气量

B. 获得 1kg 固体物料所消耗的水蒸气的量

C. 蒸发 1kg 湿物料所消耗的水蒸气量

D. 获得 1kg 纯干物料所消耗的水蒸气的量

33. 中压废热锅炉的蒸汽压力为（　　）。

A. 4.0～10MPa　　B. 1.4～4.3MPa　　C. 1.4～3.9MPa　　D. 4.0～12MPa

34. 自然循环型蒸发器中溶液的循环是由于溶液产生了（　　）。

A. 浓度差　　B. 密度差　　C. 速度差　　D. 温度差

35. 工业上采用的蒸发热源通常为（　　）。

A. 电炉　　B. 燃烧炉　　C. 水蒸气　　D. 太阳能

36. 与单效蒸发比较，在相同条件下，多效蒸发（　　）。

A. 生产能力更大　　B. 热能利用更充分　　C. 设备费用更低　　D. 操作更为方便

二、单项选择题（高级工）

1. 热敏性物料宜采用（　　）蒸发器。

A. 自然循环式　　B. 强制循环式　　C. 膜式　　D. 都可以

2. 标准式蒸发器适用于（　　）的溶液的蒸发。

A. 易于结晶　　B. 黏度较大及易结垢　　C. 黏度较小　　D. 不易结晶

3. 处理不适宜于热敏性溶液的蒸发器有（　　）。

A. 升膜式蒸发器　　B. 强制循环蒸发器

C. 降膜式蒸发器　　　　　　　　　D. 水平管型蒸发器

4. 当溶液属于热敏感性物料的时候，可以采用的蒸发器是（　　）。

A. 中央循环管式　B. 强制循环式　　C. 外热式　　　D. 升膜式

5. 对黏度随浓度增加而明显增大的溶液蒸发，不宜采用（　　）加料的多效蒸发流程。

A. 并流　　　　B. 逆流　　　　C. 平流　　　　D. 错流

6. 对于在蒸发过程中有晶体析出的液体的多效蒸发，最好用（　　）蒸发流程。

A. 并流法　　　B. 逆流法　　　C. 平流法　　　D. 都可以

7. 罐与罐之间进料不用泵，而是利用压差来输送且是用阀来控制流量的多效蒸发进料操作的是（　　）。

A. 平行加料　　B. 顺流加料　　C. 逆流加料　　D. 混合加料

8. 降膜式蒸发器适合处理的溶液是（　　）。

A. 易结垢的溶液

B. 有晶体析出的溶液

C. 高黏度、热敏性且无晶体析出、不易结垢的溶液

D. 易结垢且有晶体析出的溶液

9. 料液随浓度和温度变化较大时，若采用多效蒸发，则需采用（　　）。

A. 并流加料流程　　　　　　　　B. 逆流加料流程

C. 平流加料流程　　　　　　　　D. 以上都可采用

10. 膜式蒸发器适用于（　　）的蒸发。

A. 普通溶液　　B. 热敏性溶液　　C. 恒沸溶液　　D. 不能确定

11. 膜式蒸发器中，适用于易结晶、结垢物料的是（　　）。

A. 升膜式蒸发器　　　　　　　　B. 降膜式蒸发器

C. 升降膜式蒸发器　　　　　　　D. 回转式薄膜蒸发器

12. 适用于处理高黏度、易结垢或者有结晶析出的溶液的蒸发器是（　　）。

A. 中央循环管式　　　　　　　　B. 强制循环式、刮板式

C. 膜式　　　　　　　　　　　　D. 刮板式、悬筐式

13. 随着溶液的浓缩，溶液中有微量结晶生成，且这种溶液又较易分解。处理这种物料应选用的蒸发器为（　　）。

A. 中央循环管式 B. 列文式　　　C. 升膜式　　　D. 强制循环式

14. 提高蒸发器生产强度的关键是（　　）。

A. 提高加热蒸汽压力　　　　　　B. 提高冷凝器的真空度

C. 增大传热系数　　　　　　　　D. 增大料液的温度

15. 为了提高蒸发器的蒸发能力，可（　　）。

A. 采用多效蒸发　　　　　　　　B. 加大加热蒸汽侧的对流传热系数

C. 增加换热面积　　　　　　　　D. 提高沸腾侧的对流传热系数

16. 为了蒸发某种黏度随浓度和温度变化比较大的溶液，应采用（　　）。

A. 并流加料流程　　　　　　　　B. 逆流加料流程

C. 平流加料流程　　　　　　　　D. 并流或平流

17. 下列不是溶液的沸点比二次蒸汽的饱和温度高的原因是（　　）。

A. 溶质的存在　　　　　　　　B. 液柱静压力

C. 导管的流体阻力　　　　　　D. 溶剂数量

18. 下列几条措施，（　　）不能提高加热蒸汽的经济程度。

A. 采用多效蒸发流程　　　　　B. 引出额外蒸汽

C. 使用热泵蒸发器　　　　　　D. 增大传热面积

19. 夏季开启氨水、硝酸等挥发性液体瓶盖前，最适宜的处理方法是（　　）。

A. 直接撬开　B. 敲打　C. 冷水冷却　D. 微加热

20. 有一四效蒸发装置，冷料液从第三效加入，继而经第四效、第二效后再经第一效蒸发得完成液，可断定自蒸发现象将在（　　）出现。

A. 第一效　B. 第二效　C. 第三效　D. 第四效

21. 在蒸发操作中，冷凝水中带物料的可能原因是（　　）。

A. 加热室内有空气　　　　　　B. 加热管漏或裂

C. 部分加热管堵塞　　　　　　D. 蒸汽压力偏低

22. 在蒸发操作中，若使溶液在（　　）下沸腾蒸发，可降低溶液沸点而增大蒸发器的有效温度差。

A. 减压　B. 常压　C. 加压　D. 变压

23. 蒸发流程效间（　　）不需用泵输送溶液，但不宜处理黏度随浓度变化较明显的溶液。

A. 顺流加料　B. 逆流加料　C. 平流加料　D. 上述任一种

24. 在单效蒸发器中，将某水溶液从14%连续浓缩至30%，原料液沸点进料，加热蒸汽的温度为96.2℃，有效传热温差为11.2℃，二次蒸汽的温度为75.4℃，则溶液的沸点升高为（　　）℃。

A. 11.2　B. 20.8　C. 85　D. 9.6

25. 氯碱生产中列文蒸发器加热室的管内、管外分别走（　　）。

A. 蒸汽、碱液　B. 碱液、蒸汽　C. 蒸汽、蒸汽　D. 碱液、碱液

26. 在三效顺流蒸发工艺中，为了把析出的盐及时除去，一般需要采用（　　）装置。

A. 一效采盐　　　　　　　　　B. 二效采盐

C. 三效采盐　　　　　　　　　D. 二效采盐和三效采盐

27. 列文蒸发器循环管的面积和加热列管的总截面积的比值为（　　）。

A. 1～1.5　B. 2～3.5　C. 1.5～2.5　D. 1～2.2

28. 蒸发器加热室的传热系数主要取决于（　　）。

A. 内膜给热系数　　　　　　　B. 外膜给热系数

C. 壁面热导率　　　　　　　　D. 溶液热导率

29. 蒸发真空系统的下水封槽的主要用途是（　　）。

A. 盛装大气冷凝器下水

B. 作为真空系统液封

C. 便于大气冷凝水下水

D. 为充分利用空间作为冷却水临时贮水槽

30. 下列几种蒸发器内气液分离装置中，（　　）分离效果最好，阻力降最小。

A. 钟罩式　　B. 折流板式　　C. 球形式　　D. 丝网捕集器

31. 拆换蒸发器视镜时，应使蒸发罐内的压力降为零，并穿戴好劳保用品，在（　　）拆换。

A. 侧面　　B. 背面　　C. 对面　　D. 任何位置都可以

32. 发现蒸发罐视镜腐蚀严重，只有（　　）mm 时，应立即更换视镜并做好更换记录。

A. 10　　B. 15　　C. 18　　D. 20

33. 当蒸发生产能力固定后，真空系统水喷射泵进水量越大，进水温度越低，所获得的真空度（　　）。

A. 越高　　B. 越低　　C. 不变　　D. 无法判断

34. 在三效顺流蒸发大生产中，二效压力升高，则意味着（　　）加热室结垢，需要进行清洗。

A. 一效　　B. 二效　　C. 三效　　D. 整个装置

35. 在四效逆流蒸发装置中，如一效蒸发器循环泵的电流超过正常控制范围，则（　　）蒸发器需要清洗。

A. 1 台　　B. 2 台　　C. 3 台　　D. 4 台

36. 对强制循环蒸发器来说，循环管及加热室应分别作为泵的（　　）。

A. 进口、出口　　B. 出口、进口　　C. 进口、进口　　D. 出口、出口

37. （　　）过程运用的是焦耳-汤姆逊效应。

A. 压缩　　B. 节流　　C. 冷凝　　D. 蒸发

38. 测得某碱液蒸发器中蒸发室内二次蒸气的压力为 p，碱液沸点为 t。今若据 p 去查水的汽化潜热 r_p 与据 t 去查水的汽化潜热 r_t，可断定 r_p 与 r_t 的相对大小为（　　）。

A. $r_p > r_t$　　B. $r_p < r_t$

C. $r_p = r_t$　　D. 无确定关系，不好比

39. 提高蒸发装置的真空度，一定能取得的效果为（　　）。

A. 将增大加热器的传热温差　　B. 将增大冷凝器的传热温差

C. 将提高加热器的总传热系数　　D. 会降低二次蒸汽流动的阻力损失

40. 采用多效蒸发的目的在于（　　）。

A. 提高完成液的浓度　　B. 提高蒸发器的生产能力

C. 提高水蒸气的利用率　　D. 提高完成液的产量

41. 下列说法错误的是（　　）。

A. 多效蒸发时，后一效的压力一定比前一效的低

B. 多效蒸发时效数越多，单位蒸汽消耗量越少

C. 多效蒸发时效数越多越好

D. 大规模连续生产场合均采用多效蒸发

42. 将加热室安在蒸发室外面的是（　　）蒸发器。

A. 中央循环管式 B. 悬筐式　　C. 列文式　　D. 强制循环式

43. 下列说法中正确的是（　　）。

A. 单效蒸发比多效蒸发应用广

B. 减压蒸发可减少设备费用

C. 二次蒸汽即第二效蒸发的蒸汽

D. 采用多效蒸发的目的是降低单位蒸汽消耗量

44. 蒸发操作中，下列措施中不能显著提高传热系数 K 的是（　　）。

A. 及时排除加热蒸汽中的不凝性气体

B. 定期清洗除垢

C. 提高加热蒸汽的湍流速度

D. 提高溶液的速度和湍流程度

45. 下列蒸发器中结构最简单的是（　　）蒸发器。

A. 标准式　　B. 悬筐式　　C. 列文式　　D. 强制循环式

三、判断题（中级工）

1. 在多效蒸发时，后一效的压力一定比前一效的低。（　　）
2. 饱和蒸气压越大的液体越难挥发。（　　）
3. 采用多效蒸发的主要目的是为了充分利用二次蒸汽。效数越多，单位蒸汽耗用量越小，因此，过程越经济。（　　）
4. 单效蒸发操作中，二次蒸汽温度低于生蒸汽温度，这是由传热推动力和溶液沸点升高（温差损失）造成的。（　　）
5. 多效蒸发与单效蒸发相比，其单位蒸汽消耗量与蒸发器的生产强度均减少。（　　）
6. 根据二次蒸汽的利用情况，蒸发操作可分为单效蒸发和多效蒸发。（　　）
7. 逆流加料的蒸发流程不需要用泵来输送溶液，因此能耗低，装置简单。（　　）
8. 溶剂蒸气在蒸发设备内的长时间停留会对蒸发速率产生影响。（　　）
9. 溶液在中央循环管蒸发器中的自然循环是由于压力差造成的。（　　）
10. 提高传热系数可以提高蒸发器的蒸发能力。（　　）
11. 在膜式蒸发器的加热管内，液体沿管壁呈膜状流动，管内没有液层，故因液柱静压力而引起的温度差损失可忽略。（　　）
12. 在蒸发操作中，由于溶液中含有溶质，故其沸点必然低于纯溶剂在同一压力下的沸点。（　　）
13. 蒸发操作只有在溶液沸点下才能进行。（　　）
14. 蒸发操作中，少量不凝性气体的存在，对传热的影响可忽略不计。（　　）
15. 蒸发操作中使用真空泵的目的是抽出由溶液带入的不凝性气体，以维持蒸发器

内的真空度。（　　）

16. 蒸发过程的实质是通过间壁的传热过程。（　　）

17. 蒸发过程中操作压力增加，则溶质的沸点增加。（　　）

18. 蒸发过程主要是一个传热过程，其设备与一般传热设备并无本质区别。（　　）

19. 蒸发是溶剂在热量的作用下从液相转移到气相的过程，故属传热传质过程。（　　）

20. 多效蒸发的目的是为了提高产量。（　　）

21. 蒸发的效数是指蒸发装置中蒸发器的个数。（　　）

22. 蒸发加热室结垢严重会使轴流泵电流偏高。（　　）

23. 尿素生产中尿液在真空蒸发时，其沸点升高。（　　）

24. 尿素蒸发加热器蒸汽进口调节阀应采用气关阀。（　　）

25. 实现溶液蒸发必备条件是：（1）不断供给热能；（2）不断排除液体转化成的气体。（　　）

26. 蒸发操作实际上是在间壁两侧分别有蒸汽冷凝和液体沸腾的传热过程。（　　）

四、判断题（高级工）

1. 多效蒸发的目的是为了节约加热蒸汽。（　　）

2. 多效蒸发流程中，主要用在蒸发过程中有晶体析出场合的是平流加料。（　　）

3. 溶液在自然蒸发器中的循环方向是：在加热室列管中下降，而在循环管中上升。（　　）

4. 提高蒸发器的蒸发能力，其主要途径是提高传热系数。（　　）

5. 一般在低压下蒸发，溶液沸点较低，有利于提高蒸发的传热温差；再加压蒸发，所得到的二次蒸汽温度较高，可作为下一效的加热蒸汽加以利用。（　　）

6. 用分流进料方式蒸发时，得到的各份溶液浓度相同。（　　）

7. 在多效蒸发的流程中，并流加料的优点是各效的压力依次降低，溶液可以自动地从前一效流入后一效，不需用泵输送。（　　）

8. 在多效蒸发中，效数越多越好。（　　）

9. 真空蒸发降低了溶质的沸点。（　　）

10. 蒸发器主要由加热室和分离室两部分组成。（　　）

11. 中央循环管式蒸发器是强制循环蒸发器。（　　）

12. 在液体表面进行的汽化现象叫沸腾，在液体内部和表面同时进行的汽化现象叫蒸发。（　　）

13. 由于流体蒸发时温度降低，它要从周围的物体吸收热量，因此液体蒸发有制冷作用。（　　）

14. 带热集合流程的二甲苯分馏塔产品 C8A 中水含量高，不能说二甲苯塔顶的水蒸发器发生了泄漏。（　　）

15. 氯碱生产中蒸发工段的目的，一是浓缩碱液，二是除去结晶盐。（　　）

16. 在氯碱生产三效四体二段蒸发工序中，一效二次蒸汽送往二效加热室，二效二次蒸汽送往三效加热室，三效二次蒸汽送往四效加热室。 ( )
17. 蒸发量突然增大，易造成水喷射泵返水，因此蒸发器进出料应平衡，严防大起大落。 ( )
18. 在氯碱生产三效顺流蒸发装置中，二效蒸发器液面控制过高，会导致蒸发器分离空间不足，造成三效冷凝水带碱。 ( )
19. 碱液在自然循环蒸发器重循环的方向是：在加热室列管内下降，而在循环管内上升。 ( )
20. 氯碱工业三效顺流蒸发装置中，一效冷凝水带碱，必定是一效加热室漏。 ( )
21. 在标准蒸发器加热室中，管程走蒸汽，壳程走碱液。 ( )
22. 对蒸发装置而言，加热蒸汽压力越高越好。 ( )
23. 对强制循环蒸发器而言，由于利用外部动力来克服循环阻力，形成循环的推动力大，故循环速度可达 2～3m/s。 ( )
24. 当强制循环蒸发器液面控制过高时，容易诱发温差短路现象，使有效温差下降。 ( )
25. 蒸发器的有效温差是指加热蒸汽的温度与被加热溶液的沸点温度之差。( )
26. 进入氯碱生产蒸发工段蒸发器检修前，必须切断碱液蒸汽来源，卸开人孔，降低盲板，降温并办理入罐作业证后，方能进入罐检修。 ( )
27. 在碱液蒸发过程中，末效真空度控制得较好，可降低蒸发蒸汽消耗。 ( )
28. 氯碱生产蒸发过程中，加热蒸汽所提供的热量主要消耗于电解液的预热、水的蒸发和设备的散热。 ( )
29. 二次蒸汽的再压缩的蒸发又称为热泵蒸发，它的能量利用率相当于 3～5 效的多效蒸发装置，其节能效果与加热室和蒸发室的温度差无关，也即和压力差无关。 ( )
30. CO_2 气提法尿素装置一段蒸发和二段蒸发排出的尿液均属于饱和尿素溶液。 ( )
31. 尿素蒸发系统开车时，应遵循先抽真空后提温度的原则。 ( )
32. 尿液的热敏性差，所以尿素生产中尿液的蒸发提浓均采用膜式蒸发器。( )

五、多项选择题（高级工、技师）

1. 下面哪一项不会引起生蒸汽压力降低？( )

A. 锅炉总压降　　B. 进料浓度、温度低

C. 一效加热室列管坏　　D. 一效加热室结构

2. 在氯碱生产三效顺流蒸发装置中，下面哪些结果是由二效强制循环泵叶轮严重腐蚀所致？( )

A. 一效二次蒸汽偏高　　B. 二效二次蒸汽偏低

C. 三效真空度偏低　　D. 蒸碱效果差

3. 下列哪个因素不是影响末效真空度偏低的原因？（　　）

A. 大气冷凝器喷嘴堵塞　　B. 大气冷凝器下水温度偏高

C. 大气冷凝器上水供水压力低　　D. 大气冷凝器下水流速偏高

4. 乙烯装置中，事故蒸发器不具有的作用是（　　）。

A. 保证紧急停车时乙烯产品的正常外送

B. 外送量较小时，可保证外送的压力和温度

C. 保证火炬的正常燃烧

D. 保证丙烯产品的正常外送

5. 乙烯装置中，关于外送乙烯事故蒸发器的作用，下列说法正确的是（　　）。

A. 紧急停车时保证乙烯产品的正常外送

B. 丙烯制冷压缩机二段吸入罐液面高时，可投用事故蒸发器

C. 正常时，事故蒸发器不可投用

D. 正常且乙烯外送温度低时，可投用事故蒸发器

6. 乙烯装置中，关于高、低压乙烯外送事故蒸发器的投用，正确的说法是（　　）。

A. 丙烯制冷压缩机停车时，需要投用

B. 乙烯压缩机停车时，需要投用

C. 高低压乙烯外送压力低时，可以投用

D. 高低压乙烯外送温度低时，可以投用

7. 在蒸发过程中，溶液的（　　）增大。

A. 温度　　B. 浓度　　C. 压力　　D. 沸点

8. 蒸发操作中消耗的热量主要用于（　　）。

A. 补偿热损失　　B. 加热原料液　　C. 析出溶质　　D. 汽化溶剂

9. 下列说法错误的是（　　）。

A. 在一个蒸发器内进行的蒸发操作是单效蒸发

B. 蒸发与蒸馏相同的是整个操作过程中溶质数不变

C. 加热蒸汽的饱和温度一定高于同效中二次蒸汽的饱和温度

D. 蒸发操作时，单位蒸汽消耗量随原料液温度的升高而减少

10. 蒸发操作的目的是（　　）。

A. 获得浓缩的溶液直接作为化工产品或半成品

B. 脱除溶剂并增浓至饱和状态，然后再加以冷却，即采用蒸发、结晶的联合操作以获得固体溶质

C. 脱除杂质，制取纯净的溶剂

D. 获得蒸汽

11. 清除降低蒸发器垢层热阻的方法有（　　）。

A. 定期清理

B. 加快流体的循环运动速度

C. 加入微量阻垢剂

D. 处理有结晶析出的物料时加入少量晶种

12. 蒸发器中溶液的沸点不仅取决于蒸发器的操作压力，而且还与（　　）等因素有关。

A. 溶质的存在　　B. 蒸发器中维持的一定液位

C. 二次蒸汽的阻力损失　　D. 溶质的熔点

六、综合题（技师）

1. 汽化和蒸发有何区别？
2. 为什么尿素溶液二段蒸发要使用升压器？
3. 分析说明膜式蒸发器的工艺原理及尿液蒸发采用膜式蒸发器的理由。
4. 什么叫三效顺流蒸发工艺流程？
5. 简述蒸发真空系统中不凝性气体的来源。
6. 氯碱生产蒸发工艺中为什么要严格控制蒸发罐的液面？
7. 蒸发生产中，如何降低蒸汽消耗？
8. 在三效顺流部分强制循环蒸发流程中，如果发现一效二次蒸汽压力下降，请分析其可能原因及相应处理措施。
9. 蒸发过程中，为提高加热蒸汽的经济性，可采用哪些节能措施？
10. 在实际生产中，如何实现蒸发生产的“高产低耗”？
11. 论述加热蒸汽中不凝性气体对蒸发生产的危害性，以及为解决这一问题生产应做好哪些工作。
12. 如在生产中发现蒸发器内有较大杂声，请分析可能原因及解决方法。
13. 多效蒸发流程中，末效真空度偏低的可能原因有哪些？怎样查找判断？
14. 真空蒸发与常压蒸发比较有何优点？
15. 什么叫蒸发操作中的温度差损失？它是由哪些因素引起的？
16. 什么叫单位蒸汽消耗量？它与哪些影响因素有关？
17. 什么叫多效蒸发？多效蒸发的常用流程有哪几种？各有何优缺点？
18. 简述采用多效蒸发的意义以及其效数受到限制的原因。
19. 什么叫蒸发器的生产强度？
20. 在蒸发装置中，有哪些辅助设备？各起什么作用？
21. 硝酸铵生产蒸发过程中，发现一效蒸发器的出口溶液浓度低，请分析可能的原因及解决方法。

第十三部分　萃取基础知识

一、单项选择题（中级工）

1. 处理量较小的萃取设备是（　　）。
   A. 筛板塔　　B. 转盘塔　　C. 混合澄清器　　D. 填料塔
2. 萃取操作包括若干步骤，除了（　　）。
   A. 原料预热　　B. 原料与萃取剂混合
   C. 澄清分离　　D. 萃取剂回收
3. 萃取操作的依据是（　　）。
   A. 溶解度不同　　B. 沸点不同　　C. 蒸气压不同　　D. 挥发度不同
4. 萃取操作温度一般选（　　）。
   A. 常温　　B. 高温　　C. 低温　　D. 不限制
5. 萃取操作应包括（　　）。
   A. 混合-澄清　　B. 混合-蒸发　　C. 混合-蒸馏　　D. 混合-水洗
6. 萃取操作中，选择混合澄清槽的优点有多个，不包括（　　）。
   A. 分离效率高　　B. 操作可靠　　C. 动力消耗低　　D. 流量范围大
7. 萃取剂 S 与稀释剂 B 的互溶度愈（　　），分层区面积愈（　　），可能得到的萃取液的最高浓度 y_{max} 越高。
   A. 大　大　　B. 小　大　　C. 小　小　　D. 大　小
8. 萃取剂的加入量应使原料与萃取剂的交点 M 位于（　　）。
   A. 溶解度曲线上方区　　B. 溶解度曲线下方区
   C. 溶解度曲线上　　D. 任何位置均可
9. 萃取剂的温度对萃取蒸馏影响很大，当萃取剂温度升高时，塔顶产品（　　）。
   A. 轻组分浓度增加　　B. 重组分浓度增加
   C. 轻组分浓度减小　　D. 重组分浓度减小
10. 萃取剂的选用，首要考虑的因素是（　　）。
    A. 萃取剂回收的难易　　B. 萃取剂的价格
    C. 萃取剂溶解能力的选择性　　D. 萃取剂稳定性
11. 萃取剂的选择性系数是溶质和原溶剂分别在两相中的（　　）。
    A. 质量浓度之比　　B. 摩尔浓度之比
    C. 溶解度之比　　D. 分配系数之比
12. 萃取剂的选择性系数越大，说明该萃取操作越（　　）。
    A. 容易　　B. 不变　　C. 困难　　D. 无法判断
13. 萃取是分离（　　）。
    A. 固液混合物的一种单元操作　　B. 气液混合物的一种单元操作

C. 固固混合物的一种单元操作　　D. 均相液体混合物的一种单元操作

14. 萃取是根据（　　）来进行的分离。

A. 萃取剂和稀释剂的密度不同

B. 萃取剂在稀释剂中的溶解度大小

C. 溶质在稀释剂中不溶

D. 溶质在萃取剂中的溶解度大于溶质稀释剂中的溶解度

15. 萃取中当出现（　　）时，说明萃取剂选择得不适宜。

A. $K_A<1$　　B. $K_A=1$　　C. $\beta>1$　　D. $\beta\leqslant1$

16. 当萃取操作的温度升高时，在三元相图中，两相区的面积将（　　）。

A. 增大　　B. 不变　　C. 减小　　D. 先减小，后增大

17. 对于同样的萃取回收率，单级萃取所需的溶剂量相比多级萃取（　　）。

A. 较小　　B. 较大　　C. 不确定　　D. 相等

18. 多级逆流萃取与单级萃取比较，如果溶剂比、萃取相浓度一样，则多级逆流萃取可使萃余相浓度（　　）。

A. 变大　　B. 变小　　C. 基本不变　　D. 不确定

19. 分配曲线能表示（　　）。

A. 萃取剂和原溶剂两相的相对数量关系　　B. 两相互溶情况

C. 被萃取组分在两相间的平衡分配关系　　D. 都不是

20. 混合溶液中待分离组分浓度很低时，一般采用（　　）的分离方法。

A. 过滤　　B. 吸收　　C. 萃取　　D. 离心分离

21. 进行萃取操作时，应使（　　）。

A. 分配系数大于1　　B. 分配系数大于1

C. 选择性系数大于1　　D. 选择性系数小于1

22. 能获得含溶质浓度很少的萃余相，但得不到含溶质浓度很高的萃取相的是（　　）。

A. 单级萃取流程　　B. 多级错流萃取流程

C. 多级逆流萃取流程　　D. 多级错流或逆流萃取流程

23. 三角形相图内任一点，代表混合物的（　　）个组分含量。

A. 一　　B. 二　　C. 三　　D. 四

24. 填料萃取塔的结构与吸收和精馏使用的填料塔基本相同，在塔内装填充物，（　　）

A. 连续相充满整个塔中，分散相以滴状通过连续相

B. 分散相充满整个塔中，连续相以滴状通过分散相

C. 连续相和分散相充满整个塔中，使分散相以滴状通过连续相

D. 连续相和分散相充满整个塔中，使连续相以滴状通过分散相

25. 维持萃取塔正常操作要注意的事项不包括（　　）。

A. 减少返混　　B. 防止液泛

C. 防止漏液　　D. 两相界面高度要维持稳定

26. 下列关于萃取操作的描述，正确的是（　　）。

A. 密度相差大，分离容易但萃取速度慢

B. 密度相近，分离容易且萃取速度快

C. 密度相差大，分离容易且分散快

D. 密度相近，分离容易但分散慢

27. 研究萃取操作时，经常利用的最简单相图是（　　）。

A. 二元相图　　B. 三元相图　　C. 四元相图　　D. 一元相图

28. 用纯溶剂 S 对 A、B 混合液进行单级萃取，F、x_F 不变，加大萃取剂用量，通常所得萃取液的组成 y_A 将（　　）。

A. 提高　　B. 减小　　C. 不变　　D. 不确定

29. 有四种萃取剂，对溶质 A 和稀释剂 B 表现出下列特征，则最合适的萃取剂应选择（　　）。

A. 同时大量溶解 A 和 B　　B. 对 A 和 B 的溶解都很小

C. 大量溶解 A，少量溶解 B　　D. 大量溶解 B，少量溶解 A

30. 与精馏操作相比，萃取操作不利的是（　　）。

A. 不能分离组分相对挥发度接近于 1 的混合液

B. 分离低浓度组分消耗能量多

C. 不易分离热敏性物质

D. 流程比较复杂

31. 在萃取操作中用于评价溶剂选择性好坏的参数是（　　）。

A. 溶解度　　B. 分配系数　　C. 选择性系数　　D. 挥发度

32. 在溶解曲线以下的两相区，随温度的升高，溶解度曲线范围会（　　）。

A. 缩小　　B. 不变　　C. 扩大　　D. 缩小及扩大

33. 在原料液组成及溶剂化（S/F）相同条件下，将单级萃取改为多级萃取，如下参数的变化趋势是萃取率（　　），萃余率（　　）。

A. 提高　不变　　B. 提高　降低　　C. 不变　降低　　D. 均不确定

二、单项选择题（高级工）

1. 萃取操作的停车步骤是（　　）。

A. 关闭总电源开关—关闭轻相泵开关—关闭重相泵开关—关闭空气比例控制开关

B. 关闭总电源开关—关闭重相泵开关—关闭空气比例控制开关—关闭轻相泵开关

C. 关闭重相泵开关—关闭轻相泵开关—关闭空气比例控制开关—关闭总电源开关

D. 关闭重相泵开关—关闭轻相泵开关—关闭总电源开关—关闭空气比例控制开关

2. 单级萃取中，在维持料液组成 x_F、萃取相组成 y_A 不变的条件下，若用含有一定溶质 A 的萃取剂代替纯溶剂，所得萃余相组成 x_R 将（　　）。

A. 增高　　B. 减小　　C. 不变　　D. 不确定

3. 将原料加入萃取塔的操作步骤是（　　）。

A. 检查离心泵流程—设置好泵的流量—启动离心泵—观察泵的出口压力和流量

B. 启动离心泵—观察泵的出口压力和流量显示—检查离心泵流程—设置好泵的流量

C. 检查离心泵流程—启动离心泵—观察泵的出口压力和流量显示—设置好泵的流量

D. 检查离心泵流程—设置好泵的流量—观察泵的出口压力和流量显示—启动离心泵

4. 若物系的界面张力 σ 与两相密度差 $\Delta\rho$ 的比值（$\sigma/\Delta\rho$）大，宜选用（　　）萃取设备。

A. 无外能输入的　B. 有外能输入的　C. 塔径大的　D. 都合适

5. 下列不适宜作为萃取分散相的是（　　）。

A. 体积流量大的相　B. 体积流量小的相

C. 不易润湿填料等内部构件的相　D. 黏度较大的相

6. 下列不属于超临界萃取特点的是（　　）。

A. 萃取和分离分步进行　B. 分离效果好　C. 传质速率快　D. 无环境污染

7. 下列不属于多级逆流接触萃取的特点是（　　）。

A. 连续操作　B. 平均推动力大

C. 分离效率高　D. 溶剂用量大

8. 在 B-S 完全不互溶的多级逆流萃取塔操作中，原用纯溶剂，现改用再生溶剂，其他条件不变，则对萃取操作的影响是（　　）。

A. 萃余相含量不变　B. 萃余相含量增加

C. 萃取相含量减少　D. 萃余分率减小

9. 在表示萃取平衡组成的三角形相图上，顶点处表示（　　）。

A. 纯组分　B. 一元混合物　C. 二元混合物　D. 无法判断

10. 在萃取操作中，当温度降低时，萃取剂与原溶剂的互溶度将（　　）。

A. 增大　B. 不变　C. 减小　D. 先减小，后增大

11. 萃取操作温度升高时，两相区（　　）。

A. 减小　B. 不变　C. 增加　D. 不能确定

12. 萃取是利用各组分间的（　　）差异来分离液体混合物的。

A. 挥发度　B. 离散度　C. 溶解度　D. 密度

13. 对于同样的萃取相含量，单级萃取所需的溶剂量（　　）。

A. 比较小　B. 比较大　C. 不确定　D. 相等

14. 萃取操作只能发生在混合物系的（　　）。

A. 单相区　B. 二相区　C. 三相区　D. 平衡区

15. 将具有热敏性的液体混合物加以分离，常采用（　　）方法。

A. 蒸馏　B. 蒸发　C. 萃取　D. 吸收

三、判断题（中级工）

1. 萃取剂对原料液中的溶质组分要有显著的溶解能力，对稀释剂必须不溶。（　　）

2. 在一个既有萃取段，又有提浓段的萃取塔内，往往是萃取段维持较高温度，而提浓段维持较低温度。（　　）

3. 萃取中，萃取剂的加入量应使和点的位置位于两相区。（　　）

4. 分离过程可以分为机械分离和传质分离过程两大类，萃取是机械分离过程。（　　）

5. 含 A、B 两种成分的混合液，只有当分配系数大于 1 时，才能用萃取操作进行

分离。（ ）

6. 液-液萃取中，萃取剂的用量无论如何，均能使混合物出现两相而达到分离的目的。（ ）
7. 均相混合液中有热敏性组分，采用萃取方法可避免物料受热破坏。（ ）
8. 萃取操作设备不仅需要混合能力，而且还应具有分离能力。（ ）
9. 利用萃取操作可分离煤油和水的混合物。（ ）
10. 一般萃取操作中，选择性系数 $\beta>1$。（ ）
11. 萃取操作时选择性系数的大小反映了萃取剂对原溶液分离能力的大小，选择性系数必须大于1，并且越大越有利于分离。（ ）
12. 萃取塔正常操作时，两相的速度必须高于液泛的速度。（ ）
13. 萃取剂S与溶液中原溶剂B可以不互溶，也可以部分互溶，但不能完全互溶。（ ）
14. 分配系数 K 值越大，对萃取越有利。（ ）
15. 萃取操作的结果，萃取剂和被萃取物质必须能够通过精馏操作分离。（ ）
16. 液-液萃取三元物系，按其组分间互溶性可分为四种情况。（ ）
17. 萃取温度越低，萃取效果越好。（ ）
18. 在填料萃取塔正常操作时，连续相的适宜操作速度一般为液泛速度的50%～60%。（ ）
19. 超临界二氧化碳萃取主要用来萃取热敏水溶性物质。（ ）
20. 在体系与塔结构已定的情况下，两相的流速及振动、脉冲频率或幅度的增大，将会使分散相轴向返混严重，导致萃取效率的下降。（ ）
21. 在原料液组成及溶剂化（S/F）相同的条件下，将单级萃取改为多级萃取，如下参数的变化趋势是：萃取率不确定，萃余率提高。（ ）
22. 萃取塔操作时，流速过大或振动频率过快易造成液泛。（ ）
23. 萃取塔开车时，应先注满连续相，后进分散相。（ ）
24. 在连续逆流萃取塔操作时，为增加相际接触面积，一般应选流量小的一相作为分散相。（ ）

四、判断题（高级工）

1. 单级萃取中，在维持料液组成 x_F、萃取相组成 y_A 不变的条件下，若用含有一定溶质A的萃取剂代替纯溶剂，所得萃余相组成 x_R 将提高。（ ）
2. 溶质A在萃取相中和萃余相中的分配系数 $K_A>1$，是选择萃取剂的必备条件之一。（ ）
3. 萃取操作，返混随塔径增加而增强。（ ）
4. 填料塔不可以用来作萃取设备。（ ）
5. 通常，物系的温度升高，组分B、S的互溶度加大，两相区面积减小，利于萃取分离。（ ）
6. 在多级逆流萃取中，欲达到同样的分离程度，溶剂比愈大则所需理论级数愈少。（ ）

7. 分配系数 K_A＜1 表示萃余相中 A 组分的浓度＜萃取相中 A 组分的浓度。（　　）

8. 萃取剂必须对混合液中欲萃取出来的溶质 A 有显著的溶解能力，而对其他组分则完全不溶或溶解能力很小。（　　）

9. 萃取剂加入量应使原料和萃取剂的和点 M 位于溶解度曲线的上方区域。（　　）

10. 液-液萃取中，萃取剂的用量无论多少，均能使混合物出现两相而达到分离的目的。（　　）

11. 均相混合液中有热敏性组分，采用萃取方法可避免物料受热破坏。（　　）

12. 萃取剂必须对混合液中欲萃取出来的溶质 A 有显著的溶解能力，而对其他组分而言，则完全不溶或溶解能力很小。（　　）

第十四部分　催化剂基础知识

一、单项选择题（中级工）

1. 按（　　）分类，一般催化剂可分为过渡金属催化剂、金属氧化物催化剂、硫化物催化剂、固体酸催化剂等。

   A. 催化反应类型　　B. 催化材料的成分

   C. 催化剂的组成　　D. 催化反应相态

2. 把暂时中毒的催化剂经过一定方法处理后，恢复到一定活性的过程称为催化剂的（　　）。

   A. 活化　　B. 燃烧　　C. 还原　　D. 再生

3. 把制备好的钝态催化剂经过一定方法处理后，变为活泼态的催化剂的过程称为催化剂的（　　）。

   A. 活化　　B. 燃烧　　C. 还原　　D. 再生

4. 催化剂按形态可分为（　　）。

   A. 固态、液态、等离子态　　B. 固态、液态、气态、等离子态

   C. 固态、液态　　D. 固态、液态、气态

5. 催化剂的活性随运转时间变化的曲线可分为（　　）三个时期。

   A. 成熟期—稳定期—衰老期　　B. 稳定期—衰老期—成熟期

   C. 衰老期—成熟期—稳定期　　D. 稳定期—成熟期—衰老期

6. 催化剂的主要评价指标是（　　）。

   A. 活性、选择性、状态、价格　　B. 活性、选择性、寿命、稳定性

   C. 活性、选择性、环保性、密度　　D. 活性、选择性、环保性、表面光洁度

7. 催化剂的作用与下列哪个因素无关？（　　）

   A. 反应速率　　B. 平衡转化率　　C. 反应的选择性　　D. 设备的生产能力

8. 催化剂须具有（　　）。

   A. 较高的活性、添加简便、不易中毒

   B. 较高的活性、合理的流体流动的性质、足够的机械强度

   C. 合理的流体流动的性质、足够的机械强度、耐高温

   D. 足够的机械强度、较高的活性、不易中毒

9. 催化剂一般由（　　）、助催化剂和载体组成。

   A. 粘接剂　　B. 分散剂　　C. 活性主体　　D. 固化剂

10. 催化剂中毒有（　　）两种情况。

    A. 短期性和长期性　　B. 短期性和暂时性

    C. 暂时性和永久性　　D. 暂时性和长期性

11. 关于催化剂的描述下列哪一种是错误的？（　　）

A. 催化剂能改变化学反应速率　　B. 催化剂能加快逆反应的速率

C. 催化剂能改变化学反应的平衡　　D. 催化剂对反应过程具有一定的选择性

12. 使用固体催化剂时一定要防止其中毒，若中毒后其活性可以重新恢复的中毒是（　　）。

A. 永久中毒　　B. 暂时中毒　　C. 炭沉积　　D. 钝化

13. 下列叙述中不是催化剂特征的是（　　）。

A. 催化剂的存在能提高化学反应热的利用率

B. 催化剂只缩短达到平衡的时间，而不能改变平衡状态

C. 催化剂参与催化反应，但反应终了时，催化剂的化学性质和数量都不发生改变

D. 催化剂对反应的加速作用具有选择性

14. 原料转化率越高，可显示催化剂的（　　）越大。

A. 活性　　B. 选择性　　C. 寿命　　D. 稳定性

15. 载体是固体催化剂的特有成分，载体一般具有（　　）的特点。

A. 大结晶、小表面、多孔结构　　B. 小结晶、小表面、多孔结构

C. 大结晶、大表面、多孔结构　　D. 小结晶、大表面、多孔结构

16. 在催化剂中，一些本身没有催化性能，却能改善催化剂性能的物质，称为（　　）。

A. 活性组分　　B. 助催化剂　　C. 载体　　D. 抑制剂

17. 在固体催化剂所含物质中，对反应具有催化活性的主要物质是（　　）。

A. 活性成分　　B. 助催化剂　　C. 抑制剂　　D. 载体

18. 在实验室衡量一个催化剂的价值时，下列哪个因素不加以考虑？（　　）

A. 活性　　B. 选择性　　C. 寿命　　D. 价格

19. 催化剂之所以能增加反应速率，其根本原因是（　　）。

A. 改变了反应历程，降低了活化能　　B. 增加了活化能

C. 改变了反应物的性质　　D. 以上都不对

二、单项选择题（高级工）

1. 一氧化碳与氢气合成甲醇所用的催化剂，（　　）甲醇分解为一氧化碳和氢气所用催化剂。

A. 可以用于　　B. 不可以用于　　C. 有时能用于　　D. 不能确定

2. 氨合成催化剂的活性成分是（　　）。

A. FeO　　B. Fe_2O_3　　C. Fe_3O_4　　D. α-Fe

3. 催化剂化学活化的方式不包括（　　）。

A. 氧化　　B. 硫化　　C. 还原　　D. 硝化

4. 催化剂失活的类型下列错误的是（　　）。

A. 化学　　B. 热的　　C. 机械　　D. 物理

5. 对于中温一氧化碳变换催化剂，如果遇 H_2S 发生中毒，可采用下列哪种方法再生？（　　）

A. 空气处理　　B. 用酸或碱溶液处理
C. 蒸汽处理　　D. 通入还原性气体

6. 工业用的脱氢催化剂再生方法应选择以下哪种方法？（　　）
A. 灼烧法　　B. 氧化还原法　　C. 高压水蒸气吹扫法　　D. 溶剂提取法

7. 固体催化剂颗粒内气体扩散的类型不包括（　　）。
A. 分子扩散　　B. 努森扩散　　C. 构型扩散　　D. 菲克扩散

8. 管式反应器中催化剂一般为（　　）。
A. 球状　　B. 环状　　C. 片状　　D. 柱状

9. 合成氨催化剂使用前必须（　　）。
A. 氧化　　B. 还原　　C. 先氧化后还原　　D. 先还原后氧化

10. 加氢反应的催化剂的活性组分是（　　）。
A. 单质金属　　B. 金属氧化物　　C. 金属硫化物　　D. 都不是

11. 下列（　　）项不属于预防催化剂中毒的工艺措施。
A. 增加清净工序　　B. 安排预反应器
C. 更换部分催化剂　　D. 装入过量催化剂

12. 下列不能表示催化剂颗粒直径的是（　　）。
A. 体积当量直径　　B. 面积当量直径
C. 长度当量直径　　D. 比表面当量直径

13. 下列关于氨合成催化剂的描述，哪一项是正确的？（　　）
A. 温度越高，内表面利用率越小
B. 氨含量越大，内表面利用率越小
C. 催化剂粒度越大，内表面利用率越大
D. 催化剂粒度越小，流动阻力越小

14. 硝酸生产中氨氧化用催化剂的载体是（　　）。
A. SiO_2　　B. 无　　C. Fe　　D. Al_2O_3

15. 性能良好的催化剂应具有比较大的（　　）。
A. 表面积　　B. 体积　　C. 比表面积　　D. 密度

16. 载体是固体催化剂的特有成分，下列载体中具有高比表面积的载体是（　　）。
A. 活性炭　　B. 硅藻土　　C. 氧化镁　　D. 刚玉

17. 在催化剂适宜的温度范围内，当温度逐渐升高时，以下描述正确的是（　　）。
A. 反应速率加快　B. 转化率提高　　C. 选择性下降　　D. 收率提高

18. 在对峙反应 $A+B \rightleftharpoons C+D$ 中加入催化剂（k_1、k_2 分别为正、逆向反应速率常数），则（　　）。
A. k_1、k_2 都增大，k_1/k_2 增大　　B. k_1 增大，k_2 减小，k_1/k_2 增大
C. k_1、k_2 都增大，k_1/k_2 不变　　D. k_1 和 k_2 都增大，k_1/k_2 减小

19. 在石油炼制过程中占有重要地位的催化剂是（　　）。
A. 金属氧化物催化剂　　B. 酸催化剂
C. 分子筛催化剂　　D. 金属硫化物催化剂

20. 制备好的催化剂在使用的活化过程中常伴随着（　　）。

A. 化学变化和物理变化　　B. 化学变化和热量变化

C. 物理变化和热量变化　　D. 温度变化和压力变化

21. 催化剂活性好，则转换率（　　）。

A. 高　　B. 低　　C. 不变　　D. 不一定

22. 催化裂化装置中催化剂塌方是指（　　）。

A. 催化剂跑损严重　　B. 催化剂循环中断

C. 指两器内催化剂藏量突然下降　　D. 指两器内催化剂藏量突然大量上升

23. 催化裂化装置中催化剂架桥（　　）。

A. 指斜管中催化剂循环中断　　B. 两器藏量指示不变化

C. 两器藏量突然下降　　D. 两器藏量突然上升

24. 避免催化剂热崩，是减少装置催化剂消耗的有效方法，热崩和（　　）无关。

A. 再生温度　　B. 新鲜催化剂含水量　　C. 稀相线速　　D. 喷燃烧油

25. NH_3 可以使加氢裂化催化剂产生（　　）。

A. 永久性中毒　　B. 暂时性中毒　　C. 结构破坏　　D. 无影响

26. 水对催化剂的危害是（　　）。

A. 破坏其选择性　B. 破坏其稳定性　　C. 破坏其机械强度　　D. 以上都不对

27. 加氢裂化使用的催化剂是（　　）催化剂。

A. 双功能　　B. 多功能　　C. 贵金属　　D. 非金属

28. 除了催化剂的活性外，（　　）也是影响固定床反应器开工周期的原因。

A. 原料氮含量　　B. 催化剂床层压降　　C. 空速　　D. 催化剂的用量

29. 加氢反应是在催化剂的（　　）进行的。

A. 金属中心　　B. 酸性中心　　C. 各部分　　D. 表面

30. 氨使裂化催化剂钝化的原理是（　　）。

A. 中和酸性

B. 暂时改变催化剂结构

C. 堵塞催化剂上微孔，减慢介质向内扩散速度

D. 暂时性中毒

31. 催化剂硫化时要在190℃开始注二硫化碳，其原因是（　　）。

A. 防止硫化剂分解　　B. 防止催化剂被还原

C. 防止有甲烷生成　　D. 防止催化剂中毒

32. 氮化物会导致裂化催化剂（　　）。

A. 结构变化　　B. 暂时性中毒　　C. 永久性中毒　　D. 以上都不是

33. 催化剂的（　　）下降，航煤的收率会下降。

A. 机械强度　　B. 选择性　　C. 活性　　D. 堆积密度

34. 装填催化剂时，应均匀一致，其目的是（　　）。

A. 防止床层受力不均匀　　B. 防止床层被气流吹翻

C. 防止床层受热不均　　D. 防止运行时产生沟流

35. 催化剂装填时，不能从高于（ ）处往下倾倒。

A. 20cm　B. 40cm　C. 60cm　D. 80cm

36. （ ）贵金属元素更适合作为加氢催化剂。

A. 第Ⅶ族　B. 第Ⅷ族　C. 第Ⅵ族　D. 第Ⅳ族

37. 下列工艺中，不需要使用催化剂的是（ ）。

A. 溶剂吸收法脱除炔烃　B. 气相加氢脱除炔烃

C. 催化精馏法脱除炔烃　D. 液相加氢脱除炔烃

三、判断题（中级工）

1. 催化剂的活性只取决于催化剂的化学组成，而与催化剂的表面积和孔结构无关。（ ）
2. 催化剂的颗粒粒径越小，其比表面积越大。（ ）
3. 催化剂的生产能力常用催化剂的空时收率来表示，所谓的空时收率就是单位时间、单位催化剂（单位体积或单位质量）上生成目的产物的数量。（ ）
4. 催化剂的使用寿命主要由催化剂的活性曲线的稳定期决定。（ ）
5. 催化剂的性能指标主要包括比表面积、孔体积和孔体积分布。（ ）
6. 催化剂中毒可分为可逆中毒和不可逆中毒。（ ）
7. 催化剂可以改变反应途径，所以体系的始末态也发生了改变。（ ）
8. 催化剂可以是固体，也可以是液体或气体。（ ）
9. 催化剂能同等程度地降低正、逆反应的活化能。（ ）
10. 催化剂是一种能改变化学反应速率，而其自身的组成、质量和化学性质在反应前后保持不变的物质。（ ）
11. 催化剂只能改变反应达到平衡的时间，不能改变平衡的状态。（ ）
12. 催化剂中的各种组分对化学反应都有催化作用。（ ）
13. 催化剂中毒后经适当处理可使催化剂的活性恢复，这种中毒称为暂时性中毒。（ ）
14. 固体催化剂的组成主要包括活性组分、助催化剂和载体。（ ）
15. 固体催化剂使用载体的目的在于使活性组分有高度的分散性，增加催化剂与反应物的接触面积。（ ）
16. 能加快反应速率的催化剂为正催化剂。（ ）
17. 优良的固体催化剂应具有：活性好、稳定性强、选择性高、无毒并耐毒、耐热、机械强度高、有合理的流体流动性、原料易得、制造方便等性能。（ ）
18. 暂时性中毒对催化剂不会有任何影响。（ ）
19. 制备好的催化剂从生产厂家运来后直接加到反应器内就可以使用。（ ）
20. 催化剂的骨架密度大于颗粒密度，催化剂的堆积密度小于颗粒密度。（ ）
21. 催化剂的活性越高，其选择性就越好。（ ）
22. 活性高的催化剂选择性也一定好，所以一般以活性高低来评价催化剂的好坏。（ ）
23. 催化剂的选择性是决定轻质油产率高低的唯一因素。（ ）

24. 催化剂的表面积越大，对化学反应越有利。 ( )

四、判断题（高级工）

1. 氨合成催化剂活化状态的活性成分是单质铁。 ( )
2. 氨合成催化剂在使用前必须经还原，而一经还原后，以后即不必再作处理，直到达到催化剂的使用寿命。 ( )
3. 氨氧化催化剂金属铂为不活泼金属，因此硝酸生产中，铂网可以放心使用，不会损坏。 ( )
4. 采用列管式固定床反应器生产氯乙烯，使用相同类型的催化剂，在两台反应器生产能力相同条件下，则催化剂装填量越多的反应器生产强度越大。 ( )
5. 催化剂 γ-Al_2O_3 的强酸部位是催化异构化反应的活性部位。 ( )
6. 催化剂的形状系数越接近于1，则形状越接近球形。 ( )
7. 催化剂的有效系数是球形颗粒的外表面与体积相同的非球形颗粒的外表面之比。 ( )
8. 催化剂在反应器内升温还原时，必须控制好升温速度、活化温度与活化时间，活化温度不得高于催化剂活性温度上限。 ( )
9. 当反应速率受内扩散控制时，一般选用粒度较大的催化剂。 ( )
10. 固定床催化剂床层的温度必须严格控制在同一温度，以保证反应有较高的收率。 ( )
11. 固定床催化剂装填时必须均匀，以保证各管流体阻力相近，维持催化剂较高的活性和较长寿命。 ( )
12. 合成氨的铁系催化剂结焦后高温下通入 O_2 即可使催化剂再生。 ( )
13. 若反应原料昂贵、产物与负产物的分离很困难时，则宜选用高活性的工业催化剂。 ( )
14. 若以少量的助催化剂与活性组分配合，则可显著提高催化剂的活性、选择性、稳定性，其单独存在也具有显著的催化活性。 ( )
15. 通常固体催化剂的机械强度取决于其载体的机械强度。 ( )
16. 为了保持催化剂的活性，保证产品的经济效益，在催化剂进入衰退期后，应立即更换催化剂。 ( )
17. 无论是暂时性中毒后的再生，还是高温烧结积炭后的再生，均不会引起固体催化剂结构的损伤，活性也不会下降。 ( )
18. 新鲜催化剂的使用温度可以比适宜温度低一点，随活性下降使用温度可适当提高。 ( )
19. 乙烯氧化生产环氧乙烷工艺中所选用的催化剂为银，抑制剂为二氯乙烷。 ( )
20. 由于催化剂不能改变反应的始末态，所以它不能改变反应热。 ( )
21. 在一定接触时间内，一定反应温度和反应物配比下，主反应的转化率愈高，说明催化剂的活性愈好。 ( )
22. 催化裂化催化剂的主要性能评定包括催化剂活性、比表面、选择性、稳定性、抗重金属能力、粒度分布和抗磨损性能这六个方面。 ( )

23. 采用标准微型反应器，在一定反应条件下，测得的活性数据就是催化剂的微反活性。 (　　)
24. 在生产中，由于高温及水蒸气的作用，催化剂的微孔遭到破坏，平均孔径增大而比表面减小，导致活性下降，这种现象叫催化剂的老化。 (　　)
25. 重金属如 Fe、Ni、Cu、V 等在裂化催化剂上沉积，会降低催化剂的选择性。 (　　)
26. 催化剂的耐磨性越差，跑损就越严重。 (　　)
27. 催化剂在使用过程中，由于高温、水蒸气、积炭和重金属等影响，使催化剂的活性下降，以后就保持在一定的活性水平上，此时的活性称为平衡活性。 (　　)
28. 水碰到高温催化剂迅速汽化，而使催化剂颗粒崩裂的现象叫做催化剂热崩。 (　　)
29. 水对催化剂的危害是破坏其机械强度。 (　　)
30. 催化裂化新鲜催化剂的物理性质分析有粒度、比表面积、孔体积、密度、磨损指数。 (　　)
31. 催化剂的活性对催化裂化汽油的辛烷值的影响是活性增高，汽油辛烷值提高。 (　　)
32. 对于一个催化装置，都有一个能最大限度地提高催化裂化装置的经济效益的最佳催化剂活性。 (　　)
33. 催化剂选择性的好坏与它的品种和制造质量有关。 (　　)
34. 由于重金属对平衡催化剂的污染，会大大降低催化剂的活性，但不会降低选择性。 (　　)
35. 生产装置中催化剂补充速度和中毒状况相同的条件下，平衡活性越高，说明稳定性越好。 (　　)
36. 沉积在催化剂上的重金属，使催化剂的活性和选择性恶化，而且不能用再生的方法恢复，这种现象称为永久性失活或催化剂中毒。 (　　)
37. 催化剂的机械强度与制备过程有关，高铝催化剂的耐磨性比低铝催化剂要好一些，全合成催化剂的机械强度大于半合成催化剂。 (　　)
38. 在测定催化剂微反活性时，所得产物是通过色谱方法测定产品产率的。(　　)
39. 采用微反活性方法测定催化剂活性时，一般多用在测定活性较低的催化剂时使用。 (　　)
40. 在实验室中测定微反活性的条件与工业装置基本类似，以便得到较为准确的结果。 (　　)
41. 加氢裂化使用的催化剂是双功能催化剂。 (　　)
42. 钝化催化剂利用的是 NH_3 可使催化产生暂时性中毒的特性。 (　　)
43. 加氢裂化过程中所有的反应均在催化剂的金属中心上发生。 (　　)
44. 催化剂器外预硫化的技术正在得到越来越广泛的应用。 (　　)
45. 加氢催化剂只有硫化态金属是活性中心。 (　　)

46. 氮可以造成裂化催化剂永久性中毒。（　）
47. 氨会造成裂化催化剂永久性中毒。（　）
48. 目前加氢裂化过程的催化剂正朝着低金属含量、高活性和高抗氮能力的方向发展。（　）
49. 重金属可堵塞催化剂的微孔，使催化剂比表面积下降而导致活性下降，即使通过烧焦也无法恢复。（　）

五、综合题（技师）

1. 催化作用的定义是什么？
2. 从催化作用的定义中可得出哪些结论？
3. 催化剂成分主要由哪几个部分构成？它们各起什么作用？
4. 在估量一个催化剂的工业价值时，通常认为哪三个因素是最重要的？考虑的顺序是什么？
5. 催化剂的寿命曲线通常包括哪三个周期？
6. 按催化反应体物相均一性分类方法，可将催化体系分为哪几类？
7. 按催化剂作用机理分类，可将催化体系分为哪几类？
8. 多相催化反应一般包括哪几个步骤？其中哪几个步骤属于化学过程？
9. 物理吸附、化学吸附的差别是什么？
10. 负载型催化剂的优点有哪些？
11. 雷尼镍催化剂用于什么反应？简述其制备过程，并说明如何保存雷尼镍催化剂。
12. 列管式反应器催化剂的装填过程中应注意哪些问题？
13. 使用催化剂应该注意一些什么问题？
14. 为什么新催化剂升温至150℃以前，应严格控制10～15℃的升温速度？
15. 什么是催化剂老化？
16. 什么叫催化剂中毒？
17. 催化原料中最常见有哪些重金属对催化裂化催化剂造成污染？其影响是什么？
18. 催化剂硫化时床层温度高如何处理？
19. 加氢精制反应器开始卸催化剂时应注意什么？
20. 使用过的加氢裂化催化剂卸出后应如何保存？为什么？
21. 什么是催化剂再生？
22. 催化裂化催化剂的主要性能是什么？
23. 什么是催化剂暂时失活？

第十五部分　化工识图知识

一、单项选择题（中级工）

1.（　　）在工艺设计中起主导作用，是施工安装的依据，同时又作为操作运行及检修的指南。

A. 设备布置图　　B. 管道布置图
C. 工艺管道及仪表流程图　　D. 化工设备图

2. 表示化学工业部标准的符号是（　　）。

A. GB　　B. JB　　C. HG　　D. HB

3. 表示设备与建筑物、设备与设备之间的相对位置，能直接指导设备安装的图样是（　　）。

A. 设备布置图　　B. 平面布置图　　C. 剖面布置图　　D. 管路布置图

4. 厂房的外墙长度尺寸标注 3600，其长度应该是（　　）。

A. 3600 米　　B. 600 厘米　　C. 3600 毫米　　D. 36 米

5. 带控制点的工艺流程图构成有（　　）。

A. 设备、管线、仪表、阀门、图例和标题栏　　B. 厂房
C. 设备和厂房　　D. 方框流程图

6. 带控制点工艺流程图中管径一律用（　　）。

A. 内径　　B. 外径　　C. 公称直径　　D. 中径

7. 带控制点流程图一般包括图形、标注、（　　）、标题栏等

A. 图例　　B. 说明　　C. 比例说明　　D. 标准

8. 对于管路标注 IA0601-25×3，下列说法不正确的是（　　）。

A. “IA”表示工艺空气　　B. “06”是工段号
C. “01”是管段序号　　D. 该管道公称直径为 20

9. 工艺流程图包含（　　）。

A. 方案流程图　　B. 物料流程图和首页图
C. 管道及仪表流程图　　D. 以上都是

10. 工艺物料代号 PA 是（　　）。

A. 工艺气体　　B. 工艺空气
C. 气液两相工艺物料　　D. 气固两相工艺物料

11. 管道标准为 W1022-25×2.5B，其中 10 的含义是（　　）。

A. 物料代号　　B. 主项代号　　C. 管道顺序号　　D. 管道等级

12. 管道的常用表示方法是（　　）。

A. 管径代号　　B. 管径代号和外径
C. 管径代号、外径和壁厚　　D. 管道外径

13. 化工工艺流程图是一种表示（　　）的示意性图样，根据表达内容的详略，分为方案流程图和施工流程图。

A. 化工设备　　B. 化工过程　　C. 化工工艺　　D. 化工生产过程

14. 化工工艺流程图中的设备用（　　）线画出，主要物料的流程线用（　　）实线表示。

A. 细　粗　　B. 细　细　　C. 粗　粗　　D. 粗　细

15. 能组织、实施和指挥生产的技术文件是（　　）。

A. 设备平面布置图　　B. 物料流程图

C. 管路布置图　　D. 带控制点的工艺流程图

16. 设备布置图和管路布置图主要包括反映设备、管路水平布置情况的（　　）图和反映某处立面布置情况的（　　）图。

A. 平面　立面　　B. 立面　平面　　C. 平面　剖面　　D. 剖面　平面

17. 设备分类代号中表示容器的字母为（　　）。

A. T　　B. V　　C. P　　D. R

18. 图纸中的比例 20∶1 表明（　　）。

A. 图形比实物大　　B. 图形比实物小　　C. 一样大　　D. 都不是

19. 下列比例中，（　　）是优先选用的比例。

A. 4∶1　　B. 1∶3　　C. 5∶1　　D. $1:1.5\times10^{n}$

20. 下列不是基本视图的是（　　）。

A. 仰视图　　B. 向视图　　C. 后视图　　D. 剖面图

21. 下列符号中代表指示、控制的是（　　）。

A. TIC　　B. TdRC　　C. PdC　　D. AC

22. 下列视图不属于三视图的是（　　）。

A. 主视图　　B. 俯视图　　C. 左视图　　D. 右视图

23. 在带控制点工艺流程图中，仪表位号的第一个字母表示（　　）。

A. 被测变量　　B. 仪表功能　　C. 工段号　　D. 管段序号

24. 带控制点工艺流程图中的图例用来说明（　　）、管件、控制点等符号的意义。

A. 压力表　　B. 阀门　　C. 流量计　　D. 温度计

25. 在方案流程图中，设备的大致轮廓线应用（　　）表示。

A. 粗实线　　B. 细实线　　C. 中粗实线　　D. 双点画线

26. 在工艺管道及仪表工艺流程图中，某仪表的工位号是 TC-100，那么该表的功能是（　　）。

A. 温度记录仪　　B. 温度调节器　　C. 温度变送器　　D. 温度指示仪

27. 在工艺管道及仪表流程图中，是由图中的（　　）反映实际管道的粗细的。

A. 管道标注　　B. 管线粗细　　C. 管线虚实　　D. 管线长短

28. 在工艺流程图中，公用工程埋地管线由（　　）表示。

A. 粗实线　　B. 粗虚线　　C. 中虚线　　D. 细虚线

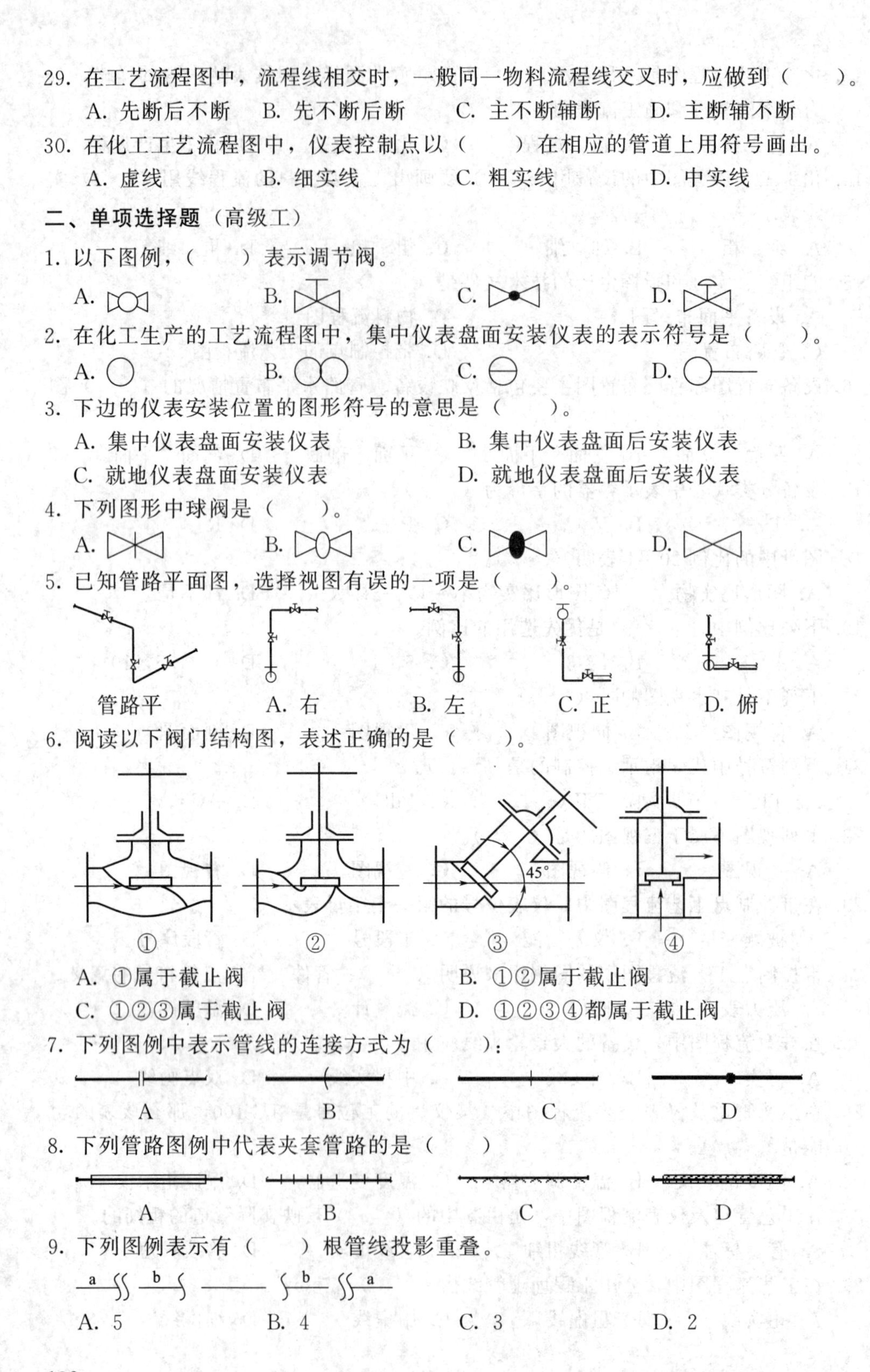

29. 在工艺流程图中，流程线相交时，一般同一物料流程线交叉时，应做到（　　）。

A. 先断后不断　　B. 先不断后断　　C. 主不断辅断　　D. 主断辅不断

30. 在化工工艺流程图中，仪表控制点以（　　）在相应的管道上用符号画出。

A. 虚线　　B. 细实线　　C. 粗实线　　D. 中实线

二、单项选择题（高级工）

1. 以下图例，（　　）表示调节阀。

A.　　B.　　C.　　D.

2. 在化工生产的工艺流程图中，集中仪表盘面安装仪表的表示符号是（　　）。

A.　　B.　　C.　　D.

3. 下边的仪表安装位置的图形符号的意思是（　　）。

A. 集中仪表盘面安装仪表　　B. 集中仪表盘面后安装仪表

C. 就地仪表盘面安装仪表　　D. 就地仪表盘面后安装仪表

4. 下列图形中球阀是（　　）。

A.　　B.　　C.　　D.

5. 已知管路平面图，选择视图有误的一项是（　　）。

管路平　　A. 右　　B. 左　　C. 正　　D. 俯

6. 阅读以下阀门结构图，表述正确的是（　　）。

①　　②　　③　　④

A. ①属于截止阀　　B. ①②属于截止阀

C. ①②③属于截止阀　　D. ①②③④都属于截止阀

7. 下列图例中表示管线的连接方式为（　　）：

A　　B　　C　　D

8. 下列管路图例中代表夹套管路的是（　　）

A　　B　　C　　D

9. 下列图例表示有（　　）根管线投影重叠。

A. 5　　B. 4　　C. 3　　D. 2

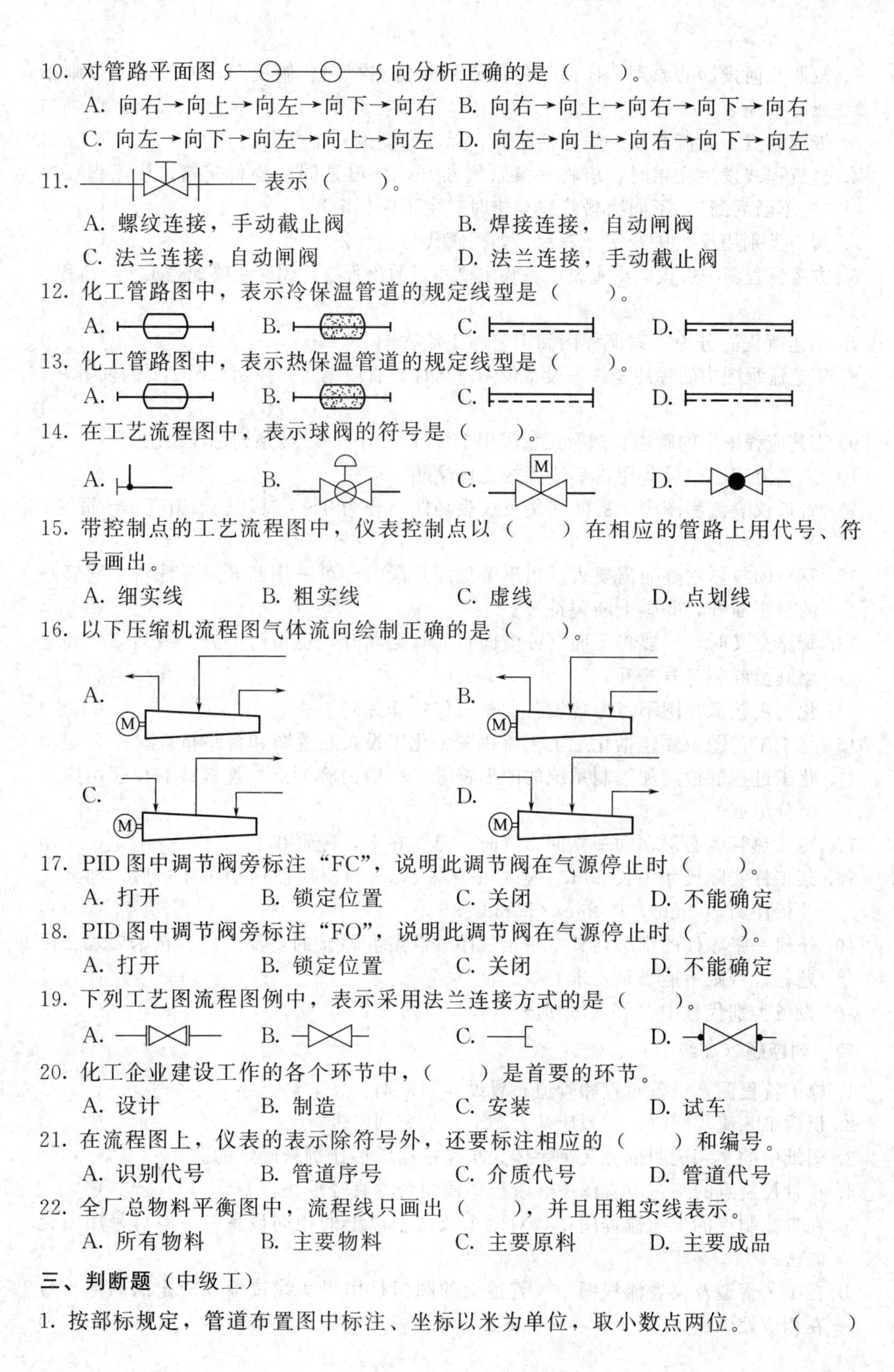

10. 对管路平面图 向分析正确的是（　　）。

A. 向右→向上→向左→向下→向右　B. 向右→向上→向右→向下→向右

C. 向左→向下→向左→向上→向左　D. 向左→向上→向右→向下→向左

11. 表示（　　）。

A. 螺纹连接，手动截止阀　　B. 焊接连接，自动闸阀

C. 法兰连接，自动闸阀　　D. 法兰连接，手动截止阀

12. 化工管路图中，表示冷保温管道的规定线型是（　　）。

A.　　B.　　C.　　D.

13. 化工管路图中，表示热保温管道的规定线型是（　　）。

A.　　B.　　C.　　D.

14. 在工艺流程图中，表示球阀的符号是（　　）。

A.　　B.　　C.　　D.

15. 带控制点的工艺流程图中，仪表控制点以（　　）在相应的管路上用代号、符号画出。

A. 细实线　　B. 粗实线　　C. 虚线　　D. 点划线

16. 以下压缩机流程图气体流向绘制正确的是（　　）。

A.　　B.

C.　　D.

17. PID 图中调节阀旁标注“FC”，说明此调节阀在气源停止时（　　）。

A. 打开　　B. 锁定位置　　C. 关闭　　D. 不能确定

18. PID 图中调节阀旁标注“FO”，说明此调节阀在气源停止时（　　）。

A. 打开　　B. 锁定位置　　C. 关闭　　D. 不能确定

19. 下列工艺图流程图例中，表示采用法兰连接方式的是（　　）。

A.　　B.　　C.　　D.

20. 化工企业建设工作的各个环节中，（　　）是首要的环节。

A. 设计　　B. 制造　　C. 安装　　D. 试车

21. 在流程图上，仪表的表示除符号外，还要标注相应的（　　）和编号。

A. 识别代号　　B. 管道序号　　C. 介质代号　　D. 管道代号

22. 全厂总物料平衡图中，流程线只画出（　　），并且用粗实线表示。

A. 所有物料　　B. 主要物料　　C. 主要原料　　D. 主要成品

三、判断题（中级工）

1. 按部标规定，管道布置图中标注、坐标以米为单位，取小数点两位。（　　）

2. 按照几何投影的原理，任何零件图必须具备主视图、俯视图和侧视图，否则不能完整地表示零件。 （ ）
3. 带控制点工艺流程图一般包括图形、标注和图例三个部分。 （ ）
4. 当流程线发生交错时，应将一条管线断开，一般是同一物料交错，按流程顺序“先不断后断”，不同物料管线交错时“主不断辅断”。 （ ）
5. 阀门类别用汉语拼音字母表示，如闸阀代号为“Z”。 （ ）
6. 方案流程图一般仅画出主要设备和主要物料的流程线，用于粗略地表示生产流程。 （ ）
7. 工艺流程图分为方案流程图和工艺施工流程图。 （ ）
8. 工艺流程图中的标注是注写设备位号及名称、管段编号、控制点及必要的说明等。 （ ）
9. 工艺流程图中的管道、阀及设备采用 HG/T 20519—1992 系列标准绘制。 （ ）
10. 工艺流程图中设备用粗实线并按比例绘制。 （ ）
11. 管道仪表流程图中，被测变量及仪表功能组合为 TSA 时，表示温度联锁报警。 （ ）
12. 管路的投影重叠而需要表示出不可见的管段时，可采用断开显露法将上面管路的投影断开，并画上断裂符号。 （ ）
13. 管路交叉时，一般将上面（或前面）的管路断开，也可将下方（或后方）的管路画上断裂符号断开。 （ ）
14. 化工工艺流程图不考虑各设备的相对位置和标高。 （ ）
15. 化工工艺图主要包括化工工艺流程图、化工设备布置图和管路布置图。（ ）
16. 化工过程的检测和控制系统的图形符号，一般由测量点、连接线和仪表圆圈三部分组成。 （ ）
17. 冷、热管线必须在同一立面布置时，热管在上，冷管在下。 （ ）
18. 某工件实际尺寸为长 20m、宽 10m、高 5m。当图形被缩小 100 倍后，则其尺寸标注为 200mm×100mm×50mm。 （ ）
19. 任何一张零件图都必须具备一组视图、制造和检验的全部尺寸、技术要求、标题栏，否则不能满足要求。 （ ）
20. 设备类别代号中 P 和 V 分别表示泵和压缩机。 （ ）

四、判断题（高级工）

1. 施工流程图是设备布置和管道布置设计的依据。 （ ）
2. 识读工艺流程图时，一般应从上到下，从右到左进行。 （ ）
3. 图纸中的文字说明部分文字字体大小是根据图形比例来确定的。 （ ）
4. 在带控制点的工艺流程图中，管径一律用公称直径标注。 （ ）
5. 在带控制点的工艺流程图中，对两个或两个以上的相同设备，一般可采用简化画法。 （ ）
6. 在工艺管道及仪表流程图中，管道上的阀门是用粗实线按标准规定的图形符号在相应处画出。 （ ）

7. 在化工制图中，执行器的图形符号由执行机构和调节机构两部分组合而成。（　）

8. $\frac{TRC}{0501}$ 表示集中仪表盘面安装的温度记录控制仪。（　）

9. 阀门与管道的连接画法中 ⊣▷◁⊢ 表示螺纹连接。（　）

五、多项选择题（高级工、技师）

1. 化工设备装配图中，螺栓连接可简化画图，其中所用的符号可以是（　）。

A. 细实线＋　B. 细实线×　C. 粗实线＋　D. 粗实线×

2. 下列选项中，属于零件图内容的是（　）。

A. 零件尺寸　B. 零件的明细栏　C. 技术要求　D. 零件序号表

3. 干气密封螺旋槽形公用面结构由（　）组成。

A. 销钉　B. 转动组件　C. 固定组件　D. 密封块

4. 下列叙述中，不正确的是（　）。

A. 根据零件加工、测量的要求而选定的基准为工艺基准。从工艺基准出发标注尺寸，能把尺寸标注与零件的加工制造联系起来，使零件便于制造、加工和测量

B. 装配图中，相邻零件的剖面线方向必须相反

C. 零件的每一个方向的定向尺寸一律从该方向主要基准出发标注

D. 零件图和装配图都用于指导零件的加工制造和检验

5. 在化工设备图中，可以作为尺寸基准的有（　）。

A. 设备筒体和封头的中心线　B. 设备筒体和封头的环焊缝

C. 设备法兰的密封面　D. 设备支座的底面

第十六部分　分析检验知识

一、单项选择题（中级工）

1. 测定石灰石中碳酸钙的含量宜采用哪种滴定分析法？（　　）

A. 直接滴定法　B. 返滴定法　C. 置换滴定法　D. 间接滴定法

2. 滴定分析用标准溶液是（　　）。

A. 确定了浓度的溶液　B. 用基准试剂配制的溶液

C. 确定了准确浓度的溶液　D. 用于滴定分析的溶液

3. 滴定分析中，用重铬酸钾为标准溶液测定铁，属于（　　）。

A. 酸碱滴定法　B. 配位滴定法　C. 氧化还原滴定法　D. 沉淀滴定法

4. 滴定管在待装溶液加入前应（　　）。

A. 用水润洗　B. 用蒸馏水润洗

C. 用待装溶液润洗　D. 只要用蒸馏水洗净即可

5. 分析检验操作工程中，对于例常分析和生产中间控制分析，一个试样一般做几次平均测定？（　　）

A. 一次　B. 两次　C. 三次　D. 四次

6. 分析结果对误差的要求是（　　）。

A. 越小越好　B. 符合要求　C. 在允许误差范围内　D. 无要求

7. 某工艺要求测量范围在 0～300℃，最大绝对误差不能大于±4℃，所选精确度为（　　）。

A. 0.5　B. 1.0　C. 1.5　D. 4

8. 色谱定量分析的依据是进入检测器的组分量与（　　）成正比

A. 峰宽　B. 保留值　C. 校正因子　D. 峰面积

9. 使用碱式滴定管进行滴定的正确操作是（　　）。

A. 用左手捏稍低于玻璃珠的近旁　B. 用左手捏稍高于玻璃珠的近旁

C. 用右手捏稍低于玻璃珠的近旁　D. 用右手捏稍高于玻璃珠的近旁

10. 酸碱滴定管一般装的溶液是（　　）溶液。

A. 酸性、中性或氧化性　B. 酸性、中性或还原性

C. 酸性、非氧化性　D. 酸性、氧化性或还原性

11. 下列不属于经典分析方法的是（　　）。

A. 酸碱滴定法　B. 仪器分析法　C. 配位滴定法　D. 重量分析法

12. 下列叙述错误的是（　　）。

A. 误差是以真值为标准的，偏差是以平均值为标准的

B. 对某项测定来说，它的系统误差大小是可以测定的

C. 某项测定的精度越好，其准确度也越好

D. 标准偏差是用数理统计方法处理测定数据而获得的

13. 用 25mL 的移液管移出的溶液体积应记为（　　）。

A. 25mL　　B. 25.0mL　　C. 25.00mL　　D. 25.0000mL

14. 用酸碱滴定法测定工业醋酸中的乙酸含量，应选择的指示剂是（　　）。

A. 酚酞　　B. 甲基橙　　C. 甲基红　　D. 甲基红-次甲基蓝

15. 有关滴定管的使用错误的是（　　）。

A. 使用前应洗净，并检漏

B. 滴定前应保证尖嘴部分无气泡

C. 要求较高时，要进行体积校正

D. 为保证标准溶液浓度不变，使用前可加热烘干

16. 在滴定分析中出现的下列情况，哪种有系统误差？（　　）

A. 试样未经充分混匀　　B. 滴定管的读数读错

C. 滴定时有液滴溅出　　D. 砝码未经校正

17. 在分析测定中，下列情况哪些属于系统误差？（　　）①天平的两臂不等长；②滴定管的读数看错；③试剂中含有微量的被测组分；④在沉淀重量法中，沉淀不完全。

A. ①②　　B. ①③　　C. ②③　　D. ①③④

18. 在压力单位“mmH_2O”中，水的温度状态应指（　　）。

A. 0℃　　B. 4℃　　C. 20℃　　D. 25℃

19. 在氧化还原滴定法中，高锰酸钾法使用的是（　　）。

A. 特殊指示剂　　B. 金属离子指示剂

C. 氧化还原指示剂　　D. 自身指示剂

20. 指示剂的适宜用量一般是 20～30mL 试液中加入（　　）。

A. 8～10 滴　　B. 1～4 滴　　C. 10 滴以上　　D. 5～6 滴

21. 使分析天平较快停止摆动的部件是（　　）。

A. 吊耳　　B. 指针　　C. 阻尼器　　D. 平衡螺钉

22. 使用移液管吸取溶液时，应将其下口插入液面以下（　　）。

A. 0.5～1cm　　B. 5～6cm　　C. 1～2cm　　D. 7～8cm

23. 放出移液管中的溶液时，当液面降至管尖后，应等待（　　）以上。

A. 5s　　B. 10s　　C. 15s　　D. 20s

24. 欲量取 9mL HCl 配制标准溶液，选用的量器是（　　）。

A. 吸量管　　B. 滴定管　　C. 移液管　　D. 量筒

25. 分析纯试剂瓶标签的颜色为（　　）。

A. 金光红色　　B. 中蓝色　　C. 深绿色　　D. 玫瑰红色

26. 一化学试剂瓶的标签为红色，其英文字母的缩写为（　　）。

A. G.R.　　B. A.R.　　C. C.P.　　D. L.P.

27. 在下列方法中可以减少分析中偶然误差的是（　　）。

A. 增加平行试验的次数　　B. 进行对照实验

C. 进行空白试验　　　　　　　　D. 进行仪器的校正

28. 测定某铁矿石中硫的含量，称取0.2952g，下列分析结果合理的是（　　）。

A. 32%　　B. 32.4%　　C. 32.42%　　D. 32.420%

29. 对同一样品分析，采取一种相同的分析方法，每次测得的结果依次为31.27%、31.26%、31.28%，其第一次测定结果的相对偏差是（　　）。

A. 0.03%　　B. 0.00%　　C. 0.06%　　D. －0.06%

30. 对某试样进行平行三次测定，得CaO平均含量为30.6%，而真实含量为30.3%，则30.6%－30.3%＝0.3%为（　　）。

A. 相对误差　　B. 绝对误差　　C. 相对偏差　　D. 绝对偏差

31. 测定某石灰石中的碳酸钙含量，得以下数据：79.58%、79.45%、79.47%、79.50%、79.62%、79.38%，其平均值的标准偏差为（　　）。

A. 0.09%　　B. 0.11%　　C. 0.90%　　D. 0.06%

32. 定量分析工作要求测定结果的误差（　　）。

A. 愈小愈好　　B. 等于0　　C. 没有要求　　D. 在允许误差范围内

33. 下列四个数据中修改为四位有效数字后为0.5624的是（　　）。

① 0.56235　　② 0.562349　　③ 0.56245　　④ 0.562451

A. ①②　　B. ③④　　C. ①③　　D. ②④

34. 下列各数中，有效数字位数为四位的是（　　）。

A. $[H^+]$＝0.0003mol/L　　　　B. pH＝8.89

C. c（HCl）＝0.1001mol/L　　　D. 4000mg/L

35. 在某离子鉴定时，怀疑所用蒸馏水含有待检离子，此时应（　　）。

A. 另选鉴定方法　　　　B. 进行对照试验

C. 改变溶液酸　　　　　D. 进行空白试验

36. 能更好地说明测定数据分散程度的是（　　）。

A. 标准偏差　　B. 相对偏差　　C. 平均偏差　　D. 相对平均偏差。

37. 算式（30.582－7.43)＋(1.6－0.54)＋2.4963中，绝对误差最大的数据是（　　）。

A. 30.582　　B. 7.43　　C. 1.6　　D. 0.54

38. 滴定速度偏快，滴定结束立即读数，会使读数（　　）。

A. 偏低　　B. 偏高　　C. 可能偏高也可能偏低　　D. 无影响

39. 终点误差的产生是由于（　　）。

A. 滴定终点与化学计量点不符　　　B. 滴定反应不完全

C. 试样不够纯净　　　　　　　　　D. 滴定管读数不准确

40. 滴定分析所用指示剂是（　　）。

A. 本身具有颜色的辅助试剂

B. 利用本身颜色变化确定化学计量点的外加试剂

C. 本身无色的辅助试剂

D. 能与标准溶液起作用的外加试剂

41. 在同样的条件下，用标样代替试样进行的平行测定叫做（　　）。

A. 空白实验　B. 对照实验　C. 回收实验　D. 校正实验

42. 在分析化学实验室常用的去离子水中，加入1～2滴甲基橙指示剂，则应呈现（　）。

A. 紫色　B. 红色　C. 黄色　D. 无色

43. 欲配制1000mL 0.1mol/L HCl溶液，应取浓度为12mol/L的浓盐酸（　）。

A. 0.84mL　B. 8.3mL　C. 1.2mL　D. 12mL

44. 用基准物 $Na_2C_2O_4$ 标定配制好的 $KMnO_4$ 溶液，其终点颜色是（　）。

A. 蓝色　B. 亮绿色　C. 紫色变为纯蓝色　D. 粉红色

45. 当被加热的物体要求受热均匀而温度不超过100℃时，可选用的加热方法是（　）。

A. 恒温干燥箱　B. 电炉　C. 煤气灯　D. 水浴锅

46. 汽油等有机溶剂着火时不能用下列哪些物质灭火？（　）

A. 沙子　B. 水　C. 二氧化碳　D. 四氯化碳

47. 用酸度计以浓度直读法测试液的pH，先用与试液pH相近的标准溶液（　）。

A. 调零　B. 消除干扰离子　C. 定位　D. 减免迟滞效应

48. 在25℃时，标准溶液与待测溶液的pH变化一个单位，电池电动势的变化为（　）。

A. 0.058V　B. 58V　C. 0.059V　D. 59V

49. 紫外分光光度计常用的光源是（　）。

A. 钨丝灯　B. 氘灯　C. 元素灯　D. 无极灯

50. 试样的采取和制备必须保证所取试样具有充分的（　）。

A. 代表性　B. 唯一性　C. 针对性　D. 准确性

51. 采集常压状态的气体通常使用（　）采样法。

A. 抽空容器　B. 流水抽气　C. 封闭液　D. 抽气泵减压

52. 碱性很弱的胺类，用酸碱滴定法测定时，常选用（　）溶剂。

A. 碱性　B. 酸性　C. 中性　D. 惰性

53. 下列物质中属于自燃品的是（　）。

A. 浓硫酸　B. 硝基苯　C. 浓硝酸　D. 硝化棉

54. 催化氧化法测有机物中的碳和氢的含量时，CO_2 和 H_2O 所采用的吸收剂（　）。

A. 都是碱石棉　B. 都是高氯酸镁

C. CO_2 是碱石棉，H_2O 是高氯酸镁　D. CO_2 是高氯酸镁，H_2O 是碱石棉

55. 配制好的盐酸溶液贮存于（　）中。

A. 棕色橡皮塞试剂瓶　B. 白色橡皮塞试剂瓶

C. 白色磨口塞试剂瓶　D. 试剂瓶

56. 滴定分析的相对误差一般要求达到0.1%，使用常量滴定管耗用标准溶液的体积应控制在（　）。

A. 5～10mL　B. 10～15mL　C. 20～30mL　D. 15～20mL

57. 在滴定分析中一般利用指示剂颜色的突变来判断化学计量点的到达，在指示剂颜色突变时停止滴定，这一点称为（　　）。

A. 化学计量点　B. 理论变色点　C. 滴定终点　D. 以上说法都可以

58. 在滴定分析法测定中出现的下列情况，哪种导致系统误差？（　　）

A. 滴定时有液溅出　B. 砝码未经校正

C. 滴定管读数读错　D. 试样未经混匀

59. 在空白试验中，代替试液的是（　　）。

A. 电解质溶液　B. 蒸馏水　C. 其他离子试液　D. 稀 HCl 溶液

60. 下列物质不能在烘箱中烘干的是（　　）。

A. 硼砂　B. 碳酸钠　C. 重铬酸钾　D. 邻苯二甲酸氢钾

61. 往 AgCl 沉淀中加入浓氨水，沉淀消失，这是因为（　　）。

A. 盐效应　B. 同离子效应　C. 酸效应　D. 配位效应

62. 利用莫尔法测定 Cl^- 含量时，要求介质的 pH 值在 6.5～10.5 之间，若酸度过高，则（　　）。

A. AgCl 沉淀不完全　B. AgCl 沉淀吸附 Cl^- 能力增强

C. Ag_2CrO_4 沉淀不易形成　D. 形成 Ag_2O 沉淀

63. 法扬司法采用的指示剂是（　　）。

A. 铬酸钾　B. 铁铵矾　C. 吸附指示剂　D. 自身指示剂

64. 莫尔法确定终点的指示剂是（　　）。

A. K_2CrO_4　B. $K_2Cr_2O_7$　C. $NH_4Fe(SO_4)_2$　D. 荧光黄

65. 佛尔哈德法返滴定测 I^- 时，指示剂必须在加入 $AgNO_3$ 溶液后才能加入，这是因为（　　）。

A. AgI 对指示剂的吸附性强　B. AgI 对 I^- 的吸附性强

C. Fe^{3+} 能将 I^- 氧化成 I_2　D. 终点提前出现

66. 下列关于吸附指示剂说法错误的是（　　）。

A. 吸附指示剂是一种有机染料

B. 吸附指示剂能用于沉淀滴定法中的法扬司法

C. 吸附指示剂指示终点是由于指示剂结构发生了改变

D. 吸附指示剂本身不具有颜色

67. 以铁铵矾为指示剂，用硫氰酸铵标准滴定溶液滴定银离子时，应在下列哪种条件下进行？（　　）

A. 酸性　B. 弱酸性　C. 中性　D. 弱碱性

68. 沉淀掩蔽剂与干扰离子生成的沉淀的（　　）要小，否则掩蔽效果不好。

A. 稳定性　B. 还原性　C. 浓度　D. 溶解度

69. 沉淀滴定中的莫尔法指的是（　　）。

A. 以铬酸钾作指示剂的银量法

B. 以 $AgNO_3$ 为指示剂，用 K_2CrO_4 标准溶液，滴定试液中的 Ba^{2+} 的分析方法

C. 用吸附指示剂指示滴定终点的银量法

D. 以铁铵矾作指示剂的银量法

70. 用烘干法测定煤中的水分含量属于称量分析法的（　　）。

A. 沉淀法　　B. 气化法　　C. 电解法　　D. 萃取法

71. 沉淀重量分析中，依据沉淀性质，由（　　）计算试样的称样量。

A. 沉淀的质量　　B. 沉淀的重量　　C. 沉淀灼烧后的质量　　D. 沉淀剂的用量

72. 称取硅酸盐试样 1.0000g，在 105℃下干燥至恒重，又称其质量为 0.9793g，则该硅酸盐中湿存水分质量分数为（　　）。

A. 97.93%　　B. 96.07%　　C. 3.93%　　D. 2.07%

73. 沉淀中若杂质含量太高，则应采用（　　）措施使沉淀纯净。

A. 再沉淀　　B. 提高沉淀体系温度

C. 增加陈化时间　　D. 减小沉淀的比表面积

74. 只需烘干就可称量的沉淀，选用（　　）过滤。

A. 定性滤纸　　B. 定量滤纸

C. 无灰滤纸　　D. 玻璃砂芯坩埚或漏斗

75. 当被加热的物体要求受热均匀而温度不超过 100℃时，可选用的加热方法是（　　）。

A. 恒温干燥箱　　B. 电炉　　C. 煤气灯　　D. 水浴锅

76. 在重量分析中能使沉淀溶解度减小的因素是（　　）。

A. 酸效应　　B. 盐效应　　C. 同离子效应　　D. 生成配合物

二、单项选择题（高级工）

1. 使用电光分析天平时，标尺刻度模糊，这可能是因为（　　）。

A. 物镜焦距不对　　B. 盘托过高

C. 天平放置不水平　　D. 重心砣位置不合适

2. 酸式滴定管尖部出口被润滑油脂堵塞，快速有效的处理方法是（　　）。

A. 热水中浸泡并用力下抖　　B. 用细铁丝捅并用水冲洗

C. 装满水利用水柱的压力压出　　D. 用洗耳球对吸

3. 分析用水的质量要求中，不用进行检验的指标是（　　）。

A. 阳离子　　B. 密度　　C. 电导率　　D. pH 值

4. 在一组平行测定中，测得试样中钙的质量分数分别为 22.38%、22.36%、22.40%、22.48%，用 Q 检验判断，应弃去的是（　　）。（已知：Q0.90＝0.64，n=5）

A. 22.38%　　B. 22.40%　　C. 22.48%　　D. 22.39%

5. 三人对同一样品进行分析，采用同样的方法，测得结果为：甲 31.27%、31.26%、31.28%，乙 31.17%、31.22%、31.21%，丙 31.32%、31.28%、31.30%，则甲、乙、丙三人精密度的高低顺序为（　　）。

A. 甲＞丙＞乙　　B. 甲＞乙＞丙　　C. 乙＞甲＞丙　　D. 丙＞甲＞乙

6. 标准偏差的大小说明（　　）。

A. 数据的分散程度　　B. 数据与平均值的偏离程度

C. 数据的大小　　D. 数据的集中程度

7. 测得某种新合成的有机酸的 pK_a 值为12.35，其 K_a 值应表示为（　　）。

A. 4.5×10^{13}　　B. 4.5×10^{-13}　　C. 4.46×10^{13}　　D. 4.46×10^{-13}

8. 在进行某离子鉴定时未得肯定结果，如怀疑试剂已变质，应进行（　　）。

A. 重复实验　　B. 对照试验　　C. 空白试验　　D. 灵敏性试验

9. 测定过程中出现下列情况，导致偶然误差的是（　　）。

A. 砝码未经校正　　B. 试样在称量时吸湿

C. 几次读取滴定管的读数不能取得一致　D. 读取滴定管读数时总是略偏高

10. 若一组数据中最小测定值为可疑时，用 Q 检验法的公式为（　　）。

A. d/R　　B. S/R　　C. $(X_n-X_{n-1})/R$　　D. $(X_2-X_1)/(X_n-X_1)$

11. 在实际分析工作中常用（　　）来核验、评价工作分析结果的准确度。

A. 标准物质和标准方法　　B. 重复性和再现性

C. 精密度　　D. 空白试验

12. 待测组分在试样中的相对含量在0.01%～1%范围内的分析为（　　）。

A. 痕量组分分析　B. 常量组分分析　C. 微量分析　　D. 半微量分析

13. 下列基准物质的干燥条件正确的是（　　）。

A. $H_2C_2O_4\cdot2H_2O$ 放在空的干燥器中

B. NaCl 放在空的干燥器中

C. Na_2CO_3 在105～110℃电烘箱中

D. 邻苯二甲酸氢钾在500～600℃的电烘箱中

14. 用0.1mol/L HCl 滴定0.1mol/L NaOH 时 pH 突跃范围是9.7～4.3，用0.01mol/L HCl 滴定0.01mol/L NaOH 时 pH 突跃范围是（　　）。

A. 9.7～4.3　　B. 8.7～4.3　　C. 8.7～5.3　　D. 10.7～3.3

15. 用 $Na_2C_2O_4$ 标定高锰酸钾时，刚开始时褪色较慢，但之后褪色变快的原因是（　　）。

A. 温度过低　　B. 反应进行后，温度升高

C. Mn^{2+} 催化作用　　D. 高锰酸钾浓度变小

16. 在重量分析中能使沉淀溶解度减小的因素是（　　）。

A. 酸效应　　B. 盐效应　　C. 同离子效应　　D. 生成配合物

17. 比色测定的时间应控制在（　　）。

A. 有色物生成后　　B. 有色物反应完全后

C. 有色物反应完全后和分解之前　　D. 在分解之后

18. 闭口杯闪点测定仪的杯内所盛的试油量太多，测得的结果比正常值（　　）。

A. 低　　B. 高　　C. 相同　　D. 有可能高也有可能低

19. 某流体的绝对黏度与该流体在同一温度下的密度之比称为该流体的（　　）黏度。

A. 绝对　　B. 恩氏　　C. 运动　　D. 赛氏

20. 在配合物 $[Cu(NH_3)_4]SO_4$ 溶液中加入少量的 Na_2S 溶液，产生的沉淀是（　　）。

A. CuS　　B. $Cu(OH)_2$　　C. S　　D. 无沉淀产生

21.（　　）是指同一操作者，在同一实验室里，用同一台仪器，按同一试验方法规定的步骤，同时完成同一试样的两个或多个测定过程。

A. 重复试验　　B. 平行试验　　C. 再现试验　　D. 对照试验

22. 下列物质中，能用氢氧化钠标准溶液直接滴定的是（　　）。

A. 苯酚　　B. 氯化氨　　C. 醋酸钠　　D. 草酸

23. 测定某混合碱时，用酚酞作指示剂时所消耗的盐酸标准溶液比继续加甲基橙作指示剂所消耗的盐酸标准溶液多，说明该混合碱的组成为（　　）。

A. Na_2CO_3＋$NaHCO_3$　　B. Na_2CO_3＋NaOH

C. $NaHCO_3$＋NaOH　　D. Na_2CO_3

24. pH＝5 和 pH＝3 的两种盐酸以 1∶2 体积比混合，混合溶液的 pH 是（　　）。

A. 3.17　　B. 10.1　　C. 5.3　　D. 8.2

25. 物质的量浓度相同的下列物质的水溶液，其 pH 值最高的是（　　）。

A. Na_2CO_3　　B. NaAc　　C. NH_4Cl　　D. NaCl

26. 用盐酸溶液滴定 Na_2CO_3 溶液的第一、二个化学计量点可分别用（　　）为指示剂。

A. 甲基红和甲基橙　　B. 酚酞和甲基橙

C. 甲基橙和酚酞　　D. 酚酞和甲基红

27. 在 1mol/L HAc 溶液中，欲使氢离子浓度增大，可采取下列何种方法？（　　）

A. 加水　　B. 加 NaAc　　C. 加 NaOH　　D. 加 0.1mol/L HCl

28. 称取 3.1015g 基准 $KHC_8H_4O_4$（相对分子质量为 204.2），以酚酞为指示剂，以氢氧化钠为标准溶液滴定至终点，消耗氢氧化钠溶液 30.40mL，同时空白试验消耗氢氧化钠溶液 0.01mL，则氢氧化钠标液的物质的量浓度为（　　）mol/L。

A. 0.2689　　B. 0.9210　　C. 0.4998　　D. 0.6107

29. 能直接进行滴定的酸和碱溶液是（　　）。

A. 0.1mol/L HF($K_a=6.8\times10^{-4}$)　　B. 0.1mol/L HCN($K_a=4.9\times10^{-10}$)

C. 0.1mol/L NH_4Cl($K_b=1.8\times10^{-5}$)　　D. 0.1mol/L NaAc($K_a=1.8\times10^{-5}$)

30. 与 0.2mol/L 的 HCl 溶液 100mL 氢离子浓度相同的溶液是（　　）。

A. 0.2mol/L 的 H_2SO_4 溶液 50mL　　B. 0.1mol/L 的 HNO_3 溶液 200mL

C. 0.4mol/L 的醋酸溶液 100mL　　D. 0.1mol/L 的 H_2SO_4 溶液 100mL

31. 取水样 100mL，用 c（EDTA）＝0.0200mol/L 标准溶液测定水的总硬度，用去 4.00mL，计算水的总硬度是（　　）(用 $CaCO_3$ mg/L 表示)。

A. 20mg/L　　B. 40mg/L　　C. 60mg/L　　D. 80mg/L

32. 配位滴定终点所呈现的颜色是（　　）。

A. 游离金属指示剂的颜色

B. EDTA 与待测金属离子形成配合物的颜色

C. 金属指示剂与待测金属离子形成配合物的颜色

D. 上述 A 与 C 的混合色

33. 在 EDTA 配位滴定中，下列有关酸效应系数的叙述，正确的是（　　）。

A. 酸效应系数愈大，配合物的稳定性愈大

B. 酸效应系数愈小，配合物的稳定性愈大

C. pH 值愈大，酸效应系数愈大

D. 酸效应系数愈大，配位滴定曲线的 pM 突跃范围愈大

34. 以配位滴定法测定 Pb^{2+} 时，消除 Ca^{2+}、Mg^{2+} 干扰最简便的方法是（　　）。

A. 配位掩蔽法　B. 控制酸度法　C. 沉淀分离法　D. 解蔽法

35. 碘量法滴定的酸度条件为（　　）。

A. 中性或弱酸性　B. 强酸性　C. 弱碱性　D. 强碱性

36. 在酸性介质中，用 $KMnO_4$ 标准溶液滴定草酸盐溶液，滴定应该是（　　）。

A. 将草酸盐溶液煮沸后，冷却至 85℃再进行

B. 在室温下进行

C. 将草酸盐溶液煮沸后立即进行

D. 将草酸盐溶液加热至 75～85℃时进行

37. 以 $K_2Cr_2O_7$ 标定 $Na_2S_2O_3$ 标准溶液时，滴定前加水稀释时是为了（　　）。

A. 便于滴定操作　B. 保持溶液的弱酸性

C. 防止淀粉凝聚　D. 防止碘挥发

38. 在间接碘量法中加入淀粉指示剂的适宜时间是（　　）。

A. 滴定开始时　B. 滴定近终点时

C. 滴入标准溶液近 50%时　D. 滴入标准溶液至 50%后

39. 在酸性条件下，$KMnO_4$ 与 S^{2-} 反应，正确的离子方程式是（　　）。

A. $MnO_4^- + S^{2-} + 4H^+ = MnO_2 + S\downarrow + 2H_2O$

B. $2MnO_4^- + 5S^{2-} + 16H^+ = 2Mn^{2+} + 5S\downarrow + 8H_2O$

C. $MnO_4^- + S^{2-} + 4H^+ = Mn^{2+} + SO_2\uparrow + 2H_2O$

D. $2MnO_4^- + S^{2-} + 4H^+ = 2MnO_4^- + SO_2\uparrow + 2H_2O$

40. 碘量法测定铜时，在接近终点时加入 NH_4CNS 的原因是（　　）。

A. 主要使 CuI↓转化为溶解度更小的 CuCNS 沉淀，使反应更完全，减少误差

B. 便于终点颜色观察

C. 防止沉淀溶解

D. 减小沉淀吸附

41. 重铬酸钾滴定法测铁，加入 H_3PO_4 的作用主要是（　　）。

A. 防止沉淀　B. 提高酸度

C. 降低 Fe^{3+}/Fe^{2+} 电位，使突跃范围增大　D. 防止 Fe^{2+} 氧化

42. 重铬酸钾法滴定铁的操作中，加入 $HgCl_2$ 主要是为了（　　）。

A. 氧化 Fe^{2+}　B. 掩蔽 Fe^{3+}

C. 除去 H_2O　D. 除去过量 $SnCl_2$

43. 配制淀粉指示剂加入 HgI_2 是为了（　　）。

A. 抑制细菌生长　B. 加速溶解　C. 易于变色　D. 防止沉淀

44. 重铬酸钾法中，为减小 Cr^{3+} 的绿色影响终点的观察，常采取的措施是（　　）。

A. 加掩蔽剂　　B. 加有机溶剂萃取除去

C. 加沉淀剂分离　　D. 加较多水稀释

45. 下列测定中，需要加热的有（　　）。

A. $KMnO_4$ 溶液滴定 H_2O_2　　B. $KMnO_4$ 法测定 MnO_2

C. 碘量法测定 Na_2S　　D. 溴量法测定苯酚

三、判断题（中级工）

1. 直接滴定法是用标准溶液直接进行滴定，利用指示剂或仪器测试指示化学计量点到达的滴定方式。（　　）
2. 标定盐酸溶液时是用碳酸钠溶液作基准试剂，用溴甲酚绿-甲基红作指示剂，采用碱式滴定管滴定。（　　）
3. 测量的精密度是保证获得良好准确度的先决条件。（　　）
4. 测量值与真实值之间的差值称为误差。（　　）
5. 分析中取样要求有代表性。（　　）
6. 化工分析与检验工作主要是对原料中间产物和产品进行定量分析。（　　）
7. 精密度高的分析结果，准确度不一定高，但准确度高的分析结果，一定需要精密度高。（　　）
8. 酸碱滴定法以酸碱中和反应为基础，反应实质为生成难电离的水。（　　）
9. 在分析测定中，测定的精密度越高，则分析结果的准确度越高。（　　）
10. 重量分析法准确度比吸光光度法高。（　　）
11. 分析天平的灵敏度越高，其称量的准确度越高。（　　）
12. 加减砝码必须关闭电光分析天平，取放称量物可不关闭。（　　）
13. 用纯水洗涤玻璃仪器时，使其既干净又节约用水的方法是少量多次。（　　）
14. 砝码使用一定时期（一般为一年）后应对其质量进行校准。（　　）
15. 用 GB-328B 电光分析天平称量时，开启天平，光标往左移动，此时应减砝码。（　　）
16. 在实验室中浓碱溶液应贮存在聚乙烯塑料瓶中。（　　）
17. 配制 NaOH 标准溶液时，所采用的蒸馏水应为去 CO_2 的蒸馏水。（　　）
18. 常用的酸碱指示剂是一些有机弱酸或弱碱。（　　）
19. 酸碱反应是离子交换反应，氧化还原反应是电子转移的反应。（　　）
20. 碘量瓶主要用于碘量法或其他生成挥发性物质的定量分析。（　　）
21. 有机化合物大都是以共价键结合的非电解质，这类化合物通常较难溶于水。（　　）
22. 甲酸能发生银镜反应，乙酸则不能。（　　）
23. 在有机物的萃取分离中，一般根据相似相溶的原则选择有机溶剂。（　　）
24. 乙醇与水可以任何比例互溶，说明乙醇在水溶液里是一个强电离的物质。（　　）
25. 低沸点的有机标准物质，为防止其挥发，应保存在一般冰箱内。（　　）
26. 在有机物的萃取分离中，一般根据相似相溶的原则选择有机溶剂。（　　）

27. 乙醇与水可以任何比例互溶，说明乙醇在水溶液里是一个强电离的物质。（　　）
28. 若用酸度计同时测量一批试液时，一般先测 pH 高的，再测 pH 低的，先测非水溶液，后测水溶液。（　　）
29. 在库仑法分析中，电流效率不能达到百分之百的原因之一，是由于电解过程中有副反应产生。（　　）
30. 在沉淀滴定银量法中，各种指示终点的指示剂都有其特定的酸度使用范围。（　　）
31. 佛尔哈德法测定氯离子的含量时，在溶液中加入硝基苯的作用是为了避免 AgCl 转化为 AgSCN。（　　）
32. 沉淀的转化，对于相同类型的沉淀，通常是由溶度积较大的转化为溶度积较小的过程。（　　）
33. 从高温电炉里取出灼烧后的坩埚，应立即放入干燥器中予以冷却。（　　）
34. 在重量分析中恒重的定义是前后两次称量的质量之差不超过 0.2mg。（　　）
35. 为使沉淀溶解损失减小到允许范围，通过加入适当过量的沉淀剂来达到这一目的。（　　）
36. 重量分析法准确度比吸光光度法高。（　　）
37. 在进行沉淀时，沉淀剂不是越多越好，因为过多的沉淀剂可能会引起同离子效应，反而使沉淀的溶解度增加。（　　）
38. 采样的基本原则是所采样品应具有代表性。（　　）
39. 在萃取剂用量相同的情况下，少量多次萃取的方式比一次萃取的方式萃取率要低得多。（　　）
40. 用同一支密度计，当浸入密度较大的液体中时，密度计浸没较多；浸入密度较小的液体中时，密度计浸没较少。（　　）
41. 抽样检验是根据事先确定的方案，从一批产品中随机抽取一部分进行检验，并通过检验结果对该批产品质量进行估计和判断的过程。（　　）
42. 常用的分解方法大致可分为溶解和熔融两种：溶解就是将试样与固体熔剂混合，在高温下加热，使欲测组分转变为可溶于水或酸的化合物。（　　）
43. 破碎是按规定用适当的机械减小试样粒度的过程。（　　）
44. 硫醇被碘氧化生成二硫化物，过量的碘用 $Na_2S_2O_3$ 标准溶液滴定，从而计算它的含量。（　　）

四、判断题（高级工）

1. 进行空白试验，可减少分析测定中的偶然误差。（　　）
2. 缓冲溶液是由某一种弱酸或弱碱的共轭酸碱对组成的。（　　）
3. 酸碱物质有几级电离，就有几个突跃。（　　）
4. 用双指示剂法分析混合碱时，如其组成是纯的 Na_2CO_3，则 HCl 消耗量 V_1 和 V_2 的关系是 $V_1 > V_2$。（　　）
5. 在酸性溶液中 H^+ 浓度就等于酸的浓度。（　　）

6. $KMnO_4$ 能与具有还原性的阴离子反应，如 $KMnO_4$ 和 H_2O_2 反应能产生氧气。 (　　)

7. 以淀粉为指示剂滴定时，直接碘量法的终点是从蓝色变为无色，间接碘量法的终点是从无色变为蓝色。 (　　)

8. $K_2Cr_2O_7$ 是比 $KMnO_4$ 更强的一种氧化剂，它可以在 HCl 介质中进行滴定。 (　　)

9. 电解质溶液的电导是由电子迁移产生的。 (　　)

10. 通过电极反应，由电极上析出的被测物质的质量来确定其含量的方法称为电位滴定法。 (　　)

11. 选取标准工作曲线上接近的两点作为标准样的浓度，样品溶液浓度位于两点之间的定量方法是标准加入法。 (　　)

12. 重氮化法测定芳香胺时，通常采用内外指示剂结合的方法指示终点。 (　　)

13. 测定物质的凝固点可判断出物质的纯度。 (　　)

14. 开口杯闪点需进行压力校正，闭口杯法则不需要进行压力校正。 (　　)

15. 使用阿贝折射仪测定液体折射率时，首先必须使用超级恒温槽，通入恒温水。 (　　)

16. 化学分析法测定气体所用的仪器不包括苏式气体分析仪。 (　　)

17. 熔融时不仅要保证坩埚不受损失，而且还要保证分析的准确度。 (　　)

18. 能够根据 EDTA 的酸效应曲线来确定某一金属离子单独被滴定的最高 pH 值。 (　　)

19. 紫外吸收光谱和可见吸收光谱同属电子光谱，都是由于价电子跃迁而产生的。 (　　)

20. 在极性溶剂中 $\pi\rightarrow\pi^*$ 跃迁产生的吸收带蓝移，而 $n\rightarrow\pi^*$ 跃迁产生的吸收带则发生红移。 (　　)

21. 任何型号的分光光度计都由光源、单色器、吸收池和显示系统四个部分组成。 (　　)

22. 工作曲线法是常用的一种定量方法，绘制工作曲线时需要在相同操作条件下测出 3 个以上标准点的吸光度后，在坐标纸上绘制工作曲线。 (　　)

23. 比色分析中，根据吸收光谱曲线可以查出被测组分的浓度。 (　　)

24. 将 Mn^{2+} 氧化成 MnO_4^- 后进行比色测定时，其相应氧化剂应选择过二硫酸铵。 (　　)

25. 高锰酸钾溶液呈现紫红色是由于吸收了白光中的绿色光。 (　　)

26. 物质与电磁辐射相互作用后，产生紫外-可见吸收光谱，这是由于分子的振动。 (　　)

27. 对一个固定的有色物质而言，其摩尔吸光系数为最大时则入射强度为最大。 (　　)

28. 烷烃在近紫外光区不产生吸收峰，因此常用作紫外吸收光谱分析的溶剂。 (　　)

29. 甲烷气可以用紫外分光度法来测定。 (　　)

30. 吸光系数越大，则比色分析方法的灵敏度越高。 (　　)

第十七部分　化工机械与设备知识

一、单项选择题（中级工）

1. 阀体涂颜色为灰色，表示阀体材料为（　　）。
   A. 合金钢　　B. 不锈钢　　C. 碳素钢　　D. 工具钢
2. （　　）虽不能保证恒定的传动比，但传动平稳。
   A. 齿轮传动　　B. 蜗杆传动　　C. 带传动　　D. 链传动
3. （　　）方式在石油化工管路的连接中应用极为广泛。
   A. 螺纹连接　　B. 焊接　　C. 法兰连接　　D. 承插连接
4. （　　）装于催化裂化装置再生器顶部出口与放空烟囱之间，用以控制再生器的压力，使之与反应器的压力基本平衡。
   A. 节流阀　　B. 球阀　　C. 单动滑阀　　D. 双动滑阀
5. （　　）在管路上安装时，应特别注意介质出入阀口的方向，使其“低进高出”。
   A. 闸阀　　B. 截止阀　　C. 蝶阀　　D. 旋塞阀
6. 中压容器设计压力在（　　）
   A. $0.98 \leqslant p < 1.2$MPa　　B. $1.2\text{MPa} \leqslant p \leqslant 1.5$MPa
   C. $1.568\text{MPa} \leqslant p < 9.8$MPa　　D. $1.568\text{MPa} \leqslant p \leqslant 9.8$MPa
7. 16Mn 是一种平均含碳量为 0.16%的（　　）。
   A. 低合金钢　　B. 普通碳素结构钢
   C. 优质碳素钢　　D. 高合金钢
8. 20 号钢表示钢中含碳量为（　　）。
   A. 0.02%　　B. 0.2%　　C. 2.0%　　D. 20%
9. 法兰装配时，法兰面必须垂直于管子中心线。允许偏斜度，当公称直径小于300mm 时为（　　）mm，当公称直径大于 300mm 时为（　　）mm。
   A. 1　2　　B. 2　3　　C. 3　4　　D. 4　5
10. 3/4in（英寸）=（　　）mm。
    A. 0.75　　B. 19.05　　C. 3/4　　D. 7.5
11. 安全阀应（　　）安装。
    A. 倾斜　　B. 铅直　　C. 视现场安装方便而定　　D. 水平
12. 氨制冷系统用的阀门不宜采用（　　）。
    A. 铜制　　B. 钢制　　C. 塑料　　D. 铸铁
13. 波形补偿器应严格按照管道中心线安装，不得偏斜，补偿器两端应设（　　）。
    A. 至少一个导向支架　　B. 至少各有一个导向支架
    C. 至少一个固定支架　　D. 至少各有一个固定支架

14. 不锈钢 1Cr18Ni9Ti 表示平均含碳量为（　　）。

A. 0.9×10^{-2}　　B. 2×10^{-2}　　C. 1×10^{-2}　　D. 0.1×10^{-2}

15. 不锈钢是靠加入（　　）来实现耐腐蚀性的。

A. 铬和钼　　B. 铬和镍　　C. 镍和锰　　D. 铜和锌

16. 常用的检修工具有起重工具、（　　）、检测工具和拆卸与装配工具。

A. 扳手　　B. 电动葫芦　　C. 起重机械　　D. 钢丝绳

17. 齿轮泵和叶轮泵比较，齿轮泵的使用压力比叶轮泵的使用压力（　　）。

A. 高　　B. 低　　C. 相等　　D. 不好比较

18. 当介质的温度超过 800℃时，为提高管材的抗蠕变性能和持久性能，必须选用（　　）材料。

A. 不锈钢　　B. 特殊的耐高温合金钢　　C. 高锰钢　　D. 铜

19. 电动卷扬机应按规程做定期检查，每（　　）至少一次。

A. 周　　B. 月　　C. 季　　D. 年

20. 对压力容器用钢的基本要求是：良好的塑性、韧性，良好的焊接性，较高的（　　）和耐腐蚀性。

A. 强度　　B. 抗冲击力　　C. 耐压性　　D. 承受温差变化能力

21. 对于低碳钢，可通过（　　）降低塑性，以提高其可切削性。

A. 退火或回火　　B. 正火或调质　　C. 淬火　　D. 锻打

22. 对于使用强腐蚀性介质的化工设备，应选用耐腐蚀的不锈钢，且尽量使用（　　）不锈钢种。

A. 含锰　　B. 含铬镍　　C. 含铅　　D. 含钛

23. 阀门发生关闭件泄漏，检查出产生故障的原因为密封面不严，则排除的方法是（　　）。

A. 正确选用阀门　　B. 提高加工或修理质量

C. 校正或更新阀杆　　D. 安装前试压、试漏，修理密封面

24. 阀门阀杆升降不灵活，是由于阀杆弯曲，排除的方法是（　　）。

A. 更换阀门　　B. 更换阀门弹簧

C. 使用短杠杆开闭阀杆　　D. 设置阀杆保护套

25. 阀门阀杆转动不灵活，不正确的处理方法为（　　）。

A. 适当放松压盖　　B. 调直修理

C. 更换新填料　　D. 清理积存物

26. 阀门填料函泄漏的原因不是下列哪项？（　　）

A. 填料装得不严密　　B. 压盖未压紧　　C. 填料老化　　D. 堵塞

27. 阀门由于关闭不当，密封面接触不好造成密封面泄漏时应（　　）。

A. 修理或更换密封面　　B. 定期研磨

C. 缓慢、反复启闭几次　　D. 更换填料

28. 法兰或螺纹连接的阀门应在（　　）状态下安装。

A. 开启　　B. 关闭　　C. 半开启　　D. 均可

29. 法兰连接的优点不正确的是（　　）。

A. 强度高　　B. 密封性好　　C. 适用范围广　　D. 经济

30. 高温管道是指温度高于（　　）的管道。

A. 30℃　　B. 350℃　　C. 450℃　　D. 500℃

31. 高温下长期受载的设备，不可轻视（　　）。

A. 胀性破裂　　B. 热膨胀性　　C. 蠕变现象　　D. 腐蚀问题

32. 工作压力为 8MPa 的反应器属于（　　）。

A. 低压容器　　B. 中压容器　　C. 高压容器　　D. 超高压容器

33. 公称直径为 125mm、工作压力为 0.8MPa 的工业管道应选用（　　）。

A. 普通水煤气管道　　B. 无缝钢管　　C. 不锈钢管　　D. 塑料管

34. 管道工程中，（　　）的闸阀可以不单独进行强度和严密性试验。

A. 公称压力小于 1MPa，且公称直径小于或等于 600mm

B. 公称压力小于 1MPa，且公称直径大于或等于 600mm

C. 公称压力大于 1MPa，且公称直径小于或等于 600mm

D. 公称压力大于 1MPa，且公称直径大于或等于 600mm

35. 管道连接采用活接头时，应注意使水流方向（　　）。

A. 从活接头公口到母口　　B. 从活接头母口到公口

C. A 与 B 均可　　D. 视现场安装方便而定

36. 管道与机器最终连接时，应在联轴节上架设百分表监视机器位移，当转速小于或等于 6000r/min 时，其位移值应小于（　　）mm。

A. 0.02　　B. 0.05　　C. 0.10　　D. 0.20

37. 管路通过工厂主要交通干线时高度不得低于（　　）m。

A. 2　　B. 4.5　　C. 6　　D. 5

38. 管子的公称直径是指（　　）。

A. 内径　　B. 外径　　C. 平均直径　　D. 设计、制造的标准直径

39. 锅筒和过热器上的安全阀的总排放量必须（　　）锅炉的额定蒸发量。

A. 大于　　B. 等于　　C. 小于　　D. 没有要求

40. 含硫热油泵的泵轴一般选用（　　）钢。

A. 45　　B. 40Cr　　C. 3Cr13　　D. 1Cr18Ni9Ti

41. 合成氨中氨合成塔属于（　　）。

A. 低压容器　　B. 中压容器　　C. 高压容器　　D. 超高压容器

42. 化肥生产设备用高压无缝钢管的适用压力为 10～（　　）MPa。

A. 20　　B. 32　　C. 40　　D. 42

43. 化工管路常用的连接方式有（　　）。

A. 焊接和法兰连接　　B. 焊接和螺纹连接

C. 螺纹连接和承插式连接　　D. A 和 C 都是

44. 化工企业中压力容器泄放压力的安全装置有安全阀与（　　）等。

A. 疏水阀　　B. 止回阀　　C. 防爆膜　　D. 节流阀

45. 化工容器按工作原理和作用的不同可分为反应容器、换热容器、贮存容器和（　　）。

A. 过滤容器　　B. 蒸发容器　　C. 分离容器　　D. 气体净化分离容器

46. 化工容器应优先选用的材料是（　　）。

A. 碳钢　　B. 低合金钢　　C. 不锈钢　　D. 钛钢

47. 化工设备常用材料的性能可分为工艺性能和（　　）。

A. 物理性能　　B. 使用性能　　C. 化学性能　　D. 力学性能

48. 化工设备一般采用塑性材料制成，其所受的压力一般应小于材料的（　　），否则会产生明显的塑性变形。

A. 比例极限　　B. 弹性极限　　C. 屈服极限　　D. 强度极限

49. 灰铸铁 HT200，其数字 200 表示的是（　　）。

A. 抗拉强度　　B. 抗压强度　　C. 硬度　　D. 材料型号

50. 锯割时，上锯条时，锯齿应向（　　）。

A. 前　　B. 后　　C. 上　　D. 下

51. 浓硫酸贮罐的材质应选择（　　）。

A. 不锈钢　　B. 碳钢　　C. 塑料材质　　D. 铅质材料

52. 普通水煤气管，适用于工作压力不超出（　　）的管道。

A. 0.6MPa　　B. 0.8MPa　　C. 1.0MPa　　D. 1.6MPa

53. 如下工具操作有误的是（　　）。

A. 使用手锤工作时要戴手套，锤柄、锤头上不得有油污

B. 尖头錾、扁錾、盘根錾头部有油应及时清除

C. 锉刀必须装好木柄方可使用

D. 使用钢锯锯削时用力要均匀，被锯的管子或工作件要夹紧

54. 若容器内介质的压力 $p=1.5\text{MPa}$，则该容器属于（　　）容器。

A. 常压　　B. 低压　　C. 中压　　D. 高压

55. 使用台虎钳时，所夹工件尺寸不得超过钳口最大行程的（　　）。

A. 1/3　　B. 1/2　　C. 2/3　　D. 3/4

56. 疏水阀用于蒸汽管道上自动排除（　　）。

A. 蒸汽　　B. 冷凝水　　C. 空气　　D. 以上均不是

57. 输送浓硫酸的喷射器，为了防腐，内壁可采用以下哪种材料？（　　）

A. 环氧树脂　　B. 有机玻璃　　C. 聚乙烯塑料　　D. 耐酸陶瓷

58. 水泥管的连接适宜采用的连接方式为（　　）。

A. 螺纹连接　　B. 法兰连接　　C. 承插式连接　　D. 焊接连接

59. 碳钢和铸铁都是铁和碳的合金，它们的主要区别是含（　　）量不同。

A. 硫　　B. 碳　　C. 铁　　D. 磷

60. 通用离心泵的轴封采用（　　）。

A. 填料密封　　B. 迷宫密封　　C. 机械密封　　D. 静密封

61. 下列阀门中，(　　) 是自动作用阀。

A. 截止阀　　B. 节流阀　　C. 闸阀　　D. 止回阀

62. 下列哪种材质的设备适用于次氯酸钠的贮存？(　　)

A. 碳钢　　B. 不锈钢　　C. 玻璃钢　　D. 铸铁

63. 下列指标中 (　　) 不属于机械性能指标。

A. 硬度　　B. 塑性　　C. 强度　　D. 导电性

64. 下述有关压力容器液压试验准备工作中，(　　) 不符合《压力容器安全技术监察规程》的要求。

A. 压力容器中应充满液体，滞留在压力容器内的气体必须排净

B. 压力容器外表面必须保持干燥

C. 不必等到液体温度与容器壁温接近时才升压

D. 必须等到液体温度与容器壁温接近时才可升压

65. 型号为 J41W-16P 的截止阀，其中“16”表示 (　　)。

A. 公称压力为 16MPa　　B. 公称压力为 16Pa

C. 公称压力为 1.6MPa　　D. 公称压力为 1.6Pa

66. 选择液压油时，为减少漏损，在使用温度、压力较低或转速较高时，应采用 (　　) 的油。

A. 黏度较低　　B. 黏度较高　　C. 无所谓　　D. 高辛烷值汽油

67. 压力表的刻度上红线标准指示的是 (　　)。

A. 工作压力　　B. 最高允许工作压力

C. 安全阀的整定压力　　D. 最低工作压力

68. 一般化工管路由管子、管件、阀门、支管架、(　　) 及其他附件所组成。

A. 化工设备　　B. 化工机器　　C. 法兰　　D. 仪表装置

69. 依据《压力容器安全技术监察规程》，有关压力容器液压试验的说法，(　　) 是不正确的。

A. 奥氏体不锈钢压力容器水压试验时，应严格控制水中氯离子含量不超过 25mg/L

B. 当采用可燃性液体进行液压试验时，试验温度必须高于可燃性气体的闪点

C. 凡在试验时，不会导致发生危险的液体，在低于其沸点之下，都可用做液压试验

D. 以上都是

70. 用塞尺测量两个对接法兰的端面间隙是为了检查两个法兰端面的 (　　) 偏差。

A. 法兰轴线与端面的垂直度　　B. 两个法兰端面的平行度

C. 密封间隙　　D. 表面粗糙度

71. 用于泄压起保护作用的阀门是 (　　)。

A. 截止阀　　B. 减压阀　　C. 安全阀　　D. 止逆阀

72. 在安装自动调节阀时，通常再并联一截止阀，其作用是（　　）。
A. 保持加热介质经常通过　　B. 没有用，可不设置
C. 检修时临时使用　　D. 增加流通量
73. 在工艺管架中管路采用U形管的目的是（　　）。
A. 防止热胀冷缩　B. 操作方便　C. 安装需要　D. 调整方向
74. 闸阀的阀盘与阀座的密封面泄漏，一般是采用（　　）的方法进行修理。
A. 更换　B. 加垫片　C. 研磨　D. 加防漏胶水
75. 针对压力容器的载荷形式和环境条件选择耐应力腐蚀的材料，高浓度的氯化物介质一般选用（　　）。
A. 低碳钢　　B. 含镍、铜的低碳高铬铁素体不锈钢
C. 球墨铸铁　　D. 铝合金

二、单项选择题（高级工）

1. 130t/h锅炉至少应装设（　　）个安全阀。
A. 0　B. 1　C. 2　D. 3
2. 在用压力容器安全状况等级为1、2级的，每（　　）年必须进行一次内外部检验。
A. 6　B. 4　C. 3　D. 8
3. 下列配合代号中，表示间隙配合的是（　　）。
A. ϕ20(H8/C7)　B. ϕ40(H9/Z9)　C. ϕ50(F7/h7)　D. 都不对
4. 如反应系统中含有氯离子化学物质，反应器设备最好采用（　　）材质。
A. 普通碳钢　B. 不锈钢　C. 内衬石墨　D. PVC
5. 以下属于化工容器常用低合金钢的是（　　）。
A. Q235A　B. 16Mn　C. 65Mn　D. 45钢
6. 一步法乙烯直接氧化制乙醛，由于催化剂中含有盐酸，所以反应器的材质应为（　　）。
A. 橡胶　B. 碳钢
C. 不锈钢　D. 碳钢外壳内衬两层橡胶再衬两层耐酸瓷砖
7. 硝酸生产中与稀硝酸接触的金属设备材料往往都用（　　）来制造。
A. 优质钢　B. 铝　C. 铅　D. 塑料
8. 为了减少室外设备的热损失，保温层外包的一层金属皮应（　　）。
A. 表面光滑，色泽较浅　　B. 表面粗糙，色泽较深
C. 表面粗糙，色泽较浅　　D. 表面光滑，色泽较深
9. 压力容器的气密性试验应在（　　）进行。
A. 内外部检验及焊缝无损探伤合格后　B. 耐压试验合格后
C. 耐压试验进行前　　D. 无特殊要求

三、判断题（中级工）

1.《蒸汽锅炉安全技术监察规程》中规定：检验人员进入锅筒、炉膛、烟道前，必

须切断与邻炉连接的烟、风、水、汽管路。（ ）
2. 15CrMo是常用的一种高温容器用钢。（ ）
3. PPB塑料管的耐高温性能优于PPR塑料管。（ ）
4. Q235-A·F碳素钢的屈服极限为235MPa，屈服极限是指材料所能承受的最大应力。（ ）
5. 安全阀在设备正常工作时是处于关闭状态的。（ ）
6. 按《蒸汽锅炉安全技术监察规程》的规定，安装过程中，安装单位如发现受压部件存在影响安全使用的质量问题时，应停止安装并报当地锅炉压力容器安全监察机构。（ ）
7. 按《蒸汽锅炉安全技术监察规程》的规定，进入锅筒内检验使用电灯照明时，可采用24V的照明电压。（ ）
8. 按照容器的管理等级分类有一类压力容器、二类压力容器、三类压力容器。高压或超高压容器属于一类压力容器。（ ）
9. 板式塔气液主要是在塔盘上进行传质过程的，而填料塔气液进行传质的过程主要在填料外表面上。（ ）
10. 不论在什么介质中不锈钢的耐腐蚀性都好于碳钢。（ ）
11. 拆卸阀门时垫片一定要更换，否则重新安装后容易造成泄漏。（ ）
12. 拆卸闸阀时填料一定要清除干净。（ ）
13. 常用材料为金属材料、非金属材料、工程材料三大类。（ ）
14. 当两齿轮接触斑点的位置正确、面积太小时，可在齿面上加研磨剂使两齿轮进行研磨以达到足够的接触面积。（ ）
15. 低合金钢管壁厚≤6mm时，环境温度为0℃以上，焊接时可不进行预热。（ ）
16. 低温容器用钢应考虑钢材的低温脆性问题，选材时首先要考虑钢的冲击韧性。（ ）
17. 垫片的选择主要根据管内压力和介质的性质等综合分析后确定。（ ）
18. 阀口磨具的工作表面应经常用平板检查其平整度。（ ）
19. 法兰连接是化工管路最常用的连接方式。（ ）
20. 防腐蚀衬里管道全部用法兰连接，弯头、三通、四通等管件均制成法兰式。（ ）
21. 钢管弯管后，测量壁厚减薄时应在弯头内弯处测厚。（ ）
22. 高硅铸铁不论对何种浓度和高温的盐酸、硝酸、硫酸和烧碱都耐腐蚀。（ ）
23. 高温高压和腐蚀性介质用的阀门，大都用法兰连接的阀盖。（ ）
24. 工作介质为气体的管道，一般应用不带油的压缩空气或氮气进行吹扫。（ ）
25. 工作温度为－1.6℃的管道为低温管道。（ ）
26. 管道安全液封高度应在安装后进行复查，允许偏差为5‰。（ ）
27. 管道安装前必须完成清洗、脱脂、内部防腐与衬里等工序。（ ）
28. 管道安装时，不锈钢螺栓、螺母应涂以二硫化钼。（ ）

29. 管道变径处宜采用大小头，安装时应注意：同心大小头宜用在水平管道上，偏心大小头宜用在垂直管道上。 ( )
30. 管道的法兰连接属于可拆连接，焊接连接属于不可拆连接。 ( )
31. 管道的热紧和冷紧温度应在保持工作温度 2h 之后进行。 ( )
32. 管道的严密性试验介质可用天然气或氢气。 ( )
33. 管道进行蒸汽吹扫时不需对管进行预热。 ( )
34. 管路焊接时，应先点焊定位，焊点应在圆周均布，然后经检查其位置正确后方可正式焊接。 ( )
35. 管路水平排列的一般原则是：大管靠里、小管靠外。 ( )
36. 管路相遇的避让原则是：分支管路让主干管路；小口径管路让大口径管路；有压力管路让无压力管路；高压管路让低压管路。 ( )
37. 管子对口时用的对口工具在焊口点焊完后即可松掉。 ( )
38. 管子焊接对口时，其厚度偏差只要不超过公称壁厚的 15%即可。 ( )
39. 管子套丝时应注意不要一板套成，丝扣要完整，丝扣表面要光滑，丝扣的松紧要适当。 ( )
40. 管子直径为 ϕ38mm，对口后，经检查两管子中心线偏差为 1mm，对口不合格。 ( )
41. 硅铁管主要用于高压管道，而铝管则用于低压管道。 ( )
42. 过盈连接装配方法中的热胀套合法是把被包容件加热至装配环境温度以上的某个温度后，套入包容件中。 ( )
43. 含碳量小于 2%的铁碳合金称为铸铁。 ( )
44. 化工管路中通常在管路的相对低点安装有排液阀。 ( )
45. 化工机械常用的防腐措施有改善介质的腐蚀条件、采用电化学保护和表面覆盖层法。 ( )
46. 化工企业生产用泵种类繁多，按其工作原理可划分为容积泵、叶片泵、流体动力泵三大类。 ( )
47. 甲乙两零件，甲的硬度为 250HBS，乙的硬度为 52HRC，则甲比乙硬。( )
48. 截止阀安装时应使管路流体由下向上流过阀座口。 ( )
49. 截止阀的泄漏可分为外漏和内漏两种情况，由阀盘与阀座间的结合不紧密造成的泄漏属于内漏。 ( )
50. 金属垫片材料一般并不要求强度高，而是要求其软韧。金属垫片主要用于中、高温和中、高压的法兰连接密封。 ( )
51. 露天阀门的传动装置无需有防护罩。 ( )
52. 浓硫酸不能用铁罐贮运，因为铁罐会被腐蚀。 ( )
53. 汽轮机防机组超速都是以关闭主汽门的方法来实现的。 ( )
54. 球阀的阀芯经常采取铜材或陶瓷材料制造，主要可使阀芯耐磨损和防止介质腐蚀。 ( )
55. 容器的凸缘本身具有开孔补强作用，故不需另行补强。 ( )

56. 升降式止回阀只能水平安装。（　　）
57. 实际尺寸等于基本尺寸，则零件一定合格。（　　）
58. 使用泄漏检测仪检测时，探针和探头不应直接接触带电物体。（　　）
59. 水煤气管道广泛应用在小直径的低压管路上。（　　）
60. 酸碱性反应介质可采用不锈钢材质的反应器。（　　）
61. 碳素钢管热弯时的终弯温度比低合金钢管高。（　　）
62. 通过含有稀硫酸废水的管线材质应为碳钢（　　）
63. 外压容器的破坏形式主要是因筒体强度不够而引起的。（　　）
64. 为防止往复泵、齿轮泵超压发生事故，一般应在排出管线切断阀前设置安全阀。（　　）
65. 无论何种金属，温度升高时腐蚀都加剧。（　　）
66. 物料管路一般都铺成一定的斜度，主要目的是在停工时可使物料自然放尽。（　　）
67. 锡青铜在硝酸和其他含氧介质中以及在氨溶液中耐腐蚀。（　　）
68. 狭义上，一切金属的氧化物都叫做陶瓷，其中以 SiO_2 为主体的陶瓷通常称为硅酸盐材料。（　　）
69. 小规格阀门更换填料时，把填料函中的旧填料清理干净，将细石棉绳按逆时针方向围绕阀杆缠上 3～4 圈装入填料函，放上填料压盖，旋紧盖母即可。（　　）
70. 新阀门只要有合格证，使用前不需要进行强度和严密性试验，可直接使用。（　　）
71. 压力容器一般事故是指容器由于受压部件严重损坏（如变形、泄漏）、附件损坏等，被迫停止运行，必须进行修理的事故。（　　）
72. 研磨是所有的研具材料必须比研磨工件软，但不能太软。（　　）
73. 一般工业管道的最低点和最高点应装设相应的放水、放气装置。（　　）

四、判断题（高级工）

1. 一般压力容器用钢是指常规工作条件的容器用钢，它包括碳素钢、普通低合金钢和高合金钢。（　　）
2. 因为从受力分析角度来说，半球形封头最好，所以不论在任何情况下，都必须首先考虑采用半球形封头。（　　）
3. 用 90°尺沿水平管方向可测量垂直管法兰螺栓孔是否正。（　　）
4. 在低温管道上可以直接焊接管架。（　　）
5. 在阀门型号 H41T-16 中，4 表示法兰连接。（　　）
6. 在化工薄壳容器的设计中，如果开设了人孔和测量孔，一定要进行补强处理。（　　）
7. 在化工设备中能承受操作压力 $p \geqslant 100\text{MPa}$ 的容器是高压容器。（　　）
8. 在进行圆柱管螺纹连接时，螺纹连接前必须在外螺纹上加填料，填料在螺纹上的缠绕方向应与螺纹的方向一致。（　　）
9. 在水平管路上安装阀门时，阀杆一般应安装在上半周范围内，不宜朝下，以防

介质泄漏伤害到操作者。 ( )

10. 在选择化工设备的材料时，如要考虑强度问题，均是选择金属而不选非金属，因为金属的强度远远高于非金属。 ( )
11. 在有机化工生产中为了防止发生溶解腐蚀，全部选用各种金属的钢或不锈钢，而不选用非金属制造设备。 ( )
12. 蒸汽管路上的安全阀会发生阀盘与阀座胶结故障，检修时可将阀盘抬高，再用热介质经常吹洗阀盘。 ( )
13. 止回阀的安装可以不考虑工艺介质的流向。 ( )
14. 制造压力容器的钢材一般都采用中碳钢。 ( )

五、多项选择题（高级工、技师）

1. 设备的一级维护保养的主要内容是（ ）。
A. 彻底清洗、擦拭外表　B. 检查设备的内脏
C. 检查油箱油质、油量　D. 局部解体检查
2. 转子发生工频振动的原因有（ ）。
A. 转子不平衡　B. 油膜振荡　C. 轴承无紧力　D. 对中不良
3. 机械密封材料选择不当造成失效的主要原因有（ ）。
A. 密封面材料配合不当　B. 耐压性能差
C. 耐蚀性能差　D. 耐振性能差
4. 机械密封因装配原因造成失效的主要原因有（ ）。
A. 弹簧压缩量过大或过小　B. 辅助密封圈装配时切断
C. 动环机构传动销未固紧　D. 密封腔与轴偏心
5. 离心泵大修的内容有（ ）。
A. 包括小修内容　B. 泵全解体
C. 检查转子跳动值　D. 检查机械密封压缩量
6. 离心压缩机大修后试运的要求有（ ）。
A. 压缩机机械试运　B. 工艺气体试运
C. 空气或氮气试运　D. 透平或电机试运
7. 常温下，碳钢在（ ）的作用下会产生应力腐蚀开裂，在器壁内部形成鼓包。
A. 硫化氢　B. 水　C. 拉应力　D. 交变应力
8. 关于检修后开车检查内容，下列说法正确的是（ ）。
A. 高温管道、设备附近不能有油污及破布、木头等易燃物
B. 转动设备要装好安全罩
C. 中控室内清洁卫生
D. 梯子、平台、栏杆等安全防护设施齐全完好
9. 关于开车前应向操作人员进行技术培训和技术交流的内容，下列说法正确的是（ ）。
A. 改动的工艺流程　B. 压力容器的取证情况
C. 变动的工艺指标　D. 新投入使用的设备

10. 设备法兰温度升高后进行热紧主要是（　　）。

A. 防止法兰泄漏　　B. 防止法兰变形

C. 消除螺栓的膨胀　　D. 保证垫片的强度

11. 冷凝器和汽轮机的连接要（　　）。

A. 无膨胀间隙　　B. 有膨胀间隙

C. 连接紧密，不能泄漏　　D. 不能太紧

12. 盘车装置的组成有（　　）。

A. 盘车泵　　B. 电机　　C. 电磁阀　　D. 调节阀

13. 在高温高压系统的法兰或换热器的连接中，螺栓的材质可以选为（　　）。

A. 3Cr13　　B. 316L　　C. 15CrMoA　　D. 35CrMoA

14. 加氢裂化装置的核心设备是反应器，其主要特征是（　　）。

A. 设计和制造要求高　　B. 占地面积大

C. 操作条件苛刻　　D. 停车检修时防止堆焊层开裂的要求高

15. 影响高温氢腐蚀的主要因素是（　　）。

A. 温度、压力　B. 合金元素和杂质元素　C. 热处理和应力　D. 降压速度

16. 冷高压分离器的设备选材主要考虑（　　）。

A. 防止硫化物应力腐蚀开裂　　B. 材质的强度

C. 高温硫化氢腐蚀　　D. 防止应力导向氢致开裂

17. 加热炉炉管壁温超高的原因有（　　）。

A. 炉管材质制造缺陷　　B. 炉管受热不均，火焰直扑炉管

C. 氧含量超高　　D. 装置长期满负荷操作

18. 在加氢裂化装置技术改造中，尽管改造工程内容存在差异，但是（　　）为主要的工程内容。

A. 催化剂的更换　　B. 自控仪表的更新换代

C. 工艺设备更换或增加　　D. 引进工艺技术专利

19. 减压塔常用的蒸汽喷射泵与电动泵相比，虽然它（　　），但性能较可靠。

A. 体积大　　B. 安装不方便　　C. 操作复杂　　D. 噪声大

20. 进汽温度过高和过低会使汽轮机（　　）。

A. 振动　　B. 叶片冲蚀　　C. 叶片断裂　　D. 零部件互相碰撞

21. 影响加热炉热效率的主要因素有（　　）等。

A. 排烟温度　　B. 炉墙散热损失　　C. 过剩空气系数　　D. 仪表指示

22. 机械密封有许多种类型，其中有（　　）。

A. 平衡型　　B. 单端面式　　C. 外装式　　D. 多弹簧式

23. 引起离心式压缩机径向轴承温度偏高的主要原因有（　　）。

A. 轴承进油温度过高　　B. 润滑油品质差

C. 压缩机超负荷运行　　D. 温度计有故障

24. 填料塔打开人孔作业中，可能发生的操作错误是（　　）。

A. 没有进行安全技术交流和进行现场监护

B. 打开人孔次序不对，使塔内形成拨风回路

C. 没有用水喷淋和进行温度监视

D. 安排有资质的施工人员进行作业

25. 关于离心式压缩机的喘振原因，下列说法正确的是（　　）。

A. 当离心式压缩机的吸入流量小于喘振点后，压缩机的出口压力会突然下降，使得出口管线中的气体向压缩机倒流

B. 压缩机的流量增加，出口压力恢复正常，将倒流的气体压出去

C. 压缩机的吸入流量小于喘振点，压缩机会再度重复上述过程

D. 机组和管线产生压力脉动，并发出很大的声响，引发机组强烈振动

26. 多年的实践证明，加氢裂化装置在（　　）过程中较易发生各类事故。

A. 停工　　B. 检修　　C. 气密　　D. 开工

27. 非接触式动密封的密封装置与轴不接触，两者之间无相对摩擦，它的动密封有（　　）。

A. 填料密封　　B. 浮环密封　　C. 迷宫密封　　D. 动力密封

28. 带螺纹阀盖的阀门，不应用于（　　）危害介质和液化烃管道。

A. 极度　　B. 高度　　C. 一般　　D. 较低

29. 闸阀适用于经常保持全开或全关的场合，不适用于（　　）。

A. 止回　　B. 节流　　C. 调节流量　　D. 减压

30. 石油化工企业常用阀门的材料有（　　）。

A. 碳素钢　　B. 合金钢　　C. 奥氏体不锈钢　　D. 灰铸铁

31. 选择阀门主要部件的材料时要考虑操作介质的（　　）。

A. 温度　　B. 压力　　C. 腐蚀性　　D. 清洁程度

32. 立式容器的支座形式主要有（　　）几种。

A. 腿式支座　　B. 支承式支座　　C. 鞍式支座　　D. 耳式支座

六、综合题（技师）

1. 钢板卷制的圆筒公称直径指的是什么？无缝钢管的公称直径是指什么？管法兰的公称直径是指什么？
2. 简述螺旋板式换热器的构成及工作原理。
3. 压缩机喘振的概念是什么？
4. 压力容器有哪些安全附件？安全阀起跳后如何处理？
5. 常用法兰密封面的形式有哪些？
6. 简述气动调节阀的安装注意事项。
7. 流量计的安装对管路系统有何要求？
8. 新安装的流量计或管道检修后开始运转的流量计应如何使用？
9. 如何判断往复式压缩机气阀阀片漏气？
10. 简述法兰连接的密封原理。
11. 容器开孔后都有补强结构，这是为什么？常用补强方法有几种？
12. 设备的管路保温的目的有哪些？

13. 什么是设备检查？设备检查的目的是什么？
14. 检修方案应包括哪些内容？
15. 在开车准备阶段技师应具备哪些技能要求？
16. 开工方案应包括哪些内容？
17. 停工方案应包括哪些内容？
18. 简述塔检修的主要内容。
19. 离心压缩机大修主要验收标准是什么？
20. 简述塔检修的验收标准。
21. 热交换器腐蚀调查的常用方法有哪些？
22. 何谓腐蚀疲劳？
23. 分馏塔的安装要求体现在哪几方面？
24. 简述汽轮机的工作原理和优点。
25. 简述冷凝式循环氮压缩机的主要启动步骤。
26. 简述影响塔板效率的因素。
27. 简述设备大检修的特点和危险性。
28. 造成加热炉炉管结焦的原因有哪些？
29. 简述防止加热炉炉管结焦的措施。
30. 离心式压缩机的机壳有哪些结构形式？
31. 离心式压缩机的主要部件有哪些？
32. 离心式压缩机常用轴封的形式有哪些？
33. 简述提高加热炉热效率的基本要点。
34. 简述化学腐蚀与电化学腐蚀。
35. 加热炉在系统水压试验合格后，哪些项目还应符合要求？
36. 简述加热炉一般应满足的基本要求。
37. 换热器的安装有哪些注意事项？

第十八部分　化工电气仪表与自动化知识

一、单项选择题（中级工）

1. 压力表至少（　　）校验一次。
   A. 一年　　B. 二年　　C. 一年半　　D. 半年
2. 临时照明用行灯电压不得超过 36V，在特别潮湿场所或塔、罐等金属设备内作业，行灯电压不得超过（　　）V。
   A. 36　　B. 12　　C. 24　　D. 48
3. 电机超载运行易造成电机（　　）。
   A. 外壳带电　　B. 运行不稳　　C. 温度升高　　D. 功率下降
4. 减底浮球液面计指示为零，塔内的液体（　　）。
   A. 一点也没有了　　B. 尚有一部分　　C. 全满　　D. 不能确定
5. 我国工业交流电的频率为（　　）
   A. 50Hz　　B. 100Hz　　C. 314rad/s　　D. 3.14rad/s
6. 机库照明灯使用的电压为（　　）
   A. 12V　　B. 24V　　C. 220V　　D. 36V 以下
7. 当三相负载的额定电压等于电源的相电压时，三相负载应做（　　）连接。
   A. Y　　B. X　　C. △　　D. S
8. 热电偶温度计是基于（　　）的原理来测温的。
   A. 热阻效应　　B. 热电效应　　C. 热磁效应　　D. 热压效应
9. 测高温介质或水蒸气的压力时要安装（　　）。
   A. 冷凝器　　B. 隔离罐　　C. 集气器　　D. 沉降器
10. 电路通电后却没有电流，此时电路处于（　　）状态。
    A. 导通　　B. 短路　　C. 断路　　D. 电阻等于零
11. 三相交流电中，A 相、B 相、C 相与 N（零线）之间的电压都为 220V，那么 A 相与 B 相之间的电压应为（　　）。
    A. 0V　　B. 440V　　C. 220V　　D. 380V
12. 运行中的电机失火时，应采用（　　）灭火。
    A. 泡沫　　B. 干沙　　C. 水　　D. 喷雾水枪
13. 热电偶是测量（　　）参数的元件。
    A. 液位　　B. 流量　　C. 压力　　D. 温度
14. 一个电热器接在 10V 的直流电源上，产生一定的热功率。把它改接到交流电源上，使产生的热功率是直流时的一半，则交流电源电压的最大值是（　　）。
    A. 7.07V　　B. 5V　　C. 14V　　D. 10V
15. 现有熔断器、自动开关、接触器、热继电器、控制继电器等几种低压电器，它们各属于（　　）。

A. 熔断器、自动开关、热继电器属于低压保护电器；接触器、控制继电器、自动开关属于低压控制电器

B. 熔断器、自动开关、控制继电器属于低压保护电器；接触器、热继电器属于低压控制电器

C. 熔断器、控制继电器属于低压保护电器；接触器、自动开关、热继电器属于低压控制电器

D. 熔断器、自动开关属于低压保护电器；接触器、热继电器、控制继电器属于低压控制电器

16. 在自动控制系统中，用（　　）控制器可以达到无余差。

A. 比例　B. 双位　C. 积分　D. 微分

17. 电子电位差计是（　　）显示仪表。

A. 模拟式　B. 数字式　C. 图形　D. 无法确定

18. 变压器绕组若采用交叠式放置，为了绝缘方便，一般在靠近上下磁轭的位置安放（　　）。

A. 低压绕组　B. 中压绕组　C. 高压绕组　D. 无法确定

19. 三相异步电动机，若要稳定运行，则转差率应（　　）临界转差率。

A. 大于　B. 小于　C. 等于　D. 无法确定

20. 防止静电的主要措施是（　　）。

A. 接地　B. 通风　C. 防燥　D. 防潮

21. 我国低压供电电压单相为 220V，三相线电压为 380V，此数值指交流电压的（　　）。

A. 平均值　B. 最大值　C. 有效值　D. 瞬时值

22. 自动控制系统中完成比较、判断和运算功能的仪器是（　　）。

A. 变送器　B. 执行装置　C. 检测元件　D. 控制器

23. 在 1151 变送器的电流放大电路中，输出电流表并联在 D14 两端，则电流表（　　）。

A. 和串在回路中的电流表指示一样

B. 因为经二极管分流，所以指示变小

C. 没有指示

D. 指示变大

24. 热电偶通常用来测量（　　）500℃的温度。

A. 高于等于　B. 低于等于　C. 等于　D. 不等于

25. 在选择控制阀的气开和气关形式时，应首先从（　　）考虑。

A. 产品质量　B. 产品产量　C. 安全　D. 节约

26. 用万用表检查电容器好坏时，（　　），则该电容器是好的。

A. 指示满度　B. 指示零位

C. 指示从大到小直至为零　D. 指示从零增大直至满度

27. 提高功率因数的方法是（　　）。

A. 并联电阻　B. 并联电感　C. 并联电容　D. 串联电容

28. 某异步电动机的磁极数为 4，该异步电动机的同步转速为（　　）r/min。

A. 3000　B. 1500　C. 120　D. 30

29. 在热电偶测温时，采用补偿导线的作用是（　　）。

A. 冷端温度补偿　B. 冷端的延伸

C. 热电偶与显示仪表的连接　D. 热端温度补偿

30. 将电气设备金属外壳与电源中性线相连接的保护方式称为（　　）。

A. 保护接零　B. 保护接地　C. 工作接零　D. 工作接地

31. 检测、控制系统中字母 FRC 是指（　　）。

A. 物位显示控制系统　B. 物位记录控制系统

C. 流量显示控制系统　D. 流量记录控制系统

32. 在三相负载不对称交流电路中，引入中线可以使（　　）。

A. 三相负载对称　B. 三相电流对称

C. 三相电压对称　D. 三相功率对称

33. Ⅲ型仪表标准气压信号的取值范围是（　　）。

A. 10～100kPa　B. 20～100kPa

C. 30～100kPa　D. 40～100kPa

34. 控制系统中 PI 调节是指（　　）。

A. 比例积分调节　B. 比例微分调节

C. 积分微分调节　D. 比例调节

35. 三相异步电动机的“异步”是指（　　）。

A. 转子转速与三相电流频率不同　B. 三相电流周期各不同

C. 磁场转速始终小于转子转速　D. 转子转速始终小于磁场转速

36. 以下哪种方法不能消除人体静电？（　　）

A. 洗手　B. 双手相握，使静电中和

C. 触摸暖气片　D. 用手碰触铁门

37. 以下哪种器件不是节流件？（　　）

A. 孔板　B. 文丘里管　C. 实心圆板　D. 喷嘴

38. 哪种选项不是显示记录仪表的特点？（　　）

A. 输入信号专一　B. 记录响应时间短

C. 记录精度高　D. 采用电子数据存储

39. 控制仪表常见的控制规律是（　　）。

A. 加法控制规律　B. DMA 控制规律

C. 微分控制规律　D. NTFS 控制规律

40. 正弦交流电的三要素是（　　）。

A. 有效值、角频率、初相位　B. 有效值、角频率、相位

C. 幅值、角频率、初相位　D. 幅值、角频率、相位

41. 变压器的损耗主要是（　　）。

A. 铁损耗　　B. 铜损耗　　C. 铁损耗和铜损耗　　D. 无损耗

42. 三相对称交流电动势相位依次滞后（　　）。

A. 300　　B. 600　　C. 900　　D. 1200

43. 保护接零是指在电源中性点已接地的三相四线制供电系统中，将电气设备的金属外壳与（　　）相连。

A. 接地体　　B. 电源零线　　C. 电源火线　　D. 绝缘体

44. 压力表安装时，测压点应选择被测介质（　　）的管段部分。

A. 直线流动　　B. 管路拐弯　　C. 管路分叉　　D. 管路死角

45. 热电偶温度计是用（　　）导体材料制成的，插入介质中，感受介质温度。

A. 同一种　　B. 两种不同　　C. 三种不同　　D. 四种不同

46. 一个“220V，60W”的白炽灯，接在220V的交流电源上，其电阻为（　　）。

A. 100Ω　　B. 484Ω　　C. 3.6Ω　　D. 807Ω

47. 要使三相异步电动机反转，只需改变（　　）

A. 电源电压　　B. 电源相序　　C. 电源电流　　D. 负载大小

48. 为了使异步电动机能采用Y-△降压启动，前提条件是电动机额定运行时为（　　）。

A. Y联结　　B. △联结　　C. Y/△联结　　D. 延边三角形联结

49. 热电偶测量时，当导线断路时，温度指示在（　　）。

A. 0℃　　B. 机械零点　　C. 最大值　　D. 原测量值不变

50. 在国际单位制中，压力的法定计量位是（　　）。

A. MPa　　B. Pa　　C. mmH_2O　　D. mmHg

51. PI控制规律是指（　　）。

A. 比例控制　　B. 积分控制　　C. 比例积分控制　　D. 微分控制

52. 三相负载不对称时应采用的供电方式为（　　）。

A. △形连接并加装中线　　B. Y形连接

C. Y形连接并加装中线　　D. Y形连接并在中线上加装熔断器

53. 电力变压器的基本结构是由（　　）所组成的。

A. 铁芯和油箱　　B. 绕组和油箱　　C. 定子和油箱　　D. 铁芯和绕组

54. 当高压电线接触地面，人体在事故点附近发生的触电称为（　　）。

A. 单相触电　　B. 两相触电　　C. 跨步触电　　D. 接地触电

55. 某仪表精度为0.5级，使用一段时间后其最大绝对误差为±0.8%，则此表应定为（　　）级。

A. ±0.8%　　B. 0.8　　C. 1.0　　D. 0.5

56. 调节系统中调节器正、反作用的确定依据是（　　）。

A. 实现闭环回路正反馈　　B. 系统放大倍数合适

C. 生产的安全性　　D. 实现闭环回路负反馈

57. 停止差压变送器时应（　　）。

A. 先开平衡阀，后开正负阀　　B. 先开平衡阀，后关正负阀

C. 先关平衡阀，后开正负阀　　D. 先关平衡阀，后关正负阀

58. 在一三相交流电路中，一对称负载采用 Y 形连接方式时，其线电流有效值为 I，则采用△形连接方式时，其线电流有效值为（　　）

A. $\sqrt{3}I$　　B. $\frac{1}{\sqrt{3}}I$　　C. $3I$　　D. $\frac{1}{3}I$

59. 一温度控制系统，要求控制精度较高，控制规律应该为（　　）。

A. 比例控制、较弱的积分控制、较强的微分控制

B. 比例控制、较强的积分控制、较弱的微分控制

C. 比例控制、较弱的积分控制、较弱的微分控制

D. 比例控制、较强的积分控制、较强的微分控制

60. 在控制系统中，调节器的主要功能是（　　）。

A. 完成控制量的变化量的计算　　B. 完成控制量的计算

C. 直接完成控制　　D. 完成检测

61. 在利用热电阻传感器检测温度时，热电阻采用（　　）连接。

A. 二线制　　B. 三线制　　C. 四线制　　D. 五线制

62. 对于电压源，外接负载电阻 R 与其输出功率 W 的关系正确的是（　　）。

A. R 越大则 W 越大　　B. R 越大则 W 越小

C. W 的大小和 R 无关　　D. $R=RS$ 时 W 最大

63. 在电力系统中，具有防触电功能的是（　　）。

A. 中线　　B. 地线　　C. 相线　　D. 连接导线

64. 仪表输出的变化与引起变化的被测变量变化值之比称为仪表的（　　）。

A. 相对误差　　B. 灵敏限　　C. 灵敏度　　D. 准确度

65. 自动控制系统的过渡过程是控制作用不断克服（　　）的过程。

A. 随机干扰　　B. 干扰影响　　C. 设定值变化　　D. 随机影响

66. 日光灯电路中，启辉器的作用是（　　）。

A. 限流作用　　B. 电路的接通与自动断开

C. 产生高压　　D. 提高发光效率

67. 对称三相四线制供电电路，若端线上的一根保险丝熔断，则保险丝两端的电压为（　　）。

A. 线电压　　B. 相电压　　C. 相电压＋线电压　　D. 线电压的一半

68. 三相异步电动机直接启动造成的危害主要指（　　）。

A. 启动电流大，使电动机绕组被烧毁

B. 启动时在线路上引起较大电压降，使同一线路负载无法正常工作

C. 启动时功率因数较低，造成很大浪费

D. 启动时启动转矩较低，无法带负载工作

69. 人体的触电方式中，以（　　）最为危险。

A. 单相触电　　B. 两相触电　　C. 跨步电压触电　D. 剩余电荷触电

70. 某正弦交流电电流 $i=10\sin(314t-30°)$，其电流的最大值为（　　）。

A. $10\sqrt{2}$　　B. 10　　C. $10\sqrt{3}$　　D. 20

71. 变压器不能进行以下（　　）。

A. 电流变换　　B. 电压变换　　C. 频率变换　　D. 阻抗变换

72. 在工业生产中，可以通过以下（　　）方法达到节约用电的目的。

A. 选择低功率的动力设备　　B. 选择大功率的动力设备

C. 提高电路功率因素　　D. 选择大容量的电源变压器

73. 与热电阻配套使用的动圈式显示仪表，为保证仪表指示的准确性，热电阻应采用三线制连接，并且每根连接导线的电阻取（　　）。

A. 15Ω　　B. 25Ω　　C. 50Ω　　D. 5Ω

74. 化工自动化仪表按其功能不同，可分为四个大类，即（　　）、显示仪表、调节仪表和执行器。

A. 现场仪表　　B. 异地仪表　　C. 检测仪表　　D. 基地式仪表

75. 某工艺要求测量范围在 0～300℃，最大绝对误差不能大于±4℃，所选精确度为（　　）。

A. 0.5　　B. 1.0　　C. 1.5　　D. 4.0

76. 在中性点不接地的三相电源系统中，为防止触电，将与电气设备带电部分相绝缘的金属外壳或金属构架与大地可靠连接称为（　　）。

A. 工作接地　　B. 工作接零　　C. 保护接地　　D. 保护接零

77. 异步电动机的功率不超过（　　），一般可以采用直接启动。

A. 5kW　　B. 10kW　　C. 15kW　　D. 12kW

78. 压力表的使用范围一般在量程的 1/3～2/3 处，如果低于 1/3，则（　　）。

A. 因压力过低，仪表没有指示　　B. 精度等级下降

C. 相对误差增加　　D. 压力表接头处焊口有漏

79. 用电子电位差计接某热电偶测量温度，热端温度升高 2℃，室温（冷端温度）下降 2℃，则仪表示值（　　）。

A. 升高 4℃　　B. 升高 2℃　　C. 下降 2℃　　D. 下降 4℃

80. 积分调节的作用是（　　）。

A. 消除余差　　B. 及时有力　　C. 超前　　D. 以上三个均对

81. 转子流量计中转子上下的压差是由（　　）决定的。

A. 流体的流速　B. 流体的压力　　C. 转子的重量　　D. 流道截面积

82. 下述记述中，哪一条是正确的？（　　）

A. 阀门定位器的输出信号大小与输入信号大小成正比

B. 阀杆的行程与阀门定位器输入信号大小成正比

C. 阀杆的行程与阀门定位器输出信号大小成正比

D. 阀杆的行程与阀门定位器输入信号大小成反比

83. 机库照明灯使用的电压为（ ）

A. 12V B. 24V C. 220V D. 36V 以下

84. 热电偶温度计是基于（ ）的原理来测温的。

A. 热阻效应 B. 热电效应 C. 热磁效应 D. 热压效应

85. 测高温介质或水蒸气的压力时要安装（ ）。

A. 冷凝器 B. 隔离罐 C. 集气器 D. 沉降器

86. 一般情况下，压力和流量对象选（ ）控制规律。

A. P B. PI C. PD D. PID

87. 如工艺上要求采用差压式流量计测量蒸汽的流量，则取压点应位于节流装置的（ ）。

A. 上半部 B. 下半部 C. 水平位置 D. 上述三种均可

88. 如果工艺上要求测量 350℃的温度，测量结果要求远传指示，可选择的测量元件和显示仪表是（ ）。

A. 热电阻配电子平衡电桥 B. 热电偶配电子电位差计

C. 热电阻配动圈表 XCZ-102 D. 热电偶配动圈表 XCZ-101

89. 如工艺上要求采用差压式流量计测量液体的流量，则取压点应位于节流装置的（ ）。

A. 上半部 B. 下半部 C. 水平位置 D. 上述三种均可

90. 如工艺上要求采用差压式流量计测量气体的流量，则取压点应位于节流装置的（ ）。

A. 上半部 B. 下半部 C. 水平位置 D. 上述三种均可

91. 下列设备中，（ ）必是电源。

A. 发电机 B. 蓄电池 C. 电视机 D. 电炉

92. 当被控制变量为温度时，控制器应选择（ ）控制规律。

A. P B. PI C. PD D. PID

93. DDZ-Ⅲ型电动单元组合仪表的标准统一信号和电源为（ ）。

A. 0～10mA，220V AC B. 4～20mA，24V DC

C. 4～20mA，220V AC D. 0～10mA，24V DC

94. 欧姆表一般用于测量（ ）。

A. 电压 B. 电流 C. 功率 D. 电阻

95. 一般三相异步电动机在额定工作状态下的转差率约为（ ）。

A. 30%～50% B. 2%～5% C. 15%～30% D. 100%

96. 如果把 1151 变送器的电源极性接反，则仪表（ ）。

A. 烧毁 B. 没有输出 C. 输出最大 D. 正常输出

97. 用压力法测量开口容器液位时，液位的高低取决于（ ）。

A. 取压点位置和容器横截面 B. 取压点位置和介质密度

C. 介质密度和横截面 D. 以上都不对

98. 在管道上安装孔板时，如果将方向装反了会造成（　　）。

A. 差压计倒指示　　B. 差压计指示变小

C. 差压计指示变大　　D. 对差压计指示无影响

99. XCZ-102 型动圈式温度指示仪与热电阻配套使用可测量－200～500℃的温度，仪表的测量范围由（　　）调整。

A. 线路电阻　　B. 桥路电阻　　C. 热电阻　　D. 接触电阻

100. 补偿导线可穿管敷设或敷设在线槽内，当环境温度超过（　　）时应使用耐高温补偿导线。

A. 65℃　　B. 85℃　　C. 50℃　　D. 30℃

101. 造价昂贵，但压力损失最小的是（　　）。

A. 标准孔板　　B. 标准喷嘴　　C. 文丘里管　　D. 1/4 圆喷嘴

102. 适用于测量低雷诺数、黏度大的流体的是（　　）。

A. 标准孔板　　B. 标准喷嘴　　C. 文丘里管　　D. 1/4 圆喷嘴

103. 由于微分调节有超前作用，因此调节器加入微分作用主要是（　　）。

A. 克服调节对象的惯性滞后（时间常数 T）、容量滞后 τ_C 和纯滞后 τ_O

B. 克服调节对象的纯滞后 τ_O

C. 克服调节对象的惯性滞后（时间常数 T）、容量滞后 τ_C

D. 克服调节对象的惯性滞后（时间常数 T）和纯滞后（τ_O）

104. 有一精度为 1.0 级的压力表，其量程为－0.1～1.6MPa，则其允许误差为（　　）。

A. ±0.016MPa　　B. ±0.017MPa　　C. ±0.015MPa　　D. ±0.014MPa

105. 按仪表的使用条件分，误差可分为基本误差和（　　）。

A. 随机误差　　B. 附加误差　　C. 引用误差　　D. 偶然误差

106. 0.5 级仪表的精度等级可写为（　　）。

A. 0.5 级　　B. ±0.5 级　　C. ±0.5%　　D. ±0.5%级

107. 热力学零度是（　　）℃。

A. 0　　B. －273.15　　C. －275.13　　D. －73.15

108. 热电偶或补偿导线短路时，显示仪表的示值为（　　）。

A. 室温　　B. 短路处温度　　C. 064　　D. 25℃

109. 数据高速通路一般设置两条，使用情况为（　　）。

A. 一备一用　　B. 同时使用　　C. 两条信号制不同　　D. 以上都不对

110. 直流双臂电桥又称（　　）电桥。

A. 惠斯登　　B. 凯尔文　　C. 欧姆　　D. 瓦特

111. 零点电位器 R35 的动触点开路，则仪表（　　）。

A. 不管加多少差压，仪表没有输出

B. 输出还是随信号的改变而改变，但数值不对

C. 仪表指示最大

D. 仪表指示为零

112. 如果测量气体用的导压管的管径变粗会（　　）。

A. 滞后增加　　B. 滞后减小　　C. 不发生变化　　D. 变化不一定

113. 用两支相同类型的（　　）热电偶反相串联起来，可以测量两点的温差。

A. 铂铑-铂　　B. 镍铬-镍硅（镍铬-镍铝）

C. 镍铬-考铜　　D. 铂铑-考铜

114. 用单法兰液面计测量开口容器液位，液面计已经校好，后因维护需要，仪表安装位置下移了一段距离，则仪表的指示应为（　　）。

A. 上升　　B. 下降　　C. 不变　　D. 不能判定

二、单项选择题（高级工）

1. 在自动控制系统中，仪表之间的信息传递都采用统一的信号，它的范围是（　　）。

A. 0～10mA　　B. 4～20mA　　C. 0～10V　　D. 0～5V

2. 某控制系统中，为使控制作用具有预感性，需要引入（　　）调节规律。

A. PD　　B. PI　　C. P　　D. I

3. 根据《化工自控设计技术规定》，在测量稳定压力时，最大工作压力不应超过测量上限值的（　　）；测量脉动压力时，最大工作压力不应超过测量上限值的（　　）；测量高压压力时，最大工作压力不应超过测量上限值的（　　）。

A. 1/3　1/2　2/5　　B. 2/3　1/2　3/5

C. 1/3　2/3　3/5　　D. 2/3　1/3　2/5

4. 在 XCZ-102 型动圈式显示仪表安装位置不变的情况下，每安装一次测温元件时，都要重新调整一次外接电阻的数值。当配用热电偶时，使 $R_{外}$ 为（　　）；当配用热点阻时，使 $R_{外}$ 为（　　）。

A. 10　5　　B. 15　5　　C. 10　10　　D. 15　10

5. 基尔霍夫第一定律指出，电路中任何一个节点的电流（　　）。

A. 矢量和相等　　B. 代数和等于零

C. 矢量和大于零　　D. 代数和大于零

6. 在研究控制系统过渡过程时，一般都以在阶跃干扰（包括设定值的变化）作用下的（　　）过程为依据。

A. 发散振荡　　B. 等幅振荡　　C. 非周期衰减　　D. 衰减振荡

7. 测量氨气的压力表，其弹簧管不能用（　　）材料。

A. 不锈钢　　B. 钢　　C. 铜　　D. 铁

8. 某自动控制系统采用比例积分作用调节器，某人用先比例后加积分的试凑法来整定调节器的参数。若在纯比例作用下，比例度的数值已基本合适，在加入积分作用的过程中，则（　　）。

A. 应大大减小比例度　　B. 应适当减小比例度

C. 应适当增加比例度　　D. 无需改变比例度

9. 两个电阻，当它们并联时的功率比为 16∶9，若将它们串联，则两电阻上的功率比将是（　　）。

A. 4∶3　　B. 9∶16　　C. 3∶4　　D. 16∶9

10. 热继电器在电路中的作用是（　　）。

A. 短路保护　B. 过载保护　C. 欠压保护　D. 失压保护

11. 如果工艺上要求测量650℃的温度，测量结果要求自动记录，可选择的测量元件和显示仪表是（　　）。

A. 热电阻配电子平衡电桥　B. 热电偶配电子电位差计

C. 热电阻配动圈表 XCZ-102　D. 热电偶配动圈表 XCZ-101

12. 如图所示电路中，流经三个电阻的电流分别为 I_1、I_2 和 I_3。若已知 R_1、R_2 和 R_3，则 $I_1/I_3=$（　　）。

A. $R_3/(R_1+R_2)$　B. $R_3/(R_1+R_2)\ R_2$

C. $(R_3+R_2)/(R_1+R_2)$　D. R_3/R_1

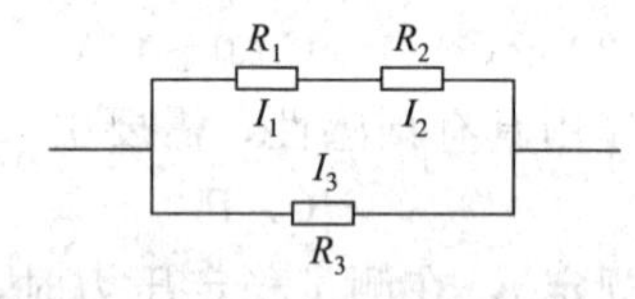

13. 在节流装置的流量测量中进行温度、压力等修正是修正（　　）。

A. 疏忽误差　B. 偶然误差　C. 系统误差　D. 附加误差

14. 下列说法正确的是（　　）。

A. 电位随着参考点（零电位点）的选取不同数值而变化

B. 电位差随着参考点（零电位点）的选取不同数值而变化

C. 电路上两点的电位很高，则其间电压也很高

D. 电路上两点的电位很低，则其间电压也很小

15. 在检修校验表时，有人总结了以下几条经验，你认为哪一条不对？（　　）

A. 当液柱式压力计的工作液为水时，可在水中加一点红墨水或其他颜色，以便于读数

B. 在精密压力测量中，U 形管压力计不能用水作为工作液体

C. 在冬天应用酒精或酒精、甘油、水的混合物，而不用水来校验浮筒液位计

D. 更换倾斜微压计的工作液时，酒精的重度差不了多少，对仪表几乎无影响

16. 使用电子电位差计准备步骤是仪表平稳后（　　），使用中不能移动。

A. 先校对机械零位后校电器零位

B. 先校对电器零位后对机械零位

C. 机械和电器零位同时校对

D. 无所谓先调机械零位还是校电器零位

17. 被称为精密温度测量的铂铑-铂热电偶（S）和塑料王（聚四氟乙烯）是否均可用于耐高温环境中，以下哪一条说法是不妥的？（　　）

A. 硫酸厂的沸腾炉，不应采用铂铑-铂热电偶测温

B. 煤气厂反应器最高温度约 1100℃，采用 S 热电偶测温是可以的

C. 更换高温炉热电偶，最好不采用聚四氟乙烯材料做垫

D. 不得在聚四氟乙烯材料密封的管道丝口周围进行烧焊

18. 如果工艺上要求测量950℃的温度，测量结果要求远传指示，可选择的测量元件和显示仪表是（　）。

A. 热电阻配电子平衡电桥　　B. 热电偶配电子电位差计

C. 热电阻配动圈表XCZ-102　　D. 热电偶配动圈表XCZ-101

三、判断题（中级工）

1. 测量值小数点后的位数愈多，测量愈精确。（　）
2. 选定的单位相同时，测量值小数点后位数愈多，测量愈精确。（　）
3. 计算结果中保留的小数点后位数愈多，精确度愈高。（　）
4. 测量数据中出现的一切非零数字都是有效数字。（　）
5. 在非零数字中间的零是有效数字。（　）
6. 在非零数字右边的零是有效数字。（　）
7. 在整数部分不为零的小数点右边的零是有效数字。（　）
8. “或”门的逻辑表达式为$D=A+B+C$。（　）
9. 动圈式温度仪表的表头线圈部分有短路现象，将使仪表指针移动缓慢。（　）
10. 热电阻的线路电阻配制应包括热电阻本身。（　）
11. 因为磁铁的N极和S极总是成对出现的，所以磁力线总是闭合的。（　）
12. 在相同的温度变化范围内，分度号为Pt100的热电阻比Pt10的热电阻变化范围大，因而灵敏度较高。（　）
13. 动圈式温度表中的张丝除了产生反作用力矩和起支撑轴的作用外，还起导电的作用。（　）
14. 使用U形管压力计测得的表压值，与玻璃管断面面积的大小有关。（　）
15. 在液柱式压力计中封液在管内的毛细现象所引起的误差并不随液柱高度变化而改变，是可以修正的系统误差。（　）
16. 当被测压力高于大气压时，被测压力引至单管压力计的盅形容器中去。（　）
17. 为使孔板前后沿圆周方向压力均匀，取得较正确的差压，在孔板设计中多采用环室取压。（　）
18. 在DKJ型执行器通电调试中，电机只有嗡嗡声而不转动，其原因是制动弹簧太紧，把制动盘刹牢所致。（　）
19. 计算机的硬件主要包括存储器、控制器、运算器和输入输出设备。（　）
20. 补偿导线型号正确，而将热电偶冷端和补偿盒接错，则显示表显示值偏低。（　）
21. 引用误差是绝对误差与被测量值之比，以百分数表示。（　）
22. 仪表安装位置不当造成的误差是系统误差。（　）
23. 仪表的精度指的是基本误差的最大允许值，即基本误差限。（　）
24. 使用校准电子电位差计，校对完检流计的机械零位和电气零位后，使用中可以移动。（　）
25. 负压是测量时大气压力低于绝对压力的压力。（　）
26. 当用压力变送器测量一液体管道压力时，变送器安装位置高于或低于管道较多

时，一定要进行零点迁移。（ ）

27. 测量误差的表示方法一般分为绝对误差、相对误差和引用误差。（ ）
28. 仪表的灵敏度等于测量仪表指示值的增量与被测量之比。（ ）
29. 系统误差就是对同一物理量进行测量的各种误差之和。（ ）
30. DDZ-Ⅱ型差压变送器输出插孔上并联的两只二极管的作用是防止插入毫安表的瞬间功放级负载短路，以致电流表无读数。（ ）
31. 用U形管测量压力时，压力的大小不但与U形管内的介质高低有关，而且与U形管的截面有关。（ ）
32. 电阻温度计的工作原理，是利用金属线的电阻随温度作几乎线性的变化。（ ）
33. 电阻温度计在温度检测时，有时间延迟的缺点。（ ）
34. 与电阻温度计相比，热电偶温度计能测更高的温度。（ ）
35. 因为电阻体的电阻丝是用较粗的线做成的，所以有较强的耐振性能。（ ）
36. 测量系统和测量条件不变时，增加重复测量次数并不能减少系统误差。（ ）
37. 活塞压力计灵敏限的测定方法是在被测压力计上加放能破坏平衡的最小砝码。（ ）
38. 微压计的密度检定，要求微压计在承受压力为最大工作压力1.2倍的情况下持续10min不得渗漏。（ ）
39. 孔板具有方向性，呈喇叭形的一侧为入口端，即“+”端，尖锐的一侧为出口端，即“－”端。（ ）
40. 电磁流量计是不能测量气体介质流量的。（ ）
41. 电磁流量计的输出电流与介质流量有线性关系。（ ）
42. 电磁流量变送器和化工管道紧固在一起，可以不必再接地线。（ ）
43. 电磁流量计电源的相线和中线、激磁绕组的相线和中线以及变送器输出信号线的1.2端子线是不能随意对换的。（ ）
44. 测温电阻体和热电偶都是插入保护管使用的，故保护管的构造、材质等必须十分慎重地选定。（ ）
45. 对热电阻与桥路的连接要优先采用三线制接法，这样可以减少连接导线电阻变化引起的误差。（ ）
46. 电子电位差计桥路供电电压低于额定值指示偏高，供电电压高于额定值指示偏低。（ ）
47. 冷端温度计补偿是通过一个锰铜电阻实现的。（ ）
48. 电子自动平衡电桥与热电阻是三线制连接的，如果A、C线接错，指针靠向始端。（ ）
49. 对具有断偶保护电路的动圈表，在调校时，可使用高阻电势信号源。（ ）
50. 在一般情况下，电子电位差计更改量程时，桥路中的补偿电阻和限流电阻都不需要重新计算和调整。（ ）
51. 料位计指示长时间在“零”附近摆动，那么实际料面也一定在料位下限附近。（ ）

52. 料位计指示长时间在“零”附近摆动，那么料面可能在下限以下甚至“料空”。
( )

53. 料位最高时，料位计指示也最高，这时探头接收到的射线最强。 ( )

54. 在用浮筒液面计测量液面时，为了保证浮筒在浮筒室内自由运动，浮筒液位计的垂直安装度要求非常严格。 ( )

55. 为了使浮筒液位计能测到准确而平稳的液位，液位计的传感元件必须避开物料的直接冲击，最好安装在液体的死角处。 ( )

56. 在用差压变送器测量液体的液面时，差压计的安装高度可不作规定，只要维护方便就行。 ( )

57. 万用表可以带电测电阻。 ( )

58. 变压器不仅有变压、变流的作用，而且还有变阻抗的作用。 ( )

59. 压力表的选择只需要选择合适的量程就行了。 ( )

60. 调节阀的最小可控流量与其泄漏量不是一回事。 ( )

61. 采用压差变送器配合节流装置测流量时，在不加开方器时，标尺刻度是非线性的。 ( )

62. 电阻电路中，不论它是串联还是并联，电阻上消耗的功率总和等于电源输出的功率。 ( )

63. 变压器是用来降低电压的。 ( )

64. 电气设备通常都要接地，接地就是将机壳接到零线上。 ( )

65. 在加热炉的燃料控制中，从系统的安全考虑，控制燃料的气动调节阀应选用气开阀。 ( )

66. 自动控制系统通常采用闭环控制，且闭环控制中采用负反馈，因而系统输出对于外部扰动和内部参数变化都不敏感。 ( )

67. 为了扩大电流表的量程，可在表头上串联一个倍压电阻。 ( )

68. 在感性负载电路中加接电容器可补偿提高功率因数，其效果是减少了电路总电流，使有效功率减少，节省电能。 ( )

69. DDZ-Ⅱ型电动控制器采用 220V 交流电压作为供电电源，导线采用三线制。
( )

70. 热电阻温度计是由热电阻、显示仪表以及连接导线所组成的，其连接导线采用三线制接法。
( )

71. 由于防爆型仪表或电气设备在开盖后就失去防爆性能，因此不能在带电的情况下打开外盖进行维修。 ( )

72. 热电阻温度计显示仪表指示无穷大可能原因是热电阻短路。 ( )

73. 变压器温度的测量主要是通过对其油温的测量来实现的。如果发现油温较平时相同负载和相同条件下高出 10℃时，应考虑变压器内发生了故障。 ( )

74. 三相异步电动机定子极数越多，则转速越高，反之则越低。 ( )

75. 漏电保护器的使用是防止触电事故。 ( )

76. 三相交流对称电路中，如采用星形接线时，线电流等于相电流。 ( )
77. 利用降压变压器将发电机端电压降低，可以减少输电线路上的能量损耗。( )
78. 直流电动机的制动转矩将随着转速的降低而增大。 ( )
79. 负载获得最大功率的条件是负载电阻等于电源内阻。 ( )
80. 在自动控制系统中，按给定值的形式不同可以分为定值控制系统、随动控制系统和程序控制系统。 ( )
81. “三相五线”制供电方式是指“三根相线、一根中线和一根接地线”。 ( )
82. 电磁流量计不能测量气体介质的流量。 ( )
83. 在电路中所需的各种直流电压，可以通过变压器变换获得。 ( )
84. 对纯滞后大的被控对象，可引入微分控制作用来提高控制质量。 ( )
85. 气开阀在没有气源时，阀门是全开的。 ( )
86. 用热电偶和电子电位差计组成的温度记录仪，当补偿导线断开时，记录仪指示在电子电位差计所处的环境温度上。 ( )
87. 自耦变压器适合在变压比不大的场合，可作供电用降压变压器。 ( )
88. 调节阀气开、气关作用形式选择原则是，一旦信号中断，调节阀的状态能保证人员和设备的安全。 ( )
89. 照明电路开关必须安装在相线上。 ( )
90. 电流互感器二次侧电路不能断开，铁芯和二次绕组均应接地。 ( )
91. 精度等级为1.0级的检测仪表其最大相对百分误差为±1%。 ( )
92. 热电偶与显示仪表间采用“三线制”接法。 ( )
93. 正弦交流电的三要素是周期、频率、初相位。 ( )
94. 某一变压器的初级绕组与二次绕组匝数比大于1，则此变压器为升压变压器。 ( )
95. 由于操作失误而使电流通过人体时，就会发生触电事故。 ( )
96. 压力检测仪表测量高温蒸汽介质时，必须加装隔离罐。 ( )
97. 常见的动圈式显示仪表，其测量机构都是基本相同的。 ( )
98. 在一个完整的自动控制系统中，执行器是必不可少的。 ( )
99. 正弦交流电的有效值是最大值的1.414倍。 ( )
100. 三相异步电动机包括定子和绕组两部分。 ( )
101. 简单化工自动控制系统的组成包括被控对象、测量元件及变送器、控制器、执行器等。 ( )
102. 测温仪表补偿导线连接可以任意接。 ( )
103. 三相负载Y（星）接时，中线电流一定为零。 ( )
104. 压力仪表应安装在易观察和检修的地方。 ( )
105. 当有人触电时，应立即使触电者脱离电源，并抬送医院抢救。 ( )
106. 差压变送器只能测量液位。 ( )
107. 热电偶的测温范围比热电阻的测温范围宽。 ( )
108. 导电材料的电阻率愈大，则导电性愈优。 ( )

109. 将三相异步电动机电源的三根线中的任意两根对调即可改变其转动方向。 ( )

110. 工作接地是将电气设备的金属外壳与接地装置之间可靠连接。 ( )

111. 电路是由电源、负载和导线三部分组成的。 ( )

112. 迁移过程因改变仪表零点，所以仪表的量程也相应改变。 ( )

113. 管式加热炉中的燃料调节阀应选用气关阀。 ( )

114. 仪表的精度越高，其准确度越高。 ( )

115. 电路分为开路、通路和断路三种工作状态。 ( )

116. 电气设备的保护接零和保护接地是防止触电的有效措施。 ( )

117. 选择压力表时，精度等级越高，则仪表的测量误差越小。 ( )

118. 自动平衡式电子电位差计是基于电压平衡原理工作的。 ( )

119. 灵敏度高的仪表精确度一定高。 ( )

120. 因为有玻璃隔开，因此水银温度计属于非接触式温度计。 ( )

121. 熔断器的选用，只需比用电器的额定电流略大或相等即可。 ( )

122. 热继电器是防止电路短路的保护电器。 ( )

123. TRC-121 表示的意义为工段号为 1、序号为 21 的温度记录控制仪表。 ( )

124. 热电偶通常由电阻体、绝缘端子、保护管、接线盒四部分组成。 ( )

125. 一般控制系统均为负反馈控制系统。 ( )

126. 热电偶一般用来测量 500℃以上的中高温。 ( )

127. 在比例控制规律基础上添加积分控制规律，其主要作用是超前控制。 ( )

128. 热电阻可以用来测量中、高范围内的温度。 ( )

129. 弹簧管压力表只能就地指示压力，不能远距离传送压力信号。 ( )

130. 测量蒸汽压力时，应加装凝液管和隔离罐。 ( )

131. 测量氨气压力时，可以用普通的工业用压力表。 ( )

四、判断题（高级工）

1. 如果热电偶冷端温度为 0℃，则测温装置的温度指示是随热端温度而变化的。 ( )

2. 判断 K 型热电偶正负极时，可根据亲磁情况识别，不亲磁为正极，稍亲磁为负极。 ( )

3. 使用活塞压力计时，活塞与活塞缸、承重盘、砝码必须配套使用。 ( )

4. 安装在取样点下方的压力变送器，应采用正迁移来修正其零点。 ( )

5. 对于配热电阻的动圈表应调整桥路电阻来使电气零点和机构零点相符。 ( )

6. 流体流量和靶上所受力的开方成正比例关系，因此，未加开方器时显示记录仪的流量刻度是非线性的。 ( )

7. 110V、25W 的灯泡可以和 110V、60W 的灯泡串联接在 220V 的电源上使用。 ( )

8. 由三相异步电动机的转动原理可知，在电动运行状态下总是旋转磁场的转速小于转子的转速，因此称为“异步”电动机。 ( )

9. 在三相四线制中，当三相负载不平衡时，三相电压值仍相等，但中线电流不等于零。 ( )

10. 为了保证测量值的准确性，所测压力值不能太接近于仪表的下限值，亦即仪表的量程不能选得太大，一般被测压力的最小值不低于仪表满量程的1/2为宜。 ( )

11. 温度仪表最高使用指示值一般为满量程的90%。 ( )

12. 执行器的流量特性中使用最广泛的是对数流量特性。 ( )

13. 简单控制系统包括串级、均匀、前馈、选择性系统等类型。 ( )

14. 在电机的控制电路中，当电流过大时，熔断器和热继电器都能够切断电源从而起到保护电动机的目的，因此熔断器和热继电器完成的是一样的功能。 ( )

15. 一般在高温段用热电偶传感器进行检测，在低温段用热电阻传感器进行检测。 ( )

16. 热继电器利用电流的热效应而动作，常用来作为电动机的短路保护。 ( )

17. 对自动控制系统的基本要求是稳定、准确、快速、功能齐全。 ( )

18. 控制系统时间常数越小，被控变量响应速度越快，则可提高调节系统的稳定性。 ( )

19. 角接取压和法兰取压只是取压方式的不同，但标准孔板的本体结构是一样的。 ( )

20. 交流电的方向、大小都随时间作周期性变化，并且在一周期内的平均值为零，这样的交流电就是正弦交流电。 ( )

21. 变压器比异步电动机效率高的原因是它的损耗只有磁滞损耗和涡流损耗。 ( )

22. DDZ-Ⅱ型差压变送器输出插孔上并联的两只二极管起限幅作用。 ( )

23. DDZ-Ⅱ型差压变送器输出插孔上并联的两只二极管的作用是防止插入毫安表的瞬间功放级负载开路，以致对调节系统造成不必要的干扰。 ( )

24. 数字式显示仪表是以RAM和ROM为基础，直接以数字形式显示被测变量的仪表。 ( )

25. DCS是一种控制功能和负荷分散，操作、显示和信息管理集中，采用分级分层结构的计算机综合控制系统。 ( )

26. 测量液体压力时，压力表取压点应在管道下部，测量气体压力时，取压点应在管道上部。 ( )

27. 为了确保加热炉的安全控制系统，应选择气开阀和反作用控制器。 ( )

28. 电器的作用就是实现对电动机或其他用电设备的控制。 ( )

29. 调节阀的最小可控流量与其泄漏量不是一回事。 ( )

30. 采用压差变送器配合节流装置测流量时，在不加开方器时，标尺刻度是非线性的。 ( )

31. 自动调节系统与自动测量、自动操纵等开环系统比较，最本质的差别就在于有反馈。 ( )

32. 利用硅钢片制成铁芯，只是为了减小磁阻，而与涡流损耗和磁滞损耗无关。 ( )

33. 目前家用电风扇、电冰箱、洗衣机中使用的电动机一般均为三相异步电动机。（　　）

34. 采用接触器自锁的控制线路，自动具有欠压保护作用。（　　）

35. 在测量的过程中，一般要求检测仪表的输出信号和输入信号成线性关系，因此差压式流量计测量流量时，差压变送器输出的信号和流量成线性关系。（　　）

36. 在交流电路中，若地电位为零，由于零线和大地相接，故零线的电位始终为零。（　　）

37. 电路中的电流、电压所标的方向是指电流、电压的实际方向。（　　）

38. 在控制系统中，最终完成控制功能的是执行器，因此执行器是控制系统的核心。（　　）

五、多项选择题（高级工、技师）

1. 正弦交流电的三要素是（　　）。
A. 最大值　B. 相位差　C. 初相角　D. 角频率

2. 三相电源的接法有（　　）。
A. 正方形　B. 三角形　C. 双星形　D. 星形

3. 电磁感应定律包括（　　）。
A. 基尔霍夫定律　B. 楞次定律　C. 牛顿定律　D. 法拉第定律

4. 按照触电事故的构成方式，触电事故可分为（　　）。
A. 单相触电　B. 电击　C. 两相触电　D. 电伤

5. 绝缘安全用具分为（　　）。
A. 绝缘台　B. 绝缘垫
C. 基本绝缘安全用具　D. 辅助绝缘安全用具

6. 国家规定的安全色有（　　）。
A. 红色　B. 蓝色　C. 黄色　D. 绿色

7. 电流互感器的二次回路安装接线应注意的问题是（　　）。
A. 不得装熔断器　B. 外壳有良好的接地
C. 极性和相序正确　D. 总阻抗小于其额定值

8. 按照人体触及带电体的方式和电流流过人体的途径，电击可分为（　　）。
A. 单相触电　B. 电火花　C. 两相触电　D. 跨步电压触电

9. 磁电式仪表由（　　）组成。
A. 固定永久磁铁　B. 可转动线圈及转动部件
C. 固定的线圈　D. 可转动铁芯及转动部件

10. 保证安全的技术措施有（　　）。
A. 装设接地线　B. 验电　C. 停电　D. 悬挂标示牌和装设遮栏

11. 安全电压额定值（有效值）国家规定的有（　　）。
A. 50V　B. 42V　C. 36V　D. 32V

12. 变压器并联运行的条件是（　　）。
A. 变压比相等　B. 阻抗电压相等　C. 无载调压　D. 接线组别相同

13. 继电保护装置必须满足的条件是（　　）。

A. 可靠性　　B. 快速性　　C. 选择性　　D. 灵敏性

14. TT 系统表示（　　）。

A. 电源系统有一点直接接地　　B. 电源系统不接地

C. 设备外露导电部分单独接地　　D. 设备外露导电部分连接到中性导体

15. 高压设备的操作安全用具有（　　）。

A. 绝缘棒　　B. 绝缘操作用具　　C. 绝缘夹钳　　D. 高压验电器

16. 电气安全用具包括（　　）。

A. 绝缘棒　　B. 绝缘安全用具　　C. 绝缘手套　　D. 一般防护用具

17. 开关电器的屏护装置可作为（　　）的重要措施。

A. 防止电弧伤人　B. 防止外壳带电　C. 防止触电　　D. 防止静电

18. 一套完整的防雷装置应由（　　）和接地装置组成。

A. 避雷针　　B. 避雷线　　C. 接闪器　　D. 引下线

19. 变压器在过负荷运行的情况下，应着重监视（　　）的变化。

A. 负荷　　B. 声音　　C. 油温　　D. 油位

20. 高压供电有（　　）等常用方式。

A. 树干式　　B. 放射式　　C. 链式　　D. 环式

21. 配电所内的（　　）的绝缘性能，必须定期检查试验。

A. 验电器　　B. 绝缘靴　　C. 绝缘手套　　D. 绝缘棒

22. 操作票必须由操作人在接受指令后操作前填写，经（　　）审核签字后方可操作。

A. 工作负责人　B. 值班负责人　C. 监护人　　D. 工作许可人

23. 气动薄膜调节阀工作不稳定，产生振荡，是因为（　　）。

A. 调节器输出信号不稳定

B. 管道或基座剧烈振动

C. 阀杆摩擦力大，容易产生迟滞性振荡

D. 执行机构刚度不够，会在全行程中产生振荡；弹簧预紧量不够，会在低行程中发生振荡

24. 单参数控制系统中，调节阀的气开为＋A，气关阀为－A，调节阀开大被调参数上升为＋B，下降为－B，则（　　）。

A. A＊B=＋，调节器选正作用　　B. A＊B=＋，调节器选反作用

C. A＊B=－，调节器选正作用　　D. A＊B=－，调节器选反作用

25. 调速器输入信号有（　　）。

A. 两个转速信号　　B. 一个抽汽压力信号

C. 主蒸汽压力信号　　D. 压缩机入口压力信号

26. DCS 进行组态时，可以完成监控变量的（　　）组态。

A. 动画链接　　B. 历史趋势　　C. 报警优先级　　D. 实时趋势

27. 热电偶温度计的优点是（　　）。

A. 精度高　　B. 测量范围广　　C. 造价便宜　　D. 自动记录

28. PID 图中包含（　　）。

A. 全部设备　　B. 全部仪表

C. 全部电气元件　　D. 相关公用工程管线接口

29. 下列（　　）属于 PLC 系统中的硬件组成。

A. 中央控制单元　B. 存储器　C. 输入输出单元　D. 编程器

30. 调节器参数常用的工程整定方法有（　　）。

A. 积分曲线法　B. 经验法　C. 临界比例度法　D. 衰减曲线法

六、综合题（技师）

1. 什么叫分散控制系统？它有什么特点？
2. 如何从测量、变送仪表角度提高调节系统的调节质量？
3. 热工仪表及控制装置的评级原则有哪些？
4. 气动阀门定位器有哪些作用？
5. 比例、积分、微分三种调节规律的作用各是什么？其调整原则是什么？
6. 串级调节系统有哪些特点？火电厂有哪些系统常采用串级调节？
7. 一个调节系统在试投时应进行哪些动态试验？
8. 为什么串级调节系统的调节品质比单回路调节系统好？
9. 为什么工业自动化仪表多采用直流信号制？
10. 气动执行机构有何特点？
11. 对气动仪表的气源有哪些要求？
12. 与模拟调节相比，数字调节系统有什么特点？
13. 采用计算机的控制系统为什么要有阀位反馈信号？
14. 比例积分调节器和比例微分调节器各有何特点？
15. 检修自动化仪表时，一般应注意哪些问题？
16. 在现场整定调节器参数时应注意哪些问题？
17. 差压变送器在测量不同介质的差压时应注意哪些问题？
18. 试述气动仪表中阻容环节的作用。
19. 什么是调节系统的衰减曲线整定法？什么叫稳定边界整定法？
20. 试分析 PI 调节器比例带对调节过程的影响。
21. 一个调节系统投入自动时，运行人员反映有时好用，有时又不好用，这是什么原因？
22. 怎样选择调节系统中变送器的量程？
23. 试述投入调节系统的一般步骤。
24. 阀门定位器在调节阀控制中起何作用？
25. 自动调节正常工作的前提条件是什么？试说明之。
26. 检测信号波动有何害处？应如何消除？
27. 怎样调整调节器的上、下限限幅值？
28. 在设计一个调节系统时应考虑哪些安全保护才能保证系统安全运行？

第十九部分　计量知识

一、单项选择题（中级工）

1. 1bar=（　　）mmH_2O。

A. 1000　　B. 10000.23　　C. 10197.162　　D. 101325.3

2. mol/L 是（　　）的计量单位。

A. 浓度　　B. 压力　　C. 体积　　D. 功率

3. 我国的法定计量单位是（　　）。

A. 只是国际单位制

B. 国家行业单位

C. 国际单位制计量单位和国家选定的其他计量单位

D. 以上说法都不对

4. 我国法定计量单位是在（　　）年由中华人民共和国国务院颁布实施的。

A. 1974　　B. 1984　　C. 1994　　D. 2004

5. 以米、千克、秒为基本单位的单位制又称（　　）。

A. 绝对单位制　　B. 绝对实用单位制

C. 工程单位制　　D. 国际单位制

6. 在法定单位中，恒压热容和恒容热容的单位都是（　　）。

A. kJ/(mol·K)　　B. kcal/(mol·K)

C. J/(mol·K)　　D. kJ/(kmol·K)

7. 在节流装置的流量测量中进行温度、压力等修正是修正（　　）。

A. 疏忽误差　　B. 系统误差　　C. 偶然误差　　D. 附加误差

8. 一台 1151 压力变送器量程范围为 0～300kPa，现零位正迁 50%，则仪表的量程为（　　）。

A. 150kPa　　B. 300kPa　　C. 450kPa　　D. 250kPa

9. 我们无法控制的误差是（　　）。

A. 疏忽误差　　B. 缓变误差　　C. 随机误差　　D. 系统误差

10. 仪表的精度级别是指仪表的（　　）。

A. 误差　　B. 基本误差

C. 最大误差　　D. 基本误差和最大允许值

11. 某涡轮流量计和某涡街流量计均用常温下的水进行过标定，当用它们来测量液氨的体积流量时，（　　）。

A. 均需进行黏度和密度的修正

B. 涡轮流量计需进行黏度和密度修正，涡街流量计不需要

C. 涡街流量计需进行黏度和密度修正，涡轮流量计不需要

D. 两种流量计均不需进行修正

12. 用双法兰液位计测量容器内液位，零位与量程均校正好，后因维护需要而上移了安装位置，下述说法正确的是（　　）。

A. 零位上升，量程不变　　B. 零位下降，量程不变

C. 零点与量程均不变　　D. 零位不变，量程变大

13. 用孔板测量某气体流量，若实际工作压力小于设计值，这时仪表的指示值将（　　）。

A. 大于实际值　　B. 小于实际值

C. 可能大于也可能小于实际值　　D. 和实际值相等

二、判断题（中级工）

1. SI 国际单位制中，通用气体常数 R 的单位是 kgf·m/(kmol·K)。（　　）
2. 国际单位制中包括重度这一概念。（　　）
3. 摩尔是国际基本单位。（　　）
4. 平行测定次数越多，误差越小。（　　）
5. 我国的法定计量单位就是国际计量单位。（　　）
6. 在 SI 制中压力的单位是泊（Pa）。（　　）
7. 在国际单位制中，温度的单位为开尔文。（　　）
8. 分析检验中影响测定精密度的是系统误差，影响测定准确度的是随机误差。（　　）

三、多项选择题（高级工、技师）

1. 根据误差的性质，误差可分为（　　）。

A. 系统误差　　B. 随机误差　　C. 粗大误差　　D. 示值误差

2. 计量误差主要来源于（　　）。

A. 设备误差　　B. 环境误差　　C. 人员误差　　D. 方法误差

3. 用于（　　）方面的列入强制检定目录的工作计量器具，实行强制检定。

A. 贸易结算　　B. 安全防护　　C. 一般测量　　D. 指示

四、综合题（技师）

1. 误差可分为绝对误差、相对误差、引用误差，请写出它们的计算公式。
2. 测量工作必然存在误差，简述误差产生的原因。
3. 简述消除随机误差的依据及方法。
4. 流量计的基本误差有哪些？

第二十部分　安全及环境保护知识

一、单项选择题（中级工）

1. 压力容器按安全状况分为（　　）个级别。
   A. 3　　B. 4　　C. 5　　D. 6
2. 工业管道的安全状况等级分为（　　）个等级。
   A. 1　　B. 2　　C. 3　　D. 4
3. 电机着火后，就用（　　）来灭火。
   A. 水　　B. 泡沫灭火器　　C. 蒸汽　　D. 干粉灭火器
4. 工业管道全面检查（　　）年进行一次。
   A. 1～2　　B. 2～4　　C. 3～6　　D. 5～8
5. 按《压力容器安全技术监察规程》的规定，压力容器划分为（　　）。
   A. 一类　　B. 二类　　C. 三类　　D. 四类
6. 不能用水灭火的是（　　）。
   A. 棉花　　B. 木材　　C. 汽油　　D. 纸
7. 下列物质爆炸过程中，属于物理爆炸的是（　　）。
   A. 爆胎　　B. 氯酸钾　　C. 硝基化合物　　D. 面粉
8. 下列引起火灾的原因中，属于明火的是（　　）。
   A. 电火　　B. 热源　　C. 摩擦　　D. 撞击
9. 下列物质中不是化工污染物质的是（　　）。
   A. 酸、碱类污染物　　B. 二氧化硫　　C. 沙尘　　D. 硫铁矿渣
10. 气态污染物的治理方法有（　　）。
    A. 沉淀　　B. 吸收法　　C. 浮选法　　D. 分选法
11. 不适合废水的治理方法是（　　）。
    A. 过滤法　　B. 生物处理法　　C. 固化法　　D. 萃取法
12. 不能有效地控制噪声危害的是（　　）。
    A. 隔振技术　　B. 吸声技术　　C. 戴耳塞　　D. 加固设备
13. 只顾生产，而不管安全的做法是（　　）行为。
    A. 错误　　B. 违纪　　C. 犯罪　　D. 故意
14. 爆炸性混合物爆炸的威力，取决于可燃物的（　　）。
    A. 浓度　　B. 温度　　C. 压力　　D. 流量
15. 我国企业卫生标准中规定硫化氢的最高允许浓度是（　　）mg/m^3 空气。
    A. 10　　B. 20　　C. 30　　D. 40
16. 触电是指人在非正常情况下，接触或过分靠近带电体而造成（　　）对人体的伤害。
    A. 电压　　B. 电流　　C. 电阻　　D. 电弧

17.（　　）有知觉且呼吸和心脏跳动还正常，瞳孔不放大，对光反应存在，血压无明显变化。

A. 轻型触电者　B. 中型触电者　C. 重型触电者　D. 假死现象者

18. 下列气体中（　　）是惰性气体，可用来控制和消除燃烧爆炸条件的形成。

A. 空气　B. 一氧化碳　C. 氧气　D. 水蒸气

19. 当设备内因误操作或装置故障而引起（　　）时，安全阀才会自动跳开。

A. 大气压　B. 常压　C. 超压　D. 负压

20. 我国《工业企业噪声卫生标准》规定：在生产车间和作业场所，接触噪声时间8h，噪声的允许值是（　　）dB。

A. 85　B. 88　C. 91　D. 94

21. 燃烧具有三要素，下列哪项不是发生燃烧的必要条件？（　　）

A. 可燃物质　B. 助燃物质　C. 点火源　D. 明火

22. 下列哪项是防火的安全装置？（　　）

A. 阻火装置　B. 安全阀　C. 防爆泄压装置　D. 安全液封

23. 工业毒物进入人体的途径有三种，其中最主要的是（　　）。

A. 皮肤　B. 呼吸道　C. 消化道　D. 肺

24. 触电急救的基本原则是（　　）。

A. 心脏复苏法救治　B. 动作迅速、操作准确

C. 迅速、就地、准确、坚持　D. 对症救护

25. 化工生产中的主要污染物是“三废”，下列哪个有害物质不属于“三废”？（　　）

A. 废水　B. 废气　C. 废渣　D. 有毒物质

26. 废水的处理以深度而言，在二级处理时要用到的方法为（　　）。

A. 物理法　B. 化学法　C. 生物化学法　D. 物理化学法

27. 工业上噪声的个人防护采用的措施为（　　）。

A. 佩戴个人防护用品　B. 使用隔声装置

C. 使用消声装置　D. 使用吸声装置

28. 皮肤被有毒物质污染后，应立即清洗，下列哪个说法准确？（　　）

A. 碱类物质以大量水洗，然后用酸溶液中和后洗涤，再用水冲洗

B. 酸类物质以大量水洗，然后用氢氧化钠水溶液中和后洗涤，再用水冲洗

C. 氢氟酸以大量水洗，然后用5%碳酸氢钠水溶液中和后洗涤，再涂以悬浮剂，消毒包扎

D. 碱金属以大量水洗，然后用酸性水溶液中和后洗涤，再用水冲洗

29. 金属钠、钾失火时，需用的灭火剂是（　　）。

A. 水　B. 沙　C. 泡沫灭火器　D. 液态二氧化碳灭火剂

30. 吸入微量的硫化氢感到头痛恶心的时候，应采用的解毒方法是（　　）。

A. 吸入Cl_2　B. 吸入SO_2　C. 吸入CO_2　D. 吸入大量新鲜空气

31. 下列说法错误的是（　　）。

A. CO_2无毒，所以不会造成污染

B. CO_2 浓度过高时会造成温室效应的污染

C. 工业废气之一 SO_2 可用 NaOH 溶液或氨水吸收

D. 含汞、镉、铅、铬等重金属的工业废水必须经处理后才能排放

32. 扑灭精密仪器等火灾时，一般用的灭火器为（　　）。

A. 二氧化碳灭火器　B. 泡沫灭火器　C. 干粉灭火器　D. 卤代烷灭火器

33. 在安全疏散中，厂房内主通道宽度不应少于（　　）。

A. 0.5m　B. 0.8m　C. 1.0m　D. 1.2m

34. 在遇到高压电线断落地面时，导线断落点（　　）m 内，禁让人员进入。

A. 10　B. 20　C. 30　D. 40

35. 国家颁布的《安全色》标准中，表示指令、必须遵守的规程的颜色为（　　）。

A. 红色　B. 蓝色　C. 黄色　D. 绿色

36. 作业场所空气中一般粉尘的最高允许浓度为（　　）mg/m^3。

A. 5　B. 10　C. 20　D. 15

37. 一般情况下，安全帽能抗（　　）kg 铁锤自 1m 高度落下的冲击。

A. 2　B. 3　C. 4　D. 5

38. 电气设备火灾时不可以用（　　）灭火器。

A. 泡沫　B. 卤代烷　C. 二氧化碳　D. 干粉

39. 使用过滤式防毒面具要求作业现场空气中的氧含量不低于（　　）。

A. 16%　B. 17%　C. 18%　D. 19%

40. 安全电压为（　　）。

A. 小于 12V　B. 小于 36V　C. 小于 220V　D. 小于 380V

41. 化工污染物都是在生产过程中产生的，其主要来源是（　　）。

A. 化学反应副产品

B. 燃烧废气，产品和中间产品

C. 化学反应副产品，燃烧废气，产品和中间产品

D. 化学反应不完全的副产品，燃烧废气，产品和中间产品

42. 环保监测中的 COD 表示（　　）。

A. 生化需氧量　B. 化学耗氧量　C. 空气净化度　D. 噪声强度

43. 就保护听力而言，一般认为每天 8 小时长期工作在（　　）分贝以下，听力不会损失。

A. 110　B. 100　C. 80　D. 120

44. 下列说法正确的是（　　）。

A. 滤浆黏性越大过滤速度越快　B. 滤浆黏性越小过滤速度越快

C. 滤浆中悬浮颗粒越大过滤速度越快　D. 滤浆中悬浮颗粒越小过滤速度越快

45. 安全教育的主要内容包括（　　）。

A. 安全的思想教育、技能教育

B. 安全的思想教育、知识教育和技能教育

C. 安全的思想教育、经济责任制教育

D. 安全的技能教育、经济责任制教育

46. 某泵在运行的时候发现有汽蚀现象，应（　　）。

A. 停泵，向泵内灌液　　B. 降低泵的安装高度

C. 检查进口管路是否漏液　　D. 检查出口管阻力是否过大

47. 工业毒物进入人体的途径有（　　）。

A. 呼吸道、消化道　　B. 呼吸道、皮肤

C. 呼吸道、皮肤和消化道　　D. 皮肤、消化道

48. 目前有多种燃料被人们使用，对环境最有利的是（　　）。

A. 煤气　　B. 天然气　　C. 柴草　　D. 煤

49. 作为人体防静电的措施之一，（　　）。

A. 应穿戴防静电工作服、鞋和手套　　B. 应注意远离水、金属等良导体

C. 应定时检测静电　　D. 应检查人体皮肤有无破损

50. 燃烧三要素是指（　　）。

A. 可燃物、助燃物与着火点　　B. 可燃物、助燃物与点火源

C. 可燃物、助燃物与极限浓度　　D. 可燃物、氧气与温度

51. 根据《在用压力容器检验规程》的规定，压力容器定期检验的主要内容有（　　）。

A. 外部、内外部、全面检查　　B. 内外部检查

C. 全面检查　　D. 不检查

52. 在生产过程中，控制尘毒危害的最重要的方法是（　　）。

A. 生产过程密闭化　　B. 通风

C. 发放保健食品　　D. 使用个人防护用品

53. 当有电流在接地点流入地下时，电流在接地点周围土壤中产生电压降。人在接地点周围，两脚之间出现的电压称为（　　）。

A. 跨步电压　　B. 跨步电势　　C. 临界电压　　D. 故障电压

54. 爆炸现象的最主要特征是（　　）。

A. 温度升高　　B. 压力急剧升高　　C. 周围介质振动　　D. 发光发热

55. “放在错误地点的原料”是指（　　）。

A. 固体废弃物　　B. 化工厂的废液　　C. 二氧化碳　　D. 二氧化硫

56. 防治噪声污染最根本的措施是（　　）。

A. 采用吸声器　　B. 减振降噪

C. 严格控制人为噪声　　D. 从声源上降低噪声

57. 燃烧必须同时具备的三要素是（　　）。

A. 可燃物、空气、温度　　B. 可燃物、助燃物、火源

C. 可燃物、氧气、温度　　D. 氧气、温度、火花

58. 预防尘毒危害措施的基本原则是（　　）。

A. 减少毒源，降低空气中尘毒含量，减少人体接触尘毒机会

B. 消除毒源

C. 完全除去空气中尘毒

D. 完全杜绝人体接触尘毒

59. 关于爆炸，下列不正确的说法是（　　）。

A. 爆炸的特点是具有破坏力，产生爆炸声和冲击波

B. 爆炸是一种极为迅速的物理和化学变化

C. 爆炸可分为物理爆炸和化学爆炸

D. 爆炸在瞬间放出大量的能量，同时产生巨大声响

60. 下列不属于化工生产防火防爆措施的是（　　）。

A. 点火源的控制　　B. 工艺参数的安全控制

C. 限制火灾蔓延　　D. 使用灭火器

61. 加强用电安全管理，防止触电的组织措施是（　　）。

A. 采用漏电保护装置

B. 使用安全电压

C. 建立必要而合理的电气安全和用电规程及各项规章制度

D. 保护接地和接零

62. 触电急救时首先要尽快地（　　）。

A. 通知医生治疗　　B. 通知供电部门停电

C. 使触电者脱离电源　　D. 通知生产调度

63. 噪声治理的三个优先级顺序是（　　）。

A. 降低声源本身的噪声、控制传播途径、个人防护

B. 控制传播途径、降低声源本身的噪声、个人防护

C. 个人防护、降低声源本身的噪声、控制传播途径

D. 以上选项均不正确

64. 下列不属于化工污染物的是（　　）。

A. 放空酸性气体　B. 污水　C. 废催化剂　D. 副产品

65. 可燃气体的燃烧性能常以（　　）来衡量。

A. 火焰传播速度　B. 燃烧值　C. 耗氧量　D. 可燃物的消耗量

66. 泡沫灭火器是常用的灭火器，它适用于（　　）。

A. 扑灭木材、棉麻等固体物质类火灾

B. 扑灭石油等液体类火灾

C. 扑灭木材、棉麻等固体物质类和石油等液体类火灾

D. 扑灭所有物质类火灾

67. 目前应用最广泛且技术最成熟的烟气脱硫的工艺是（　　）。

A. 氨-酸法　B. 石灰-石膏湿法　C. 钠碱吸收法　D. 活性炭吸附法

68. 芳香族苯环上的三种异构体的毒性大小次序为（　　）。

A. 对位＞间位＞邻位　　B. 间位＞对位＞邻位

C. 邻位＞对位＞间位　　D. 邻位＞间位＞对位

69. 对人体危害最大的电流频率为（　　）。

A. 20～30Hz　B. 50～60Hz　C. 80～90Hz　D. 100～120Hz

70. 为了消除噪声的污染，除采取从传播途径上控制外，还可以用耳塞作为个人的防护用品，通常耳塞的隔声值可达（　　）。

A. 20～30dB　B. 30～40dB　C. 40～50dB　D. 50～60dB

71. 生产过程中产生的静电电压的最高值能达到（　　）以上。

A. 数十伏　B. 数百伏　C. 数千伏　D. 数万伏

72. 下列哪条不属于化工“安全教育”制度的内容？（　　）

A. 入厂教育　B. 日常教育　C. 特殊教育　D. 开车的安全操作

73. 防止火灾爆炸事故蔓延的措施是（　　）。

A. 分区隔离　B. 设置安全阻火装置

C. 配备消防组织和器材　D. 以上三者都是

74. 化工生产过程的“三废”是指（　　）。

A. 废水、废气、废设备　B. 废管道、废水、废气

C. 废管道、废设备、废气　D. 废水、废气、废渣

75. 化学工业安全生产禁令中，操作工有（　　）条严格措施。

A. 3　B. 5　C. 6　D. 12

76. 在化工生产进行动火作业时，一般不早于动火前（　　）min。

A. 30　B. 60　C. 120　D. 150

77. 下列符号表示生物需氧量的是（　　）。

A. BOD　B. COD　C. PUC　D. DAB

78. 在下列物质中（　　）不属于大气污染物。

A. 二氧化硫　B. 铅　C. 氮氧化物　D. 镉

79. 控制噪声最根本的办法是（　　）。

A. 吸声法　B. 隔声法　C. 控制噪声声源　D. 消声法

80. 在化工生产中，用于扑救可燃气体、可燃液体和电气设备的起初火灾，应使用（　　）。

A. 酸碱灭火器　B. 干粉灭火器

C. “1211”灭火器　D. “1301”灭火器

81. 易燃介质是指与空气混合的爆炸下限小于（　　）、闪点小于（　　）的物质。

A. 5%　27℃　B. 10%　28℃　C. 15%　29℃　D. 5%　28℃

82. 生产现场工艺合格率一般达到（　　）即视为现场工艺处于受控状态。

A. 90%　B. 100%　C. 95%　D. 98%

83. 下列哪个不是化工污染物？（　　）

A. 苯　B. 汞　C. 四氯二酚　D. 双氧水

84. 含有泥沙的水静置一段时间后，泥沙沉积到容器底部，这个过程称为（　　）。

A. 泥沙凝聚过程　B. 重力沉降过程

C. 泥沙析出过程　D. 泥沙结块过程

85. 防止人体接触带电金属外壳引起触电事故的基本有效措施是（　　）。

A. 采用安全电压　　B. 保护接地，保护接零

C. 穿戴好防护用品　　D. 采用安全电流

86. 安全阀检验调整时，调整压力一般为操作压力的（　　）倍。

A. 1.0～1.1　B. 1.05～1.1　C. 1.05～1.2　D. 1.1～1.2

87. 过滤式防毒面具的适用环境为：（　　）

A. 氧气浓度≥18%、有毒气体浓度≥1%

B. 氧气浓度≥18%、有毒气体浓度≤1%

C. 氧气浓度≤18%、有毒气体浓度≥1%

D. 氧气浓度≤18%、有毒气体浓度≤1%

88. 国家对严重污染水环境的落后工艺和设备实行（　　）。

A. 限期淘汰制度　B. 控制使用制度　C. 加倍罚款　D. 改造后使用

89. 西方国家为加强环境管理而采用的一种卓有成效的行政管理制度是（　　）。

A. 许可证制度　　B. “三同时”制度

C. 环境影响评价制度　　D. 征收排污许可证制度

90. 三级安全教育制度是企业安全教育的基本教育制度。三级教育是指（　　）。

A. 入厂教育、车间教育和岗位（班组）教育

B. 低级、中级、高级教育

C. 预备级、普及级、提高级教育

D. 都不是

91. 可燃气体的爆炸下限数值越低，爆炸极限范围越大，则爆炸危险性（　　）。

A. 越小　B. 越大　C. 不变　D. 不确定

92. 扑救电器火灾，你必须尽可能首先（　　）。

A. 找寻适合的灭火器扑救　　B. 将电源开关关掉

C. 迅速报告　　D. 用水浇灭

93. 在使用生氧器时，戴好面罩后，应立即（　　）。

A. 打开面罩堵气塞　　B. 用手按快速供氧盒供氧

C. 检查气密性　　D. 打开氧气瓶阀门

94. 吸收法广泛用来控制气态污染物的排放，它基于各组分的（　　）。

A. 溶解度不同　B. 挥发度不同　C. 沸点不同　D. 溶解热不同

95. 环境中多种毒物会对人体产生联合作用，下面哪一种不属于联合作用？（　　）

A. 相加作用　B. 相减作用　C. 相乘作用　D. 撷抗作用

96. 氧气呼吸器属于（　　）。

A. 隔离式防毒面具　　B. 过滤式防毒面具

C. 长管式防毒面具　　D. 复合型防尘口罩

97. 可燃液体的蒸气与空气混合后，遇到明火而引起瞬间燃烧，液体能发生燃烧的最低温度称为该液体的（　　）。

A. 闪点　B. 沸点　C. 燃点　D. 自燃点

98. 进入有搅拌装置的设备内作业时，除按化工部安全生产禁令的“八个必须”严格执行外，还要求（　　）。

A. 该装置的电气开关要用带门的铁盒装起来

B. 作业人员应用锁具将该装置的开关盒锁好，钥匙由本人亲自保管

C. 应具备以上两种要求

D. 不能确定

99. 燃烧的充分条件是（　　）。

A. 一定浓度的可燃物，一定比例的助燃剂，一定能量的点火源，以及可燃物、助燃物、点火源三者要相互作用

B. 一定浓度的可燃物，一定比例的助燃剂，一定能量的点火源

C. 一定浓度的可燃物，一定比例的助燃剂，点火源，以及可燃物、助燃物、点火源三者要相互作用

D. 可燃物，一定比例的助燃剂，一定能量的点火源，以及可燃物、助燃物、点火源三者要相互作用

100. 爆炸按性质可分为（　　）。

A. 轻爆、爆炸和爆轰　　B. 物理爆炸、化学爆炸和核爆炸

C. 物理爆炸、化学爆炸　　D. 不能确定

101. 人触电后不需要别人帮助，能自主摆脱电源的最大电流是（　　）。

A. 交流 10mA、直流 20mA　　B. 交流 10mA、直流 40mA

C. 交流 10mA、直流 30mA　　D. 交流 10mA、直流 50mA

102. 噪声的卫生标准认为（　　）是正常的环境声音。

A. ≤30dB　　B. ≤35dB　　C. ≤40dB　　D. ≤45dB

103. 在生产中发生触电事故的原因主要有：缺乏电气安全知识；违反操作规程；偶然因素；维修不善；（　　）。

A. 电路设计不合理　　B. 电气设备不合格

C. 电气设备安装不合理　　D. 生产负荷过大

104. 我国的安全电压分为以下 5 个等级：42V、36V、24V、6V 和（　　）V。

A. 30　　B. 28　　C. 48　　D. 12

105. 职业病的来源主要是：①劳动过程中；②生产过程中；③（　　）。

A. 生产环境中　　B. 生活环境中　　C. 个体差异　　D. 遗传因素

106. 生产过程中职业病的危害因素有：①化学因素；②物理因素；③（　　）。

A. 心理因素　　B. 全体因素　　C. 生物因素　　D. 环境因素

107. 安全电是指（　　）以下的电源。

A. 32V　　B. 36V　　C. 40V　　D. 42V

108. 物质由一种状态迅速地转变为另一种状态，并在瞬间以机械能的形式放出巨大能量的现象称为（　　）。

A. 爆炸　　B. 燃烧　　C. 反应　　D. 分解

109. 戴有氧呼吸器在毒区工作时，当氧气压力降至（　　）kgf/cm^2 以下时必须

离开毒区。

A. 10　B. 18　C. 25　D. 30

110. 下列哪一个不是燃烧过程的特征（　）。

A. 发光　B. 发热　C. 有氧气参与　D. 生成新物质

111. 噪声对人体的危害不包括（　）。

A. 影响休息和工作　B. 人体组织受伤

C. 伤害听觉器官　D. 影响神经系统

二、单项选择题（高级工）

1. 最危险的一种破坏方式是（　）。

A. 氢腐蚀　B. 应力腐蚀　C. 露点腐蚀　D. 晶间腐蚀

2. 每年在雨季之前对设备进行一次防雷和静电接地测试，接地电阻不得大于（　）。

A. 5Ω　B. 10Ω　C. 15Ω　D. 20Ω

3. 去除助燃物的方法是（　）。

A. 隔离法　B. 冷却法　C. 窒息法　D. 稀释法

4. 为了保证化工厂的用火安全，动火现场的厂房内和容器内可燃物应保证在（　）和（　）以下。

A. 0.1%　0.2%　B. 0.2%　0.01%　C. 0.2%　0.1%　D. 0.1%　0.02%

5. 确认环境是否已被污染的根据是（　）。

A. 环保方法标准　B. 污染物排放标准　C. 环境质量标准　D. 环境基准

6. 毒物的物理性质对毒性有影响，不包括下列哪一个？（　）

A. 可溶性　B. 挥发度　C. 密度　D. 分散度

7. 采用厌氧法治理废水，属于（　）。

A. 生物处理法　B. 化学处理法　C. 物理处理法　D. 物理化学法

8. 世界上死亡率最高的疾病是（　），都与噪声有关。

A. 癌症与高血压　B. 癌症与冠心病　C. 高血压与冠心病　D. 以上都正确

9. 水体的自净化作用是指河水中的污染物浓度在河水向下游流动中的自然降低现象，分为物理净化、化学净化和（　）。

A. 生物净化　B. 工业净化　C. 农业净化　D. 沉积净化

10. 容易随着人的呼吸而被吸入呼吸系统，危害人体健康的气溶胶是（　）。

A. 有毒气体　B. 有毒蒸气　C. 烟　D. 不能确定

11. 环境保护的“三同时”制度是指凡新建、改建、扩建的工矿企业和革新、挖潜的工程项目，都必须有环保设施。这些设施要与主体工程（　）。

A. 同时设计、同时施工、同时改造

B. 同时设计、同时施工、同时投产运营

C. 同时设计、同时改造、同时投产

D. 同时设计、同时报批、同时验收

12. 在罐内作业的设备，经过清洗和置换后，其氧含量可达（　）。

A. 18%～20%　B. 15%～18%　C. 10%～15%　D. 20%～25%

13. 触电急救的要点是（　　）。

A. 迅速使触电者脱离电源　　B. 动作迅速，救护得法

C. 立即通知医院　　D. 直接用手作为救助工具迅速救助

14. 当有毒环境的有毒气体浓度占总体积的（　　）以上时，不能使用任何过滤式防毒面具。

A. 1.8%　　B. 1.9%　　C. 2%　　D. 2.1%

15. 下列防毒技术措施，正确的是（　　）

A. 采用含苯稀料　　B. 采用无铅涂料

C. 使用水银温度计　　D. 使用氰化物作为络合剂

16. 化工生产中要注意人身安全，下面哪些是错误的？（　　）

A. 远离容易起火爆炸场所

B. 注意生产中的有毒物质

C. 防止在生产中触电

D. 生产中要密切注意压力容器安全运行，人不能离远

17. 下列哪个不是废水的化学处理方法？（　　）

A. 湿式氧化法　　B. 中和法　　C. 蒸发结晶法　　D. 电解法

18. 高压下操作，爆炸极限会（　　）。

A. 加宽　　B. 变窄　　C. 不变　　D. 不一定

19. 固体废弃物综合处理处置的原则是（　　）。

A. 最小化、无害化、资源化　　B. 规范化、最小化、无害化

C. 无害化、资源化、规范化　　D. 最小化、资源化、规范化

20. 微生物的生物净化作用主要体现在（　　）。

A. 将有机污染物逐渐分解成无机物　　B. 分泌抗生素、杀灭病原菌

C. 阻滞和吸附大气粉尘　　D. 吸收各种有毒气体

21. 大气中气态污染物 HF 的治理可采用（　　）。

A. 吸附法　　B. 催化法　　C. 冷凝法　　D. 吸收法

22. 下列中哪些不是电流对人体的伤害？（　　）

A. 电流的热效应　　B. 电流的化学效应

C. 电流的物理效应　　D. 电流的机械效应

23. 主要化工污染物质有（　　）。

A. 大气污染物质　　B. 水污染物质　　C. 以上两类物质　　D. 不能确定

24. 干粉灭火机的使用方法是（　　）。

A. 倒过来稍加摇动，打开开关

B. 一手拿喇叭筒对着火源，另一手打开开关

C. 对准火源，打开开关，液体喷出

D. 提起圈环，即可喷出

25. 当使用 AHG-2 型氧气呼吸器时感到有酸味，其原因是（　　）。

A. 吸收剂失效　　B. 氧压力不足　　C. 氧气呼吸器有漏　　D. 正常现象

26. 废水治理的方法一般可分为四种，下列方法中不正确的是（　　）。
A. 物理法　　B. 化学法　　C. 生物化学法　　D. 生物物理法
27. 城市区域环境噪声标准中，工业集中区昼间噪声标准为（　　）dB。
A. 55　　B. 60　　C. 65　　D. 70
28. 下列不属于电气防火防爆基本措施的是（　　）。
A. 消除或减少爆炸性混合物
B. 爆炸危险环境接地和接零
C. 消除引燃物
D. 使消防用电设备配电线路与其他动力，照明线路具有共同供电回路
29. 下列哪项不属于工业生产中的毒物对人体侵害的主要途径？（　　）
A. 呼吸道　　B. 眼睛　　C. 皮肤　　D. 消化道
30. 为了限制火灾蔓延以及减少爆炸损失，下列哪个是不正确的？（　　）
A. 根据所在地区的风向，把火源置于易燃物质的上风
B. 厂址应该靠近水源
C. 采用防火墙、防火门等进行防火间隔
D. 为人员、物料、车辆提供安全通道

三、判断题（中级工）

1. 安全阀的检验周期经有关部门认定后可以适当延长，但最多3年校验一次。（　　）
2. 燃烧就是一种同时伴有发光、发热、生成新物质的激烈的强氧化反应。（　　）
3. 爆炸就是发生的激烈的化学反应。（　　）
4. 可燃物是帮助其他物质燃烧的物质。（　　）
5. 化工废气具有易燃、易爆、强腐蚀性等特点。（　　）
6. 化工废渣必须进行卫生填埋以减少其危害。（　　）
7. 噪声可损伤人体的听力。（　　）
8. 一氧化碳是易燃易爆物质。（　　）
9. 进入气体分析不合格的容器内作业，应佩戴口罩。（　　）
10. 使用液化气时的点火方法，应是“气等火”。（　　）
11. 在高处作业时，正确使用安全带的方法是高挂（系）低用。（　　）
12. 为了预防触电，要求每台电气设备应分别用多股绞合裸铜线缠绕在接地或接零干线上。（　　）
13. 对工业废气中的有害气体，采用燃烧法容易引起二次污染。（　　）
14. 通过载体中微生物的作用，将废水中的有毒物质分解、去除，达到净化目的。（　　）
15. 爆炸是物质在瞬间以机械功的形式释放出大量气体、液体和能量的现象。其主要特征是压力的急剧下降。（　　）
16. 职业中毒是生产过程中由工业毒物引起的中毒。（　　）
17. 有害气体的处理方法有催化还原法、液体吸收法、吸附法和电除尘法。（　　）
18. 在触电急救中，采用心脏复苏法救治包括人工呼吸法和胸外挤压法。（　　）

19. 在化工生产中，为了加强个人防护，必须穿戴工作服。 ( )
20. 为了从根本上解决工业污染问题，就是要采用少废无废技术，即采用低能耗、高消耗、无污染的技术。 ( )
21. 防毒呼吸器可分为过滤式防毒呼吸器和隔离式防毒呼吸器。 ( )
22. 有害物质的发生源，应布置在工作地点机械通风或自然通风的后面。 ( )
23. 涂装作业场所空气中产生的主要有毒物质是甲醛。 ( )
24. 所谓缺氧环境，通常是指空气中氧气的体积分数低于18%的环境。 ( )
25. 处理化学品工作后洗手，可预防皮肤炎。 ( )
26. 高温场所为防止中暑，应多饮矿泉水。 ( )
27. 噪声对人体中枢神经系统的影响是头脑皮层兴奋，抑制平衡失调。 ( )
28. 如果被生锈铁皮或铁钉割伤，可能导致伤风病。 ( )
29. 在需要设置安全防护装置的危险点，使用安全信息不能代替设置安全保护装置。 ( )
30. 化工厂生产区登高（离地面垂直高度）2m必须系安全带。 ( )
31. 泡沫灭火器使用方法是稍加摇晃，打开开关，药剂即可喷出。 ( )
32. 可燃气体与空气混合遇着火源，即会发生爆炸。 ( )
33. 工业毒物侵入人体的途径有呼吸道、皮肤和消化道。 ( )
34. 一切电气设备的金属外壳接地是避免人身触电的保护接地。 ( )
35. 企业缴纳废水超标准排污费后，就可以超标排放废水。 ( )
36. 废水的指标BOD/COD值小于0.3为难生物降解污水。 ( )
37. 工业企业的噪声通常分为空气动力性噪声、机械性噪声和电磁性噪声。( )
38. 物质的沸点越高，危险性越低。 ( )
39. 废水的三级处理主要是对废水进行过滤和沉降处理。 ( )
40. 所谓毒物，就是作用于人体，并产生有害作用的物质。 ( )
41. 可燃性混合物的爆炸下限越低，爆炸极限范围越宽，其爆炸危险性越小。( )
42. 火灾、爆炸产生的主要原因是明火和静电摩擦。 ( )
43. 大气污染主要来自燃料燃烧、工业生产过程、农业生产过程和交通运输过程。 ( )
44. 我国的安全生产方针是“安全第一、预防为主”。 ( )
45. 从事化学品生产、使用、贮存、运输的人员和消防救护人员平时应熟悉和掌握化学品的主要危险特性及其相应的灭火措施，并进行防火演习，加强紧急事态时的应变能力。 ( )
46. 工业毒物进入人体的途径有三种，即消化道、皮肤和呼吸道，其中最主要的是皮肤。 ( )
47. 可燃物、助燃物和点火源是导致燃烧的三要素，缺一不可，是必要条件。( )
48. 地下水受到污染后会在很短时间内恢复到原有的清洁状态。 ( )
49. 噪声强弱的感觉不仅与噪声的物理量有关，而且还与人的生理和心理状态有关。 ( )

50. 震惊世界的骨痛病事件是由于铬污染造成的。 ( )

51. 危险废物可以与生活垃圾一起填埋处理。 ( )

52. 清洁生产是指食品行业的企业必须注意生产环节的卫生清洁工作，以保证为顾客提供安全卫生的食品。 ( )

53. 燃烧是一种同时伴有发光、发热的激烈的氧化反应，具有发光、发热和生成新物质三个特征。 ( )

54. 按作用性质不同，工业毒物可分为刺激性毒物、窒息性毒物、麻醉性毒物三种。 ( )

55. 电流对人体的伤害可分为电击和电伤两种类型。 ( )

56. 噪声可使人听力损失，使人烦恼和影响人注意力的集中。 ( )

57. “三废”的控制应按照排放物治理和排放、排放物循环、减少污染源的四个优先级顺序考虑。 ( )

58. 废水的治理方法可分为物理法、化学法、物理化学法和生物化学法。 ( )

59. 工业上处理有害废气的方法主要有化学与生物法、脱水法、焚烧法和填埋法。 ( )

60. 废渣的处理方法主要有化学法、吸收控制法、吸附控制法和稀释控制法。 ( )

61. 具备了可燃物、助燃物、着火源三个基本条件一定会发生燃烧。 ( )

62. 可燃气体或蒸气与空气的混合物，若其浓度在爆炸下限以下或爆炸上限以上时便不会着火或爆炸。 ( )

63. 半致死剂量 LD_{50} 是指引起全组染毒动物半数死亡的毒性物质的最小剂量或浓度。 ( )

64. 当人体触电时，电流对人体内部造成的伤害，称为电伤。 ( )

65. 人体触电致死，是由于肝脏受到严重伤害。 ( )

66. 1968 年，发生在日本的米糠油事件是由于甲基汞引起的。 ( )

67. PVC 在空气中的允许浓度为 $30mg/m^3$ 。 ( )

68. 在爆炸性气体混合物中加入 N_2 会使爆炸极限的范围变窄。 ( )

69. 人身防护一般不包括手部的防护。 ( )

70. 闪点越低的液体，火灾危险性就越大。 ( )

71. 化工生产防止火灾、爆炸的基本措施是限制火灾危险物、助燃物、火源三者之间相互直接作用。 ( )

72. 防治尘毒的主要措施是采用合理的通风措施和建立严格的检查管理制度。 ( )

73. 触电对人身有较大的危害，其中电伤比电击对人体的危害更大。 ( )

74. 电气安全管理制度规定了电气运行中的安全管理和电气检修中的安全管理。 ( )

75. 氮氧化合物和碳氢化合物在太阳光照射下会产生二次污染——光化学烟雾。 ( )

76. 对大气进行监测，如空气污染指数为 54，则空气质量级别为Ⅰ级或优。 ( )

77. 化工企业生产车间作业场所的工作地点，噪声标准为 90dB。 ( )

78. 设备上的安全阀泄漏后，可以关闭根部阀后长期使用。 ( )
79. 生产现场管理要做到“三防护”，即自我防护、设备防护、环境防护。 ( )
80. 对环境危害极大的“酸雨”中的主要成分是 CO_2。 ( )
81. 燃烧的三要素是指可燃物、助燃物与点火源。 ( )
82. 限制火灾爆炸事故蔓延的措施是分区隔离、配置消防器材和设置安全阻火装置。 ( )
83. 化工企业中压力容器泄放压力的安全装置有安全阀和防爆膜。 ( )
84. 氧气呼吸器是一种与外界隔离自供再生式呼吸器，适用于缺氧及任何种类、任何浓度的有毒气体环境，但禁止用于油类、高温、明火的作业场所。 ( )
85. 环境噪声对健康有害，它主要来自交通、工业生产、建筑施工和社会等四个方面。 ( )
86. 常用安全阀有弹簧式和杠杆式两种，温度高而压力不太高时选用前者，高压设备宜选用后者。 ( )
87. 安全工作的方针是“安全第一、预防为主”，原则是“管生产必须管安全”。 ( )
88. 为保证安全，在给焊炬点火时，最好先开氧气，点燃后再开乙炔。 ( )
89. 焊炬熄火时，应先关乙炔后关氧气，防止火焰倒吸和产生烟灰。 ( )
90. 执行任务的消防车在厂内运行时，不受规定速度限制。 ( )
91. 可燃物燃烧后产生不能继续燃烧的新物质的燃烧称为完全燃烧。 ( )
92. 断续噪声与持续噪声相比，断续噪声对人体危害更大。 ( )
93. 铬化合物中，三价铬对人体的危害比六价铬要大 100 倍。 ( )
94. 某工厂发生氯气泄漏事故，无关人员紧急撤离，应向上风处转移。 ( )
95. “管生产必须同时管安全”是安全生产的基本原则之一。 ( )
96. 用消防器材灭火时，要从火源中心开始扑救。 ( )
97. 防止火灾、爆炸事故蔓延的措施，就是配备消防组织和器材。 ( )
98. 我国化学工业多年来治理尘毒的实践证明，在多数情况下，靠单一的方法去防治尘毒是可行的。 ( )
99. 人触电后 3min 内开始救治，90%有良好效果。 ( )
100. 废渣的治理，大致可采用焚烧和陆地填筑等方法。 ( )
101. 只要可燃物浓度在爆炸极限之外就是安全的。 ( )
102. 在发生污染事故时，应采取紧急措施，防止对环境产生进一步的影响。 ( )
103. 煤块在常温下不易着火，更不易发生爆炸，因此煤矿开采和加工一般不用防爆。 ( )
104. 电器着火可以用泡沫灭火器灭火。 ( )
105. 防火防爆最根本的措施就是在火灾爆炸未发生前采取预防措施。 ( )
106. 失去控制的燃烧现象叫爆炸。 ( )
107. 使用长管式面具时，须将长管放在上风处的地上。 ( )
108. 改革能源结构，有利于控制大气污染源。 ( )

109. 凡是可以引起可燃物质燃烧的能源均可以称之为点火源。 ( )
110. 静电能够引起火灾爆炸的原因在于静电放电火花具有点火能量。 ( )
111. 防毒工作可以采取隔离的方法，也可以采取敞开通风的方法。 ( )
112. 心肺复苏法主要指人工呼吸。 ( )
113. 噪声会导致头痛、头晕、失眠、多梦等。 ( )
114. 化工污染一般是由生产事故造成的。 ( )
115. 在工厂临时参观的时候可以不必穿戴防护服装。 ( )
116. 工业废水的处理方法有物理法、化学法和生物法。 ( )
117. 电击对人体的效应是通过电流决定的。 ( )

四、判断题（高级工）

1. 安全技术就是研究和查明生产过程中事故发生原因的系统科学。 ( )
2. 吸声材料对于高频噪声是很有用的，对于低频噪声就不太有效了。 ( )
3. 硫化氢属于血液窒息性气体，CO 属于细胞窒息性气体。 ( )
4. 易燃介质是指与空气混合的爆炸下限小于 5%，闪点小于 27%的物质。 ( )
5. 化工污染的特点之一是污染后恢复困难。 ( )
6. 过滤式防毒面具适用于有毒气体浓度≤1%的场所。 ( )
7. 众所周知，重金属对人体会造成中毒，而轻金属则不会，因此我们可以放心地使用铝等轻金属制作的餐具。 ( )
8. 化工厂排出来的废水有有害性、富氧性、酸碱性、耗营养性等特点。 ( )
9. 沉淀法、离心法、过滤法都可以除去废水中的悬浮物。 ( )
10. 在污水处理时基本都要有物理处理过程，因该过程能通过一定的反应除去水中的悬浮物。 ( )
11. 粉尘在空气中达到一定浓度，遇到明火发生爆炸，一般粉尘越细，燃点越低，危险性就越大。 ( )
12. 改进工艺、加强通风、密闭操作、水式作业等都是防尘的有效方法。 ( )
13. 安全技术就是研究和查明生产过程中事故发生原因的系统科学。 ( )
14. 工业粉尘危害很大，在我国，车间空气中有害物质的最高容许浓度是工作地点空气中几次有代表性的采样测定不得超过的浓度。 ( )
15. 应当根据仪器设备的功率、所需电源电压指标来配置合适的插头、插座、开关和保险丝，并接好地线。 ( )
16. 在管线法兰连接处通常要将螺帽与螺母同铁丝连接起来，目的是导出静电。 ( )
17. 大气安全阀经常是水封的，可以防止大气向内泄漏。 ( )
18. 苯中毒可使人昏迷、晕倒、呼吸困难，甚至死亡。 ( )
19. 废水处理可分为一级处理、二级处理和三级处理，其中二级处理一般用化学法。 ( )
20. 目前处理气态污染物的方法主要有吸收、吸附、冷凝和燃烧等方法。 ( )

21. 因重金属有毒，因此我们不能用金、银、铂等重金属作餐具。（　　）
22. 环境污染按环境要素可划分为大气污染、水污染和土壤污染。（　　）
23. 固体废物的处理是指将废物处理到无害地排放到环境所容许的标准的最终过程。（　　）
24. 在电器线路中绝缘的破坏主要有两种情况：①击穿；②绝缘老化。（　　）
25. 几种常见的大气污染物为：①硫化物；②硫氧化物；③氮氧化物；④碳氢化合物。（　　）
26. 汽车废气排放量与汽车行驶状态很有关系，如一氧化碳和碳氢化合物的排放量随车速加快而增高。（　　）
27. 室内空气污染物主要为一氧化碳、氮氧化物、悬浮颗粒等，一般来说，其污染程度户外高于室内。（　　）
28. 爆炸极限和燃点是评价气体火灾爆炸危险的主要指标。（　　）
29. 工业毒物按物理状态可分为粉尘、固体、液体、蒸气和气体五类。（　　）

五、多项选择题（高级工、技师）

1. 遭遇火灾脱险的不正确的方法是（　　）。
   A. 在平房内关闭门窗，隔断火路，等待救援
   B. 使用电梯快速脱离火场
   C. 利用绳索等，顺绳索滑落到地面
   D. 必须跳楼时要尽量缩小高度，做到双脚先落地
2. 发现有人触电时，切断电源的方法有（　　）。
   A. 拉下电闸　　B. 用干木棍把触电者身上的电线挑开
   C. 用手拉开触电者　　D. 用手把电线拿走
3. 日常生活中，安全使用含氯制剂时需要注意的事项，正确的是以下（　　）。
   A. 配置药液时要戴防护手套，以免灼伤皮肤
   B. 含氯制剂溅到衣物上时，对衣物无损害
   C. 用含氯制剂消毒空气时，人员应暂时离开现场，并关闭门窗
   D. 房间里用含氯制剂消毒后，可马上进入室内
4. 危险化学品的贮存设施与以下（　　）场所、区域之间要符合国家规定的距离标准。
   A. 居民区、商业中心、公园等人口密集地区
   B. 学校、医院、影剧院、体育场（馆）等公共设施
   C. 风景名胜区、自然保护区
   D. 军事禁区、军事管理区
5. 单位着火时打火警电话应注意（　　）事项。
   A. 讲清单位的名称、详细地址（区、街、段、里、号）
   B. 讲清着火部位、着火物资、火势大小
   C. 讲清报火警人的姓名、报警电话的号码
   D. 到单位门口或十字交叉路口等候消防车

6. 井下气候条件是指井下空气的（　　）三者综合所给予的舒适感觉程度。

A. 温度　B. 湿度　C. 风速　D. 压力

7. 作业场所使用化学品系指可能使工人接触化学品的任何作业活动，包括（　　）。

A. 化学品的生产、贮存、运输等　B. 化学品废料的处置或处理

C. 因作业活动导致的化学品排放　D. 化学品设备和容器的保养、维修和清洁

8. 常用危险化学品按其主要危险特性分为几大类，其中包括以下（　　）类。

A. 爆炸品　B. 压缩气体和液化气体

C. 易燃液体和易燃固体　D. 有毒品和腐蚀品

9. 对从事接触职业病危害作业的劳动者，用人单位应当按照国务院卫生行政部门的规定组织（　　）的职业健康体检。

A. 上岗前　B. 在岗期间　C. 离岗前　D. 离岗后

10. 严重职业病危害的建设项目是（　　）。

A. 可能产生放射性职业病危害因素的

B. 可能产生高度和极度危害的化学物质的

C. 可能产生含游离二氧化硅 10%以上粉尘的

D. 可能产生石棉纤维的

11. 发现气瓶的瓶体有肉眼可见的凸起（鼓包）缺陷时，下列说法错误的是（　　）。

A. 维修处理　B. 报废处理　C. 改造使用　D. 继续使用

12. 防毒面具在下列（　　）的情况下应考虑使用。

A. 从事有毒作业　B. 一时无法采取防毒技术措施

C. 事故抢救　D. 领导要求

13. 装运爆炸、剧毒、放射性、易燃液体、可燃气体等物品，必须使用符合安全要求的运输工具。下列操作不符合要求的有（　　）。

A. 用自行车运输爆炸品　B. 用叉车运输易燃液体

C. 用水泥船运输有毒物品　D. 用装有阻火器的机动车运输易燃易爆品

14. 下列物质与水或酸接触会产生可燃气体，同时放出高热的是（　　）。

A. 碳化钙（电石）　B. 碳酸钙　C. 锌　D. 硝化棉

15. 构成矿井火灾的要素有（　　）三方面。

A. 热源　B. 可燃物　C. 空气　D. 温度

16. 根据引火的热源不同，通常将矿井火灾分成两大类，即（　　）。

A. 外因火灾　B. 自然火灾　C. 内因火灾　D. 人为火灾

17. 《煤矿安全规程》的特点是（　　）和稳定性。

A. 强制性　B. 科学性　C. 规范性　D. 法律性

18. 当出现（　　）情形时，必须向当地公安部门报告。

A. 剧毒化学品的生产、贮存、使用、经营单位发现剧毒化学品被盗、丢失或者误售、误用

B. 通过公路运输危险化学品需要进入禁止通行区域，或者无法正常运输

C. 剧毒化学品在公路运输途中发生被盗、丢失、流散、泄漏等情况

D. 危险化学品押运人员中途下车

19. 煤气中含有（　　），人吸入后很快使血液失去供氧能力导致中毒。

A. 二氧化硫　　B. 一氧化碳　　C. 一氧化氮　　D. 微量的硫化氢气体

20. 下列劳动防护用品中属防坠落护具的是（　　）。

A. 防护鞋　　B. 安全带　　C. 安全绳　　D. 呼吸护具

21.《危险化学品安全管理条例》不适用于（　　）。

A. 民用爆炸品　　B. 放射性物品及核能物质　　C. 剧毒化学品　　D. 城镇燃气

22. 经营危险化学品不得（　　）。

A. 从未取得危险化学品生产和经营许可证的企业采购危险化学品

B. 经营国家明令禁止的危险化学品

C. 销售没有化学品安全技术说明书和安全标签的危险化学品

D. 经营用剧毒化学品生产的灭鼠药

23.（　　）是《高毒物品目录》中所列的高毒物品。

A. 甲醇　　B. 苯　　C. 氨　　D. 氯气

24. 机关团体、企事业单位应当履行下列消防安全职责（　　）。

A. 制定消防安全制度

B. 制定安全操作规程

C. 对本单位职工进行消防安全宣传教育

D. 组织防火安全检查，消除隐患

25. 灭火的基本方法有（　　）。

A. 冷却法　　B. 隔离法　　C. 窒息法　　D. 抑制法

26. 电焊作业可能引起的疾病主要有（　　）。

A. 焊工尘肺　　B. 气管炎　　C. 电光性眼炎　　D. 皮肤病

27. 建筑施工中最主要的几种伤亡事故类型为（　　）。

A. 高处坠落　　B. 物体打击　　C. 触电　　D. 坍塌

28. 从事架线、高崖作业、船旁悬吊涂装、货物堆垒等高处作业时，必须选用（　　）。

A. 防滑工作鞋　　B. 安全帽　　C. 安全带　　D. 防割伤手套

29.（　　）部门是《危险化学品安全管理条例》规定的对危险化学品进行监督管理的职能部门。

A. 环境保护　　B. 运输管理　　C. 卫生行政　　D. 邮政

六、综合题（技师）

1. 公司的安全生产方针是什么？

2. 安全生产的任务是什么？

3. 石油化工生产有哪些特点？

4. 常用的灭火器材有哪些？

5. 常用的灭火方法有哪些？
6. 事故发生后如何处理？
7. 对事故隐患管理要做到哪“三定”？
8. 造成事故的主要原因有哪些？
9. 安全教育的原则是什么？
10. 巡回检查的“四定”是什么？
11. 怎样选用压力表？
12. 安全阀有什么作用？
13. 液化气为什么极易引起火灾？
14. 液化气为什么产生爆炸的可能性大？
15. 消防工作的方针是什么？
16. 液化气的管线设备“四不超”内容是什么？
17. 什么叫生产事故？
18. 什么叫高空作业？
19. 工人安全职责的主要内容是什么？
20. 停工检修应做到哪“五定”？
21. 液化石油气为什么破坏性强？
22. 什么叫自燃点？
23. 什么叫爆炸极限？
24. 哪些情况属于特级用火？
25. 什么叫爆炸事故？
26. 什么叫做设备事故？
27. 事故“四不放过”的原则是什么？
28. 停工检修时开人孔有何规定？
29. 电动机易着火的是哪些部位？
30. 使用蒸汽带要注意哪几点？
31. “三不伤害”是指什么？
32. 检修后的设备管线有何要求？
33. 什么是三级安全教育？
34. 什么是三不动火？
35. 含硫油品的沉积物为什么会自燃？
36. 什么是“三废”？
37. 安全检查有哪几种？
38. 什么叫自燃？
39. “1211”灭火剂有什么优点？
40. 人员进入易燃易爆区对服装有何规定？
41. 压力容器有哪几种破裂形式？
42. 调节阀的“风开”和“风关”是怎么回事？如何选择？

43. 什么是“5S”活动？
44. 换热器漏油着火如何处理？
45. 液化气泄漏时怎么办？
46. 在易燃易爆车间哪些工作属于动火作业？
47. 发现有人受重伤时，首先应怎么做？
48. 防止人身触电的技术措施有哪几种？
49. 人身触电的紧急救护措施有哪些？
50. 电气防火、防爆的措施有哪些？
51. 为什么会发生触电事故？
52. 电线超负荷为什么会引起着火？
53. 柴油与渣油相比哪个的自燃点低？
54. 什么是爆炸性物质？其特点有哪些？
55. 在火场上采用哪种灭火方法应如何决定？
56. 什么叫氧化剂？
57. 什么叫闪燃？什么叫闪点？
58. 什么叫爆炸？
59. 什么叫工业卫生？
60. 防止人体带电，着装应注意什么？
61. 哪些作业需要采取防静电措施？
62. 什么是人身事故？事故分哪几类？
63. 施工现场的“三违”是指什么？
64. 进入有毒有害部位作业人员怎么办？
65. 一级（厂级）安全教育的内容是什么？
66. 二级（车间）安全教育的内容是什么？
67. 三级（班组）安全教育的内容是什么？
68. 在什么场所或情况下必须做静电接地？

参考答案

第一部分 职业道德

一、单项选择题

1. A 2. D 3. A 4. B 5. A 6. D 7. D 8. A 9. C 10. A 11. A
12. A 13. A 14. C 15. D 16. D 17. A 18. C 19. B 20. C 21. A 22. A
23. B 24. B 25. C 26. B 27. B 28. C 29. C 30. A 31. C 32. A 33. C
34. A

二、判断题

1. √ 2. √ 3. × 4. × 5. √ 6. √ 7. √ 8. √ 9. √ 10. × 11. √
12. √ 13. × 14. × 15. √ 16. × 17. × 18. × 19. × 20. × 21. √ 22. ×
23. × 24. × 25. √ 26. × 27. √ 28. √ 29. √ 30. × 31. × 32. √ 33. √
34. √ 35. × 36. ×

第二部分 化学基础知识

一、单项选择题（中级工）

1. A 2. D 3. A 4. B 5. B 6. D 7. C 8. D 9. D 10. D 11. A
12. B 13. B 14. A 15. C 16. A 17. D 18. D 19. C 20. D 21. B 22. A
23. D 24. C 25. B 26. B 27. B 28. D 29. B 30. B 31. B 32. D 33. B
34. D 35. A 36. C 37. C 38. B 39. C 40. B 41. C 42. D 43. D 44. C
45. B 46. B 47. D 48. B 49. B 50. B 51. A 52. A 53. A 54. A 55. D
56. D 57. B 58. C 59. C 60. C 61. D 62. A 63. A 64. D 65. C 66. A
67. C 68. B 69. A 70. B 71. B 72. B 73. D 74. D 75. D 76. D 77. C
78. C 79. B 80. B 81. D 82. D 83. D 84. C 85. B 86. D 87. B 88. B
89. C 90. C 91. A 92. B 93. B 94. D 95. B 96. C 97. C 98. C 99. D
100. A 101. D 102. B 103. C 104. C 105. B 106. C 107. B 108. B 109. D 110. C
111. B 112. D 113. A 114. B 115. C 116. B 117. D 118. D 119. C 120. A 121. B
122. D 123. B 124. B 125. B 126. C 127. D 128. D 129. B 130. C 131. B 132. B
133. B 134. C 135. B 136. C 137. B 138. D 139. C 140. D 141. D 142. B 143. D
144. A 145. A 146. C 147. B 148. D 149. C 150. C 151. C 152. C 153. A 154. B
155. A 156. A 157. D 158. D 159. D 160. D 161. D 162. D 163. C 164. C 165. B
166. B 167. C 168. D 169. C 170. B 171. C 172. C 173. B 174. D 175. C 176. D
177. A 178. B 179. D 180. C 181. A 182. C 183. A 184. B 185. A 186. B 187. A
188. C 189. A 190. D 191. C 192. C 193. C 194. B 195. B 196. A 197. A 198. C
199. B 200. C 201. B 202. D 203. A 204. D 205. C 206. A 207. B 208. B 209. C
210. D 211. B 212. A 213. A 214. A 215. C 216. B 217. D 218. B 219. A 220. A

221. B　222. B　223. A　224. A　225. D　226. D　227. A　228. A　229. B　230. B　231. C
232. B　233. D　234. D　235. D　236. D　237. C　238. D　239. D　240. A

二、单项选择题（高级工）

1. B　2. A　3. C　4. A　5. B　6. B　7. B　8. D　9. C　10. B　11. C
12. D　13. D　14. C　15. B　16. A　17. A　18. C　19. A　20. D　21. B　22. B
23. B　24. C　25. B　26. C　27. B　28. C　29. A　30. D　31. B　32. D　33. C
34. C　35. C　36. B　37. B　38. D　39. B　40. A　41. C　42. A

三、判断题（中级工）

1. √　2. ×　3. √　4. ×　5. ×　6. ×　7. √　8. ×　9. √　10. √　11. ×
12. ×　13. ×　14. ×　15. √　16. ×　17. ×　18. ×　19. ×　20. ×　21. ×　22. √
23. ×　24. √　25. ×　26. √　27. √　28. ×　29. ×　30. ×　31. ×　32. ×　33. √
34. ×　35. √　36. √　37. √　38. ×　39. √　40. ×　41. ×　42. √　43. ×　44. √
45. √　46. ×　47. ×　48. √　49. ×　50. ×　51. ×　52. ×　53. ×　54. ×　55. ×
56. √　57. ×　58. √　59. ×　60. ×　61. ×　62. ×　63. ×　64. √　65. ×　66. ×
67. ×　68. √　69. √　70. √　71. √　72. √　73. √　74. √　75. ×　76. ×　77. ×
78. ×　79. ×　80. ×　81. ×　82. √　83. √　84. ×　85. √　86. ×　87. ×　88. ×
89. √　90. ×　91. √　92. ×　93. ×　94. ×　95. ×　96. √　97. ×　98. √　99. ×
100. √　101. ×　102. √　103. √　104. ×　105. √　106. ×　107. √　108. √　109. ×　110. √
111. √　112. ×　113. √　114. ×　115. ×　116. ×　117. √　118. √　119. ×　120. √　121. ×
122. ×　123. ×　124. √　125. ×　126. ×　127. ×　128. ×　129. √　130. √　131. ×　132. √
133. ×　134. √　135. ×　136. ×　137. √　138. ×　139. ×　140. √　141. √　142. √　143. ×
144. √　145. ×　146. ×　147. √　148. ×　149. ×　150. ×　151. √　152. √　153. √　154. √
155. √　156. ×　157. ×　158. ×　159. ×　160. √　161. ×　162. √　163. ×　164. ×　165. ×
166. ×　167. ×　168. ×　169. √　170. √　171. √　172. √　173. ×　174. ×　175. ×　176. ×
177. √　178. √　179. ×　180. √　181. √　182. ×　183. ×　184. ×　185. ×　186. ×　187. √
188. ×　189. ×　190. √　191. √　192. ×　193. ×　194. √　195. ×　196. √　197. √　198. ×
199. √　200. √　201. ×　202. ×　203. √　204. ×　205. ×　206. ×　207. ×　208. ×　209. ×
210. √　211. ×　212. √　213. √　214. ×　215. ×　216. ×　217. √　218. ×　219. √　220. ×
221. ×　222. √　223. ×　224. √　225. ×　226. ×　227. ×　228. ×　229. ×　230. ×　231. ×
232. ×　233. ×　234. ×　235. ×　236. ×　237. √　238. ×　239. √　240. ×　241. ×　242. √
243. √　244. √　245. √　246. √　247. ×　248. ×

四、判断题（高级工）

1. ×　2. ×　3. ×　4. √　5. ×　6. √　7. √　8. ×　9. ×　10. ×　11. ×
12. ×　13. ×　14. ×　15. ×　16. √　17. ×　18. √　19. √　20. ×　21. √　22. √
23. ×　24. ×　25. ×　26. √　27. √　28. √　29. √　30. √　31. √　32. ×　33. ×
34. ×　35. ×　36. ×

五、综合题（技师）

1. 答：可燃性物质、空气、温度。

2. 答：在规定的条件下，加热油品至某一温度，油品蒸气与空气形成混合气，当用明火接触时，产生短暂的闪火（一闪即灭），这时的最低温度称为闪点。

3. 答：在规定的试验条件下，当油品在试管中被冷却到某一温度，将试管倾斜 45°角，经 1min

后，液面未见有位置移动，此种现象即称为凝固，产生此种现象的最高温度称为油品的凝固点。

4. 答：物质的气、液两相达到平衡，且气相密度与液相密度相等，气、液两相界面消失，此时的状态称为临界状态。临界状态下的压力称为该物质的临界压力。

5. 答：任何液体，其表面分子都有脱离液体表面而飞到空间去的倾向，即汽化。同时所产生的空间气体分子由于不停地运动也有形成液体的倾向，即液化。汽化和液化是同时进行的两个相反的过程。在一定温度下当飞到空间去的分子数与形成液体的分子数相等时，即蒸气和液体的相对量不再发生变化，这时蒸气和液体间建立了动态平衡。此时液体上方的蒸气压力即为该液体在该温度下的饱和蒸气压。

6. 答：闪点是可燃性液体的蒸气同空气混合物在临近火焰时，能发生短暂闪火的最低油温。无需火种引火，油品就能自行燃烧，发生自燃的最低温度称为自燃点。

7. 答：将液体加热，使之汽化变成气态，从开始汽化至液体全部汽化成气体，这一段温度不发生变化，称这一点为沸点。

8. 答：pH 值是溶液中氢离子浓度 $[H^+]$ 的负对数，即 $pH=-\lg[H^+]$。

9. 答：在某一定压力下，将水加热至沸腾，饱和水开始汽化，水逐渐变为蒸汽，这时蒸汽温度就等于饱和温度，这种状态的蒸汽称为饱和蒸汽。将饱和蒸汽继续加热，其温度将升高，超过该压力下的饱和温度，这种超过饱和温度的蒸汽称为过热蒸汽，高出饱和温度数称为过热度。

10. 答：冷却就是降低某物质的温度，而冷凝则是将气体冷却成液体，或将液体冷却成固体，在此过程中无温度变化。两者的区别在于冷却有温度的变化，但无相的变化，而冷凝有相的变化，无温度的变化。

11. 答：比热容是单位物质每升降 1℃所吸收或释放的热量。显热是物质在无相变时，由于温度变化而需要吸收和放出的热量。潜热是物质在发生相变过程中，所吸收或放出的热量。

12. 答：在一定的压力下，升温后使液体混合物刚刚开始汽化，或者说刚刚出现第一个气泡时的温度叫泡点温度。把气体混合物在压力不变的条件下降温冷却，当冷却到某一温度时，产生第一个微小的液滴，此时温度叫做该混合物在指定压力下的露点温度，简称露点。

13. 解：空气平均相对分子质量 $=0.21\times32+0.79\times28=28.84$

14. 解：设在 100g KCl 溶液中溶解了 Xg KCl，则

$$(100+51):51=100:X$$

$$X=\frac{5\times100}{151}=33.8\ (\text{g})$$

15. 解：稀释后 H_2SO_4 的摩尔数为：$0.5\times0.4=0.2$ (mol)

稀释前浓 H_2SO_4 的摩尔浓度为：$(1000\times1.84\times96.0\%)/98.08=18.0$ (mol/L)

稀释前后溶质的摩尔浓度不变，故 $18.0\times V_1=0.2$，$V_1=0.011\text{L}=11\text{mL}$

所以须用浓 H_2SO_4 11mL。

16. 解：设需称取 Xg 42%的 NaOH 溶液，则

$$20\%\times100=42\%X$$

$$X=\frac{20\%\times100}{42\%}=47.62\ (\text{g})$$

17. 解：

$$V_{醇}=\frac{40/790}{40/790+60/1000}\times100\%=45.77\%$$

18. 解：原料液的相对分子质量 $M_F=0.44\times78+0.56\times92=85.8$（kg/kmol）

原料液流量： $F=15000/85.5=175.0$（kmol/h）

全塔物料衡算： $Dx_D+Wx_W=Fx_F$

或 $0.975D+0.0235W=175\times0.44$

求得 $D=76.7\text{kmol/h}$，$W=98.3\text{kmol/h}$

第三部分　化工基础知识

一、单项选择题（中级工）

1. A　2. A　3. D　4. A　5. C　6. C　7. D　8. A　9. A　10. B　11. A
12. C　13. D　14. C　15. A　16. A　17. C　18. A　19. A　20. B　21. A　22. C
23. A　24. B　25. D　26. A　27. C　28. C　29. A　30. A　31. C　32. B　33. D
34. C　35. C　36. A　37. A　38. B　39. D　40. A　41. A　42. C　43. B　44. D
45. A　46. C　47. A　48. C　49. D　50. D　51. A　52. C　53. B　54. D　55. C
56. C　57. D　58. B　59. B　60. B　61. D　62. A　63. B　64. D　65. C　66. A
67. C　68. B　69. C　70. D　71. C　72. A　73. D　74. C　75. C　76. D　77. D
78. A　79. D　80. A　81. C　82. B　83. D　84. D　85. B　86. B　87. B　88. B
89. C　90. A　91. B　92. C　93. A　94. A　95. C　96. A　97. B　98. A　99. B
100. C　101. A　102. B　103. A　104. B　105. A　106. B　107. C　108. B　109. C　110. C
111. A　112. D　113. C　114. A　115. A　116. D　117. D　118. A　119. B　120. D　121. A
122. B　123. D　124. A

二、单项选择题（高级工）

1. C　2. A　3. B　4. B　5. A　6. B　7. A　8. A　9. B　10. B　11. C
12. A　13. D　14. A　15. A　16. B　17. B　18. B　19. D　20. B　21. A　22. A
23. B　24. B　25. C　26. C　27. D　28. B　29. C　30. A　31. B　32. D　33. A
34. C　35. A　36. A　37. A　38. B　39. D　40. A　41. C　42. D　43. C　44. B
45. B　46. B　47. B　48. D　49. D　50. B　51. B　52. C　53. D　54. B　55. B
56. C　57. A　58. A　59. D　60. B　61. B　62. C　63. B　64. B　65. C　66. D
67. A　68. A　69. A　70. A　71. D　72. A　73. C　74. A　75. D　76. D　77. A
78. C　79. D　80. B　81. D　82. B　83. C　84. D　85. B　86. B　87. D　88. A
89. A　90. A　91. C　92. A　93. B　94. A　95. A　96. C　97. A　98. B　99. A
100. C　101. A　102. C　103. A　104. B　105. C　106. A　107. B　108. D　109. D　110. B
111. B　112. A　113. B　114. A　115. A　116. B　117. B　118. B　119. B　120. D　121. B
122. C　123. B　124. C　125. B　126. D　127. D　128. B　129. B　130. B　131. C　132. D
133. B　134. B　135. A　136. B　137. C　138. D　139. C　140. A　141. C　142. A　143. D
144. B

三、判断题（中级工）

1. ×　2. √　3. ×　4. ×　5. ×　6. ×　7. ×　8. √　9. √　10. √　11. √
12. √　13. √　14. ×　15. ×　16. ×　17. √　18. ×　19. √　20. √　21. ×　22. √
23. √　24. √　25. ×　26. √　27. √　28. ×　29. ×　30. ×　31. ×　32. √　33. ×

34. × 35. × 36. × 37. × 38. × 39. × 40. × 41. × 42. √ 43. √ 44. √
45. √ 46. × 47. × 48. √ 49. √ 50. × 51. × 52. √ 53. √ 54. × 55. √
56. × 57. √ 58. × 59. × 60. × 61. √ 62. √ 63. × 64. √ 65. √ 66. ×
67. √ 68. × 69. × 70. √ 71. × 72. √ 73. √ 74. × 75. √ 76. √ 77. √
78. × 79. × 80. × 81. √ 82. √ 83. × 84. √ 85. × 86. √ 87. × 88. ×
89. √ 90. √ 91. × 92. √ 93. × 94. × 95. √ 96. √ 97. √ 98. √ 99. √
100. × 101. × 102. √ 103. √ 104. √ 105. √ 106. × 107. × 108. √ 109. × 110. √
111. √ 112. √ 113. × 114. × 115. √

四、判断题（高级工）

1. √ 2. √ 3. √ 4. × 5. √ 6. √ 7. √ 8. √ 9. √ 10. √ 11. ×
12. × 13. √ 14. √ 15. × 16. √ 17. √ 18. × 19. √ 20. × 21. × 22. ×
23. √ 24. √ 25. × 26. √ 27. √ 28. √ 29. √ 30. √ 31. × 32. √ 33. ×
34. √ 35. × 36. × 37. × 38. √ 39. √ 40. √ 41. √ 42. √ 43. × 44. √
45. √ 46. √ 47. × 48. √ 49. √ 50. × 51. √ 52. × 53. √ 54. √ 55. √
56. √ 57. √ 58. × 59. × 60. × 61. √ 62. √ 63. × 64. √ 65. √ 66. √
67. √ 68. × 69. × 70. √ 71. × 72. × 73. × 74. √ 75. √ 76. × 77. √
78. √ 79. √ 80. √ 81. × 82. √ 83. √ 84. √ 85. × 86. √ 87. √ 88. √
89. × 90. √ 91. √ 92. × 93. √ 94. √ 95. × 96. × 97. √ 98. √ 99. √
100. × 101. × 102. √ 103. √ 104. √ 105. √ 106. × 107. √ 108. √ 109. √ 110. √
111. √ 112. × 113. √ 114. × 115. √ 116. √ 117. √ 118. √ 119. √ 120. √ 121. √
122. √ 123. × 124. × 125. √ 126. √ 127. × 128. √ 129. √ 130. × 131. × 132. √
133. × 134. × 135. × 136. √ 137. × 138. × 139. √ 140. × 141. √ 142. × 143. √
144. √ 145. × 146. × 147. √ 148. × 149. × 150. √ 151. × 152. × 153. √ 154. ×
155. × 156. × 157. × 158. × 159. × 160. × 161. √ 162. × 163. √ 164. √ 165. √
166. √ 167. √ 168. × 169. √ 170. √ 171. × 172. √ 173. √ 174. × 175. × 176. √
177. √ 178. √ 179. × 180. √ 181. √ 182. √ 183. √ 184. √

五、多项选择题（高级工、技师）

1. ABC 2. ABC 3. ABCD 4. ABCD 5. BCD 6. ABC 7. AC
8. BD 9. ABC 10. ABCD 11. ABCD 12. BC 13. ABCD 14. AC
15. BCD 16. BD 17. ABCD 18. ABCD 19. ABC 20. ACD 21. ABC
22. ABCD 23. ABCD 24. ABCD 25. ABC 26. ABCD 27. ABCD 28. BC
29. ABC 30. AC 31. BCD 32. ABCD 33. ABC 34. ABC 35. ACD
36. ABCD 37. ABC 38. BC

六、综合题（技师）

1. 答：将原料转化为目的产品的能力。

2. 答：催化裂化主要以裂化反应为主，各种烃类在催化剂上所进行的化学反应不同，主要是发生分解反应、异构化、氢转移、芳构化、脱氢反应等，转化成汽油、柴油、气体等主要产品以及油浆焦炭。

3. 答：裂化效率指气液产率对转化率的比值，是衡量催化剂选择性的指标，裂化率高，说明转化同样多的原料时，生产所得汽油多。

4. 答：反应物中 A 和 B 反应生成 C，不伴随任何副反应，也不发生逆向反应的化学反应称为单一反应，单一反应大多是无机反应，而大多数有机化学反应不是单一反应。可逆反应大都是合成反应同时进行着分解反应，即合成反应与分解反应并存，且无论使用什么手段，都不能使转化率达到100%，当可逆反应的正负反应速率相等时，反应达到平衡。

5. 答：反应速率是指单位时间内原料组分的减少量。影响反应速率的因素有催化剂、反应温度、反应物浓度、空速等。
6. 答：反应组分中已转化的原料组分和进料中原料组分的比值叫转化率。
7. 答：在操作中要掌握好物料、压力、温度三大平衡，维持良好的流化状态，选择适宜的反应条件，保证优越的再生效果，取得较低的能量消耗，使装置安、稳、长、满、优运行是岗位操作的首要任务。
8. 答：平行顺序反应的特点是随着转化程度加深，各种产物的产率分布是变化的，在一定反应温度时，随着反应时间的延长，转化程度加深，气体产率和焦炭产率一定是增加的，汽油、柴油产率开始阶段增加，经过一个最高点后则下降，在一定转化率程度的条件下有最高的汽油产率，这是因为达到一定的深度后，再加深反应，它们将进一步分解成更轻的馏分。
9. 答：必须具备以下三个条件：①要有一个容器，而且容器中还要设置使流体分布良好的分布器，以支撑床层，并使其流化良好。②容器中要足够量的大小、密度、耐磨性能满足要求的固体颗粒。③要有流化介质，就是能够使用固体颗粒流化起来的流体，而且流体要有足够的速度，使固体颗粒流化。
10. 答：①固体颗粒的直径。颗粒的直径越大越不易流化。②固体颗粒和流体的密度。固体颗粒密度越大，越不易流化；流体密度越大，越易流化。③流体的黏度。流体的黏度越大，越有利于流化。
11. 答：影响带出量的因素比较复杂，而且各因素互相影响，总之一是减少床层带出，二是有利于稀相沉降，减少了带出也就利于沉降，二者是统一的。影响带出的主要因素为：

① 固体颗粒的性质。颗粒的性质包括两方面，一是直径越大或密度越大，其最大流速越大，就越不易带出、易于沉降；二是固体颗粒易于团聚成大的颗粒集团，也有利于沉降。

② 气体线速。气体的线速越高，生成的气泡就大，气泡在床层破裂时，带出能力强。但是为了强化反应，提高处理能力，不得不采取较高的操作线速，这和减少损失是矛盾的，由于必须降低稀相段线速，一般采取扩大稀相段直径来降低线速，以利于沉降。

12. 答：稠环芳烃吸附能力强，生焦多，反应速率慢，影响其他烃类的反应，使催化裂化反应速率大大下降，因此原料中稠环芳烃含量多是不利的。
13. 答：增大氮气或氢气的浓度，使反应速率增大，并使平衡向正反应方向移动，提高合成氨的产率；加压使气态物质浓度增大，化学反应速率加大，同时使平衡向减小气体物质的量方向移动，即向正反应方向移动，提高合成氨的产率。

第四部分　流体力学知识

一、单项选择题（中级工）

1.D　2.B　3.D　4.A　5.D　6.D　7.B　8.B　9.D　10.D　11.D
12.A　13.D　14.C　15.A　16.D　17.B　18.C　19.C　20.A　21.A　22.D
23.C　24.D　25.D　26.C　27.C　28.A　29.A　30.B　31.C　32.D　33.A
34.D　35.D　36.B　37.B　38.A　39.B　40.B　41.A　42.C　43.A　44.D

45. A　46. A　47. A　48. A　49. D　50. A　51. B　52. B　53. C　54. B　55. B
56. C　57. D　58. C　59. C　60. B　61. D　62. C　63. C　64. C　65. B　66. C
67. D　68. A　69. D　70. B　71. C　72. C　73. D　74. C　75. B　76. C　77. A
78. A　79. D　80. B　81. D　82. D　83. C　84. B　85. B　86. C　87. A　88. B
89. D　90. B　91. A　92. D　93. D　94. A　95. A　96. B　97. B　98. B　99. C
100. C　101. C　102. C　103. C　104. C　105. A　106. C　107. D　108. B　109. B　110. D
111. C　112. B　113. A　114. B　115. A

二、单项选择题（高级工）

1. D　2. A　3. C　4. C　5. A　6. A　7. C　8. C　9. C　10. C　11. B
12. D　13. D　14. C　15. C　16. A　17. B　18. A　19. B　20. A　21. A　22. A
23. C　24. D　25. B　26. D　27. B　28. B　29. B　30. B　31. B　32. A　33. C
34. A　35. A　36. D　37. C　38. B　39. A　40. A　41. C　42. A　43. B　44. C
45. C　46. C　47. C　48. B　49. A　50. D　51. B　52. A　53. B　54. A　55. B
56. C　57. D　58. D　59. C　60. C　61. A　62. A　63. D　64. C　65. C　66. A
67. D　68. A　69. A　70. D　71. C　72. C　73. D　74. B　75. A　76. B　77. B
78. B　79. C　80. A　81. D　82. B　83. D　84. C　85. B　86. A　87. B　88. C
89. C　90. C　91. D　92. B　93. C

三、判断题（中级工）

1. √　2. ×　3. ×　4. ×　5. √　6. √　7. √　8. ×　9. √　10. ×　11. ×
12. √　13. ×　14. ×　15. ×　16. ×　17. ×　18. ×　19. √　20. √　21. ×　22. ×
23. ×　24. ×　25. ×　26. √　27. ×　28. ×　29. √　30. √　31. √　32. ×　33. ×
34. √　35. √　36. ×　37. √　38. ×　39. √　40. ×　41. ×　42. ×　43. ×　44. ×
45. √　46. ×　47. √　48. √　49. √　50. √　51. √　52. √　53. ×　54. √　55. ×
56. ×　57. ×　58. √　59. √　60. √　61. √　62. ×　63. ×　64. √　65. ×

四、判断题（高级工）

1. ×　2. √　3. √　4. √　5. ×　6. ×　7. ×　8. √　9. ×　10. √　11. √
12. ×　13. ×　14. √　15. √　16. ×　17. ×　18. √　19. ×　20. ×　21. ×　22. ×
23. ×　24. ×　25. ×　26. ×　27. ×　28. ×　29. ×　30. √　31. ×　32. √　33. √
34. ×　35. ×　36. ×　37. ×　38. ×　39. √　40. ×　41. ×　42. √　43. √　44. ×
45. √　46. √　47. √　48. √　49. √　50. √　51. √　52. ×

五、综合题（技师）

1. 答：原因：①设计选型错误，制造缺陷；②旋转方向不对，叶轮不平衡；③入口不畅，流道堵塞；④泵入口压力太低。

排除方法：首先检查泵的铭牌与工艺要求是否满足，检查泵的旋转方向是否符合设计原理，在以上检查无误的情况下，应检查与之相匹配的工艺管线是否畅通，入口压力是否满足要求，最后进行泵的解体，检查叶轮转子平衡状况和叶轮流道。

2. 答：流体在管道或设备内流动时，任一截面处的流速、流量和压力、密度等与流动有关的参数不随时间而变化，只随空间位置的改变而变化，这种流动称为稳定流动。

3. 答：工作蒸汽通过喷嘴形成高速度，蒸汽压力能转变为速度能，与吸入的气体在混合室混合后进入扩压室。在扩压室中，速度逐渐降低，速度能又转变为压力能，从而使抽空器排出的混合气体压力显著高于吸入室的压力。

4. 解：$V=\pi D^2/4\times L=$（$3.14\times32\times8$）$/4$，$t=V/20=$（$3.14\times3^2\times8$）$/(4\times20)$ $=2.8$（h）

5. 解：$N_{有}=rQH/(3600\times10^2)$，$H=N_{有}\times3600\times10^2/rQ=$（$42.9\times3600\times10^2$）$/(750\times140)$ $=150$（m）

$$N_{轴}=N_{有}/\eta=42.9/0.75=57.2\ (\text{kW})$$

6. 解：$W_1/W_2=S_2/S_1$，$W_2=W_1S_1/S_2=$［$1.5\times\pi$（$108-4\times2)^2$］$/\pi$（$76-2.5\times2)^2$ $=2.9$（m/s）

7. 答：引风机启动前，需将蝶阀关闭，使其启动时负荷最低，启动正常后，逐渐打开蝶阀，使其逐渐增加负载；停用后，也要关蝶阀，减少倒转。

8. 答：(1) 启动：①联系班长、电工、钳工及有关单位；②启动电机；③用手轮调节冲程，以满足工艺所需量；④全面检查电机及计量泵，确保其正常运行；⑤严禁在启动泵时关闭出口阀，以免发生超压爆炸事故。

(2) 停泵：①按停止电门，停电机；②关出口阀。

9. 答：原因：①地脚螺栓或垫铁松动；②泵与原动机中心不对，或对轮螺钉尺寸不符合要求；③转子平面不对，叶轮损坏，流道堵塞，平衡管堵塞；④泵进出口管线配制不良，固定不良；⑤轴承损坏，滑动轴承没有紧力，或轴承间隙过大；⑥汽蚀，抽空，大泵打小流量；⑦转子与定子部件发生摩擦；⑧泵内部构件松动。

消除方法：①拧紧螺栓，点焊垫铁；②重新校中心，更换对轮螺丝；③校动，平衡更换叶轮，疏通流道；④重新配制管线并固定好；⑤更换轴承锉削轴承中分面，中分员调整紧力，加铜片调整间隙；⑥提高进口压力，开大进口阀，接旁通管；⑦修理，调整；⑧解体并紧固。

10. 答：泵启动时启动瞬时电流比额定电流高 4～7 倍，如果启动时打开泵出口电流，电机负荷会很大，从而影响整个电网安全，降低泵的使用寿命，甚至因电流过大而烧坏电机。

11. 答：泵的反转和空转不仅破坏泵的机械密封装置，引起泄漏，而且有可能使泵的固定螺栓松动，脱落造成事故。泵的空转会造成机件间的磨损而损坏，甚至可能引起抱轴等事故。

12. 答：把动力机的机械能传给所输送的液体，在高速旋转下产生的离心力把液体甩向四周。

13. 答：汽蚀现象发生时，泵体振动，产生噪声，泵的流量、扬程和效率明显下降，使泵无法正常工作，危害极大，必须避免。

14. 答：不能用关小泵入口的方法来减少流量，这样可导致汽蚀现象的发生，因为泵的允许汽蚀余量是一定的，关小入口阀门处阀门会使入口处的液体阻力增大，而导致其吸入真空度增大，易产生汽蚀现象。

15. 答：①启动前全面检查及准备工作。②检查泵各个部分设备，零件是否齐全无损。③盘好车，加好润滑油，开好冷却水，将封油引至泵，热油泵要提前预好热。④打开入口阀，将泵内充满液体，从排气阀赶净空气。⑤泵的启动：泵入口阀全开，出口阀全关，启动电机，全面检查机泵的电机温度、轴承温度、振动等情况是否正常，当泵出口压力达到额定值时，应逐渐开出口阀，直到运转正常，热油泵运转正常后应打入封油。

16. 答：截止阀是依靠阀盘的上升或下降，改变阀盘与阀座的距离，以达到调节流量的目的。其构造比较复杂，在阀体部分流体流动方向经数次改变，流动阻力较大，但这种阀门严密可靠，并且可较精确地调节流量，所以常用于蒸汽、压缩空气及液体输送管道，若流体中含有悬浮颗粒时应避免使用。

17. 答：阀门的型号由 6 个单元组成，它们分别是阀门的类型、驱动种类、连接形式和结构、密封圈或衬里材料、公称压力、阀体材料。

18. 答：①要保持备用泵预热或将备用泵出口阀微开，保持泵既不倒转又有液体流动为好；②各备用泵上下冷却水应保持长流水或拆法兰排净存液；③坚持经常盘车检查；④停用泵残液要排净并经常盘车。

19. 答：发生轴弯曲，零部件卡住，盘不动车，有杂音，冷却水给不上，电机潮湿，不允许开车。

20. 答：①检查原因提高转速；②停泵检修，排出杂物；③检查管路，更换填料；④停泵检修，更换或修复；⑤检查堵塞原因。

21. 答：①停泵检修；②停泵检修；③泵降量；④停泵检修。

22. 答：①启动时泵未灌满液体，泵体内存有空气；②电机反向旋转或未达到额定转数；③泵叶轮堵塞；④吸入管堵塞或漏气；⑤吸入容器液面过低；⑥出口阀门未开或开度太小；⑦出口管路堵塞。

23. 答：①泵与电机轴不同心；②地脚螺帽松动；③液体温度过高或吸入压力过低，发生汽蚀现象；④轴承损坏；⑤泵轴弯曲，转动部分咬住；⑥叶轮局部堵塞；⑦排出管或吸入管紧固装置松动。

24. 答：①输送管路堵塞；②压力表失灵；③泵出口阀开度小或未开。

25. 答：原因：①泵轴、电机轴不同心；②润滑油不足；③泵轴受轴向力过大。处理：①停泵校正；②添加润滑油；③联系钳工检查叶轮平衡盘有无问题。

26. 答：原因：①泵经常抽空或长时间半抽空；②使用时间过长，动环磨损或填料失效；③输送介质有杂质，动环磨损。处理：①保持泵不抽空；②停泵检修，更换机械密封或填料；③停泵检修，更换机械密封泵吸入口管路加滤网。

27. 答：原因：①超负荷，泵流量过大；②电机潮湿绝缘不好；③密封装置过紧，摩擦阻力大。处理：①降量，换电机；②停泵检修；③联系钳工适当调节密封。

28. 答：改变管路性能是调节流量最方便的方法。调节离心泵出口管路上阀门开度以改变管路阻力，从而达到调节流量的目的。但此种方法会使泵的一部分能量消耗在克服阀门阻力上，降低了泵的效率，比较经济的手段是改变机泵的转速和叶轮直径，但这两种方法操作都不简便，因此一般不采用。

29. 答：检查准备工作完毕后，接到开泵指令，启动电机，当电机达到额定转数，泵出口压力表指示稳定在某一刻度时，缓慢打开泵出口阀门至需要量，泵启动后，出口阀关闭时间不得超过 3min，若电机启动不起来或泵不上压，有异声时，停泵查明原因。

30. 答：①泵在正常工作时，应经常检查轴承的工作情况及封闭液冷却液的流动情况；②检查压力表、电流表的工作情况；③注意检查轴承及密封装置的温度≤65℃；④注意检查泵密封装置是否好用，有无泄漏；⑤注意观察机泵有无异常振动，发现问题及时联系修理；⑥搞好机泵的润滑工作，定期更换润滑油。

31. 答：原因：①转速降低；②填料箱漏气；③排出管路有堵塞；④叶轮有堵塞物；⑤叶轮环口磨损。处理：①检查电机运转情况；②检查更换填料；③检查各处有无可能堵塞的地方；④检查清洗叶轮；⑤更换叶轮环。

32. 答：根据离心泵的特性，功率随流量的增加上升，流量为零时，功率最小，所以离心泵在开车时将出口阀关闭，使泵在流量为零的状况下启动。减小启动电流，以防止电动机因超载而受损。

33. 答：①离心泵的转速改变时，离心泵的扬程随之改变；②叶轮外径的改变也可以改变泵的扬程。

34. 答：因为如果将泵吸入口关小，将使泵内供液量不足，使叶轮带空而降低了真空度，泵就抽不上液体，控制泵入口阀也有可能发生汽蚀现象，使泵不能继续工作，所以离心泵的流量不能用入口阀来控制。

35. 答：①当泵出口管线发生大量泄漏时，紧急停车。②当泵密封泄漏严重对装置有威胁时紧急停车。③当附近装置发生重大火灾、爆炸事故，并对本装置形成严重威胁时，紧急停车。④当泵及电机轴承温度超高并有冒烟起火的迹象时，紧急停车。⑤电气设备着火时，紧急停车。

36. 答：泵半抽空时间过长有可能使泵内发热，产生汽蚀现象，使泵抽空，还有可能使泵密封泄漏及使泵振动严重造成轴承过热等危害。发现泵半抽空时，应关小泵出口阀或切换备用泵，检查引起泵半抽空的原因。

37. 答：液态烃应保证轴封严密，因为液态烃渗出后会引起结冰，固体冰会加剧磨损及泄漏，加快密封的磨损，造成液态烃的大量外漏，也可能使外界空气进入泵内，造成泵抽空，所以液态烃泵密封泄漏会给装置安全生产带来极大危害。

38. 答：①重新灌泵，排净气体；②联系电工重接电机导线，改变转向，调整转数；③联系钳工停泵检查，清扫叶轮；④停泵检查排除故障；⑤提高吸入容器液面；⑥开大出口阀；⑦停泵处理管线，严重时临时停工。

39. 答：①停泵找心；②把紧螺帽；③降低液体温度，提高吸入口压力；④更换轴承；⑤停泵检修，重新调整；⑥联系钳工检查，清洗叶轮；⑦上紧紧固装置。

40. 答：①查明原因，清除杂物；②更换压力表；③开大泵出口阀。

41. 答：①首先做好备用泵开泵前的准备工作。②切换时，先启动备用泵，出口阀慢慢开大，工作泵的出口阀慢慢关小，直至被切换泵阀门完全关死为止。尽量减少因切换引起流量等参数的波动。③停泵先慢慢关闭出口阀门，停电机，再关闭泵的入口阀。④泵冷却后，停冷却水及封油，冬季停泵时应排净泵内液体，以防泵体冻裂。

42. 答：离心泵在运转时，电机带动叶轮高速转动，叶轮上的叶片也迫使充满在泵壳内的液体随之旋转，因而液体获得了离心力，在此离心力的作用下，液体从叶轮中心被甩向叶轮外周，并获得了能量，液体离开叶轮进入泵壳后，速度逐渐降低，使动能转变为静压能，这样又进一步提高了液体的静压能，于是在泵出口处便可排出压力较高的液体，与此同时，由于液体被抛出而在叶轮中心部分形成了低压，这样吸入液面与叶轮中心处便出现压差，液体在压差的作用下，经吸入导管进入泵体内，填补了被排出的液体的位置，只要叶轮的转动不停，液体就能连续不断地从叶轮中心吸入，并能以一定的压力连续不断地排出，输送到所需要的地方。

43. 答：当泵启动时，假如泵内存在空气，由于空气的重度比液体的重度小得多，产生的离心力也小，此时叶轮中心只能造成很小的负压，不足以形成吸上液体的真空度，所以泵也就无法输送液体，这种现象称为“气缚”。

44. 答：扬程又称泵的压头，是指单位重量流体流经泵后所获得的能量。

45. 答：轴每分钟的回转数。

46. 答：①入口阀全开；②冷却水畅通；③润滑油正常；④止逆阀旁路开；⑤若自启动泵，出口阀开，挂“AUTO”；⑥经常盘车。

47. 答：离心泵的压头、流量均与输送介质的密度无关，因而泵的效率也不随输送介质的密度变化而改变，但泵的轴功率随输送介质密度的增大而增大。

48. 答：输送介质的黏度增大，泵体内部的能量损失增大，泵的流量、压头都要减少，效率下降，但轴功率增大。

49. 答：离心泵运行时，可以短时间关闭出口阀，但关闭时间不能太长，关闭时间过长，泵内液体不但压力升高，且会发热升温汽化，产生冲击力，损坏叶轮、泵壳或轴封装置。

50. 答：①泵的安装高度不能超过允许吸入高度；②当吸入管路中的液体流速和阻力过大时，应降低安装高度；③严格控制物料温度。

51. 答：离心泵的流量调节就是改变泵的特性曲线和管路的特性曲线的方法。

(1) 改变泵的特性曲线：①改变泵的转速；②切割叶轮外圆，改变叶轮直径。

(2) 改变管路的特性曲线：最常用的方法是调节离心泵出口阀开度。关小阀门，管路局部阻力增大，管路特性曲线变陡，工作点向左移动，流量减小。

52. 答：①防止轴弯曲；②检查传动部件是否灵活，紧急情况下可以马上启动；③冬季防止泵冻坏。

53. 答：①手动盘车；②冷却水是否畅通；③泵壳及轴承箱有无裂痕；④用于防冻措施的阀门开关是否正确。

54. 答：①泵体与压盖之间；②静环与压盖之间；③动环与静环之间；④动环与轴或轴套之间。

55. 答：①泵轴和电机轴不同心；②电机负荷大；③油箱中的油太多或太少；④电机缺少一相运转；⑤润滑油变质；⑥电机本身发热；⑦轴承装配不合适。

56. 答：①泵轴与电机轴不同心；②流量超过规定范围；③产生汽蚀；④转动部分不平衡；⑤地脚螺栓松动。

57. 答：根据离心泵的工作原理，泵能把低处的液体吸至一定的高度，主要是在泵吸入口的真空度与贮罐自身压力的作用下进行的。但实际上吸入口形成的真空度是有限的。因为一定的温度下液体都有一定的饱和蒸气压，当泵入口处的压力等于或低于该温度下液体的饱和蒸气压时，叶轮进口处液体中会出现气泡，由于它的体积膨胀，必然扰乱入口处液体的流动，同时产生大量的气泡，随液体进入高压区而又被压缩，于是气泡突然凝结消失，周围液体以极大速度冲向气泡中心的空间。因此在这些气泡的冲击点上产生很高的局部压力，不断打击着叶轮的表面，致使叶轮很快损坏，此现象称为“汽蚀”。

58. 答：80——入口管直径；Y——离心油泵；Ⅱ——泵材质代号；100——单级扬程；2——级数。

59. 答：①凡检修过的地方都必须试漏，管线试压；②原动机与泵、各零件、附件齐全，完整好用，转向一致；③安全罩，接地线，消音罩要齐全，紧固；④检修质量符合标准，检修记录齐全；⑤润滑油、封油、冷却水不堵不漏；⑥盘车轻松无杂音，密封压盖不歪斜；⑦带负荷试车，各温度、振动、电流、流量、压力、密封不得超过额定值；⑧泵体和环境卫生合格。

60. 答：①泵内物液凝固；②长时间未盘车；③零部件损坏或卡住；④轴弯曲严重。

61. 答：①检查准备工作完毕后，接到开泵指令，启动电机，当电机达到额定转数，泵出口压力表指示稳定在某一刻度时，缓慢打开泵出口阀门至需要量，泵启动后，出口阀关闭的时间不得超过 3min，若电机启动不起来或泵不上压，有异声时应停泵查明原因。②泵启动后应注意观察泵出口压力、电机电流的变化情况，看是否在规定的范围内，发现问题及时处理。

62. 答：①首先做好备用泵开泵前的准备工作。②切换时，先启动备用泵，出口阀慢慢开大，工作泵的出口阀慢慢关小，直至被切换泵阀门完全关死为止。尽量减少因切换引起流量等参数的波动。③停泵先慢慢关闭出口阀门，停电机，再关闭泵的入口阀。④泵冷却后，停冷却水及封油，冬季停泵时应排净泵内液体，以防泵体冻裂。

63. 答：如果是轻微的，可以直接将泵出口压力表的阀门关死，更换新压力表，如严重，人靠不上去，应将电源切断，停泵，然后将压力表阀门关死，再次启动泵，更换压力表，如果是高温泵，应用蒸汽封住，防止自燃着火。

64. 答：是将叶轮封闭在一足够空间中，接纳从轮中排出的液体，并将液体的动能转化为静压能。离心泵的基本构造有三个部分；吸入室、叶轮和排出室。吸入室的作用是将液体从吸入管均匀地引入叶轮，叶轮是离心泵的关键部件，当泵内充满液体时，由于叶轮高速旋转，液体在叶片的作用下，产生离心力使液体获得大的速度（动能和旋转雨伞时水滴就沿着雨伞向四周甩开的现象相似）以及少量静压能。由于我们需要的是将液体静压能提高，所以必须将动能进行转换，具体的办法是利用排出室即蜗壳后端的扩散。

65. 答：改变管路性能是调节泵流量最方便的方法，调节离心泵出口管线上阀门开度以改变管路阻力，从而达到调节流量的目的，但是此种方法会使泵的一部分能量消耗在克服阀门阻力上，降低了泵的效率。比较经济的手段是改变机泵的转速和叶轮直径，但这两种方法操作不简单，因此一般不采用。

66. 答：泵的密封作用是防止泵体内高压液体沿轴漏出和外界空气沿轴漏入泵体内，造成泵抽空。类型：机械密封、填料密封、碗状密封等。

67. 答：原因：①泵内液体没灌满；②吸入阀或吸入管路连接处密封不严，漏气；③填料箱漏；④泵入口堵塞；⑤吸入容器液面低。

    处理：①重新灌泵；②检查清除不严密情况；③检查，换填料；④吹扫泵入口；⑤检查，提高液面。

68. 答：液体的某些性能，主要是重度、黏度、饱和蒸气压和含固体颗粒浓度等对泵的工作性能有直接影响。

    ① 重度：液体的重度对泵的扬程、流量和效率影响不大，主要是对泵的轴功率有影响，液体重度与轴功率成正比变化。

    ② 黏度：泵在输送黏度时，扬程和流量都要减小，而且轴功率因盘面损失而增加，泵的效率也随之降低。

    ③ 饱和蒸气压：液体温度发生变化时，其饱和蒸气压随之变化，当泵入口压力一定时，温度升高，降低了装置的有效汽蚀余量，有可能发生“汽蚀”现象。

    ④ 固体颗粒：液体中含固体颗粒浓度增加时，会使泵的扬程、流量和效率均下降。

69. 答：半敞式或敞式叶轮在工作时，离开叶轮的高压液体中有一部分流到叶轮后侧，而前侧液体入口处为低压，故液体作用于叶轮前后两侧的压力不等，便产生了轴向推动力，从而将叶轮推向入口侧，会引起叶轮与泵壳接触，严重时发生振动，造成操作不正常和叶轮磨损，为此可在叶轮后盖板上钻一些小孔，使部分高压液体漏到低压区，减轻轴向推动力，但这样会降低泵效率，这些孔称为平衡孔。

70. 答：250：吸入管直径，mm；Y：离心油泵；S：双吸式；Ⅱ：机泵材质；150：单级扬程；2：级数；A：叶轮第一次切削。

71. 答：离心泵发生汽蚀时，泵体振动，发出噪声，泵的流量、扬程和效率都明显下降，使泵无法正常工作。

72. 答：可以，只是此时介质密度变大了，所以泵的轴功率增加，此时应注意不要使电动机超负荷。

73. 解：$p_{绝}=p_{大}-p_{真}=100-80=20$（kPa）

74. 解：油品产生静压力

$$p_1=\rho gh=700\times9.8\times3=0.021\ (\text{MPa})$$

    则油缸底部承受的压力为：

$$p_{底}=p_{顶}+p_1=0.15+0.021=0.171\ (\text{MPa})$$

第五部分　传热学知识

一、单项选择题（中级工）

1. A　2. B　3. A　4. A　5. C　6. A　7. A　8. B　9. D　10. D　11. D
12. C　13. B　14. C　15. A　16. D　17. A　18. C　19. A　20. B　21. C　22. C
23. B　24. B　25. B　26. B　27. A　28. D　29. B　30. C　31. A　32. B　33. B

34. D　35. D　36. A　37. A　38. B　39. A　40. B　41. A　42. B　43. A　44. A
45. A　46. B　47. B　48. A　49. D　50. B　51. C　52. B　53. B　54. C　55. C
56. C　57. A　58. B　59. D　60. B　61. D　62. B　63. C　64. A　65. A　66. B
67. A　68. B　69. A　70. A　71. C　72. A　73. B　74. C　75. D　76. C　77. D
78. B　79. B　80. B

二、单项选择题（高级工）

1. A　2. B　3. D　4. A　5. C　6. A　7. D　8. D　9. B　10. A　11. D
12. B　13. D　14. B　15. C　16. B　17. D　18. A　19. A　20. A　21. D　22. C
23. A　24. B　25. A　26. A　27. C　28. B　29. B　30. A　31. B　32. B　33. B
34. D　35. D　36. D　37. B　38. B　39. A　40. A　41. D　42. C　43. B　44. D
45. A　46. A　47. A　48. C　49. B　50. B　51. C　52. B　53. C　54. D　55. B
56. B　57. A　58. B　59. A　60. A　61. C　62. D

三、判断题（中级工）

1. √　2. ×　3. ×　4. ×　5. ×　6. √　7. √　8. √　9. ×　10. ×　11. √
12. √　13. √　14. √　15. √　16. √　17. ×　18. √　19. ×　20. ×　21. √　22. ×
23. ×　24. ×　25. √　26. ×　27. ×　28. √　29. ×　30. ×　31. ×　32. √　33. ×
34. √　35. ×　36. √　37. ×　38. ×　39. ×　40. ×　41. ×　42. √　43. √　44. ×
45. √　46. √　47. ×　48. ×　49. √　50. ×　51. √　52. ×　53. ×　54. ×　55. √
56. ×

四、判断题（高级工）

1. √　2. ×　3. √　4. ×　5. ×　6. ×　7. ×　8. √　9. ×　10. √　11. √
12. √　13. ×　14. ×　15. ×　16. ×　17. √　18. ×　19. √　20. ×　21. √　22. ×
23. √　24. √　25. ×　26. ×　27. ×　28. ×　29. ×　30. √　31. ×　32. √　33. ×
34. √　35. √

五、综合题（技师）

1. 答：浮头式冷凝器，壳程直径 1200mm，换热面积 $375m^2$，压力 $25kgf/cm^2$，6 管程。
2. 答：浮头盖，浮头，折流板，壳体，管束，管箱，管箱盖，固定管板，活动管板，管壳程进出口管法兰，浮头压圈，防冲板。
3. 答：在石油化工生产中，常常要通过加热、冷却等不同形式，将热量引入或移出，其实质有共同之处，都是进行热量的传递，参与传热的载体称为载热体。
4. 答：当冷热流体温度差为 1℃、传热面积为 $1m^2$ 时，1h 内热流体传给冷流体的热量。
5. 答：冷换设备在投用前要进行如下检查：①检查壳体外壁，确认无变形、撞击、裂纹等痕迹；②检查管箱盖、管箱、封头与壳体连接螺栓，确认把紧；③拆除施工中所加盲板，检查壳体上放气嘴，确认把紧堵死；④确认管壳出入口阀门灵活好用，连接法兰把紧。
6. 答：浮头式换热器两端的两块管板，一块直径较大的与壳体直接固定在一起为固定管板，另一块直径较小并可以在壳体内自由活动的称为活动管板。活动管板、浮头盖及与其相连接的整个结构称作浮头。当管束受热膨胀时，管束连同浮头在壳体内可以自由伸缩，消除了热应力，而且具有耐较高压力、传热速率高、管束可以抽出、便于清洗的优点，所以在炼厂中广为采用，缺点是当浮头垫片密封不严时，换热介质泄漏不易发现。
7. 答：固定管板式换热器具有结构简单、重量轻、管束易于清洗的优点，由于此种换热器两端的两块管板都直接固定在壳体上，管束受热膨胀时不能自由伸缩，不能消除热应力，所以只适用于中、低温的操作条件。

8. 答：G400-50-16-2Ⅱ中，G表示固定管板式换热器，400表示壳体直径，50表示换热面积，16表示公称压力，2表示管程数，Ⅱ表示法兰形式为对焊法兰。

9. 答：F600-100-64-2Ⅱ中，F表示浮头式换热器，600表示壳体直径，100表示换热面积，64表示公称压力，2表示管程数，Ⅱ表示法兰形式对焊法兰。

10. 答：换热器按换热方式可分为三类：间壁式、直接混合式、蓄热式。间壁式换热器是冷热流两股液体被一个固体壁隔开，高温流体首先将所带热量传给间壁，然后靠间壁将所得热量再传给被加热的低温流体，而冷热两股流体不相混合。直接混合式换热器是将冷热两流体直接混合，在混合过程中进行传热。蓄热式换热器是一般在炉子中充填各种形式的填料，冷热两股流体交替进入进行换热，即利用固体填料来蓄热和释放热量，从而达到冷热两股流体换热的目的。

11. 答：①不洁净和易结垢的流体宜走管内，以便于清洗管子；②腐蚀性的流体宜走管内；③压力高的流体宜走管内，以免壳体受压，可节省壳程金属消耗量；④饱和水蒸气宜走管内；⑤被冷却的液体宜走壳程；⑥有毒流体宜走管内；⑦黏度大流体宜走管内。

12. 答：要提高 K 值，就必须减少各项热阻，减少热阻的方法有：①增加湍流程度，可少层流边界层厚度；②防止结垢和及时清除垢层，以减少垢层热阻。

13. 答：热力学温度大于0K的物体以电磁波的形式将热能向外发射，叫热辐射。如裂解炉中高温烟气、炉墙的热量以辐射的形式传递给炉管。

14. 答：①增大传热面积；②提高冷热流体的平均温差；③提高传热系数。

15. 答：按传热效果来说，被加热或冷却的物料应走管程，但考虑到管程比壳程易清理，一般选择易结垢物料走管程。

16. 答：物质升温或降温过程中吸收或放出的热量叫显热。汽化或冷凝过程中吸收或放出的热量叫潜热。

17. 答：①所有冷却水换热器不管使用与否，均通冷却水，不得中断，上、下水旁通阀稍开。②未投用的蒸汽加热器均通入少量蒸汽，凝液由导淋连续排出。③长期不用的换热器，应将其中的介质倒空。

18. 答：当外壳和管线热膨胀不同时，补偿圈发生弹性变形，拉伸或压缩，以适应外壳和管来的不同的热膨胀程度，它适用于两流体温差不大于70℃、壳程流体压力不高于600kPa的场合。

19. 答：间壁式换热器是化工生产中常用的一种换热设备，在间壁式换热器中，冷热两股流体被固体壁分开，热量从流体首先以对流传热方式将热量传给管壁一侧，再以导热方式将热量传给管壁另一侧，最后又将热量以对流方式传给冷流体。

第六部分 传质学知识

一、单项选择题（中级工）

1.C 2.D 3.C 4.C 5.B 6.C 7.C 8.B 9.B 10.A 11.A
12.B 13.B 14.D 15.A 16.C 17.C 18.D 19.C 20.A 21.C 22.D
23.B 24.B 25.B 26.C 27.B 28.C 29.B 30.B 31.A 32.C 33.C
34.C 35.B 36.D

二、单项选择题（高级工）

1. A　2. A　3. B　4. A　5. B　6. B　7. C　8. A　9. C　10. A　11. C
12. B　13. D　14. B　15. D　16. C　17. C　18. D

三、判断题（中级工）

1. √　2. ×　3. ×　4. ×　5. ×　6. ×　7. ×　8. √　9. ×　10. √　11. ×
12. ×　13. √　14. √　15. √　16. ×　17. √　18. ×　19. √　20. ×　21. √

四、判断题（高级工）

1. ×　2. ×　3. √　4. √　5. ×　6. ×　7. ×　8. √　9. √　10. ×　11. ×
12. ×　13. ×　14. ×　15. ×　16. ×

五、综合题（技师）

1. 答：物系内部存在有稳定的相界面，界面两侧物质的性质是完全不同的，这种物系称为非均相物系。

2. 答：沉降、过滤、离心分离、湿法分离。

3. 答：利用分散介质与分散物质之间的密度差来分离。

4. 答：是粒子沉降时的阻力系数。计算时分三个区域来处理：①$Re \leqslant 1$ 为层流区，$\zeta=24/Re$；②$1<Re<1000$ 为过渡区，$\zeta=30/(Re^{0.625})$；③$Re \geqslant 1000$ 为湍流区，$\zeta=0.44$。

5. 答：

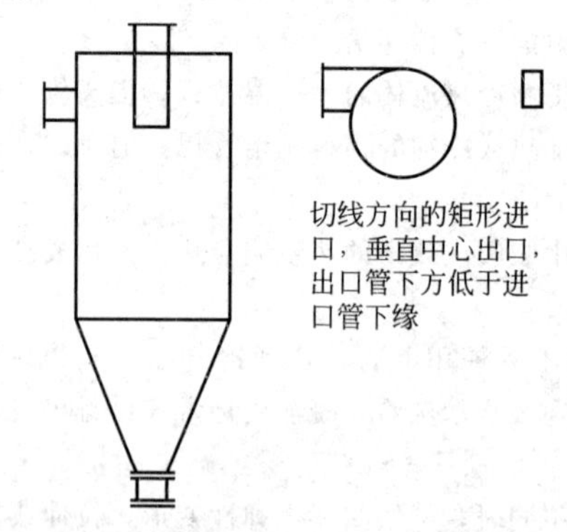

切线方向的矩形进
口，垂直中心出口，
出口管下方低于进
口管下缘

气流从切线方向进入，沿筒壁作向下的螺旋运动，到达底部后又以较小的直径作向上的螺旋运动，形成气芯，因此，气流在旋风分离器中作双层螺旋运动。

6. 答：有饼层过滤、深床过滤以及动态过滤三种。饼层过滤适用于固粒浓度较高的物料，深床过滤适用于固粒浓度极低的物料，动态过滤适用于固粒浓度较低的物料。

7. 答：有织物状介质、固体多孔介质以及粒状介质三种。织物状介质适用于过滤颗粒浓度高、粒径小的物料；固体多孔介质适用于过滤颗粒浓度小、粒径较大的物料；粒状介质适用于过滤固粒浓度小于0.1%的物料。

8. 答：采用活性炭助滤剂，直接混合在悬浮液中，让其随机地停留在滤饼层中起支撑作用，使过滤过程得以进行。

9. 答：①以使气流进入分离器后沿筒壁作向下的螺旋运动，减小沉降距离；②不至于将已沉降的颗粒再重新卷起。

10. 答：主要由转鼓、分配头、盛悬浮液的槽、抽真空装置等部分组成；转鼓旋转一周完成过滤、吸干、洗涤、吹松、卸渣以及清洗滤布六个过程。

第七部分　压缩与制冷基础知识

一、单项选择题（中级工）

1. C　2. B　3. C　4. B　5. A　6. B　7. D　8. A　9. D　10. B　11. B　12. B

二、单项选择题（高级工）

1. B　2. B　3. C　4. A　5. B　6. C　7. A　8. C　9. A

三、判断题（中级工）

1. ×　2. √　3. ×　4. ×　5. √　6. √　7. ×　8. ×　9. ×　10. ×　11. ×　12. √　13. ×　14. √　15. √　16. ×　17. √　18. √　19. √　20. √　21. ×　22. ×　23. ×　24. ×　25. ×　26. √　27. ×

四、判断题（高级工）

1. ×　2. ×　3. ×　4. √　5. √　6. √　7. √　8. ×　9. ×

五、综合题（技师）

1. 答：①电机温度，风机转速，皮带有无松动或脱落，轴承润滑脂，风扇有无松动或刮铁板振动，轴承有无杂音。②要检查管束和丝堵是否有泄漏现象，尤其对塔顶空冷易腐蚀的地方，发现问题及时处理解决。

2. 答：①各级气体进出口温度、压力突然发生急剧上升或下降；②机体或汽缸内突然发出较大异常响声；③机体或汽缸突然大幅度振动；④汽缸部分大量漏气；⑤汽缸盖螺栓断裂（或脱落），汽缸盖跳动严重；⑥主、辅机或管道突然发生爆炸或着火。

3. 答：①换热器冷却水中断或流量、压力过小；②机组内存在大量不凝气体；③节流装置（如高压浮球阀或调节阀等）工作异常；④排气阀关闭或开度过小、阀芯脱落等；⑤吸入口压力异常升高。

4. 答：①为了提高制冷机的效率，改善制冷机的性能；②利用螺杆式制冷压缩机吸气、压缩、排气单向进行的特点，在压缩过程的中部设置一个中间补气孔口，吸入中间容器的闪蒸气；③使得单级螺杆制冷机按两级制冷循环运行，称螺杆式制冷机的经济器系统。

5. 答：①润滑作用；②密封作用；③冷却作用；④动力作用；⑤消声作用。

6. 答：①结构紧凑，体积小，重量轻，没有气阀等易损件；②运行可靠，维护管理简单；③单级压缩比大，容积效率高；④有滑阀调节装置，可进行空载启动以及无级能量调节。

7. 答：①压缩机负荷急剧变化进入喘振区；②叶轮结垢，转子动平衡破坏；③轴承缺油，与主轴发生摩擦；④杂质进入迷宫密封，与轴套发生摩擦；⑤缸体积液，发生液击。

8. 答：在正常操作条件下，根据出现的异常情况进行对比分析，就可以判断气阀是否串气。

(1) 从排气压力判断：如排气压力低于工作压力的正常值，就是排气阀串气，排气压力越低，排气阀串气越严重。同样，除末级以外，排气压力异常升高，则是下一级吸气阀串气，对一级来说，一级吸气压力则会升高。

(2) 从排气温度判断：由于气阀串气，汽缸内部分气体反复被压缩、膨胀，造成排气温度升高，串气越严重，排气温度越高。

(3) 从单个气阀的温升判断：用红外线测温仪对同一级的同组气阀（吸气或排气）阀盖测温比对，温度异常高的气阀，可以判断串气，比对温差越大，串气就越严重。

(4) 从排气流量来判断：由于气阀串气，压缩机工作效率降低，排气流量必将受到影响，排气流量存在不同程度的下降。

9. 答：各机组情况稍有不同，如果供润滑油压力和温度正常，盘车时间长与短对汽轮机影响不大；对带密封油系统的压缩机来说，停车后不宜长时间在低速下盘车运行，主要原因是低速下浮环与主轴是直接接触的，两者之间的摩擦可能处于干摩擦或边界摩擦状态，浮环不能正常浮起来，从而影响浮环的寿命。

10. 解：因为压缩比$=\frac{出口压力}{进口压力}$

    所以出口压力＝压缩比×进口压力＝2.5×0.8＝2.0（MPa）

11. 答：①检修现场清扫干净；②水、电、风投用正常；③油系统、油箱清扫干净，油系统油运合格；④压缩机与驱动机同心度找正符合标准；⑤转子与隔板同心度符合标准；⑥轴承间隙和紧力符合标准；⑦电器、仪表联锁调试合格；⑧电机电阻测试合格/透平调速系统调试合格；⑨驱动机单机试运 8h 合格；⑩压缩机试运 48h；⑪机械密封/浮环密封装配合格，工作正常；⑫建立检修技术资料档案并归档。

12. 答：压缩机在运行过程中，当流量不断减少至最低流量时，就会在压缩机流道中出现严重的旋转脱离，使出口压力突然下降，当压缩机出口压力下降时，出口管网中的压力并不降，所以管网中的气体就会倒窜入压缩机。当管网中的压力下降，低于压缩机出口压力时，倒流停止，压缩机又开始向管网送气，恢复正常工作，但是当管网压力又恢复到原来压力时，压缩机流量又减少，系统中气体又产生倒流，如此周而复始，整个系统便产生了周期性的气流振动现象，称为喘振。

13. 答：轴封蒸汽压力过高主要是造成浪费，另外如果轴封氮气供给不足，可能会使蒸汽进入润滑油系统；轴封蒸汽压力过低时，主要是会对真空系统构成威胁，部分空气从轴封处漏入系统，影响真空。

14. 答：密封油系统主要用于压缩介质是易燃、易爆、有毒性的压缩机中。

15. 答：在正常运行中，加负荷情况下，如果先提压，即会引起压缩机出口压力升高，从而发生进口流量减少，如果低于防喘振流量时机组就会发生喘振，所以加负荷时必须先升速，后升压。

16. 答：①可以检查轴是否卡涩；②减少升速时间，提高升速速度；③以便随时启动升速，消除弯曲变形。

17. 答：有超速保护、轴振动和轴位移保护、回油温度报警联锁等，其设置的目的是为了确保机组的安全，主要从机械方面来考虑其安全性。

18. 答：暖机时间要充分，并不是说暖机时间越长越好，在冷态启动时，暖机时间适当长些，对机组一般影响不大，但是合理控制暖机时间，可以节约蒸汽；在热态启动时，暖机时间太长，会对机组有害，主要是汽轮机的缸体和动、静部分不但没有均匀加热，反而有冷却收缩的现象。因此，暖机时间一定要视现场实际情况决定，能升速的情况一般不宜延长暖机时间。

19. 答：工作气体经过叶轮做功后，前向（叶轮）产生一个压力差，这样就产生轴向力，所有叶轮轴向力之和就是转子的轴向力。

第八部分　干燥知识

一、单项选择题（中级工）

1.C　2.D　3.C　4.D　5.D　6.A　7.C　8.C　9.D　10.B　11.C

12. B 13. B 14. D 15. B 16. B 17. C 18. D 19. B 20. A 21. C 22. C
23. D 24. A 25. C 26. C 27. B 28. D 29. A 30. C 31. C 32. B 33. B
34. A 35. D 36. A 37. B 38. B 39. D 40. B 41. D 42. D 43. A 44. C
45. B 46. C 47. D 48. C 49. A 50. A 51. D 52. C 53. A 54. C 55. C
56. C 57. C 58. D 59. C 60. A 61. B

二、单项选择题（高级工）

1. C 2. A 3. B 4. C 5. D 6. B 7. D 8. D

三、判断题（中级工）

1. × 2. × 3. × 4. × 5. √ 6. √ 7. × 8. × 9. √ 10. √ 11. ×
12. × 13. √ 14. √ 15. × 16. √ 17. × 18. × 19. × 20. × 21. √ 22. √
23. × 24. × 25. √ 26. √ 27. √ 28. × 29. √ 30. × 31. × 32. × 33. √
34. × 35. √ 36. × 37. √ 38. √ 39. √ 40. × 41. √ 42. × 43. × 44. √
45. × 46. √

四、判断题（高级工）

1. √ 2. √ 3. √

五、综合题（技师）

1. 答：用加热的方法使固体物料中的水分或其他溶剂汽化而被除去的操作称为干燥操作。
条件：物料表面气膜两侧必须有压力差，即被干燥的物料表面所产生的水蒸气压力必须大于干燥介质中水蒸气分压；热能的不断供给；生成蒸汽的不断排除。

2. 答：单位时间内在单位干燥面积上被干燥物料所能汽化的水分质量称为干燥速率。
影响因素：①物料的性质和形状。湿物料的物理结构、化学组成、形状和大小，物料层的厚薄以及水分的结合方式。②物料本身的温度。物料的温度越高，干燥速率愈大。③物料的含水量。物料的最初、最终以及临界含水量决定着干燥各阶段所需时间的长短。④干燥介质的温度和湿度。介质的温度越高，湿度越低，则恒速干燥阶段的速率越快。但对于热敏性物料，应选择合适的温度。⑤干燥介质的流速。在恒速干燥阶段，提高气速可以提高干燥速率，在降速干燥阶段，气速和流向对干燥流率影响很小。⑥干燥器的构造。

3. 答：干燥过程可分为恒速干燥阶段和降速干燥阶段，分别受表面汽化控制和内部扩散控制。

4. 答：物料中的水分按能否用干燥操作分为平衡水分和自由水分；物料中的水分按除去的难易程度可分为结合水分和非结合水分。

第九部分 精馏知识

一、单项选择题（中级工）

1. A 2. C 3. D 4. B 5. D 6. A 7. C 8. B 9. B 10. C 11. D
12. B 13. A 14. A 15. B 16. C 17. C 18. C 19. A 20. A 21. B 22. D
23. D 24. B 25. D 26. A 27. C 28. B 29. B 30. C 31. B 32. B 33. B
34. A 35. D 36. C 37. C 38. C 39. D 40. C 41. B 42. A 43. A 44. B
45. B 46. B 47. A 48. D 49. A 50. C 51. B 52. B 53. D 54. B 55. A
56. C 57. C 58. C 59. B 60. A 61. C 62. D 63. D 64. A 65. B 66. A
67. D 68. A 69. D 70. B 71. A 72. C 73. C 74. A 75. B 76. A 77. A

78. A　79. C　80. A　81. C　82. A　83. B　84. B　85. C　86. B　87. A　88. B
89. B　90. C　91. C　92. A　93. A

二、单项选择题（高级工）

1. C　2. A　3. C　4. D　5. A　6. B　7. A　8. A　9. C　10. C　11. D
12. A　13. D　14. B　15. C　16. B　17. A　18. B　19. D　20. B　21. D　22. D
23. A　24. D　25. D　26. A　27. C　28. A　29. B　30. B　31. A　32. B　33. D
34. B　35. A　36. B　37. D　38. A　39. B　40. C　41. C　42. A　43. D　44. A
45. C　46. D　47. D　48. A　49. C

三、判断题（中级工）

1. ×　2. √　3. √　4. √　5. √　6. ×　7. √　8. ×　9. √　10. ×　11. √
12. ×　13. √　14. √　15. ×　16. √　17. ×　18. √　19. √　20. ×　21. ×　22. ×
23. ×　24. ×　25. √　26. ×　27. √　28. ×　29. √　30. ×　31. ×　32. ×　33. √
34. √　35. ×　36. √　37. √　38. ×　39. √　40. ×　41. ×　42. ×　43. ×　44. ×
45. ×　46. √　47. √　48. ×　49. √　50. ×　51. ×　52. ×　53. ×　54. ×　55. ×
56. ×　57. ×　58. ×　59. √　60. √　61. ×　62. √　63. ×　64. ×　65. ×　66. √
67. ×　68. √　69. √　70. √　71. ×　72. ×　73. ×

四、判断题（高级工）

1. √　2. ×　3. √　4. √　5. ×　6. √　7. ×　8. ×　9. ×　10. √　11. ×
12. √　13. √　14. ×　15. ×　16. ×　17. ×　18. √　19. ×　20. ×　21. ×

五、综合题（技师）

1. 答：①混合物的挥发度不同；②气相温度高于液相温度（有气液相回流）；③具备两相进行充分接触的场所（如塔板）。

2. 答：①液相负荷过大，在塔板上因阻力大而形成进出塔板堰间液位落差大，造成鼓泡不匀及蒸气压降过大，在降液管中引起液泛，液相负荷再加大造成淹塔；②气相负荷过大，气体通过塔板压降增大，会使降液管中液面高度增加；③降液管面积过小，液体下降不畅。

3. 答：①外送阻力大；②泵本身故障；③管路堵塞，管线阀门开度小；④液面低，泵抽空，浮油液面计不好用。

4. 答：精馏塔内在提供液相回流的条件下，气液两相进行充分接触，进行相间扩散传质传热达到混合分离的目的。

5. 答：分馏精确度与塔盘数、回流比大小、原料性质及塔盘结构等有关。

6. 答：减压蒸馏塔的原理是：将蒸馏设备内的气体抽出，使油品在低于大气压下进行蒸馏，这样，高沸点组分就在低于它们常压沸点的温度下汽化蒸出，不至于产生严重的分解。

7. 答：塔底温度、塔顶压力、回流比、进料位置。

塔底温度：以保证产品质量合格为主调节塔底温度。

塔顶压力：以控制塔顶产品完全冷凝为主，使操作压力高于液化气在冷后温度下的饱和蒸气压，有利于减少不凝气。

回流比：保证精馏效果实现的液相条件，按一定回流比操作是精馏塔的特点。

进料位置：进料位置对精馏效果也有影响，进料位置高，精馏效果差，反之塔底重沸器负荷大。总的原则是进料温度高时使用下进料口；进料温度低时，使用上进料口；夏季开下口，冬季开上口。

8. 答：热虹吸式重沸器是利用出塔管和进塔管的介质的重度不同产生的重度差作为循环推动力，

并将蒸发空间移至塔内，使气液两相在塔内分离。

9. 答：分馏是在提供回流的条件下，气液相多次逆流接触，进行相间的传热传质，使混合物中各组分根据其挥发度不同而得到有效分离。

10. 答：由于气液负荷过大，液体充满整个降液管而使上下塔板的液体连成一体，分馏效果完全遭到破坏，这种现象称为淹塔。由于气相负荷过大，使塔内重质油被携带到塔的顶部，从而造成产品不合格，这种现象称为冲塔。

11. 答：在实际生产中，精馏塔进入的原料液由于在不同进料温度的影响下，使从进料液上升的蒸汽量及下降的液体量发生变化，也即上升到精馏段的蒸汽量及下降到提馏段的液体量发生变化，进料温度高，从进料板上升的蒸汽量就大，易造成塔顶馏分含重组分，使塔顶馏分不合格，相反，进料温度低，使进料板下降的液体量增大，使得塔底馏分含有轻组分，使塔底馏分不合格，而且造成塔压力升高，这样都造成操作不平稳，增加操作费用，因此要选择合适的进料温度。

12. 答：影响因素：压力波动，进料组成变化，塔底液面过高引起底温升不上来，仪表失灵。调整方法：调整塔的压力，调整塔底排出量或进料量，联系仪表校表。

13. 答：影响因素：①进料量过大或进料组成变化，轻组分含量高，压力上升；②回流比发生变化或回流组成变化，轻组分含量高，压力上升；③塔顶冷却器超负荷或冷却效果低，冷后温度高，压力上升；④冷却水压力变化或冷却水中断，压力上升；⑤塔底热源波动或升温速度过快，压力上升，温度突然上升；⑥回流罐液面满或回流泵发生故障，压力上升；⑦塔系统液面过高或装满引起系统压力上升。

调节方法：①降低进料量，调整前塔的温度、压力，降低轻组分含量；②调整回流比、塔顶冷却水量和前塔的操作；③降低进料量和冷却水供水量，回流罐放压，停工时清扫；④联系供排水，提高冷却水压力，冷却水中断按停工处理；⑤手动降低塔底热源或缓慢升温；⑥增大产品输出，启动备用泵，联系钳工修理；⑦切断再沸器热源，降低或停止进料，开大塔底，塔顶抽出口线阀门。

14. 答：影响因素：①回流温度的变化，将引起回流罐液面的变化；②回流泵或产品泵问题造成回流罐液面上升；③回流量或产品出装置量变化将引起回流罐液面的变化；④阀门失控，造成回流罐液面上升；⑤塔底加热量变化。

调节方法：①控制好回流温度；②应当启用备用泵，联系钳工修理；③改变回流量及产品出装置流量；④改副线控制，联系仪表修理；⑤稳定塔底热源。

15. 答：为保证本系统的安全平稳操作，保证产品质量合格，塔底液面必须保持在正常的水平，不能太高或太低，太高会造成淹塔，太低会使系统压力升高，因此应控制好塔底液面。

16. 答：回流提供了精馏塔完成精馏所必需的液相物料，不仅要求一定的回流量，而且要控制好回流温度，因为回流温度直接影响塔系统的压力、回流罐的压力、液面以及产品的质量问题，回流温度太高，回流罐压力升高，液面下降，塔系统的压力也升高，则轻组分被压至塔底，相反，回流温度太低，回流罐压力下降，液面上升，塔系统的压力也下降，则重组分被提至塔顶。

17. 答：回流提供了精馏塔完成精馏所必需的液相物料，因此回流罐必须有一定的液面，来持续不断地满足回流的要求。

18. 答：回流量太高，虽然能保证塔顶馏分的质量，但是很容易使得轻组分带至塔底，回流量太小，更不能保证塔顶馏分的质量，因此必须控制好回流量，使其在一定的范围内，既可以保证产品质量，又能使得操作费用最低。

19. 答：影响因素：回流罐液面低，回流泵抽空，回流量为零；回流泵出了故障；控制阀坏。控制方法：提高回流罐液面；联系钳工修理；联系仪表修理。

20. 答：气液分离容器主要用于分离混合的气、液两相介质，它是根据物料中混合物性质的不同，使物料进入具有一定温度、压力的容器，形成平衡的气-液两相，使低沸点的轻组分与高沸点的重组分分离，从而达到气-液两相分离的目的。

21. 答：蒸馏是液体在蒸馏设备或仪器中被加热汽化，接着把蒸汽导出使之冷凝并加以收集的操作过程。采用这种方法可以把石油按其沸点的差别分为若干组分。

22. 答：简单蒸馏是小型装置常用于粗略分割油料的一种蒸馏方法。它是在一定的压力下，被加热的液态混合物温度达到泡点温度时，液体开始汽化，生成微量蒸汽，将生成的蒸汽引出并经冷凝，冷却后收集起来，同时液体继续加热，继续生成蒸汽并被引出，这种蒸馏方式为简单蒸馏。从分离过程来看，它由无穷多次平衡汽化所组成。

23. 答：精馏是将气、液相多次逆流接触，多次部分汽化和多次部分冷凝，进行相间扩散传质、传热的过程。

24. 答：此种现象是由于流经塔板的气相负荷过大而引起的。在正常操作时气体通过塔板的鼓泡元件与塔板上的液流相遇，流体即被气流所搅动、分散并吹起而在塔板上形成泡沫层，当气体离开塔板时，必然夹带着泡沫或小液滴，由于液滴很小，尚来不及沉降就被带到上层塔板，这种现象称为雾沫夹带。

25. 答：闪蒸即平衡汽化。进料以某种方式被加热至部分汽化，经过减压设施在一个容器的空间内，于一定的温度和压力下，气、液两相迅速分离，得到相应的气相和液相产物，此过程称为闪蒸。

26. 答：塔设备的基本性能指标有生产能力、分离效率、适应能力及操作弹性、流体阻力。

27. 答：精馏过程实质上就是气、液两相不断地传质、传热过程，也就是多次利用汽化和冷凝的方法，使液体混合物得到分离的过程，传质-传热过程是在塔板上实现的，从下一层塔盘上升的含轻组分较多的气相物流与从上一层塔盘下降的含轻组分较少的液相物流在塔盘上接触，气相中的重组分遇冷冷凝而液相中的轻组分受热汽化，这样每层塔盘上向上的气相中轻组分含量愈来愈高，而液相中重组分含量也越来越高，达到分离的目的。

28. 答：在一定温度和压力下，保持气、液两相共存，此时气液两相的相对量以及组分在两相中的浓度分布都不变化，此时的状态称为相平衡。

29. 答：精馏塔顶馏出物经冷凝后，回流流量与产品量之比称为回流比。

30. 答：压力升高，气相组分易变为液相，从而使轻组分被压到塔底，影响塔底产品质量，而且压力升高会威胁安全生产。

31. 答：压力降低，使液化气迅速汽化，而产生携带现象，使液化气中的重组分被带至塔顶，从而影响塔顶产品质量。

32. 答：液面高容易造成淹塔现象，影响气、液两相的传质传热过程，易使轻组分带至塔底，从而影响塔底的产品质量。

33. 答：液面低，则塔底温度会升高，产生携带现象，重组分被带至塔顶，从而影响塔顶产品质量。

34. 答：为达到分离混合物的目的，在精馏塔中必须有不断上升的气相物流，塔底重沸器提供热源、能量，将液相部分汽化，从而有气相物流。

35. 答：塔顶冷凝器将塔顶馏出物冷却，它提供塔板上的液相回流，同时取走塔内多余的热量，维持全塔的热平衡。

36. 答：换热设备包括冷凝器、重沸器。

37. 答：回流提供了塔板上的液相回流，以达到气液两相传质传热的目的，同时取走塔内多余的热量，维持全塔的热平衡。

38. 答：冷回流、热回流、循环回流、内回流四种。

39. 答：液体物料开始加热沸腾而出现第一个气泡时的温度称为泡点。

40. 答：液体物料加热完全蒸干时或气体物料冷凝时出现第一滴液体时的温度称为露点。

41. 答：回流比大可以提高精馏效果，但回流比大可造成塔底液面升高，而且回流比太大，对精馏效果影响不会太大，而且增加操作费用。

42. 答：回流比小对精馏效果不好，容易使重组分带至塔顶，从而影响塔顶产品质量，因此回流比要控制在一定范围内，即可以保证产品质量，又可以使操作费用最低。

43. 答：塔的结构有塔体、头盖、裙座、进料口、塔顶馏出口、塔底出口、回流入口、安全阀口、汽提入口、压力计口、温度计口、人孔、液面计孔、塔板、降液管、溢流堰。

44. 答：基于液态混合物各组分的沸点不同，在受热时轻组分优先汽化，在冷凝时重组分优先冷凝。

45. 答：①必须提供足够的气、液充分接触，进行传质、传热的场所；②必须每层塔盘上同时存在组成不平衡的气液两相；③塔下部设有热源提供气相回流，塔上部设有回流提供液相回流。

46. 答：塔板有圆形泡罩塔板、筛孔塔板、浮阀塔板、舌形塔板、斜孔、浮动喷射塔板。

47. 答：优点：气、液两相接触密切，停留时间长，分离效率高，操作弹性高。缺点：处理能力小，压降大，阀片易卡死、锈死。

48. 答：重沸器就是再沸器，是管壳换热器的一种特殊形式，安装在某些塔的塔底，使塔底液体部分液化后再返回塔内，以提供分馏所要的塔底热量和气相回流。重沸器有釜式重沸器和热虹吸式重沸器两个种类。釜式重沸器用于进料式塔底馏出物的再加热，被加热流在重沸器内升温汽化，并在釜内缓冲沉淀后进入塔内，热虹吸式重沸器本身没有气液分离空间，在重沸器内气、液不分离，一定从重沸器顶部返回塔底，在塔内分离。

49. 答：为了使精馏过程能够进行，必须具备以下两个条件：

① 精馏塔内必须要有塔板或填料，它是提供气液充分接触的场所。气液两相在塔板上达到分离的极限是两相达到平衡，分离精度越高，所需塔板数越多。例如，分离汽油、煤油、柴油一般仅需要4～8块塔板，而分离苯、甲苯、二甲苯时，塔板数达数十块以上。

② 精馏塔内提供气、液相回流，是保证精馏过程传热传质的另一必要条件。气相回流是在塔底加热（如重沸器）或用过热水蒸气汽提，使液相中的轻组分汽化上升到塔的上部进行分离。塔内液相回流的作用是在塔内提供温度低的下降液体，冷凝气相中的重组分，并造成沿塔自下而上温度逐渐降低。为此，必须提供温度较低、组成与回流处产品接近的外部回流。

50. 答：饱和温度就是气液两相物质在一定压力下达到汽化速度和冷凝速度相等的温度。压力与饱和温度的关系为：压力上升，饱和温度上升；压力下降，饱和温度下降。

51. 解：回流比＝回流量/塔顶产品量＝54/7＝7.71。

第十部分　结晶基础知识

一、单项选择题（中级工）

1.D　2.C　3.B　4.C　5.C　6.D　7.B　8.A　9.C　10.B　11.D　12.C　13.C　14.C

二、单项选择题（高级工）

1.D　2.B　3.D

三、判断题（中级工）

1. × 2. √ 3. × 4. × 5. √ 6. √ 7. × 8. √ 9. ×

四、判断题（高级工）

1. √ 2. √

五、综合题（技师）

1. 答：指物质从液态（溶液或熔融体）或蒸气形成晶体的过程。

特点：①能从杂质含量很高的溶液或多组分熔融状态混合物中获得非常纯净的晶体产品；②对于许多其他方法难以分离的混合物系、同分异构体物系和热敏性物系等，结晶分离方法更为有效；③结晶操作能耗低，对设备材质要求不高，一般也很少有“三废”排放；④结晶属于热、质同时传递的过程；⑤结晶产品包装、运输、贮存或使用都很方便。

2. 答：有不移去溶剂的结晶法和移去部分溶剂的结晶法。

3. 答：溶液中的溶质浓度超过该条件下的溶解度时的溶液叫做过饱和溶液。

过饱和度可以用浓度差和温度差来表示：$\Delta c = c - c'$；$\Delta t = t' - t$。

4. 答：晶核的形成和晶体的成长两个阶段。

5. 答：过饱和度的影响；冷却（蒸发）速度的影响；晶种的影响；杂质的影响；搅拌的影响。

6. 答：①溶质由溶液扩散到晶体表面附近的静止液层；②溶质穿过静止液层后达到晶体表面，生长在晶体表面上，晶体增大，放出结晶热；③释放出的结晶热再靠扩散传递到溶液的主体中去。

第十一部分　气体的吸收基本原理

一、单项选择题（中级工）

1. A 2. B 3. C 4. C 5. A 6. A 7. C 8. C 9. D 10. C 11. A
12. D 13. A 14. C 15. A 16. B 17. C 18. C 19. B 20. B 21. B 22. B
23. A 24. B 25. C 26. A 27. A 28. D 29. A 30. A 31. B 32. A 33. B
34. A 35. A 36. B 37. D 38. D 39. B 40. B 41. C 42. C 43. B 44. A
45. B 46. B 47. A 48. A 49. A 50. B 51. A 52. D 53. B 54. D 55. D
56. B 57. C 58. B 59. A 60. C 61. B 62. A 63. B 64. B 65. C 66. A
67. C 68. B 69. A 70. A 71. C 72. D

二、单项选择题（高级工）

1. D 2. A 3. D 4. A 5. A 6. A 7. A 8. D 9. D 10. B 11. A
12. A 13. C 14. B 15. B 16. B 17. C 18. A 19. B 20. C 21. D 22. A
23. D 24. D 25. A 26. A 27. D 28. D 29. A 30. C 31. D 32. A 33. C
34. A 35. B 36. B 37. B 38. C 39. C 40. A 41. C 42. B 43. A 44. A
45. C 46. B 47. D 48. B 49. D 50. A 51. B

三、判断题（中级工）

1. × 2. √ 3. × 4. √ 5. × 6. √ 7. × 8. × 9. √ 10. × 11. ×
12. × 13. × 14. × 15. × 16. √ 17. × 18. √ 19. × 20. × 21. × 22. ×
23. × 24. √ 25. √ 26. √ 27. × 28. × 29. √ 30. × 31. √ 32. √ 33. √
34. × 35. × 36. √ 37. √ 38. × 39. √ 40. × 41. √ 42. × 43. √ 44. ×

四、判断题（高级工）

1. √ 2. √ 3. √ 4. √ 5. × 6. √ 7. × 8. × 9. √ 10. × 11. ×

12. √　13. ×　14. ×　15. ×　16. ×　17. ×　18. ×　19. ×　20. √　21. ×　22. √
23. ×　24. ×　25. √　26. √　27. √　28. √　29. ×

五、综合题（技师）

1. 答：使混合气体与适当的液体接触，气体中的一个或几个组分便溶解于该液体内而形成溶液，不能溶解的组分则保留在气相之中，使混合气体的组分得以分离，这种利用各组分在溶剂中溶解度不同而分离气体混合物的操作称为吸收。
2. 答：在板式塔操作中，当上升气体脱离塔板上的鼓泡液层时，气泡破裂而将部分液体喷溅成许多细小的液滴及雾沫，当上升气体的空塔速度超过一定限度时，这些液滴和雾沫会被气体大量带至上层塔板，此现象称雾沫夹带现象。影响因素有空塔气速、塔板间距和再沸器的换热面积等。
3. 答：① 物系性质因素（如液体的黏度、密度），直接影响板上液流的程度，进而影响传质系数和气体接触面积；
② 塔板结构因素，主要包括板间距、堰高、塔径以及液体在板上的流经长度等；
③ 操作条件，指温度、压力、气体上升速度、气液流量比等因素，其中气速的影响尤为重要，在避免大量雾沫夹带和避免发生淹塔现象的前提下，增大气速对于提高塔板效率一般是有利的。
4. 答：① 鼓泡接触：在塔内气速较低的情况下，气体以一个个气泡的形态穿过液层上升；
② 蜂窝状接触：随着气速的提高，单位时间内通过液层气体数量的增加，使液层变成为蜂窝状况；
③ 泡沫接触：气体速度进一步加大时，穿过液层的气泡直径变小，呈现泡沫状态的接触形式；
④ 喷射接触：气体高速穿过塔板，将板上的液体都粉碎成为液滴，此时传质和传热过程是在气体和液滴的外表面之间进行的。
5. 答：对易溶气体，其溶解度较大，吸收质在交界面处很容易穿过溶液进入液体被溶解吸收，因此吸收阻力主要集中在气膜这一侧，气膜阻力成为吸收过程的主要矛盾，而称为气膜控制。当气膜控制时，要提高吸收速率，减少吸收阻力，应加大气体流速，减小气膜厚度。
6. 答：对难溶气体，由于其溶解度很小，这时吸收质穿过气膜的速度比溶解于液体来得快，因此液膜阻力成为吸收过程的主要矛盾，而称为液膜控制。当吸收是液膜控制时，要提高吸收速率，降低吸收的阻力，关键应首先增大液体流速，减小液膜厚度。
7. 答：吸收和精馏过程是混合物分离的两种不同的方法。吸收利用混合物中各组分在某一溶剂中的溶解度不同，而精馏是利用混合物中各组分的挥发度不同而进行分离。
8. 答：① 相互接触的气液两流体之间存在着一个稳定的相界面，界面两侧各有一个很薄的有效滞流膜层，吸收质以分子扩散的方式通过此两膜层；②在相界面处，气液达于平衡；③在膜以下的中心区，由于流体充分滞流，吸收质浓度是均匀的，即两相中心区内浓度梯度皆为零，全部浓度变化集中在两个有效膜层内。
9. 答：当带有液滴的烟气进入除雾器烟道时，由于流线的偏折，在惯性力的作用下实现气液分离，部分液滴撞击在除雾器叶片上被捕集下来。

第十二部分　蒸发基础知识

一、单项选择题（中级工）

1. C　2. C　3. B　4. A　5. B　6. D　7. B　8. B　9. B　10. D　11. A
12. C　13. D　14. C　15. D　16. C　17. D　18. A　19. B　20. A　21. B　22. C

23. B　24. B　25. B　26. B　27. A　28. C　29. C　30. A　31. A　32. A　33. C
34. B　35. C　36. B

二、单项选择题（高级工）

1. C　2. C　3. D　4. D　5. A　6. C　7. B　8. C　9. B　10. B　11. D
12. B　13. C　14. D　15. D　16. B　17. D　18. D　19. C　20. D　21. B　22. A
23. A　24. D　25. B　26. D　27. B　28. A　29. B　30. D　31. A　32. A　33. C
34. C　35. A　36. A　37. D　38. A　39. A　40. C　41. C　42. C　43. D　44. C
45. A

三、判断题（中级工）

1. ×　2. ×　3. ×　4. √　5. √　6. √　7. ×　8. √　9. √　10. √　11. √
12. ×　13. ×　14. ×　15. √　16. √　17. ×　18. √　19. √　20. ×　21. ×　22. √
23. ×　24. ×　25. √　26. √

四、判断题（高级工）

1. √　2. √　3. ×　4. √　5. √　6. ×　7. √　8. ×　9. ×　10. √　11. ×
12. ×　13. √　14. √　15. √　16. ×　17. √　18. √　19. ×　20. ×　21. ×　22. ×
23. √　24. √　25. √　26. √　27. √　28. √　29. ×　30. ×　31. ×　32. ×

五、多项选择题（高级工、技师）

1. ABC　2. ABD　3. AC　4. BCD　5. ABC　6. ACD　7. BD
8. ABD　9. AB　10. ABC　11. ABCD　12. ABC

六、综合题（技师）

1. 答：汽化指物质经过吸热从液态变为气态的过程。而蒸发是指汽化只是从液体表面产生的过程。蒸发是汽化的一种。

2. 答：生产中要求二段蒸发的尿素浓度达到99.7%，此时，需控制温度为140℃左右，绝压为0.0034MPa，这样低的蒸气压，其冷凝温度大约为26℃，如仍使用32℃的循环水冷却时，蒸发的二次蒸汽就不能冷凝，如欲使循环水再进一步冷却，往往在经济上耗费过大，工业上很少采用。如采用升压器，把蒸发二次蒸汽抽出并提高了压力，这样冷凝温度便可升高，通常经升压器后压力选择为0.012MPa，这时冷却温度为49℃，用32℃的循环水冷却，有足够的传热温差，可将蒸发二次蒸汽冷凝下来，所以二段蒸发要使用升压器。

3. 答：膜式蒸发器工作时，加热蒸汽在管外，料液由蒸发器底部进入加热管，受热沸腾后迅速汽化，在加热管中央出现蒸汽柱，蒸汽密度急剧变小，蒸汽在管内高速上升，并继续蒸发，气液在顶部分离器内分离，完成液由分离器底部排出，二次蒸汽由分离器顶部逸出，这就是膜式蒸发器的工作原理。正因为膜式蒸发器管内中心为高速流动的气流，而液膜极薄，流速极高，这样就使加热器有极高的传热系数，以致在极短时间里就把尿液增浓到指标，这对减少缩二脲生成是非常有利的。同时，也保证了尿液迅速穿过结晶温度点，而不致引起管中结晶堵塞。

4. 答：在蒸发工艺流程中，蒸汽被利用了三次，且碱液在各效的流向和蒸汽的流向相同，这样的蒸发流程称为三效顺流蒸发工艺流程。

5. 答：蒸发真空系统中，不凝性气体通常来自下述三方面：①二次蒸汽夹带的不凝气；②冷却水进入真空系统后释放出其溶液的不凝气；③设备管道连接部位漏入的不凝气，且此量最为可观。

6. 答：因为蒸发罐液面控制过低，会造成加热室结垢严重，出料量少，液面控制过高，降低蒸发传热效率，碱损失增大，所以蒸发工艺中要严格控制蒸发罐液面。

7. 答：蒸发生产中，要降低蒸汽消耗必须做到：①提高进蒸发器原料液浓度；②适当提高进入蒸发器的生蒸汽压力；③提高真空罐真空浓度；④定时排放不凝性气体；⑤提高完成液完成率；⑥充分利用冷凝水余热，提高进料原料液温度；⑦合理使用阻气排水器和疏水阀；⑧加强设备保温，减少热损；⑨减少清洗蒸发罐水量，延长洗罐周期；⑩减少蒸发系统结晶盐的周转率；⑪加强工艺控制，稳定蒸发罐液面。

8. 答：一效二次蒸汽压力下降的可能原因有：①生蒸汽压力偏低；②一效加热室严重结垢；③一效的冷凝水排放不畅；④加热室内不凝性气体太多；⑤二效加热室泄漏。

对应的处理方法有：①提高生蒸汽压力；②洗效；③疏通冷凝水排放管道；④排放加热室内不凝性气体；⑤停车检修泄漏。

9. 答：① 选择适当的多效蒸发工艺，能使用同样多的加热蒸汽蒸发出更多的水分，降低单位蒸汽消耗量，提高蒸发生产能力和强度。

② 在多效蒸发操作中，可将额外的一部分二次蒸汽引出作为其他加热设备的热源，提高蒸汽的利用率。

③ 利用好从每一个蒸发器的加热室排出的冷凝水热能，可将其用来预热原料液或加热其他物料；也可以通过减压闪蒸的方法，产生部分蒸汽再利用其潜热；或根据生产需要，将其作为其他工艺用水。

④ 采用热泵蒸发，将蒸发器的二次蒸汽通过压缩机压缩，提高其压力并使其饱和温度超过溶液的沸点，再送回蒸发器加热室作为加热蒸汽。

⑤ 采用多级多效闪蒸方法，可充分利用低压蒸汽作为热源。

⑥ 采用选择性高、节能的渗透蒸发膜分离技术。

10. 答：① 外供蒸汽压力要稳定，蒸汽压力过低，产量低，压力过高，会加速加热室结晶；

② 真空度要高，做到大于0.080MPa，真空度越高，产量越高，蒸汽消耗越低；

③ 液面控制要适当，液面过低影响气液分离，会加速加热室结晶，影响其产量及消耗；

④ 分好结晶，结晶分离得不好，会加速加热室结晶，增加汽耗，减少产量，同时分离不好，清液过多，会加大离心机负荷，增加汽耗和结晶损失；

⑤ 应勤过料，减少管道堵塞，增加产量，降低汽耗；

⑥ 排放好不凝气，排放得不好会影响和传热系数 K，减少产量，增加汽耗。

11. 答：由于锅炉给水的除氧不彻底，以及停车积集空气等原因，在加热室不可避免地会夹带少量不凝气，这些不凝气若不能及时排除就会在加热室中逐步积累，在加热管周围形成一层气膜，而空气的对流传热膜系数远远小于水蒸气对流传热膜系数，热阻远远大于水蒸气，不凝气的存在会大大增加传热阻力，从而降低蒸发器生产能力。经测定加热蒸汽中含1%的不凝气，装置生产能力将下降15%，加热蒸汽中含4%的不凝气，装置的生产能力将下降38%。为解决这一问题，应做到：在蒸发器加热室中设置合理的不凝气排放口，最好在其上下部均设置排放口；在操作中，定期排放不凝气，一般4h/次。

12. 答：蒸发器内有杂声的可能原因有：①加热室内有空气；②加热管漏；③冷凝水排出不畅；④部分加热管堵塞；⑤蒸发器部分元件脱落。

相应的解决方法有：①开放空阀排除；②停车修理；③检查冷凝水管路；④清洗蒸发器；⑤停车修理。

13. 答：末效真空度偏低的原因有：①真空系统泄漏；②上水量小或温度高；③喷射泵喷嘴堵塞；④下水量结垢；⑤加热室漏。

判断方法：①观察下水是否翻大泡，确认后查管路系统；②观察上水压力、水温情况；③水压足的情况下，观察冷凝器的下水；④有无返水现象；⑤停车试静压。

14. 答：①在真空下，液体沸点降低，可使加热蒸汽与物料沸腾间温差增大，这样当热负荷一定时可以减少换热面积；②在真空下可以在较低温度下蒸发，可以避免热敏性较强物质的副反应，可蒸发不耐高温的溶液；③真空蒸发中损失于外界的热量较少；④可以利用低压蒸汽或废汽作为加热剂。

15. 答：蒸发操作中的温度差损失，是指根据冷凝器附近管道测出的二次蒸气压力所查出的二次蒸气温度 T' 比溶液的实际沸点 $T_{沸}$ 要小，即两者之间存在一个温度差 Δ，称为温度差损失$=T_{沸}-T'$。

    引起温度差损失的原因主要有三个：①由于溶质的存在使溶液沸点升高 Δ'；②由于液柱静压力存在使溶液沸点升高 Δ''；③由于管道阻力产生的压力降引起温度差损失 Δ'''。

$$\Delta=\Delta'+\Delta''+\Delta'''$$

16. 答：所谓单位蒸汽消耗量，表示每蒸发 1kg 水所需消耗的加热蒸汽量，用 e 表示，$e=D/W$。单位蒸汽消耗量的大小即加热蒸汽的经济性除了跟原料液的温度有关外，主要取决于蒸发的效数及蒸汽的综合利用情况。

17. 答：所谓多效蒸发，是指将前一效蒸发器汽化出的二次蒸汽引入下一效作为加热蒸汽，多个蒸发器串联操作的流程。多效蒸发的常用流程有以下三种：

    ① 并流加料流程，即溶液与加热蒸汽的流动方向相同，都是顺序从第一效流至末效。其优点是溶液从压力和沸点较高的前效可自动流入压力和沸点较低的后效，且会在后效产生自蒸发，可以多汽化部分水分。此外，操作也简便，容易控制。但随溶液从前效流至后效，温度降低，浓度增大，使溶液的黏度增加，蒸发器的传热系数下降，故不适于黏度随浓度增加而变化很大的物料。

    ② 逆流加料流程，即溶液的流动方向与加热蒸汽的流动方向相反，蒸汽仍然顺序从第一效流至末效，而溶液从末效加入。其优点是溶液浓度随流动方向增大的同时，其温度也随之升高，使得溶液的黏度基本保持不变，从而各效的传热系数也大致相同。其缺点是溶液在效间的流动需要用泵来输送，产生的二次蒸汽量也较少，适合于处理黏度随浓度和温度增加而变化较大的物料。

    ③ 平流加料流程，各效都加入原料液放出浓缩液，蒸汽仍然顺序从第一效流至末效。其特点是溶液不需要在效间流动，适合于处理在蒸发过程中容易析出结晶的物料。

18. 答：采用多效蒸发可以用 1kg 加热蒸汽蒸发出 1kg 以上的水，比起单效蒸发能节约大量的能源，即大大提高了加热蒸汽的经济性，故一般的蒸发操作常采用多效蒸发流程。但效数达到一定数量再增加时，由于所节省的加热蒸汽操作费用已不抵增加的设备费用，即得不偿失，也就是说，多效蒸发的效数是受到限制的。原则上，多效蒸发的效数应根据设备费用和操作费用两者之和为最小来确定。

19. 答：蒸发器的生产强度是指单位时间内单位传热面积上所能蒸发的水分量，单位为 $kg/(m^2 \cdot h)$。

20. 答：在蒸发装置中，辅助设备主要有除沫器、冷凝器和真空装置等。

    除沫器用于在分离室中除去二次蒸汽夹带出的液沫或液滴，防止液体产品的损失或冷凝液被污染；冷凝器的作用是二次蒸汽冷凝成水后排除；真空装置则是在减压操作时，将冷凝液中的不凝性气体抽出，从而维持蒸发操作所需要的真空度。

21. 答：如果发现温度较低，可能原因有：①加热蒸汽压力低；②蒸发器的负荷较大，加热面不足；③入蒸发器的溶液浓度较低；④真空度低；⑤惰性气体放空阀门未开启或开启度过小。

    相应的处理措施有：①提高加热蒸汽压力；②减少蒸发器的负荷，增开备用蒸发器或适当调整各蒸发器负荷；③临时减少蒸发器负荷，适当提高加热蒸汽压力和真空度，联系调度室尽快提高硝酸浓度，使中和液浓度达到正常工艺指标；④分析查找原因，提高真空度；⑤放空阀门开大或全开，使加热室内惰性气体及时排出。

如发现蒸发器负荷量、加热蒸汽压力及真空度正常，但溶液出口温度略偏高，则可能是因蒸发器列管漏，加热蒸汽及冷凝液进入溶液系统，此时需要停车检查，修理。

第十三部分　萃取基础知识

一、单项选择题（中级工）

1. D　2. A　3. A　4. A　5. A　6. C　7. B　8. B　9. A　10. C　11. D
12. A　13. D　14. D　15. D　16. C　17. B　18. B　19. C　20. C　21. C　22. B
23. C　24. A　25. C　26. A　27. B　28. D　29. C　30. D　31. C　32. A　33. B

二、单项选择题（高级工）

1. D　2. C　3. A　4. B　5. B　6. A　7. D　8. B　9. A　10. C　11. A
12. C　13. B　14. B　15. C

三、判断题（中级工）

1. ×　2. √　3. √　4. ×　5. ×　6. ×　7. √　8. √　9. ×　10. √　11. √
12. ×　13. √　14. √　15. ×　16. ×　17. ×　18. √　19. ×　20. √　21. ×　22. √
23. √　24. ×

四、判断题（高级工）

1. ×　2. ×　3. √　4. ×　5. √　6. √　7. ×　8. √　9. ×　10. ×　11. √
12. √

第十四部分　催化剂基础知识

一、单项选择题（中级工）

1. B　2. D　3. A　4. D　5. A　6. B　7. B　8. B　9. C　10. C　11. C
12. B　13. A　14. A　15. D　16. B　17. A　18. D　19. A

二、单项选择题（高级工）

1. A　2. D　3. D　4. D　5. C　6. C　7. D　8. B　9. B　10. A　11. C
12. C　13. A　14. B　15. C　16. A　17. A　18. C　19. B　20. A　21. A　22. C
23. A　24. C　25. B　26. C　27. A　28. B　29. A　30. C　31. B　32. C　33. B
34. D　35. C　36. B　37. A

三、判断题（中级工）

1. ×　2. √　3. √　4. √　5. ×　6. √　7. ×　8. √　9. √　10. √　11. √
12. ×　13. √　14. √　15. √　16. √　17. √　18. ×　19. ×　20. √　21. ×　22. ×
23. ×　24. √

四、判断题（高级工）

1. √　2. ×　3. ×　4. ×　5. √　6. √　7. ×　8. √　9. ×　10. ×　11. √
12. ×　13. ×　14. ×　15. √　16. ×　17. ×　18. √　19. √　20. √　21. √　22. √
23. √　24. √　25. √　26. √　27. √　28. √　29. √　30. √　31. ×　32. √　33. √
34. ×　35. √　36. √　37. ×　38. √　39. ×　40. ×　41. √　42. √　43. ×　44. √

45. × 46. √ 47. × 48. √ 49. √

五、综合题（技师）

1. 答：催化剂能加快化学反应速率，但它本身并不因化学反应的结果而消耗，它也不会改变反应的最终热力学平衡位置。
2. 答：①催化剂只加速热力学可行的反应；②催化剂不影响平衡常数；③$k_{正}$ 与 $k_{逆}$ 有相同倍数增加；④改变反应历程；⑤降低了反应活化能。
3. 答：催化剂成分主要由活性组分、载体和助催化剂三部分构成，它们所起作用分别描述如下。
   ① 活性组分：对催化剂的活性起着主要作用，没有它，催化反应几乎不发生。
   ② 载体：载体有多种功能，如高表面积、多孔性、稳定性、双功能活性和活性组分的调变以及改进催化剂的机械强度等。最重要的功能是分散活性组分，作为活性组分的基底，使活性组分保持高的表面积。
   ③ 助催化剂：本身对某一反应没有活性或活性很小，但加入它后（加入量一般小于催化剂总量的 10 %），能使催化剂具有所期望的活性、选择性或稳定性。加入助催化剂或者是为了帮助载体，或者为了帮助活性组分。
   帮助载体：帮助控制载体的稳定性、抑制不希望有的活性、获得双功能的活性等；
   帮助活性组分：对活性组分的助催化剂可能是结构的或电子的。
4. 答：它们分别是活性、选择性和寿命。考虑的顺序：第一位是选择性，第二位是寿命，最后才是活性。
5. 答：成熟期、稳定期和衰老期。
6. 答：① 均相催化：所有反应物和催化剂分子分散在一个相中，如均相酸碱催化、均相络合催化。
   ② 多相催化：催化剂与反应物处于不同的相，催化剂和反应物有相界面将其隔开，如气-液、液-液、液-固、气-固、气-液-固。
   ③ 酶催化：兼有均相催化和多相催化的一些特性。酶是胶体大小的蛋白质分子，它小到足以与所有反应物一起分散在一个相中，但又大到足以论及它表面上的许多活性部位。
7. 答：氧化还原、酸碱催化和配位催化。
8. 答：①外扩散；②内扩散；③吸附；④表面化学反应；⑤脱附；⑥内扩散；⑦外扩散。其中，反应物分子在催化剂表面的化学吸附、表面化学反应以及产物的脱附属于化学过程。
9. 答：作用力不同。
   物理吸附：反应分子靠范德华引力吸附在催化剂表面上，类似于蒸气的凝聚和气体的液化。
   化学吸附：类似于化学反应，在反应物分子与催化剂表面原子间形成吸附化学键。
10. 答：① 可按催化剂物化性能的要求，选择合适孔结构和表面积的载体，增强催化剂的力学性能和耐热、传热性能；
    ② 对于贵金属催化剂，由于将金属均匀分散在大表面积上，可节省催化剂贵金属用量，从而降低催化剂的成本；
    ③ 易采用多组分同时负载，或利用载体的某种功能（例如酸中心，或配位结构的导向，或电子迁移）制备多功能催化剂；
    ④ 可以利用载体表面功能团或交联剂，进行均相催化剂的多相化；
    ⑤ 省去催化剂成型工段，制备方法比较简便。
11. 答：用于加氢反应。
    制备：① Ni-Al 合金的炼制。按照给定的 Ni-Al 合金配比，将金属 Al 加进电熔炉，升温至

1000℃左右，然后投入小片金属 Ni 混熔，充分搅拌；将熔浆倾入浅盘冷却固化，并粉碎为一定网目的粉末。

② Ni-Al 合金的滤沥。称取一定质量的苛性钠，配制 NaOH 水溶液，根据不同的滤沥温度，可得具不同活性、不同型号的 Raney Ni 催化剂。

保存：Raney Ni 催化剂有大的表面，并吸附有大量的被活化的 H，暴露在空气中容易引起自燃，因此滤沥用水洗到中性后，用醇顶替水，将其保存在醇中。

12. 答：① 应选在晴天进行，以免催化剂受潮淋湿。

② 催化剂自由降落高度要小于 0.5m，以防催化剂“架桥”及造成破损。

③ 在装填床层时一定要分布均匀，不能集中或某一固定部位倒入，以免引起偏流。

④ 注意装填速度。典型的装填速度约为 2～2.5m^3/20～25min，装填速度太快会造成催化剂装填密度过小，同时会产生大量静电。

⑤ 注意装填人员安全。

13. 答：①防止已还原或已硫化好的催化剂与空气接触；②避免催化毒物大量与催化剂接触；③防止催化剂床层超温；④保持适宜的操作条件，其中氢油比是一个关键因素；⑤保持缓慢的升温升压速度，催化剂床层温度猛升猛降，会导致催化剂粉碎。

14. 答：在催化剂装填过程中，其暴露于大气中容易受潮，新装催化剂温度<150℃时属于脱水阶段，如此阶段升温速度过快，脱水过快，很可能使催化剂破碎，造成床层压降过大，缩短开工周期。

15. 答：催化剂在反应和再生过程中，由于高温和水蒸气的反复作用，活性下降的现象称催化剂老化。

16. 答：具有高度活性的催化剂经过短时间工作后就丧失了催化剂能力，这种现象往往是由于在反应原料中存在着微量能使催化剂失掉活性的物质所引起的，这种物质称为催化毒物，这种现象叫做催化剂的中毒。

17. 答：原料中重金属主要以铁、镍、钒、钠最为普遍，影响最大。原料中的金属化合物在反应中分解，金属沉积在催化剂上，再生后变成氧化物，当金属氧化物含量高时，影响催化剂活性和选择性。

18. 答：降低二硫化碳注入量，直至床层温度降至正常。

19. 答：加氢精制反应器的两个催化剂床层由四根卸料管连通，卸料管的直径只有 400mm，如结焦堵死会造成一床层的催化剂无法卸出，因此，加氢精制反应器开始卸催化剂时应注意观察一床层的料面是否有下降，如不下降则说明卸料管堵死，应停止卸料，把一床层催化剂从反应器口撇出后再卸二床层的催化剂。

20. 答：使用过的催化剂因含有硫化铁等金属硫化物，这些硫化物与空气接触极易被氧化而生成金属氧化物，同时放出大量热量，生成的氧化硫也污染环境，因此，使用过的催化剂卸出后应隔绝空气密封保存。

21. 答：主风在高温下将待生剂表面炭烧去，以恢复催化剂本身活性、选择性等特性的过程称为催化剂再生。

22. 答：催化裂化催化剂性能评定主要包括催化剂的活性、比表面积、选择性、稳定性、抗重金属能力、粒度分布和抗磨损性能这七个方面。

23. 答：由于在油品反应过程中催化剂表面被生成的焦炭所覆盖，从而失去催化作用，然后通过再生反应将其表面焦炭烧掉，重新恢复活性，即催化作用，这种现象称为催化剂暂时失活。

第十五部分　化工识图知识

一、单项选择题（中级工）

1. C　2. C　3. A　4. C　5. A　6. C　7. A　8. A　9. D　10. B　11. B
12. C　13. D　14. A　15. D　16. C　17. B　18. A　19. C　20. D　21. A　22. D
23. A　24. B　25. B　26. B　27. A　28. C　29. B　30. B

二、单项选择题（高级工）

1. D　2. C　3. A　4. C　5. D　6. D　7. A　8. A　9. C　10. B　11. D
12. B　13. A　14. D　15. A　16. D　17. C　18. A　19. A　20. A　21. A　22. B

三、判断题（中级工）

1. ×　2. ×　3. ×　4. √　5. √　6. √　7. √　8. √　9. √　10. ×　11. √
12. ×　13. ×　14. ×　15. √　16. √　17. √　18. ×　19. √　20. ×

四、判断题（高级工）

1. √　2. ×　3. ×　4. √　5. ×　6. ×　7. √　8. √　9. √

五、多项选择题（高级工、技师）

1. CD　2. AC　3. BC　4. ABD　5. ABCD

第十六部分　分析检验知识

一、单项选择题（中级工）

1. B　2. C　3. C　4. C　5. B　6. C　7. B　8. D　9. B　10. A　11. B
12. C　13. C　14. A　15. D　16. D　17. D　18. B　19. D　20. B　21. C　22. C
23. C　24. D　25. A　26. B　27. A　28. C　29. B　30. B　31. A　32. D　33. C
34. C　35. D　36. A　37. C　38. B　39. A　40. B　41. B　42. C　43. B　44. D
45. D　46. B　47. C　48. C　49. B　50. A　51. C　52. B　53. D　54. C　55. C
56. C　57. C　58. B　59. B　60. A　61. D　62. C　63. C　64. A　65. C　66. D
67. B　68. D　69. A　70. B　71. C　72. D　73. A　74. D　75. D　76. C

二、单项选择题（高级工）

1. A　2. A　3. B　4. C　5. A　6. A　7. B　8. B　9. C　10. D　11. A
12. D　13. A　14. C　15. C　16. C　17. C　18. A　19. C　20. A　21. B　22. D
23. B　24. A　25. A　26. B　27. D　28. C　29. A　30. D　31. D　32. A　33. B
34. B　35. A　36. D　37. B　38. B　39. B　40. A　41. C　42. D　43. A　44. D
45. B

三、判断题（中级工）

1. √　2. √　3. √　4. √　5. √　6. √　7. √　8. √　9. ×　10. √　11. ×
12. ×　13. √　14. √　15. ×　16. √　17. √　18. √　19. √　20. √　21. √　22. √
23. √　24. ×　25. ×　26. √　27. ×　28. ×　29. √　30. √　31. √　32. √　33. ×
34. √　35. √　36. √　37. ×　38. √　39. ×　40. ×　41. √　42. ×　43. √　44. √

四、判断题（高级工）

1. ×　2. √　3. ×　4. ×　5. ×　6. √　7. ×　8. ×　9. ×　10. ×　11. ×

12. √ 13. √ 14. × 15. √ 16. × 17. √ 18. × 19. √ 20. × 21. × 22. ×
23. × 24. √ 25. √ 26. × 27. × 28. √ 29. × 30. √

第十七部分　化工机械与设备知识

一、单项选择题（中级工）

1. C 2. C 3. C 4. D 5. B 6. C 7. B 8. B 9. A 10. B 11. B
12. A 13. B 14. D 15. B 16. C 17. B 18. B 19. B 20. A 21. B 22. B
23. D 24. C 25. C 26. D 27. C 28. B 29. D 30. C 31. C 32. B 33. B
34. B 35. A 36. B 37. D 38. D 39. A 40. C 41. C 42. B 43. D 44. C
45. C 46. B 47. B 48. C 49. A 50. A 51. B 52. A 53. A 54. B 55. C
56. B 57. D 58. C 59. B 60. A 61. D 62. C 63. D 64. C 65. C 66. A
67. A 68. D 69. B 70. B 71. C 72. C 73. A 74. C 75. B

二、单项选择题（高级工）

1. C 2. A 3. A 4. C 5. B 6. D 7. B 8. A 9. A

三、判断题（中级工）

1. √ 2. √ 3. × 4. × 5. √ 6. √ 7. √ 8. × 9. × 10. × 11. ×
12. √ 13. × 14. √ 15. √ 16. × 17. × 18. √ 19. √ 20. √ 21. × 22. ×
23. √ 24. × 25. × 26. √ 27. √ 28. √ 29. × 30. √ 31. √ 32. × 33. ×
34. √ 35. √ 36. × 37. × 38. × 39. √ 40. √ 41. × 42. × 43. × 44. √
45. √ 46. √ 47. × 48. √ 49. √ 50. √ 51. × 52. × 53. × 54. √ 55. ×
56. √ 57. × 58. √ 59. √ 60. × 61. × 62. × 63. × 64. √ 65. √ 66. √
67. × 68. √ 69. × 70. × 71. × 72. √ 73. √

四、判断题（高级工）

1. √ 2. × 3. × 4. × 5. √ 6. √ 7. × 8. √ 9. √ 10. × 11. ×
12. √ 13. × 14. ×

五、多项选择题（高级工、技师）

1. ABC 2. ACD 3. ABC 4. ABC 5. ABCD 6. BCD 7. ABC
8. ABCD 9. ACD 10. AC 11. BC 12. ABC 13. ACD 14. ACD
15. ABC 16. ABD 17. AB 18. AC 19. ABCD 20. ABCD 21. ABC
22. ABCD 23. ABCD 24. ABC 25. ABCD 26. ABD 27. CD 28. AB
29. BC 30. ABCD 31. ABCD 32. ABD

六、综合题（技师）

1. 答：对于用钢板卷制的圆筒，其公称直径就是其内径。对于用无缝钢管制作的圆筒，其公称直径指钢管的外径。管法兰的公称直径（为了与各类管件的叫法一致，也称为公称通径）是指与其相连接的管子的名义直径，也就是管件的公称通径，它既不是管子的内径，也不是管子的外径，而是接近内外径的某个整数。

2. 答：螺旋板式换热器是用两张平行的薄钢板卷成螺旋形而成的，两边用盖板焊死，形成两条互不相通的螺旋形通道。冷热两流体以螺旋板为传热面进行逆流方式换热。

3. 答：压缩机在运行过程中，当流量不断减少至最低流量时，就会在压缩机流道中出现严重的旋转脱离，使出口压力突然下降，当压缩机出口压力下降时，出口管网中的压力并不降，所以管网中的气体就会倒窜入压缩机。当管网中的压力下降，低于压缩机出口压力时，倒流停止，压缩机又开始向管网送气，恢复正常工作，但是当管网压力又恢复到原来压力时，压缩机流量又减少，系统中气体又产生倒流，如此周而复始，整个系统便产生了周期性的气流振动现象，称为喘振。

4. 答：压力容器有下列安全附件：安全阀、爆破片、压力表、液位计、温度计等，安全阀起跳后，必须重新进行定压（在线或离线），如需手动关闭，必须办理审批手续，采取防范措施才能进行。

5. 答：在中、低压化工设备和管道中，常用的密封面形式有三种：①平面型密封面；②凹凸型密封面；③槽型密封面。

6. 答：①有方向要求的气动阀应注意阀门的安装方向，不可装反；②执行机构应尽量向上垂直安装；③两端有直管要求的气动调节阀要保证直管的长度；④气动调节阀应设有旁路。

7. 答：①在管路系统中，若无严格的过滤装置时，必须在流量计前安装过滤器；②若被测液体混有会影响测量准确度的气体时，应在流量计前安装消气器，以排除管道内的气体；③消气器、过滤器、流量计外壳上的箭头指向应与管道内流体的流向保持一致；④为了便于流量计的检修、拆洗及保证修理时管道中流体不中断，安装流量计时可加装旁路管道；⑤速度式流量计及差压式流量计的上、下游应有足够长度的直管段，直管段的内径应与流量计的内径相符，当条件不允许时，可安装整流器来弥补。

8. 答：①打开旁路管和阀门，将管路内杂质冲洗干净；②打开流量计上游阀门，再打开流量计下游阀门，逐步关闭旁路阀门，检查流量计运转情况是否正常；③调节流量计下游阀门，使其达到预期的流量值。

9. 答：在正常操作条件下，根据出现的异常情况进行对比分析，就可以判断气阀是否串气。

① 从排气压力判断：如排气压力低于工作压力的正常值，就是排气阀串气，排气压力越低，排气阀串气越严重。同样，除末级以外，排气压力异常升高，则是下一级吸气阀串气，对一级来说，一级吸气压力则会升高。

② 从排气温度判断：由于气阀串气，汽缸内部分气体反复被压缩、膨胀，造成排气温度升高，串气越严重，排气温度越高。

③ 从单个气阀的温升判断：用红外线测温仪对同一级的同组气阀（吸气或排气）阀盖测温比对，温度异常高的气阀，可以判断串气，比对温差越大，串气就越严重。

④ 从排气流量来判断：由于气阀串气，压缩机工作效率降低，排气流量必将受到影响，排气流量存在不同程度的下降。

10. 答：法兰连接是由一对法兰、数个螺栓和一个垫片所组成的。法兰在螺栓预紧力的作用下，把处于法兰压紧面之间的垫圈压紧，当垫圈单位面积上所受到的压紧力达到某一值时，借助于垫圈的变形，把法兰密封表面上的凹凸不平处填满，这样就阻止了介质泄漏。

11. 答：容器开孔后，减少了容器壁的受力截面积且造成结构不连续而引起应力集中，开孔边缘处的应力比容器壁上的平均应力大几倍，这对容器安全运行不利，所以开孔后容器需进行补强。

整体补强和局部补强两种。

12. 答：①维持正常的反应温度；②防止物料的汽化；③防止物料的冻结、析出和变黏稠；④防止热量和冷量的损失；⑤防止烧伤、冻伤和预防火灾；⑥改善操作环境。

13. 答：设备检查是指对设备的运行状况、工作性能、磨损腐蚀程度等方面进行检查和校验。设备检查能够及时查明和清除设备隐患，针对发现的问题提出解决的措施，有目的地做好维修前的准备工作，以缩短维修时间，提高维修质量。

14. 答：①设备运行情况；②检修组织机构；③检修工期；④检修内容；⑤检修进度图；⑥检修的技术要求；⑦检修任务落实情况；⑧安全防范措施；⑨检修备品、备件；⑩检修验收内容和标准。

15. 答：①能完成开车流程的确认工作；②能完成开车化工原材料的准备工作；③能按进度组织完成开车盲板的拆装操作；④能组织做好装置开车介质的引入工作；⑤能组织完成装置自修项目的验收；⑥能按开车网络图计划要求，组织完成装置吹扫、试漏工作；⑦能参与装置开车条件的确认工作。

16. 答：①开工组织机构；②开工的条件确认；③开工前的准备条件；④开工的步骤及应注意的问题；⑤开工过程中事故预防和处理；⑥开工过程中安全分析及防范措施；⑦附录，重要的参数和控制点、网络图。

17. 答：①设备运行情况；②停工组织机构；③停工的条件确认；④停工前的准备条件；⑤停工的步骤及应注意的问题；⑥停工后的隔绝措施；⑦停工过程中事故预防和处理；⑧停工过程中安全分析及防范措施；⑨附录，重要的参数和控制点。

18. 答：塔检修的内容包括：清扫塔内壁和塔盘等内件；检查修理塔体和内衬的腐蚀、变形和各部焊缝；检查修理或更换塔盘板和鼓泡元件；检查修理或更换塔内构件；检查修理破沫网、集油箱、喷淋装置和除沫器等部件；检查校验安全附件；检查修理塔基础裂纹、破损、倾斜和下沉；检查修理塔体油漆和保温。

19. 答：①检修现场清扫干净；②水、电、风投用正常；③油系统、油箱清扫干净，油系统油运合格；④压缩机与驱动机同心度找正符合标准；⑤转子与隔板同心度符合标准；⑥轴承间隙和紧力符合标准；⑦电器、仪表联锁调试合格；⑧电机电阻测试合格/透平调速系统调试合格；⑨驱动机单机试运 8h 合格；⑩压缩机试运 48h 合格；⑪机械密封/浮环密封装配合格，工作正常；⑫建立检修技术资料档案并归档。

20. 答：塔检修的验收标准如下：试运行一周，各项指标达到技术要求或能满足生产需要。设备达到完好标准。提交下列技术资料：①设计变更及材料代用通知单、材质、零部件合格证；②隐蔽工程记录和封闭记录；③检修记录；④焊缝质量检验（包括外观、无损探伤等）报告；⑤试验记录。

21. 答：热交换器腐蚀调查的常用方法有：目视检查（内窥镜）；锤击检查；测厚；局部凹坑测量深度；内外径测量；MT、PT、UT、RT 检查；管内充水探头；有损检查（取样）；金相检查、气密性或水压试验。

22. 答：腐蚀疲劳是应力腐蚀开裂的特殊形式之一，在腐蚀介质和周期性交变应力的相互作用下导致金属材料的疲劳极限大大降低，因而过早地破裂。

23. 答：① 塔身要求垂直：倾斜度不得超过千分之一；

② 塔板要求水平：水平度不能超过±2mm；

③ 溢流口与下层塔板的距离应根据生产能力和下层塔板溢流堰的高度而定，但必须满足溢流堰板插入下层受液盘的液体之中，以保持上层液相下流时有足够的通道封住下层上升的蒸汽必需的液封，避免气相走短路。

24. 答：汽轮机是用蒸汽来做功的一种旋转式热力原动机。蒸汽通过气阀进入汽轮机，依次高速流过一系列环形配置的喷嘴和动叶片而膨胀做功，推动汽轮机转子旋转，将蒸汽的动能转换成机械能。优点是功率大，效率高，结构简单，易损件少，运行安全可靠，调速方便，振动小，防爆。

25. 答：①启动润滑油系统；②启动密封油系统；③启动复水冷凝系统；④启动透平暖管暖机；

⑤打开伺服电机阀座预热阀；⑥打开进出口阀，关闭排放阀，启动汽轮机；⑦增速过程中应尽快越过第一临界转速。

26. 答：①气相与液相中质量交换的快慢；②塔板上气液两相的混合程度；③蒸汽夹带液体雾滴进入上层塔板的多少。

27. 答：①检修工期短、工程量大、任务集中、加班加点、人员易疲劳；②施工场地小、人员多、各工程交叉作业，极易发生人身事故；③存在易燃易爆物质，检修中有大量的电焊、气割作业，处理不当极易发生火灾、爆炸、中毒或化学灼伤事故。

28. 答：①炉管受热不均，火焰直扑炉管，引起炉管局部过热；②加热炉进炉流量偏流，油品流速小，停留时间长；③检修时，炉管清焦不彻底，原来残留的焦起到了诱导作用。

29. 答：①保持炉膛温度均匀，防止局部过热；②操作中对加热炉的进料、加热炉入口压力、炉膛温度等加强检查，及时调节；③停车检修时，加热炉炉管清焦要彻底。

30. 答：有两种结构形式：①轴向剖分式；②径向剖分式。

31. 答：离心式压缩机的主要部件有：转子、机壳、固定元件、轴承、轴封、叶轮。

32. 答：离心式压缩机常用轴封的形式有：浮环密封、机械密封、迷宫密封、充气密封、干气密封。

33. 答：①控制好“三门一板”的开度；②合理选用过剩空气系数；③减少不完全燃烧的热损失；④严格工艺操作规程。

34. 答：化学腐蚀是指金属与腐蚀性介质发生化学作用而引起的腐蚀破坏，其特点是在腐蚀过程中没有电流发生。电化学腐蚀是指金属与电解质溶液间产生电化学作用而引起的腐蚀破坏，其特点是在腐蚀过程中有电流流动。

35. 答：炉墙、衬里完好；炉膛不漏风；炉壁不超温；燃烧器燃烧良好；保温、油漆完好；检修现场清理符合要求；所属附件灵活可靠；投用正常。

36. 答：①满足工艺过程所需的条件；②能耗省，投资合理；③操作容易，且不易误操作；④安装维护方便，使用寿命长。

37. 答：①换热器在安装或检修以后，必须经过试压，合格后方能够使用；②试压时，设备工艺人员应严格把关，并对试压结果签字确认；③试压出现问题时，应进一步寻找原因，问题解决后重新试压，合格后方可投入使用。

第十八部分　化工电气仪表与自动化知识

一、单项选择题（中级工）

1. A　2. B　3. C　4. B　5. A　6. D　7. A　8. B　9. A　10. C　11. D
12. B　13. D　14. D　15. C　16. C　17. A　18. A　19. B　20. A　21. C　22. D
23. A　24. A　25. C　26. C　27. C　28. B　29. B　30. A　31. D　32. C　33. B
34. A　35. D　36. B　37. C　38. A　39. C　40. C　41. C　42. D　43. B　44. A
45. B　46. D　47. B　48. B　49. A　50. B　51. C　52. C　53. D　54. C　55. C
56. D　57. B　58. C　59. A　60. A　61. B　62. D　63. B　64. C　65. B　66. B
67. B　68. B　69. B　70. B　71. C　72. C　73. D　74. C　75. B　76. D　77. B
78. C　79. B　80. A　81. C　82. B　83. D　84. B　85. A　86. B　87. C　88. C
89. B　90. A　91. A　92. D　93. B　94. D　95. B　96. B　97. B　98. B　99. B
100. A　101. C　102. D　103. C　104. B　105. B　106. A　107. B　108. B　109. A　110. B
111. B　112. A　113. B　114. A

二、单项选择题（高级工）

1. B　2. A　3. B　4. B　5. B　6. D　7. C　8. C　9. B　10. B　11. B
12. A　13. C　14. A　15. D　16. C　17. B　18. D

三、判断题（中级工）

1. ×　2. √　3. ×　4. √　5. √　6. √　7. √　8. √　9. √　10. ×　11. √
12. √　13. √　14. ×　15. √　16. √　17. √　18. √　19. √　20. √　21. ×　22. √
23. √　24. ×　25. ×　26. √　27. √　28. √　29. ×　30. ×　31. ×　32. √　33. √
34. √　35. ×　36. √　37. ×　38. √　39. ×　40. √　41. √　42. ×　43. √　44. √
45. √　46. √　47. ×　48. √　49. ×　50. √　51. ×　52. √　53. ×　54. ×　55. ×
56. ×　57. ×　58. √　59. ×　60. √　61. √　62. √　63. ×　64. ×　65. √　66. √
67. √　68. ×　69. ×　70. √　71. √　72. ×　73. √　74. ×　75. √　76. ×　77. ×
78. ×　79. ×　80. √　81. √　82. √　83. ×　84. ×　85. ×　86. √　87. ×　88. √
89. √　90. √　91. √　92. ×　93. ×　94. ×　95. ×　96. ×　97. √　98. √　99. ×
100. ×　101. √　102. ×　103. ×　104. √　105. ×　106. ×　107. √　108. ×　109. √　110. ×
111. ×　112. ×　113. ×　114. ×　115. ×　116. √　117. ×　118. √　119. ×　120. ×　121. ×
122. ×　123. √　124. ×　125. √　126. ×　127. ×　128. ×　129. √　130. ×　131. ×

四、判断题（高级工）

1. √　2. √　3. √　4. ×　5. √　6. √　7. ×　8. ×　9. √　10. ×　11. √
12. ×　13. ×　14. ×　15. √　16. ×　17. ×　18. ×　19. √　20. ×　21. ×　22. ×
23. √　24. ×　25. √　26. √　27. √　28. ×　29. √　30. √　31. ×　32. ×　33. ×
34. √　35. ×　36. ×　37. ×　38. ×

五、多项选择题（高级工、技师）

1. ACD　2. BD　3. BD　4. BD　5. CD　6. ABCD　7. ABCD
8. ACD　9. AB　10. ABCD　11. BC　12. ABD　13. ABCD　14. AC
15. ACD　16. BD　17. AC　18. CD　19. ACD　20. ABD　21. ABCD
22. BC　23. ABCD　24. BC　25. AB　26. ABCD　27. ABD　28. ABD
29. ABC　30. BCD

六、综合题（技师）

1. 答：分散控制系统又称总体分散型控制系统，它是以微处理机为核心的分散型直接控制装置。它的控制功能分散（以微处理机为中心构成子系统），管理集中（用计算机管理）。它与集中控制系统比较有以下特点：

① 可靠性高（即危险分散）。以微处理机为核心的微型机比中小型计算机的可靠性高，即使一部分系统故障也不会影响全局，当管理计算机故障时，各子系统仍能进行独立的控制。

② 系统结构合理（即结构分散）。系统的输入、输出数据预先通过子系统处理或选择，数据传输量减小，减轻了微型机的负荷，提高了控制速度。

③ 由于信息量减小，使编程简单，修改、变动都很方便。

④ 由于控制功能分散，子系统可靠性提高，对管理计算机的要求可以降低，对微型机的要求也可以降低。

2. 答：(1) 要正确选择变送器的量程及零点。

(2) 减小测量误差：①减小测量元件与变送器间连线引起的附加误差。对于电阻温度计，采用三线制连接方式，对热电偶要正确选用补偿导线。②减小传输信号线路混入的噪声干扰，强电和弱电信号线分开，动力线与信号线分开，采用屏蔽线，合理接地等。③合理选择测点位置。

(3) 用补偿方法克服测量元件的非线性误差，如热电偶、氧化锆检测元件都存在非线性误差，可用补偿法使其线性化。

(4) 减小测量滞后，可在变送器后串接一只微分器，或采用微分先行的调节器。对气动仪表，若管路较长，可增加一台气动继动器，以提高气动信号的传输功率，减小信号的传输滞后。

(5) 减小信号波动。

3. 答：① 热工仪表及控制装置应结合机组检修，与主设备同时进行定级。

② 热工仪表及控制装置必须消除缺陷，并经验收评定后方可按标准升级。

③ 仪表测量系统各点校验误差不应大于系统综合误差；主蒸汽温度表、压力常用点的校验误差，应小于系统综合误差的1/2。

④ 热工自动调节设备的投入累计时间占主设备运行时间的80%以上方可列入统计设备；热工自动保护设备应能随主设备同时投入运行。

⑤ 热工调节系统的调节质量应符合《试生产期及大修后热工仪表及控制装置考核指标》的要求。

4. 答：气动阀门定位器接受调节器的输出信号，并将信号放大后去控制气动执行器；同时它又接受阀杆位移量的负反馈作用。所以说，定位器和执行器组成了一个闭环回路，使执行器的性能大为改善。其主要作用如下：

① 消除执行器薄膜和弹簧的不稳定性及各可动部分的干摩擦影响，提高了调节阀的精确度和可靠性，实现准确定位。

② 增大执行器的输出功率，减小调节信号的传递滞后，加快阀杆移动速度。

③ 改变调节阀的流量特性。

5. 答：比例调节规律的作用是，偏差一出现就能及时调节，但调节作用同偏差量是成比例的，调节终了会产生静态偏差（简称静差）。

积分调节规律的作用是：只要有偏差，就有调节作用，直到偏差为零，因此它能消除偏差。但积分作用过强，又会使调节作用过强，引起被调参数超调，甚至产生振荡。

微分调节规律的作用是，根据偏差的变化速度进行调节，因此能提前给出较大的调节作用，大大减小了系统的动态偏差量及调节过程时间。但微分作用过强，又会使调节作用过强，引起系统超调和振荡。

这三种调节规律的调整原则是：就每一种调节规律而言，在满足生产要求的情况下，比例作用应强一些，积分作用应强一些，微分作用也应强一些。当同时采用这三种调节规律时，三种调节作用都应适当减弱，且微分时间一般取积分时间的1/4～1/3。

6. 答：由两个调节器串联作用来使被调量恢复到等于给定值的系统，称为串级调节系统。它的特点是：

① 系统中有两个调节器和两个变送器。

② 系统中至少有两个调节回路，一个称为主回路（外回路），一个称为副回路（内回路）。主回路中的调节器为主调节器，副回路中的调节器为副调节器。

③ 主回路一般是定值调节，且主调节器的输出作为副调节器的给定值，因此副回路是随动调节。

7. 答：动态试验一般有调节阀门特性试验、调节对象飞升特性测试及扰动试验。前两项试验在试投前进行；试投时的扰动试验，主要是检验调节品质及进一步修改参数。

扰动试验的项目一般有：①给定值扰动；②内部扰动（调节量扰动）；③外部扰动（负荷扰动）。通过这几种扰动，观察和记录被调量的变化情况，根据超调量、过程时间、衰减率等来修改调节器的整定参数。

8. 答：串级调节与单回路调节相比，多了一个副调节回路。调节系统的主要干扰都包括在副调节回路中，因此，副调节回路能及时发现并消除干扰对主调节参数的影响，提高调节品质。

串级调节中，主、副调节器总的放大系数（主、副调节器放大系数的乘积）可整定得比单回路调节系统大，因此提高了系统的响应速度和抗干扰能力，也就有利于改善调节品质。

串级调节系统中，副回路的调节对象特性变化对整个系统的影响不大，如许多系统利用流量（或差压）围绕调节阀门或挡板组成副回路，可以克服调节机构的滞后和非线性的影响。而当主调节器参数操作条件变化或负荷变化时，主调节器又能自动改变副调节器的给定值，提高了系统的适应能力。

因此，串级调节的品质要比单回路调节好。

9. 答：工业自动化仪表的输入/输出信号多采用直流信号，其优点有：①在仪表的信号传输过程中，直流信号不受交流感应的影响，容易解决仪表抗干扰的问题。②直流信号不受传输线路电感、电容的影响，不存在相位移问题，因而接线简单。③直流信号便于模/数和数/模转换，因而仪表便于同数据处理设备、电子计算机等连接。④直流信号容易获得基准电压，如调节器的给定值等。

10. 答：气动执行机构的特点有：①接受连续的气信号，输出直线位移（加电/气转换装置后，也可以接受连续的电信号），有的配上摇臂后，可输出角位移。②有正、反作用功能。③移动速度大，但负载增加时速度会变慢。④输出力与操作压力有关。⑤可靠性高，但气源中断后阀门不能保持（加保位阀后可以保持）。⑥不便实现分段控制和程序控制。⑦检修维护简单，对环境的适应性好。⑧输出功率较大。⑨具有防爆功能。

11. 答：对气动仪表气源的要求有以下几点：

(1) 气源应能满足气动仪表及执行机构要求的压力，一般气动仪表为0.14MPa，气动活塞式执行机构为0.4～0.5MPa。

(2) 由于气动仪表比较精密，其中喷嘴和节流孔较多，且它们的通径又较小，所以对气源的纯度要求较高，这主要应注意以下几个方面：

① 固态杂质。大气中灰尘或管道中的锈垢，其颗粒直径一般不得大于20μm；对于射流元件，该直径不得大于5μm。

② 油。油来自空气压缩机汽缸的润滑油，所以应该用无油空气压缩机。若使用有油的空气压缩机，其空气中的含油量不得大于15mg/m³。

③ 腐蚀性气体。空气压缩机吸入的空气中不得含有SO_2、H_2S、HCl、NH_4、Cl_2等腐蚀性气体，如不能避开，应先经洗气预处理装置将吸入空气进行预处理。

④ 水分。必须严格限制气源湿度，以防在供气管道及仪表气路内结露或结冰。一般可将气源的压力露点控制在比环境最低温度还低5～10℃的范围内。

(3) 发电厂生产是连续的，所以气源也不能中断。在空气压缩机突然停运后，必须依靠贮气罐提供气源。将设备投资、安装场地以及空气压缩机重新启动的时间等因素综合考虑，一般贮气罐可按供气来设计。

12. 答：数字调节应用了微处理机等先进技术，它具有信息存储、逻辑判断、精确、快速计算等特点。具体讲，有以下几点：

① 从速度和精确度来看，模拟调节达不到的调节质量，数字调节系统比较容易达到。由于数字调节具有分时操作的功能，所以一台数字调节器可以代替多台模拟调节器，如现在生产的多回路数字调节器、多回路工业控制机等。

② 数字调节系统具有记忆和判断功能，在环境和生产过程的参数变化时，能及时作出判断，选

择最合理、最有利的方案和对策，这是模拟调节做不到的。

③ 在某些生产过程中，对象的纯滞后时间很长，采用模拟调节效果不好，而采用数字调节则可以避开纯滞后的影响，取得较好的调节质量。

④ 对某些参数间相互干扰（或称耦合较紧密），被调量不易直接测试，需要用计算才能间接得出指标的对象，只有采用数字调节才能满足生产过程的要求。

13. 答：阀位信号最能反映计算机控制系统的输出及其动作情况，而计算机的输出与阀位有时又不完全相同（在手操位置时），把阀位信号反馈到计算机，形成了一个小的闭环回路，其主要用途有：

作为计算机控制系统的跟踪信号。计算机控制系统与一般的调节系统一样，都有手操作作为后备，由手动操作切向计算机控制时，阀位和计算机输出不一定相同，为了减少切换时的干扰，必须使计算机输出跟踪阀位，所以要有阀位反馈信号。

作为计算机控制系统的保护信号。计算机控制系统的优点之一是逻辑功能强。引入阀位反馈信号，可以根据阀位设置上下限报警，以监视阀位回路或计算机输出，根据阀位，作为程控切换的依据等保护功能。

14. 答：比例积分调节器能消除调节系统的偏差，实现无差调节。但从频率特性分析，它提供给调节系统的相角是滞后角（－90），因此使回路的操作周期（两次调节之间的时间间隔）增长，降低了调节系统的响应速度。

比例微分调节器的作用则相反，从频率特性分析，它提供给调节系统的相角是超前角（90），因此能缩短回路的操作周期，增加调节系统的响应速度。

综合比例积分和比例微分调节的特点，可以构成比例积分微分调节器具（PID）。它是一种比较理想的工业调节器，既能及时地调节，以能实现无偏差，又对滞后及惯性较大的调节对象（如温度）具有较好的调节质量。

15. 答：① 必须有明确的检修项目及质量要求。

② 通电前，必须进行外观和绝缘性能检查，确认合格后方可通电。

③ 通电后，应检查变压器、电机、晶体管、集成电路等是否过热，转动部分是否有杂音。若发现异常现象，应立即切断电源，查明原因。

④ 检修时应熟悉本机电路原理和线路，应尽量利用仪器和图纸资料，按一定程序检查电源、整流滤波回路、晶体管等元件的工作参数及电压波形。未查明原因前，不要乱拆乱卸，更不要轻易烫下元件。要从故障现象中分析可能产生故障的原因，找出故障点。

⑤ 更换晶体管时，应防止电烙铁温度过高而损坏元件，更换场效应管和集成电路元件时，电烙铁应接地，或切断电源后用余热进行焊接。

⑥ 拆卸零件、元器件和导线时，应标上记号。更换元件后，焊点应光滑、整洁，线路应整齐美观，标志正确，并做好相应的记录。

⑦ 应尽量避免仪表的输出回路开路，并避免仪表在有输入信号时停电。

检修后的仪表必须进行校验，并按有关规定验收。

16. 答：整定调节器参数是一项十分细致的工作，既要知道调节器参数对生产过程的影响，又要经常观察生产过程运行情况，做到不影响生产，又要把调节器参数整定好。一般应注意以下几个问题：

① 用各种方法得到的整定参数值都是一个范围，一定要根据生产实际情况进行现场修改。

② 整定调节器参数最好在生产过程工况比较稳定时进行，除了适当地人为给予扰动外，最好通过较长期地观察生产过程自然的扰动来修改调节器参数（最好接一只快速记录表）。

③ 人为施加扰动，一般有内扰、外扰和给定值扰动三种。给定值扰动对生产过程影响较大，一

定要控制其扰动量，内扰和外扰时也要注意扰动量大小。施加一次扰动后，一定要等待一段时间，观察被调参数的变化情况，在未弄清情况时，不要急于加第二次扰动。

④ 对于 PID 调节器，要考虑参数间的相互干扰。按整定方法得到的调节器参数值不是调节器参数的实际刻度值，要用调节器相互干扰系数加以修正后才是实际刻度值。

⑤ 整定参数时，要考虑调节对象和调节机构的非线性因素。若非线性严重，整定参数要设置得保守一些。

⑥ 整定时，要考虑生产过程的运行工况。一般讲，调节器参数的适应范围是经常运行的工况。若运行工况变化很大时，调节器参数就不适应了。这不是调节器参数未整定好，而是参数适应范围有限，要解决这一问题需采用自适应控制。

17. 答：① 测量蒸汽流量时，一般应装冷凝器，以保证导压管中充满凝结水并具有恒定和相等的液柱高度。

② 测量水流量时，一般可不装冷凝器。但当水温超过 150℃ 且差压变送器内敏感元件位移量较大时，为减小差压变化时正、负压管内因水温不同造成的附加误差，仍应装设冷凝器。

③ 测量黏性或具有腐蚀性的介质流量时，应在一次门后加装隔离容器。

④ 测量带隔离容器、介质和煤气系统的流量时，不应装设排污门。

18. 答：气动仪表中的阻容环节，为气阻与气容的组合。气阻相当于电子线路的电阻，在气动管路中作为节流元件，起阻碍气体流动的作用。气容为具有一定容量的气室，相当于电子线路的电容。

气动阻容环节相当于电子线路中的 RC 环节，通常作为仪表的反馈环节，以获得比例、积分、微分等调节规律及其他运算规律。

19. 答：将系统看做纯比例作用下的一个闭合自动调节系统，如果逐步减小调节器的比例带，当出现 4∶1 的衰减过程时，确定 4∶1 衰减比例带和 4∶1 衰减操作周期，然后按照经验公式计算出各个具体参数，这叫衰减曲线整定法。

按纯比例调节作用，先求出衰减比为 1∶1（稳定边界）的比例带和周期，再按经验公式求其他参数称为稳定边界整定法。

20. 答：增大比例带可减少调节过程的振荡，但会增加被调量的动态偏差，减小比例带可减少被调量的动态偏差，但会使调节过程更趋振荡。

21. 答：出现这种情况的主要原因是：调节器的参数设置不当；运行工况变化较大；阀门特性变化以及运行操作人员投自动时处理不当。

调节器的整定参数直接影响调节系统的调节质量，参数设置不当，调节质量会变差，甚至无法满足生产的要求。

调节系统参数一般按正常工况设置，适应范围有限，当工况变化较大时，调节对象特性变化也较大，原有的整定参数就不能适应，调节质量变差，所以运行人员反映自动不好用，这是正常的，要解决这一问题，需要增加调节器的自适应功能。阀门特性变化相当于调节对象特性（包括阀门在内的广义调节对象特性）变化，原有的整定参数也就不能适应，影响了调节质量。

运行人员投自动时，一般不太注意系统的偏差（特别是无偏差表的调节器或操作器），尽管系统设计有跟踪，切换时是无扰的，但如果投入时偏差较大，调节器输出就变化较大（相当于给定值扰动），阀位也变化较大，造成不安全的感觉。有时虽然注意了偏差，觉得偏差较大，又调整给定值去接近测量值，使偏差减小。这实际上又是一个较大的定值扰动，使阀位变化较大，又造成不安全感觉。正确的做法是，投自动时应在偏差较小的情况下进行，投入自动后不要随意改变给定值（给定值是生产工艺确定的），即使要改变，变化量也不要太大。

22. 答：调节系统中变送器量程的选择直接影响系统的控制精确度。例如，对主蒸汽温度调节系统，温度变送器测量范围选择0～500℃（量程500℃）和400～500℃（量程100℃）的效果差别就很大，后者的灵敏度可提高5倍，相应的控制精确度也大大提高。量程的选择，要考虑到测量元件和变送器的滞后，也要考虑调节对象和执行机构的特性以及系统所要求的控制精确度。

23. 答：投入调节系统前必须充分做好准备工作，最好能配备快速记录仪，记录主参数、调节器输出、阀位信号、介质流量及主要扰动参数。

① 将调节器参数设置得比较保守一些，即比例带大一些，积分时间大一些，微分时间小一些。

② 在生产过程参数比较稳定的情况下（若偏离给定值较多，可以进行手动操作），即主参数、阀位、介质流量、干扰等比较稳定的情况下，将手动操作切到自动调节。

③ 投入自动后，要观察调节器输出、阀位、介质流量、主参数的变化情况。一般情况下，由于参数设置保守，不会有大的动作，若投入自动后变化很大，应立即切除并进行检查。

24. 答：阀门定位器一般有以下8个作用：

① 用于对调节质量要求高的重要调节系统，以提高调节阀的定位精确及可靠性。

② 用于阀门两端压差大（$\Delta p>1\text{MPa}$）的场合。通过提高气源压力增大执行机构的输出力，以克服流体对阀芯产生的不平衡力，减小行程误差。

③ 当被调介质为高温、高压、低温、有毒、易燃、易爆时，为了防止对外泄漏，往往将填料压得很紧，因此阀杆与填料间的摩擦力较大，此时用定位器可克服时滞。

④ 被调介质为黏性流体可含有固体悬浮物时，用定位器可以克服介质对阀杆移动的阻力。

⑤ 用大口径（$D_g>100\text{mm}$）的调节阀，以增大执行机构的输出推力。

⑥ 当调节器与执行器距离在60m以上时，用定位器可克服控制信号的传递滞后，改善阀门的动作反应速度。

⑦ 用来改善调节阀的流量特性。

⑧ 一个调节器控制两个执行器实行分程控制时，可用两个定位器，分别接受低输入信号和高输入信号，则一个执行器低程动作，另一个高程动作，即构成了分程调节。

25. 答：自动调节系统正常工作的前提条件是系统必须稳定。

一个系统，如果原来处于稳定工况，由于某种原因受到内部的或外部的扰动作用而使系统的输出被迫离开原来的稳定工况，当扰动作用消失后，经过一段时间，系统的输出趋近于原来的稳定工况或趋近于一个新的平衡工况，则系统是稳定的。若经过一段时间后，系统的输出随时间不断增大，直至饱和，则此系统是不稳定的。假若系统在干扰消失后，呈现等幅振荡，则称系统在稳定边界，这实际上也属于不稳定的。

26. 答：检测信号（如液位、差压、风压）波动，必然会引起变送器输出信号波动。这一方面使调节系统频繁动作，影响调节质量；另一方面，电动执行器也容易过热，执行机构的机构部分磨损，阀门泄漏。因此，必须消除检测信号的波动。消除检测信号波动的常见方法是采用阻尼装置。阻尼装置可以放在变送器之前，也可以放在变送器之后。放在变送器之后，常用RC阻尼和电气阻尼器。RC阻尼受变送器回路阻抗的限制，电阻R不能太大。最好的阻尼是采用电气阻尼器，在变送器之前，常用机械阻尼器，即增大取样管路的容积（如采用气容），增大取样管路的阻力。在变送器之前装设阻尼装置，其阻尼效果欠佳，一般采用机构阻尼和电气阻尼相结合的办法，可取得较好的阻尼效果。

27. 答：一般分实验室调整和现场调整。

① 实验室调整。在调整上、下限限幅值之前，先校验调节器的其他参数，如比例带、积分时间、跟踪误差等。当这些参数合格后，方可进行调节器的上、下限限幅值调整。不加输入

信号，将调节器置于反作用位置，积分时间置于∞，微分时间置于零，比例带小于100%，调整给定值旋钮（或比例带电位器）使调节器输出为零，然后调整下限限幅电位器，使调节器输出为下限限幅值。同理，再调整给定值旋钮（或比例带电位器），使调节器输出为100%（最大），然后调整上限限幅电位器，使调节器输出为上限限幅值。

② 现场调整。现场安装的调节器主通道和辅助通道一般都接有信号，不宜用停掉这些信号来调整上、下限限幅值，可利用调节器在手动情况下跟踪阀位这一特点来调整上、下限限幅值。手动操作操作器，阀位为零，调节器输出也为零，然后调整下限限幅电位器，使调节器输出为下限限幅值。同理，再手操操作器，使阀位为100%，调节器输出也为100%（最大），然后调整上限限幅电位器，调节器输出为上限限幅值。当现场不允许阀位开度大幅度变化时，仍可以利用给定值旋钮或比例带电位器，按实验室的方法进行调整。

28. 答：设计调节系统时应考虑的安全保护措施有：

① 系统应有手动、自动双向无扰切换的功能。

② 系统应有报警功能，如参数越限报警、仪表故障报警。对重要参数，可采用双重或三重变送器。

③ 系统应考虑调节器输出限幅、抗积分饱和等功能。

④ 系统应有断电、断信号报警并能保持执行机构位置不动的功能。有条件时，最好能使调节器自动切换到手动操作位置。对气动系统，应有断气源、断气信号等保护，如采用气动保位阀（阀门定位器），应根据工艺系统合理选用气开、气关型调节阀。

⑤ 对一些重要系统，还应考虑对调节速度的限制（如采用变化率限制器，大小值选择器等）；同时将保护、报警系统等统一考虑，使之成为一个完整的系统。

⑥ 另外，对于比较复杂的系统，如机组功率调节系统（协调控制系统）等，除了调节回路外，还应考虑方式切换时的相互跟踪、无扰切换和严密的逻辑控制问题。

第十九部分　计量知识

一、单项选择题（中级工）

1. C　2. A　3. D　4. B　5. B　6. C　7. B　8. B　9. C　10. D　11. B　12. C　13. A

二、判断题（中级工）

1. ×　2. √　3. √　4. ×　5. ×　6. ×　7. √　8. ×

三、多项选择题（高级工、技师）

1. ABC　2. ABC　3. AB

四、综合题（技师）

1. 答：① 绝对误差：绝对误差＝测量结果－真值；

② 相对误差：相对误差＝绝对误差/被测量真值×100%；

③ 引用误差：引用误差＝测量仪器的绝对误差/特定值×100%。

2. 答：① 由于计量装置不完善和不稳定引起的计量误差即装置误差，其来源有标准器误差，仪表、仪器误差和附件误差；

② 由于各种环境因素与测量所要求的标准状态不一致，以及随时间和空间的变化引起的测量装置和被测量本身的变化而引起的误差即环境误差；

③ 由于受分辨能力、固有习惯、熟练操作程度的限制或一时疏忽的生理、心理上的原因造成

的误差即人员误差；

④ 采用近似的或不合理的测量方法和计算方法而引起的误差即方法误差。

3. 答：① 根据随机误差的对称性和抵偿性可知，当无限次地增加测量次数时，就会发现测量误差的算术平均数是零；

② 在实际工作中，应尽可能地多测几次，并取多次测量的算术平均值作为最终测量值，以达到减少或消除随机误差的目的。

4. 答：流量计的基本误差有读数误差和满量程误差：

① 读数误差是用示值误差和测量值的比值的百分数表示的基本误差；

② 满量程误差是用示值误差和流量计满量程的比值的百分数表示的基本误差。

第二十部分 安全及环境保护知识

一、单项选择题（中级工）

1. C 2. D 3. D 4. C 5. C 6. C 7. A 8. A 9. C 10. B 11. C
12. D 13. C 14. A 15. A 16. B 17. B 18. D 19. C 20. A 21. D 22. A
23. B 24. C 25. D 26. C 27. A 28. C 29. B 30. D 31. A 32. A 33. D
34. B 35. B 36. B 37. B 38. A 39. C 40. B 41. D 42. B 43. C 44. B
45. B 46. C 47. C 48. B 49. A 50. B 51. A 52. A 53. A 54. B 55. A
56. D 57. B 58. A 59. B 60. D 61. C 62. C 63. A 64. D 65. A 66. C
67. B 68. A 69. B 70. A 71. D 72. D 73. D 74. D 75. C 76. A 77. A
78. D 79. C 80. B 81. B 82. C 83. D 84. B 85. B 86. B 87. B 88. A
89. A 90. A 91. B 92. B 93. B 94. A 95. B 96. A 97. A 98. C 99. A
100. B 101. D 102. C 103. B 104. D 105. A 106. C 107. B 108. A 109. D 110. C
111. B

二、单项选择题（高级工）

1. D 2. B 3. C 4. C 5. C 6. C 7. A 8. C 9. A 10. C 11. B
12. A 13. A 14. C 15. B 16. D 17. C 18. A 19. A 20. A 21. D 22. C
23. C 24. D 25. A 26. D 27. C 28. D 29. B 30. A

三、判断题（中级工）

1. √ 2. √ 3. × 4. × 5. √ 6. × 7. √ 8. √ 9. × 10. × 11. √
12. × 13. √ 14. √ 15. × 16. √ 17. × 18. √ 19. × 20. × 21. √ 22. ×
23. × 24. √ 25. √ 26. × 27. √ 28. × 29. √ 30. √ 31. × 32. × 33. √
34. √ 35. × 36. √ 37. √ 38. √ 39. × 40. √ 41. × 42. √ 43. √ 44. √
45. √ 46. × 47. √ 48. × 49. √ 50. × 51. × 52. × 53. √ 54. × 55. √
56. √ 57. × 58. √ 59. × 60. × 61. × 62. × 63. √ 64. × 65. × 66. ×
67. √ 68. √ 69. × 70. √ 71. √ 72. × 73. × 74. √ 75. √ 76. × 77. ×
78. × 79. √ 80. × 81. √ 82. √ 83. √ 84. √ 85. √ 86. × 87. √ 88. ×
89. √ 90. √ 91. √ 92. √ 93. × 94. √ 95. √ 96. × 97. × 98. × 99. ×
100. × 101. × 102. √ 103. × 104. × 105. √ 106. × 107. × 108. √ 109. √ 110. √
111. √ 112. × 113. √ 114. × 115. × 116. √ 117. √

四、判断题（高级工）

1. × 2. √ 3. × 4. × 5. √ 6. × 7. × 8. × 9. √ 10. × 11. √
12. √ 13. × 14. × 15. √ 16. √ 17. √ 18. √ 19. × 20. √ 21. × 22. √
23. √ 24. √ 25. × 26. √ 27. × 28. × 29. ×

五、多项选择题（高级工、技师）

1. AB 2. AB 3. AC 4. ABCD 5. ABCD 6. ABC 7. ABCD
8. ABCD 9. ABC 10. ABCD 11. ACD 12. ABC 13. ABC 14. AC
15. ABC 16. AC 17. ABC 18. ABC 19. BD 20. BC 21. ABD
22. ABCD 23. BCD 24. ABCD 25. ABCD 26. AC 27. ABCD 28. BC
29. ABCD

六、综合题（技师）

1. 答：安全第一、预防为主、全员动手、综合治理。

2. 答：保护职工的安全和健康、保护国家和公司财产不受损失。

3. 答：易燃易爆、有毒害性、腐蚀性、连续性。

4. 答：水、泡沫、二氧化碳、干粉、卤代烷。

5. 答：冷却法、隔离法、窒息法、抑制法。

6. 答：①立即向上级领导汇报；②及时抢救受伤人员；③采取措施处理事故；④按规定做出事故处理，写出事故报告。

7. 答：定人、定措施、定整改期限。

8. 答：造成事故的主要原因是人的过失。

9. 答：贯彻全员、全面、全过程、全天候。

10. 答：定巡检路线、定要害部位、定检查内容、定时间。

11. 答：根据操作压力，量程为1.5～3倍。

12. 答：当容器压力超过规定时，能自动开启，使容器泄压，防止容器和管的破坏。

13. 答：液化气极易挥发，闪点低，比空气重，易停留在地面低洼处，且易扩散到远处，在远处有明火也会引燃引起火灾。

14. 答：液化气的爆炸极限范围较宽（2%～10%），遇明火引起爆炸。

15. 答：预防为主，防消结合。

16. 答：不超温、不超压、不超负荷、不超速。

17. 答：由于违反工艺规程、岗位操作法、指挥失误以及停电、停水、停气造成停（减）产、跑料窜料等事故。

18. 答：工人离开地面两米以上的地点进行工作。

19. 答：①认真学习和严格执行各项规章制度和工艺制度；②正确分析和处理各项事故；③严格执行各种安全规定，正确使用各种安全器具和消防器材。

20. 答：定检修方案、定检修人员、定安全措施、定检修质量、定检修进度。

21. 答：液化石油气爆炸速率快，火焰温度高，闪点低，发热量高，极短时间内完成化学性爆炸，产生威力大。

22. 答：可燃物质不需要明火或火花接近便能自行着火时的最低温度。

23. 答：可燃气体、粉尘或可燃液体与空气形成的混合物遇火源发生爆炸的极限混合浓度。

24. 答：带油、带压、带有其他可燃介质、有毒介质的容器、设备和管线。

25. 答：在生产过程中，由于某种原因引起的爆炸，造成人身伤亡或财产损失的事故。

26. 答：由于某种原因构成机械、动力、电信、仪器、容器、运输设备及管道建筑物等损失的事故。

27. 答：事故原因分析不清不放过，事故责任者和群众不受到教育不放过，事故责任者没受到处罚不放过，没有防范措施不放过。
28. 答：开人孔时，内部温度、压力应降到安全条件下，并从上而下依次打开。打开底部人孔时，应先打开最底部放料排空阀。
29. 答：定子绕组、转子绕组、铁芯。
30. 答：①与蒸汽带连接要插入足够的深度；②将胶带牢固地绑在蒸汽管线上，以防脱落；③给蒸汽时要缓慢。
31. 答：不伤害自己、不伤害别人、不被别人伤害。
32. 答：①清扫干净；②按规定试压、试漏和气密性试验，安全装置复位；③接受易燃易爆物料的设备、管线必须按工艺要求置换。
33. 答：三级安全教育是厂级安全教育、车间安全教育、班组安全教育。
34. 答：①没有批准的火票不动火；②防火措施不落实不动火；③没有防火监护人或者监护人不在现场不动火。
35. 答：含硫油与铁接触生成硫化物，硫化铁与空气接触迅速氧化和散热，当温度自行升高达到600～700℃时便着火燃烧。
36. 答：废气、废水、废渣。
37. 答：日常、定期、专业、不定期四种。
38. 答：可以燃烧物质不需要明火或火花接近便能自行燃烧的现象。
39. 答：高效，低毒，绝缘性好，久存不变压，可用来扑灭电器、精密仪器等多种火灾。
40. 答：严禁穿易产生静电的服装进入该区，尤其不得在该区穿脱；或用化纤织物擦拭设备。
41. 答：韧性破裂，脆性破裂，疲劳破裂，腐蚀破裂，蠕变破裂和设备失稳变形。
42. 答：有信号压力时阀关，无信号时阀开的为风关阀，反之，为风开阀。风关、风开的选择主要从生产安全角度来考虑，当信号力为中断时应避免损坏设备和伤害操作人员，如此时阀门处于打开位置的危险性小，便选用风关式气动执行器，反之则选用风开式。
43. 答：5S就是整理、整顿、清扫、清洁、素养。
44. 答：立即扑灭火灾并甩掉换热器，降温后查明原因，联系抢修处理，处理好后再正常投用。
45. 答：在不能制止时，紧急切断一切火源和进料，断绝车辆来往，采取有效措施处理。
46. 答：①一切能产生火花的工作；②安设刀形电气开关；③安设非防爆型灯具；④钢铁工具敲打工作；⑤凿洋灰地，打墙眼；⑥使用电烙铁等。
47. 答：保持镇静，立即派人通知负责人及急救员。
48. 答：①保护接地或保护接零；②安全电压；③低压触电保护装置；④ 保证安全的组织措施；⑤保证安全的技术措施。
49. 答：①将触电者迅速脱离电源；②紧急救护。
50. 答：①正确选用电气设备；②保持防火间距；③保持电气设备正常运行；④通风；⑤接地；⑥其他方面的措施：a. 爆炸危险场所，不准使用非防爆手电。b. 在爆炸危险场所内，因条件限制，如必须使用非防爆型电气设备时，应采取临时防爆措施。
51. 答：人体与带电导体接触，形成回路就会发生触电。
52. 答：导线中流过的电流超过了安全电流值，就叫导线超负荷。当电流通过导线时，导线因具有电阻而发热，导线的温度随即升高，一般导线的最高允许工作温度为65℃。当线路超负荷时，如果超过了这个温度，导线的绝缘层就会加速老化，甚至变质损坏引起短路着火事故。

53. 答：渣油的自燃点低。

54. 答：凡是受到高热、摩擦、撞击或受到一定物质激发能瞬间发生分解反应，并以机械功的形式在极短时间内放出能量的物质，统称为爆炸性物质，如三硝基甲苯、硝化甘油等。

特点：①变化速率非常快；②能释放出大量的热；③能产生大量的气体。

55. 答：应根据燃烧物质的性质、燃烧特点和火场的具体情况，以及消防技术装备的性能进行选择。

56. 答：凡是具有强烈的氧化性能，如遇酸、碱、受潮湿、摩擦冲击，或与易燃物、还原剂等接触而发生分解并引起燃烧或爆炸的物质，统称氧化剂。

57. 答：在一定温度下，易燃或可燃液体产生的蒸气与空气混合后，达到一定浓度时遇火源产生一闪即灭的现象，这种瞬间燃烧现象就叫闪燃。液体发生闪燃时的最低温度叫做闪点。

58. 答：爆炸是物质由一种状态迅速转变成另一种状态，并在瞬时间周围压力发生急剧的突变，放出大量能量，同时产生巨大的响声。

59. 答：在生产过程中为了改善劳动条件保护职工的健康，防止和消除高温、粉尘、有毒气体和其他有害因素对职工的威胁而采取的预防和卫生保健措施的总和。

60. 答：①在爆炸危险场所不准穿易产生静电的服装和鞋靴；②在爆炸危险场所不准穿、脱衣服，鞋靴，不准梳头；③除雨天和在积水场所进行作业时穿着橡胶雨衣和高腰靴外，均不得在爆炸危险场所穿用。

61. 答：易燃、可燃液体的装卸、输送、调和、采样、检尺、测温、设备清洗以及人体带静电作业。

62. 答：指在册职工在生产劳动过程中所发生的与生产有关的伤亡事故（包括急性中毒），分人身事故、火灾事故、爆炸事故、设备事故、生产事故、交通事故等六类。

63. 答：违章指挥、违章操作、违反劳动纪律。

64. 答：必须选配备合适的防毒面具、氧气呼吸器、空气呼吸器等特殊保护用品，以防中毒，有专人监护。

65. 答：①国家有关安全生产法令、法规和规定；②工厂的性质、生产特点及安全生产规章制度；③安全生产的基本知识、一般消防知识及气体防护常识；④典型事故及其教训。

66. 答：①本单位概况，生产或工作特点；②本单位安全生产制度及安全技术操作规程；③安全设施、工具、个人防护用品、急救器材、消防器材的性能和使用方法等；④以往的事故教训。

67. 答：①本岗位（工种）的生产流程及工作特点和注意事项；②本岗位（工种）安全操作规程；③本岗位（工种）设备、工具的性能和安全装置、安全设施、安全监测、监控仪器的作用，防护用品的使用和保管方法；④本岗位（工种）事故教训及危险因素的预防措施。

68. 答：①易燃、易爆危险场所；②生产装置上所带有的静电会危害生产或使人体遭受静电电击时。

附录　化工总控工国家职业标准

1　职业概况

1.1　职业名称

化工总控工。

1.2　职业定义

操作总控室的仪表、计算机等，监控或调节一个或多个单元反应或单元操作，将原料经化学反应或物理处理过程制成合格产品的人员。

1.3　职业等级

本职业共设五个等级，分别为：初级（国家职业资格五级）、中级（国家职业资格四级）、高级（国家职业资格三级）、技师（国家职业资格二级）、高级技师（国家职业资格一级）。

1.4　职业环境

室内，常温，存在一定有毒有害气体、粉尘、烟尘和噪声。

1.5　职业能力特征

身体健康，具有一定的学习理解和表达能力，四肢灵活，动作协调，听、嗅觉较灵敏，视力良好，具有分辨颜色的能力。

1.6　基本文化程度

高中毕业（或同等学力）。

1.7　培训要求

1.7.1　培训期限

全日制职业学校教育，根据其培养目标和教学计划确定。晋级培训期限：初级不少于360标准学时；中级不少于300标准学时；高级不少于240标准学时；技师不少于200标准学时；高级技师不少于200标准学时。

1.7.2　培训教师

培训初、中级的教师应具有本职业高级及以上职业资格证书或本专业中级及以上专业技术职务任职资格；培训高级的教师应具有本职业技师及以上职业资格证书或本专业高级专业技术职务任职资格；培训技师的教师应具有本职业高级技师职业资格证书、本职业技师职业资格证书3年以上或本专业高级专业技术职务任职资格2年以上；培训高级技师的教师应具有本职业高级技师职业资格证书3年以上或本专业高级专业技术职务任职资格3年以上。

1.7.3　培训场地设备

理论培训场地应为可容纳20名以上学员的标准教室，设施完善。实际操作培训场所应为具有本职业必备设备的场地。

1.8　鉴定要求

1.8.1　适用对象

从事或准备从事本职业的人员。

1.8.2　申报条件

——初级（具备以下条件之一者）

（1）经本职业初级正规培训达规定标准学时数，并取得结业证书。

（2）在本职业连续见习工作2年以上。

——中级（具备以下条件之一者）

（1）取得本职业或相关职业初级职业资格证书后，连续从事本职业工作2年以上，经本职业中级正规培训达规定标准学时数，并取得结业证书。

（2）取得本职业或相关职业初级职业资格证书后，连续从事本职业工作4年以上。

（3）取得与本职业相关职业中级职业资格证书后，连续从事本职业工作2年以上。

（4）连续从事本职业工作5年以上。

（5）取得经劳动保障行政部门审核认定的、以中级技能为培养目标的中等以上职业学校本职业（专业）毕业证书。

——高级（具备以下条件之一者）

（1）取得本职业中级职业资格证书后，连续从事本职业工作3年以上，经本职业高级正规培训达规定标准学时数，并取得结业证书。

（2）取得本职业中级职业资格证书后，连续从事本职业工作5年以上。

（3）取得高级技工学校或经劳动保障行政部门审核认定的、以高级技能为培养目标的高等职业学校本职业（专业）毕业证书。

（4）大专以上本专业或相关专业毕业生，连续从事本职业工作2年以上。

——技师（具备以下条件之一者）

（1）取得本职业高级职业资格证书后，连续从事本职业工作3年以上，经本职业技师正规培训达规定标准学时数，并取得结业证书。

（2）取得本职业高级职业资格证书后，连续从事本职业工作5年以上。

（3）高等技工学校或经劳动保障行政部门审核认定的、以高级技能为培养目标的高等职业学校本职业（专业）毕业生，连续从事职业工作2年以上。

（4）大专以上本专业或相关专业毕业生，取得本职业高级职业资格证书后，连续从事本职业工作2年以上。

——高级技师（具备以下条件之一者）

（1）取得本职业技师职业资格证书后，连续从事本职业工作3年以上，经本职业高级技师正规培训达规定标准学时数，并取得结业证书。

（2）取得本职业技师职业资格证书后，连续从事本职业工作5年以上。

1.8.3 鉴定方式

本职业覆盖不同种类的化工产品的生产，根据申报人实际的操作单元选择相应的理论知识和技能要求进行鉴定。理论知识考试采用闭卷笔试方式，技能操作考核采用现场实际操作、模拟操作、闭卷笔试、答辩等方式。理论知识考试和技能操作考核均实行百分制，成绩皆达到60分及以上者为合格。技师和高级技师还须进行综合评审。

1.8.4 考评人员与考生配比

理论知识考试考评人员与考生配比为1∶15，每个标准教室不少于2名考评人员；技能操作考核考评员与考生配比为1∶3，且不少于3名考评员。综合评审委员会成员不少于5人。

1.8.5 鉴定时间

理论知识考试时间不少于90分钟，技能操作考核时间不少于60分钟，综合评审时间不少于30分钟。

1.8.6 鉴定场所设备

理论知识考试在标准教室进行。技能操作考核在模拟操作室、生产装置或标准教室进行。

2 基本要求

2.1 职业道德

2.1.1　职业道德基本知识

2.1.2　职业守则

（1）爱岗敬业，忠于职守。

（2）按章操作，确保安全。

（3）认真负责，诚实守信。

（4）遵规守纪，着装规范。

（5）团结协作，相互尊重。

（6）节约成本，降耗增效。

（7）保护环境，文明生产。

（8）不断学习，努力创新。

2.2　基础知识

2.2.1　化学基础知识

（1）无机化学基本知识。

（2）有机化学基本知识。

（3）分析化学基本知识。

（4）物理化学基本知识。

2.2.2　化工基础知识

2.2.2.1　流体力学知识

（1）流体的物理性质及分类。

（2）流体静力学。

（3）流体输送基本知识。

2.2.2.2　传热学知识

（1）传热的基本概念。

（2）传热的基本方程。

（3）传热学应用知识。

2.2.2.3　传质知识

（1）传质基本概念。

（2）传质基本原理。

2.2.2.4　压缩、制冷基础知识

（1）压缩基础知识。

（2）制冷基础知识。

2.2.2.5　干燥知识

（1）干燥基本概念。

（2）干燥的操作方式及基本原理。

（3）干燥影响因素。

2.2.2.6　精馏知识

（1）精馏基本原理。

（2）精馏流程。

（3）精馏塔的操作。

（4）精馏的影响因素。

2.2.2.7　结晶基础知识

2.2.2.8　气体的吸收基本原理

2.2.2.9　蒸发基础知识

2.2.2.10　萃取基础知识

2.2.3　催化剂基础知识

2.2.4　识图知识

（1）投影的基本知识。

（2）三视图。

（3）工艺流程图和设备结构图。

2.2.5　分析检验知识

（1）分析检验常识。

（2）主要分析项目、取样点、分析频次及指标范围。

2.2.6　化工机械与设备知识

（1）主要设备工作原理。

（2）设备维护保养基本知识。

（3）设备安全使用常识。

2.2.7　电工、电器、仪表知识

（1）电工基本概念。

（2）直流电与交流电知识。

（3）安全用电知识。

（4）仪表的基本概念。

（5）常用温度、压力、液位、流量（计）、湿度（计）知识。

（6）误差知识。

（7）本岗位所使用的仪表、电器、计算机的性能、规格、使用和维护知识。

（8）常规仪表、智能仪表、集散控制系统（DCS、FCS）使用知识。

2.2.8　计量知识

（1）计量与计量单位。

（2）计量国际单位制。

（3）法定计量单位基本换算。

2.2.9　安全及环境保护知识

（1）防火、防爆、防腐蚀、防静电、防中毒知识。

（2）安全技术规程。

（3）环保基础知识。

（4）废水、废气、废渣的性质、处理方法和排放标准。

（5）压力容器的操作安全知识。

（6）高温高压、有毒有害、易燃易爆、冷冻剂等特殊介质的特性及安全知识。

（7）现场急救知识。

2.2.10　消防知识

（1）物料危险性及特点。

（2）灭火的基本原理及方法。

（3）常用灭火设备及器具的性能和使用方法。

2.2.11　相关法律、法规知识

（1）劳动法相关知识。

（2）安全生产法及化工安全生产法规相关知识。

（3）化学危险品管理条例相关知识。

（4）职业病防治法及化工职业卫生法规相关知识。

3 工作要求

本标准对初级、中级、高级、技师、高级技师的技能要求依次递进，高级别涵盖低级别的要求。

3.1 初级

职业功能	工作内容	技能要求	相关知识
一、开车准备	（一）工艺文件准备	1. 能识读、绘制工艺流程简图 2. 能识读本岗位主要设备的结构简图 3. 能识记本岗位操作规程	1. 流程图各种符号的含义 2. 化工设备图形代号知识 3. 本岗位操作规程、工艺技术规程
	（二）设备检查	1. 能确认盲板是否抽堵、阀门是否完好、管路是否通畅 2. 能检查记录报表、用品、防护器材是否齐全 3. 能确认应开、应关阀门的阀位 4. 能检查现场与总控室内压力、温度、液位、阀位等仪表指示是否一致	1. 盲板抽堵知识 2. 本岗位常用器具的规格、型号及使用知识 3. 设备、管道检查知识 4. 本岗位总控系统基本知识
	（三）物料准备	能引进本岗位水、气、汽等公用工程介质	公用工程介质的物理、化学特征
二、总控操作	（一）运行操作	1. 能进行自控仪表、计算机控制系统的台面操作 2. 能利用总控仪表和计算机控制系统对现场进行遥控操作及切换操作 3. 能根据指令调整本岗位的主要工艺参数 4. 能进行常用计量单位换算 5. 能完成日常的巡回检查 6. 能填写各种生产记录 7. 能悬挂各种警示牌	1. 生产控制指标及调节知识 2. 各项工艺指标的制定标准和依据 3. 计量单位换算知识 4. 巡回检查知识 5. 警示牌的类别及挂牌要求
	（二）设备维护保养	1. 能保持总控仪表、计算机的清洁卫生 2. 能保持打印机的清洁、完好	仪表、控制系统维护知识
三、事故判断与处理	（一）事故判断	1. 能判断设备的温度、压力、液位、流量异常等故障 2. 能判断传动设备的跳车事故	1. 装置运行参数 2. 跳车事故的判断方法
	（二）事故处理	1. 能处理酸、碱等腐蚀介质的灼伤事故 2. 能按指令切断事故物料	1. 酸、碱等腐蚀介质灼伤事故的处理方法 2. 有毒有害物料的理化性质

3.2　中级

职业功能	工作内容	技能要求	相关知识
一、开车准备	(一)工艺文件准备	1. 能识读并绘制带控制点的工艺流程图(PID) 2. 能绘制主要设备结构简图 3. 能识读工艺配管图 4. 能识记工艺技术规程	1. 带控制点的工艺流程图中控制点符号的含义 2. 设备结构图绘制方法 3. 工艺管道轴测图绘图知识 4. 工艺技术规程知识
	(二)设备检查	1. 能完成本岗位设备的查漏、置换操作 2. 能确认本岗位电气、仪表是否正常 3. 能检查确认安全阀、爆破膜等安全附件是否处于备用状态	1. 压力容器操作知识 2. 仪表联锁、报警基本原理 3. 联锁设定值,安全阀设定值、校验值,安全阀校验周期知识
	(三)物料准备	能将本岗位原料、辅料引进到界区	本岗位原料、辅料理化特性及规格知识
二、总控操作	(一)开车操作	1. 能按操作规程进行开车操作 2. 能将各工艺参数调节至正常指标范围 3. 能进行投料配比计算	1. 本岗位开车操作步骤 2. 本岗位开车操作注意事项 3. 工艺参数调节方法 4. 物料配方计算知识
	(二)运行操作	1. 能操作总控仪表、计算机控制系统对本岗位的全部工艺参数进行跟踪监控和调节,并能指挥进行参数调节 2. 能根据中控分析结果和质量要求调整本岗位的操作 3. 能进行物料衡算	1. 生产控制参数的调节方法 2. 中控分析基本知识 3. 物料衡算知识
	(三)停车操作	1. 能按操作规程进行停车操作 2. 能完成本岗位介质的排空、置换操作 3. 能完成本岗位机、泵、管线、容器等设备的清洗、排空操作 4. 能确认本岗位阀门处于停车时的开闭状态	1. 本岗位停车操作步骤 2."三废"排放点、"三废"处理要求 3. 介质排空、置换知识 4. 岗位停车要求
三、事故判断与处理	(一)事故判断	1. 能判断物料中断事故 2. 能判断跑料、串料等工艺事故 3. 能判断停水、停电、停气、停汽等突发事故 4. 能判断常见的设备、仪表故障 5. 能根据产品质量标准判断产品质量事故	1. 设备运行参数 2. 岗位常见事故的原因分析知识 3. 产品质量标准
	(二)事故处理	1. 能处理温度、压力、液位、流量异常等故障 2. 能处理物料中断事故 3. 能处理跑料、串料等工艺事故 4. 能处理停水、停电、停气、停汽等突发事故 5. 能处理产品质量事故 6. 能发相应的事故信号	1. 设备温度、压力、液位、流量异常的处理方法 2. 物料中断事故处理方法 3. 跑料、串料事故处理方法 4. 停水、停电、停气、停汽等突发事故的处理方法 5. 产品质量事故的处理方法 6. 事故信号知识

3.3　高级

职业功能	工作内容	技能要求	相关知识
一、开车准备	(一)工艺文件准备	1. 能绘制工艺配管简图 2. 能识读仪表联锁图 3. 能识记工艺技术文件	1. 工艺配管图绘制知识 2. 仪表联锁图知识 3. 工艺技术文件知识
	(二)设备检查	1. 能完成多岗位化工设备的单机试运行 2. 能完成多岗位试压、查漏、气密性试验、置换工作 3. 能完成多岗位水联动试车操作 4. 能确认多岗位设备、电气、仪表是否符合开车要求 5. 能确认多岗位的仪表联锁、报警设定值以及控制阀阀位 6. 能确认多岗位开车前准备工作是否符合开车要求	1. 化工设备知识 2. 装置气密性试验知识 3. 开车需具备的条件
	(三)物料准备	1. 能指挥引进多岗位的原料、辅料到界区 2. 能确认原料、辅料和公用工程介质是否满足开车要求	公用工程运行参数
二、总控操作	(一)开车操作	1. 能按操作规程完成多岗位的开车操作 2. 能指挥多岗位的开车工作 3. 能将多岗位的工艺参数调节至正常指标范围内	1. 相关岗位的操作法 2. 相关岗位操作注意事项
	(二)运行操作	1. 能进行多岗位的工艺优化操作 2. 能根据控制参数的变化，判断产品质量 3. 能进行催化剂还原、钝化等特殊操作 4. 能进行热量衡算 5. 能进行班组经济核算	1. 岗位单元操作原理、反应机理 2. 操作参数对产品理化性质的影响 3. 催化剂升温还原、钝化等操作方法及注意事项 4. 热量衡算知识 5. 班组经济核算知识
	(三)停车操作	1. 能按工艺操作规程要求完成多岗位停车操作 2. 能指挥多岗位完成介质的排空、置换操作 3. 能确认多岗位阀门处于停车时的开闭状态	1. 装置排空、置换知识 2. 装置“三废”名称及“三废”排放标准、“三废”处理的基本工作原理 3. 设备安全交出检修的规定
三、事故判断与处理	(一)事故判断	1. 能根据操作参数、分析数据判断装置事故隐患 2. 能分析、判断仪表联锁动作的原因	1. 装置事故的判断和处理方法 2. 操作参数超指标的原因
	(二)事故处理	1. 能根据操作参数、分析数据处理事故隐患 2. 能处理仪表联锁跳车事故	1. 事故隐患处理方法 2. 仪表联锁跳车事故处理方法

3.4　技师

职业功能	工作内容	技能要求	相关知识
一、总控操作	(一)开车准备	1. 能编写装置开车前的吹扫、气密性试验、置换等操作方案 2. 能完成装置开车工艺流程的确认 3. 能完成装置开车条件的确认 4. 能识读设备装配图 5. 能绘制技术改造简图	1. 吹扫、气密性试验、置换方案编写要求 2. 机械、电气、仪表、安全、环保、质量等相关岗位的基础知识 3. 机械制图基础知识
	(二)运行操作	1. 能指挥装置的开车、停车操作 2. 能完成装置技术改造项目实施后的开车、停车操作 3. 能指挥装置停车后的排空、置换操作 4. 能控制并降低停车过程中的物料及能源消耗 5. 能参与新装置及装置改造后的验收工作 6. 能进行主要设备效能计算 7. 能进行数据统计和处理	1. 装置技术改造方案实施知识 2. 物料回收方法 3. 装置验收知识 4. 设备效能计算知识 5. 数据统计处理知识
二、事故判断与处理	(一)事故判断	1. 能判断装置温度、压力、流量、液位等参数大幅度波动的事故原因 2. 能分析电气、仪表、设备等事故	1. 装置温度、压力、流量、液位等参数大幅度波动的原因分析方法 2. 电气、仪表、设备等事故原因的分析方法
	(二)事故处理	1. 能处理装置温度、压力、流量、液位等参数大幅度波动事故 2. 能组织装置事故停车后恢复生产的工作 3. 能组织演练事故应急预案	1. 装置温度、压力、流量、液位等参数大幅度波动的处理方法 2. 装置事故停车后恢复生产的要求 3. 事故应急预案知识
三、管理	(一)质量管理	能组织开展质量攻关活动	质量管理知识
	(二)生产管理	1. 能指导班组进行经济活动分析 2. 能应用统计技术对生产工况进行分析 3. 能参与装置的性能负荷测试工作	1. 工艺技术管理知识 2. 统计基础知识 3. 装置性能负荷测试要求
四、培训与指导	(一)理论培训	1. 能撰写生产技术总结 2. 能编写常见事故处理预案 3. 能对初级、中级、高级操作人员进行理论培训	1. 技术总结撰写知识 2. 事故预案编写知识
	(二)操作指导	1. 能传授特有操作技能和经验 2. 能对初级、中级、高级操作人员进行现场培训指导	

3.5 高级技师

职业功能	工作内容	技能要求	相关知识
一、总控操作	(一)开车准备	1. 能编写装置技术改造后的开车、停车方案 2. 能参与改造项目工艺图纸的审定	1. 装置的有关设计资料知识 2. 装置的技术文件知识 3. 同类型装置的工艺、生产控制技术知识 4. 装置优化计算知识 5. 产品物料、热量衡算知识
	(二)运行操作	1. 能组织完成同类型装置的联动试车、化工投产试车 2. 能编制优化生产方案并组织实施 3. 能组织实施同类型装置的停车检修 4. 能进行装置或产品物料平衡、热量平衡的工程计算 5. 能进行装置优化的相关计算 6. 能绘制主要设备结构图	
二、事故判断与处理	(一)事故判断	1. 能判断反应突然终止等工艺事故 2. 能判断有毒有害物料泄漏等设备事故 3. 能判断着火、爆炸等重大事故	1. 化学反应突然终止的判断及处理方法 2. 有毒有害物料泄漏的判断及处理方法 3. 着火、爆炸事故的判断及处理方法
	(二)事故处理	1. 能处理反应突然终止等工艺事故 2. 能处理有毒有害物料泄漏等设备事故 3. 能处理着火、爆炸等重大事故 4. 能落实装置安全生产的安全措施	
三、管理	(一)质量管理	1. 能编写提高产品质量的方案并组织实施 2. 能按质量管理体系要求指导工作	1. 影响产品质量的因素 2. 质量管理体系相关知识
	(二)生产管理	1. 能组织实施本装置的技术改进措施项目 2. 能进行装置经济活动分析	1. 实施项目技术改造措施的相关知识 2. 装置技术经济指标知识
	(三)技术改进	1. 能编写工艺、设备改进方案 2. 能参与重大技术改造方案的审定	1. 工艺、设备改进方案的编写要求 2. 技术改造方案的编写知识
四、培训与指导	(一)理论培训	1. 能撰写技术论文 2. 能编写培训大纲	1. 技术论文撰写知识 2. 培训教案、教学大纲的编写知识 3. 本职业的理论及实践操作知识
	(二)操作指导	1. 能对技师进行现场指导 2. 能系统讲授本职业的主要知识	

4 比重表

4.1 理论知识

项目			初级/%	中级/%	高级/%	技师/%	高级技师/%
基本要求		职业道德	5	5	5	5	5
		基础知识	30	25	20	15	10
相关知识	开车准备	工艺文件准备	6	5	5	—	—
		设备检查	7	5	5	—	—
		物料准备	5	5	5	—	—
	总控操作	开车准备	—	—	—	15	10
		开车操作	—	10	9	—	—
		运行操作	35	20	18	25	20
		停车操作	—	7	8	—	—
		设备维护保养	2	—	—	—	—
	事故判断与处理	事故判断	4	8	10	12	15
		事故处理	6	10	15	15	15
	管理	质量管理	—	—	—	2	4
		生产管理	—	—	—	5	6
		技术改进	—	—	—	—	5
	培训与指导	理论培训	—	—	—	3	5
		操作指导	—	—	—	3	5
	合　计		100	100	100	100	100

4.2 技能操作

项目			初级/%	中级/%	高级/%	技师/%	高级技师/%
技能要求	开车准备	工艺文件准备	15	12	10	—	—
		设备检查	10	6	5	—	—
		物料准备	10	5	5	—	—
	总控操作	开车准备	—	—	—	20	15
		开车操作	—	10	10	—	—
		运行操作	50	35	30	30	20
		停车操作	—	10	10	—	—
		设备维护保养	4	—	—	—	—
	事故判断与处理	事故判断	5	12	15	17	16
		事故处理	6	10	15	18	18
	管理	质量管理	—	—	—	5	5
		生产管理	—	—	—	6	10
		技术改进	—	—	—	—	6
	培训与指导	理论培训	—	—	—	2	5
		操作指导	—	—	—	2	5
	合　计		100	100	100	100	100

参 考 文 献

[1] 许宁主编．化工技术类专业技能考核试题集．北京：化学工业出版社，2007.

[2] 中国石油天然气集团公司职业技能鉴定指导中心统一组织编写．石油石化职业技能鉴定试题集．北京：石油工业出版社，2008.

[3] 王森等主编．仪表工试题集．北京：化学工业出版社，2003.

[4] 姚玉英主编．化工原理．新版．天津：天津大学出版社，1999.

[5] 陈树章主编．非均相物系分离．北京：化学工业出版社，1997.

[6] 中国石化集团上海工程有限公司编．化工工艺设计手册．第3版．北京：化学工业出版社，2003.

[7] 冷士良，陆清等．化工单元过程及操作．北京：化学工业出版社，2007.

[8] 杨祖荣主编．化工原理．北京：化学工业出版社，2004.

[9] 柴诚敬，张国亮．化工流体流动与传热．北京：化学工业出版社，2000.

[10] 汤金石，赵锦全．化工过程及设备．北京：化学工业出版社，1996.

[11] 李德华．化学工程基础．北京：化学工业出版社，1999.

[12] 蔡尔辅．石油化工管道设计．北京：化学工业出版社，2002.

[13] 陈敏恒等．化工原理．北京：化学工业出版社，1999.

[14] 丛德滋，方图南．化工原理示例与练习．上海：华东化工学院出版社，1992.

[15] 陆美娟，张浩勤．化工原理．第2版．北京：化学工业出版社，2006.

[16] 何潮洪等．化工原理操作型问题的分析．北京：化学工业出版社，1998.

[17] 佟玉衡．实用废水处理技术．北京：化学工业出版社，1998.

[18] 陈敏恒等．化工原理教与学．北京：化学工业出版社，1996.

[19] 王国栋等．化工原理．吉林：吉林人民出版社，1994.

[20] 张弓编．化工原理．第2版．北京：化学工业出版社，2000.

[21] 王忠厚，王少辉．化工原理．北京：中国轻工业出版社，1995.

[22] 陈常贵等编．化工原理：下册．天津：天津大学出版社，1996.

[23] 刘盛宾．化工基础．北京：化学工业出版社，1999.

[24] 刘凡清．固液分离与工业水处理．北京：中国石化出版社，2000.

[25] 张国俊等．化工原理800例．北京：国防工业出版社，2005.

[26] 蒋维钧，余立新．化工原理．北京：清华大学出版社，2005.

[27] 郑津洋，董其伍，桑芝富主编．过程设备设计．北京：化学工业出版社，2001.

[28] 卓振主编．化工容器及设备．北京：中国石化出版社，1998.

[29] 周志安，尹华杰，魏新利编．化工设备设计基础．北京：化学工业出版社，1996.

[30] 王绍良主编．化工设备基础．北京：化学工业出版社，2004.

[31] 尹廷金主编．化工电器及仪表．北京：化学工业出版社，2001.

[32] 刘巨良主编．过程控制仪表．北京：化学工业出版社，1999.

[33] 叶昭驹主编．化工自动化基础．北京：化学工业出版社，1984.

[34] 杜效荣主编．化工仪表及自动化．北京：化学工业出版社，1994.

[35] 厉玉鸣主编．化工仪表及自动化．第3版．北京：化学工业出版社，2002.

[36] 王永红主编．过程检测仪表．北京：化学工业出版社，1999.

[37] 刘玉梅主编．过程控制技术．北京：化学工业出版社，2002.

[38] 黄净主编．电器及PLC控制技术．北京：机械工业出版社，2002.

[39] GB 150—1998 钢制压力容器．

[40] GB 50058—92 爆炸和火灾危险环境电力装置设计规范．